企业级Java EE架构设计精深实践

罗果 著

清华大学出版社
北 京

内 容 简 介

本书全面、深入介绍了企业级 Java EE 设计的相关内容，内容涵盖了 Java EE 架构设计的常见问题。本书每一章讲解一个 Java EE 领域的具体问题，采用问题背景、需求分析、解决思路、架构设计、实践示例和章节总结的顺序组织内容，旨在通过分析相关领域中的常用框架及存在问题，给出相应的解决方案，提高读者分析和解决问题的能力，并增强其架构设计的能力。

本书共 13 章。内容主要包括虚拟文件系统实践、缓存实践、文件处理框架实践、模板语言实践、数据库访问层实践、数据库扩展实践、服务层实践、流程引擎实践、元数据实践、展现层开发实践、Web 扩展实践、Tiny 统一界面框架实践和 RESTful 实践。附录中给出了相关学习资源和配置运行指南。

本书语言简洁，思路清晰，示例丰富、完整，适合具有一定 Java 基础的读者阅读，尤其适合从事企业级 Java EE 软件架构和设计的人员阅读。

图书在版编目（CIP）数据

企业级 Java EE 架构设计精深实践 / 罗果著. —北京：清华大学出版社，2016（2016.12 重印）
ISBN 978-7-302-43470-2

Ⅰ. ①企…　Ⅱ. ①罗…　Ⅲ. ①JAVA 语言－程序设计　Ⅳ. ①TP312

中国版本图书馆 CIP 数据核字（2016）第 078276 号

责任编辑： 冯志强
封面设计： 欧振旭
责任校对： 徐俊伟
责任印制： 刘海龙

出版发行： 清华大学出版社
网　　址： http://www.tup.com.cn, http://www.wqbook.com
地　　址： 北京清华大学学研大厦 A 座　　**邮　　编：** 100084
社 总 机： 010-62770175　　**邮　　购：** 010-62786544
投稿与读者服务： 010-62776969，c-service@tup.tsinghua.edu.cn
质量反馈： 010-62772015，zhiliang@tup.tsinghua.edu.cn
印 装 者： 清华大学印刷厂
经　　销： 全国新华书店
开　　本： 185mm×260mm　　**印　　张：** 33　　**字　　数：** 758 千字
版　　次： 2016 年 6 月第 1 版　　**印　　次：** 2016 年 12 月第 2 次印刷
印　　数： 3001～4500
定　　价： 99.80 元

产品编号：067076-01

序一

我不明白为什么相比于其他的编程语言，Java 的世界充满了各种框架和架构。可能是因为 Java 太过于灵活，也可能是因为官方对 Java EE 规范所提供的 API 都是非常底层的东西，很少牵扯到具体的业务需求。虽然这样可以在一定程度上保证规范本身的兼容性和适应性，但也因此导致了用 Java 开发一些具体业务应用时显得过于烦琐，不够轻便和快捷。于是出现了 Struts 等开源框架，再就是后来 Javaer 们耳熟能详的 SSH 三大框架，直至今天琳琅满目的各种开发框架。所有的这些框架，其唯一的目的就是简化业务逻辑的开发，其手法无不是利用各种各样的设计模式对 API 的各种层次进行封装。

我曾经发文公开反对初学者在对 Java 知之甚少的情况下学习各种框架。主要原因有两点：一是知其然而不知其所以然；二是更换框架后学习成本很高。因为先入为主的思想作怪，当本书作者（我们姑且就叫他的网名“悠然”吧）第一次将他的 Tiny 框架提交到“开源中国”的时候，我并没有过多的关注。哦，仅仅是又一个新的 Java EE 框架而已。

Tiny 再次进入我的视线是在“开源中国”社区围绕该项目越来越多的关注和讨论，而且不断出现在我们的各种开源项目榜单中。另外，Tiny 开源框架不同于其他开源框架的突出特点是代码提交非常活跃。可以毫不夸张地说是“开源中国”GIT 库中 Commits 提交最多的开源者。当然还有另外一个非常重要的原因是悠然写了一篇非常专业的“喷文”，该文章非常专业地指出我本人的一个开源项目 J2Cache 中存在的各种设计的不足，专业到让我无言以对，甚至颇有“挑衅”的意味。如此专业的设计思路及对代码近乎完美的追求，让我相信 Tiny 必然也会是在这种要求下的产物。此外，其团队利用该框架快速开发的几个应用类项目，也证明了其在开发效率上的提升是非常显著的。

这本书主要是通过对比各种流行的框架和技术来展示 Tiny 框架强悍又便利的优点。从前端模板展现、数据库访问、缓存，再到文件系统、服务分层、流程引擎、元数据和 RESTful，同时还延伸到了系统扩展，可以说是面面俱到。基本上你在开发 Java EE 应用时涉及的绝大多数技术层面上的内容，本书都会详尽讲述。

前面我说过反对初学者一开始从框架入手进行学习。这本书在介绍 Tiny 框架的同时，对与其对应的一些 Java EE 开源框架或技术也做了简单的讲解，同时包括对同类产品的分析。以悠然如此善于深入分析各类产品的技术来看，可知对这些问题领域的分析及其解决方案便是本书的精华所在，不得不推荐！

最后我想提一下：没有最好的框架，只有最适合自己的框架。当你面对数百个 Java 框架一脸茫然的时候，考虑一下这么几个要素：是否打心眼里喜欢？是否足够简单和轻便，而不是充斥一堆你根本用不上的特性？项目本身在社区上是否足够活跃？作者本人长得帅不帅（开个玩笑）……如果上面所有的答案都是否定的，那就自己造一个吧！

开源中国创始人　红薯

序二

十年前，我上大学的时候，就听说 Java 这门计算机语言已经很流行了。Java 分为 J2SE、J2EE 和 J2ME 这三大平台，分别对应桌面、Web 和移动这三大领域。当时我为了找到一份高薪工作，放弃了自己所擅长的 C++，也学着别人开始学习 Java，尤其是学习当时市场需求量最大的 J2EE 技术。我学了 JSP、Servlet 和 EJB 这几种 J2EE 核心技术，也学了经典的 MVC 框架 Struts 和最流行的 ORM 框架 Hibernate。想当年，我可以熟练地使用 JSP+Struts+Hibernate 开发一个小型 Java Web 应用程序，轻松地应对毕业设计，自己也可以接点私活赚点外快。但对于大型企业级应用而言，首选技术还是 EJB。所谓企业级就是一个既安全又复杂的技术，因为它需要考虑到多方面的问题，所以会带来一系列的复杂问题。但凡用过 EJB 的人，都会感受到那是一场痛苦的经历。而 Spring 的到来，改变了这一切，给企业级 J2EE 带来了“春天”，Spring+Struts+Hibernate 三个框架组合也被广泛地应用于 Web 开发，并且大家称其为 SSH 组合。

十年后，Java 还能位居编程语言排行榜首，我真的庆幸自己当年的选择是正确的。以前的 J2EE，现已改名为 Java EE，也许这样的命名会更加有意义。而以前的 SSH，却显得有些重量级了。也许是因为它们自身的特性越来越多，或者是因为轻量级的框架越来越多，例如我开源的 Smart 框架，就是一款轻量级的 Java Web 框架，为了讲明白该框架的开发过程，我也写过一本叫做《架构探险》的书（一不小心就为自己做了一个广告，还是言归正传吧）。很多大型企业级应用会放弃掉一些技术，例如 Struts、Hibernate 和 JSP 等，但 Spring 目前仍然还是主流，尤其是 Spring MVC，足以取代 Struts。此外，轻量级 JDBC 框架 MyBatis（以前叫做 iBatis）也可以取代 Hibernate，所以现在企业级 Java EE 架构的首选变成了 Spring+Spring MVC+MyBatis，简称 SSM。

不管是 SSH 还是 SSM，都只是开发框架而已，并非技术解决方案。大家知道，企业级应用是一个相当复杂的应用系统，需要的不仅仅是一个开发框架，更是一系列的技术解决方案。这些解决方案包括虚拟文件系统、缓存、文件处理框架、模板语言、数据库访问层、数据库水平扩展、服务层、流程引擎、元数据、展现层、Web 层、统一界面框架、RESTful 和模块化等，这些才是企业级应用的核心需求。Tiny 框架将这些需求迎刃而解，代码完全开源，并且在国内有良好的技术社区网站（tinygroup.org）。更重要的是，Tiny 框架的作者是一位乐于分享的技术专家，在开源中国网站（oschina.net）上分享了大量的技术文章。现在 Tiny 团队将他们几年的研究成果汇集成书，并毫无保留地分享给各位技术爱好者。我也非常荣幸地提前看到了全书内容，相信本书一定会让您在架构和设计方面有所收获。

使用 Tiny，可以让开发者从复杂的技术细节跳出来，而将精力集中到业务上，从而节省很多时间。热爱研究技术的朋友们也可以通过阅读本书获取技能上的提升，成为一名优秀的架构师。

祝愿 Tiny 的将来会越来越好！开源改变生活，开源改变世界

特赞（tezign.com）CTO　黄勇

2016 年 1 月 31 日于上海

序三

最近《三体》非常火，书中说到了三体文明将质子做维护展开的情形，甚至展开的质子可以覆盖整个星球。

其实在软件应用实践过程中，也存在多种不同层次的维度。例如，从用户角度来看，主要是人机交互上的一些感观；从业务角度来看，主要是各种不同的业务功能；从架构角度来看，软件又分属于不同的独立的体系，这些体系的相互作用最终构成了整个软件；从机器执行过程来看，又都是一些 0101 的二进制代码流或数据流……

如果直接使用基础开发语言和一些基础类库来进行开发，当软件比较小的时候没有任何问题。但是作为一个企业级应用来说，如果还是采用同样的模式，那么后果将会是不堪设想的。我见过许多业务上非常成功，但是由于没有良好的架构支撑而已经崩溃或走向崩溃的系统。真正优秀和成功的软件产品，必须有一个良好的架构支撑，才可以实现持续的发展和进步。

本书得益于作者的深厚功底及勇敢实践，并以企业应用中遇到的十多个真实应用场景作为主题进行架构实践，对这些主题按问题概述、分析问题和解决问题的过程进行了有益探索。虽然不能说所有的解决方案一定都是最优的，但是应该说都体现了作者在这方面所做的努力。"一花独放不是春，万紫千红春满园。"，也欢迎有更多、更好的企业级架构方面的实践书籍涌现出来，促进企业级 Java EE 应用的发展。

恒生电子股份有限公司执行总裁/CTO　范径武

2016 年 1 月 25 日于杭州

前　言

从本书的书名《企业级 Java EE 架构设计精深实践》可以看到几个关键词：企业级、Java EE、架构和实践。简单地说，本书是一本基于 Java EE 技术路线，面向企业级应用，解决企业级应用架构问题，并以实践为主的书籍。

目前市场上已经有了许多 Java EE 领域的书籍，涵盖了 Java EE 规范、Java EE 的各种流行前后台框架等。这些书籍有一些写得非常好，比较全面地覆盖了企业级 Java EE 应用的方方面面。因此本书不会讲解 Java 相关的基础知识，不会讲解 Java EE 规范方面的知识，也不会花大量篇幅介绍流行框架的使用及技巧，而是把重点放在需要解决的一些企业级应用中的问题及其解决方案和实践过程，让读者跟随笔者的思路一起实践。笔者不能保证书中所有的实践都是最优解，但一定是相当不错的解。

企业级应用是本书内容的核心，那么什么是企业级应用呢？这个问题本身就没有标准答案。但是企业级应用涉及的一些领域还是可以列举的。

- 数据持久化：这里的数据泛指结构化和非结构化数据。这些数据从产生到消亡有着漫长的创建、更新、查询和删除的生命周期，有的数据甚至要存在许多年。这些数据需要为避免丢失而进行存储操作，为高效利用而进行缓存加载操作，再加上数据自身的 CRUD 等操作，在上述过程中就需要解决各种各样的问题。
- 海量并发访问：对于小的应用系统，访问者可能就是一个或几个人，稍大点的系统访问者有上百人。但是对于企业级应用尤其是互联网级应用来说，其注册用户、在线用户和并发请求都是巨大的。应用请求数较少和应用请求数巨大的架构模式是有巨大差异的，由此也会引入许多的架构问题。
- 海量数据：对于企业级应用来说，百万级数据只不过是起步，千万甚至数十亿条数据都是常见的。在数据规模比较小的时候不存在问题，而在数据规模比较大的时候就会出现严重的性能问题。为了保证在海量应用的情景下也可以使用，这时原有的数据架构就需要进行重构。
- 应用规模庞大：应用的规模越大，开发、测试、集成和维护起来就越困难。笔者就亲眼见到过一个项目，业务方面是非常出色的，但是随着产品的规模越来越大，而项目的开发方式无法适应，导致整个项目无法继续进行，以失败而告终。所以如何让应用随着规模的变大，其开发、测试、集成和维护成本只是出现等比例增长，而不是随着应用规模的变大产生指数级增长，这就变得非常重要了。
- 界面需求复杂：随着应用规模的变大，企业级应用的界面也越来越多。而在企业级应用中，又需要对使用权限、界面一致性和界面的易集成性等有非常高的要求。所以在企业级应用中，界面层有一个良好解决方案是非常有挑战性的。

- 与第三方系统协作：与小的应用不同，企业级应用的生成周期比较长，一个企业当中又有多个不同方面的系统同时存在，这些系统之间往往需要有数据或服务协作。但是由于不同的应用可能是来自于不同厂商采用不同开发语言和不同数据库开发的，所以这就对它们协同运作产生了许多问题。

总之，企业级应用可以理解成业务复杂、规模巨大、数据种类多、数据量大、访问请求大、生命周期长和并发请求巨大的应用。正是由于上述特点而产生了许许多多的问题，而这些问题的解决方案往往是有冲突的，因此如何艺术性地解决这些问题就往往需要从架构上想办法。

本书重点介绍的 Tiny 框架是 Tiny 开源小组历经 5 年业余时间，孜孜不倦地投入与坚持的产物。它是通过团队艰苦卓绝的努力所构建的体系完整、内容庞大的企业级开源框架。笔者和 Tiny 团队在解决这些问题时做了大量的尝试和实践，在诸多领域都有非常专业的解决方案，我们非常愿意通过本书与读者分享。

本书特色

1．基于原创，开拓思路

本书有大量的原创实践及原理性讲述，不管读者用不用本书中的框架，都可以对企业级 Java EE 架构中的一些技术及其解决方案有较为深入的理解，这对于读者开拓思路，避免踩同样的“坑”有非常强的借鉴作用。

2．涵盖广泛，讲解深入

本书介绍的内容都是当前主流框架和优秀技术，涵盖缓存、文件处理、模板语言、服务层、数据库架构、数据库水平扩展、元数据、Web 架构和前端界面等 Java EE 领域经常用到的知识，涉及企业级应用架构开发的方方面面。对这些内容的讲解不是泛泛而谈，而是有相当的深度。

3．内容实用，注重实践

本书内容非常注重知识的实用性和可操作性，这些内容都是作者多年以来构建 Java EE 开发框架实践过程中的宝贵经验汇集而成的。本书每章都给出了实践性很强的开发案例供读者理解。

4．思路清晰，文笔简练

本书每章按照问题背景、需求分析、解决思路、架构设计、实践示例和章节总结的顺序行文，丝丝入扣，符合人们的认知规律。而且本书行文风格朴实，文笔简练，知识的讲解由浅入深、循序渐进，即便是初学者，只要肯用心也会有所收获。

5．与众不同，切中要害

本书有相当多的实践具有“反模式”的特质，也就是说与常见的解法不一样，再辅之以简单的示例，可以让读者非常容易理解其设计精要，有醍醐灌顶之感觉。

6．理论与实践齐抓，局部与整体并重

本书注重问题的解决思路和开发细节，既介绍了企业级 Java EE 架构的设计思想，也兼顾了应用的具体实践，避免了学习过程中理论与实践的脱节，连贯而统一。本书每章都有独立的测试用例，最后还提供了完整的 Web 开发案例，这样通过先局部后整体的方式，可以让读者更好地理解 Java EE 开发架构。

7．编排科学，适用面广

本书内容编排既可以让初学者对 Java EE 架构有整体的认知，也可以让那些学有余力、经验丰富的开发人员深入钻研自己感兴趣的内容。无论是哪个层次的读者，阅读完本书后都会有所收获，甚至对以前自己觉得深不可测的问题有豁然开朗的感觉。

本书内容

本书正文共 13 章，采用问题背景、需求分析、解决思路、架构设计、实践示例和章节总结的顺序来组织内容。下面简单介绍一下每章的内容。

第1章　虚拟文件系统实践

本章从 Apache VFS 框架存在的内存泄露 Bug 说起，引入企业级应用常见的虚拟文件系统的概念，并介绍了 Apache VFS 框架和 Tiny VFS 框架。另外，还讲解了 VFS 的设计思想，介绍了 VFS 管理器、虚拟文件接口和模式提供者等概念，并给出本地文件、JAR 和 FTP 的实践用例。

第2章　缓存实践

本章以 Java EE 应用遇到的性能问题作为话题，引导读者了解缓存技术的重要性。在讲解一个实际项目缓存的代码变迁过程中，自然而然地列举了对现有缓存方案的改进：业务代码与缓存框架分离；具体缓存实现的切换不影响业务开发；支持 XML 配置等。本章介绍了两种缓存架构：字节码缓存方案和动态代理缓存方案，并对比了两者的优缺点。希望读者通过阅读本章内容，能够对开发企业级应用有新的心得体会。

第3章　文件处理框架实践

本章介绍了文件处理框架，可以有效地解决 Java EE 应用模块化导致的各种配置文件分散在不同模块而带来的处理这些资源难度大的问题。在介绍 Tiny 文件处理框架的过程中，请仔细阅读文件扫描器接口、文件扫描器主入口和定时扫描器的介绍，理解框架如何把文件的扫描、文件的变化、文件的遍历等与文件的实际处理分离，体会“开-闭”原则的具体运用。

第4章　模板语言实践

本章介绍了模板语言及其在 Java EE 领域的实践开发。为了便于读者理解，笔者先介绍模板语言的概念、原理和应用场景，并列举了常见的模板语言 Velocity、FreeMarker 和 Tiny，比较了三者的优势和不足。特别是在设计开发的章节，按模板语言的架构、语法解析和渲染机制的顺序，从零开始讲解如何构建一种模板语言。通过对本章内容的学习，有能力的读者完全可以尝试扩展模板语言。

第5章　数据库访问层实践

本章首先介绍了应用框架的三层架构，然后引入了数据库访问层的相关概念。为了便于读者理解数据库访问层，笔者讲解了业界常用的数据库访问层框架 Hibernate、Ibatis 和 JPA，以及 DSL 风格的数据库访问层 JEQUEL、JOOQ 和 Querydsl。通过比较它们的优缺点，分析了 Tiny 团队开发 TinyDsl 的原因，然后详细说明 TinyDsl 的实践过程。最后通过具体示例说明各种数据库访问层框架的用法和配置。

第6章　数据库扩展实践

本章侧重介绍数据库水平扩展方案。首先从互联网的发展所导致的业务应用压力日益增加，从而让读者认识到数据库水平扩展方案对 Java EE 企业级应用是非常合理的需求。论证了水平扩展的合理性之后，列举了常见的扩展层次：DAO 层、DataSource 层、JDBC 层和 Proxy 层，重点讲解了 Tiny 分库分表的技术架构和设计思路，并讲解了分库分表、读写分离和集群事务的处理，还与开源软件 Routing4DB 做了详细对比。最后通过具体示例演示数据库水平扩展的配置和增删改查的结果。

第7章　服务层实践

本章首先介绍了传统的服务层定义，以及与表现层、业务逻辑层的关系，然后讲解了 Tiny 对服务层的改进，通过重新定义服务概念，引入服务定义、服务注册和服务中心的设计思路。基于 Tiny 服务体系，应用可以不必关心服务提供方的具体信息。同时，由于远程调用与本地调用在代码层面并没有区别，所以系统根据不同场景进行多机部署或者单机部署时，无须对代码进行调整。远程调用体系由核心服务中心来组织整个调用网络，水平扩展极为容易。最后列举了本地场景、远程场景、单中心场景和多中心场景下，读者如何配置部署服务与服务中心。

第8章　流程引擎实践

本章介绍了面向对象编程的不足，引入了面向组件编程的概念。流程引擎框架（后文亦称之为 Flow）是一款基于面向组件开发的组件流程执行框架。目前 Flow 支持两种流程：逻辑流程和页面流程。在设计部分，读者可以通过组件设计、流程管理、流程配置和流程执行了解流程引擎的强大。在实践部分笔者介绍了如何通过组件化开发算术表达式的流程。

第9章　元数据实践

本章介绍的是基本的元数据元素，包含方言模板、标准数据类型、业务数据类型和标准字段这几类基础元数据。最后的示例演示使用 Eclipse 插件设计元数据，包括通过工具动态生成业务 Java 代码和 SQL 语句。

第10章　展现层开发实践

本章首先介绍了 Java EE 展现层的常用代表技术 Servlet、JSP 和模板语言，并详细分析了三者的特性及优缺点。接着讲解了展现层方案设计，列举了设计人员常见的做法和技巧。然后给出了 Tiny 框架的展现层架构思路：采用模板语言做前端展示，同时引入组件包的概念，通过资源合并和压缩等框架手段，提升展现层的性能。最后演示了 Tiny 展现层的告警框和文本输入框的示例。

第11章　Web扩展实践

本章主要讲解了 Tiny Web 层框架的实践过程。首先介绍了 Tiny Web 层框架的由来及设计思想与设计原理。然后详细介绍了框架内置过滤器与处理器的使用方式。最后通过具体示例讲解 Tiny Web 层框架的开发过程，从而加强对 Tiny Web 层框架的理解。

第12章　Tiny统一界面框架实践

本章重点介绍了 Java EE 领域的界面开发设计，并通过介绍问题由来，归纳用户需求，提出 UIML 解决方案。本章的侧重点是介绍 UIML 设计思路和开发细节，让读者了解 UI 组件化开发带来的好处与便利。在实践小节中介绍了图形编辑器的使用，最后还列举了 UIML 配置开发示例，归纳和总结了开发过程中的常见问题。

第13章　RESTful实践

本章讲解了业界流行的 RESTful 的背景和开发方式。首先介绍了 Spring RESTful 的开发方式，这种方式比较适用于新项目开发，而不适用于已经开发完毕的项目。然后讲解了 Tiny RESTful 如何解决这个问题。本章详细介绍了 Tiny RESTful 的设计思想与实现过程，最后的 Web 层示例演示了 RESTful 风格配置 Web 映射。

本书读者对象

- 有一定 Java EE 基础的编程人员；
- 对 Java EE 架构设计感兴趣的开发人员；
- 构建企业级应用的架构师；
- 学有余力，乐于尝试新事物的初学者；
- 想通过本书学习分析问题和解决问题思路的人员。

本书源文件获取方式

本书涉及的案例源文件需要读者自行下载。请登录清华大学出版社的网站（http://www.tup.com.cn），搜索到本书页面，然后单击“资源下载”模块中的“课件下载”或“网络资源”按钮即可下载。

本书作者

本书由罗果主笔编写，其他参与编写的人员有严诚、陈佼、任辉、李强强、王维煜、张程浩、王玲珑、严文杰、葛强燕、陈超、陈锴、陈佩霞、陈锐、黎华、李鹏钦、李森、李奕辉、李玉莉、刘仲义、卢香清、鲁木应、马向东、麦廷琮、米永刚、欧阳昉、綦彦臣、冉卫华、宋永强、滕科平、王秀丽、王玉芹、魏莹、魏宗寿、乐西萍。

限于笔者及团队能力水平，书中可能会存在一些疏漏或对软件领域一些有失偏颇的理解，对于有些框架的优缺点总结也不一定完全到位，我们给出的一些实践与希望达到的完美程序也许会有一定的差距。欢迎各位读者向我们提出意见和建议，也欢迎对我们的方案提出批评与指正，给出更好的思路，以便及时进行优化和完善。联系我们请发邮件至bookservice2008@163.com。

最后祝各位读者读书快乐，学习进步！

编著

目　录

第 1 章　虚拟文件系统实践

VFS（Virtual File System），虚拟文件系统。那么什么是现实的文件系统，什么又是虚拟的文件系统呢？举个例子，我们的硬盘有 C 盘、D 盘等，其下又有各种文件夹以及文件，那么我们认为它就是现实的文件系统；而虚拟文件系统呢，它是根据现实的文件系统，在内存中构建的一套虚拟系统，目的是方便我们程序操作现实的文件系统。可以说它（VFS）是我们对现实文件系统的一种抽象。

1.1　背 景 介 绍

一开始我们是没有做一个 VFS 的想法的，出于对 Apache 的绝对信任，我们选择了 Apache VFS 2.0 来作为 Tiny 框架的 VFS 解决方案。确实，它的 API 是统一的、优雅的，支持的协议种类也比较多，在简单评估之后，觉得就用它吧，总不能什么轮子都自己造。

于是 Apache VFS 就被依赖到框架，功能也完全良好。但是在压力测试的时候，却发现有内存泄露问题，DUMP 一下内存，进行分析之后发现原来是 Apache VFS 2.0 惹的祸，看一看 Apache VFS 已经好久没有升级了，通过跟踪源码，发现有些地方比较诡异，有时候进入有时候不进入，查之良久而不得。想自己修改吧，代码结构太过复杂，尝试了几次没有成功，只好下决定把 Apache VFS 从里面拿掉，而拿掉之后，就需要实现类似的功能，不得已才决定自己写一个 VFS。

1.2　什么是 VFS

VFS（Virtual File System）的作用就是按照提供统一文件处理接口来访问不同来源的不同文件，即为各类文件系统提供了一个统一的操作界面和应用编程接口。VFS 是一个可以使文件访问不用关心底层的存储方式及来源类型就可以工作的中间层。

一般来说，VFS 框架都会设计一个 FileObject（或类似）接口。它代表一个文件对象，和 Java 的 File 类不同，它具有更多延伸的功能和信息，可以用来定义任何来源的文件对象。每个 FileObject 对象代表一个逻辑文件，能够被用来访问逻辑文件的内容和位置等信息。

1.3　VFS 对比

Apache VFS 是一款比较优秀的开源框架，提供了非常全面的功能支持；而 Tiny VFS 则实现了几个主要的功能，同时提供了一套自定义扩展方案，接口清晰简洁。下面我们从功能点、代码量等方面对两者来做个对比。

1.3.1　Apache VFS

Apache VFS 提供了一种虚拟文件系统，能够让你通过程序很方便地和本地文件、FTP 文件及 HTTP 文件打交道。

从图 1-1 可以看出，真正的 Java 代码有 21915 行，如果包含注释就是 40914 行，代码规模还是非常大的。

Source File ▲	Total Lines	Source Cod...	Source Cod...	Comment Li...	Comment Li...	Blank Lines	Blank Lines ...
AbstractFileChangeEvent.java	34	12	35%	19	56%	3	9%
AbstractFileName.java	575	355	62%	167	29%	53	9%
AbstractFileNameParser.java	29	9	31%	19	66%	1	3%
AbstractFileObject.java	2125	1116	53%	825	39%	184	9%
AbstractFileOperation.java	47	14	30%	29	62%	4	9%
AbstractFileOperationProvider.java	167	64	38%	86	51%	17	10%
AbstractFileProvider.java	207	108	52%	75	36%	24	12%
AbstractFilesCache.java	33	10	30%	20	61%	3	9%
AbstractFileSystem.java	683	396	58%	215	31%	72	11%
AbstractLayeredFileProvider.java	109	45	41%	54	50%	10	9%
AbstractOriginatingFileProvider.java	121	50	41%	60	50%	11	9%
AbstractRandomAccessContent.java	132	86	65%	28	21%	18	14%
AbstractRandomAccessStreamContent.ja	132	93	70%	19	14%	20	15%
AbstractSyncTask.java	490	291	59%	155	32%	44	9%
AbstractVfsComponent.java	85	35	41%	42	49%	8	9%
AbstractVfsContainer.java	102	52	51%	42	41%	8	8%
AllFileSelector.java	46	15	33%	29	63%	2	4%
Bzip2FileObject.java	58	32	55%	20	34%	6	10%
Bzip2FileProvider.java	67	41	61%	20	30%	6	9%
Bzip2FileSystem.java	51	27	53%	19	37%	5	10%
Total:	**40914**	**21915**	**54%**	**15092**	**37%**	**3907**	**10%**

图 1-1　代码行 1

1.3.2　Tiny VFS

Tiny 的 VFS 框架，虽然支持的 Schema 较 Apache VFS 稍少，但是主要功能都已实现，用户也可以根据需要自行扩展其他的模式提供者。

支持的 Schema：

- JarSchemaProvider，注册本地 jar 模式提供者；
- WsJarSchemaProvider，注册 wsjar 协议的模式提供者；

- ❑ ZipSchemaProvider，注册本地 zip 模式提供者；
- ❑ FileSchemaProvider，注册 file 协议的模式提供者；
- ❑ HttpSchemaProvider，注册 http 协议的模式提供者；
- ❑ HttpsSchemaProvider，注册 https 协议的模式提供者；
- ❑ JBossVfsSchemaProvider，注册 vfs 虚拟协议的模式提供者；
- ❑ FtpSchemaProvider，注册 ftp 协议的模式提供者。

从图 1-2 可以看出，Java 代码只有 1523 行，包含注释也不过 2505 行，代码结构更清晰、简洁，可维护性更强。

Source File ▲	Total Lines	Source Cod...	Source Cod...	Comment Li...	Comment Li...	Blank Lines	Blank Lines...
AbstractFileObject.java	147	91	62%	34	23%	22	15%
AbstractSchemaProvider.java	35	14	40%	18	51%	3	9%
EqualsPathFileObjectFilter.java	36	13	36%	19	53%	4	11%
FileExtNameFileObjectFilter.java	55	25	45%	25	45%	5	9%
FileNameFileObjectFilter.java	59	30	51%	23	39%	6	10%
FileObject.java	102	31	30%	48	47%	23	23%
FileObjectFilter.java	30	4	13%	25	83%	1	3%
FileObjectImpl.java	199	152	76%	20	10%	27	14%
FileObjectProcessor.java	24	4	17%	19	79%	1	4%
FilePathFileObjectFilter.java	59	30	51%	23	39%	6	10%
FileSchemaProvider.java	43	22	51%	15	35%	6	14%
FtpFileFilterByName.java	41	15	37%	20	49%	6	15%
FtpFileObject.java	247	193	78%	26	11%	28	11%
FtpSchemaProvider.java	39	18	46%	15	38%	6	15%
HttpFileObject.java	58	29	50%	18	31%	11	19%
HttpSchemaProvider.java	46	16	35%	22	48%	8	17%
HttpsFileObject.java	63	29	46%	25	40%	9	14%
HttpsSchemaProvider.java	46	16	35%	22	48%	8	17%
JarFileObject.java	287	243	85%	18	6%	26	9%
JarSchemaProvider.java	41	17	41%	16	39%	8	20%
JBossVfsSchemaProvider.java	45	24	53%	15	33%	6	13%
SchemaProvider.java	47	6	13%	38	81%	3	6%
URLFileObject.java	186	138	74%	23	12%	25	13%
VFS.java	146	69	47%	63	43%	14	10%
VFSRuntimeException.java	33	12	36%	18	55%	3	9%
WsJarSchemaProvider.java	38	16	42%	15	39%	7	18%
ZipFileObject.java	298	242	81%	26	9%	30	10%
ZipSchemaProvider.java	55	24	44%	23	42%	8	15%
Total:	**2505**	**1523**	**61%**	**672**	**27%**	**310**	**12%**

图 1-2　代码行 2

1.4　VFS 框架设计思想

前面介绍了虚拟文件系统（VFS）的基础定义，以及 Apache VFS 和 Tiny VFS。计算机技术发展的早期阶段，还没有网络概念，文件存储只能在本地。后来随着局域网和互联网的出现，程序员可以通过网络协议远程访问文件；而现在云存储的兴起，使得文件的操作更加简单：程序员甚至不用关心文件的真实物理位置，通过虚拟的云地址就可以完成所有操作。如果针对不同的文件来源就要在程序中编写相应的处理代码，势必会导致开发成本上升，维护升级困难，因此虚拟文件系统（VFS）的出现是计算机技术发展的必然结果。

VFS 框架的出现，有如下几点优点：

- 统一文件资源的访问方式，简化应用资源的开发。程序员不用关心文件是本地文件、FTP 远端文件还是第三方运营商提供的云存储文件。
- 屏蔽应用层通信协议和底层文件格式的差异，甚至隐藏不同客户端的代码差异。
- 采用接口方式定义 VFS，也方便以后对新协议的扩展，符合软件开发的开闭原则。

对一个虚拟文件系统而言，最基础的概念有三点：VFS 管理器、SchemaProvider 模式提供者和 FileObject 虚拟文件访问接口。三者关系如图 1-3 所示。

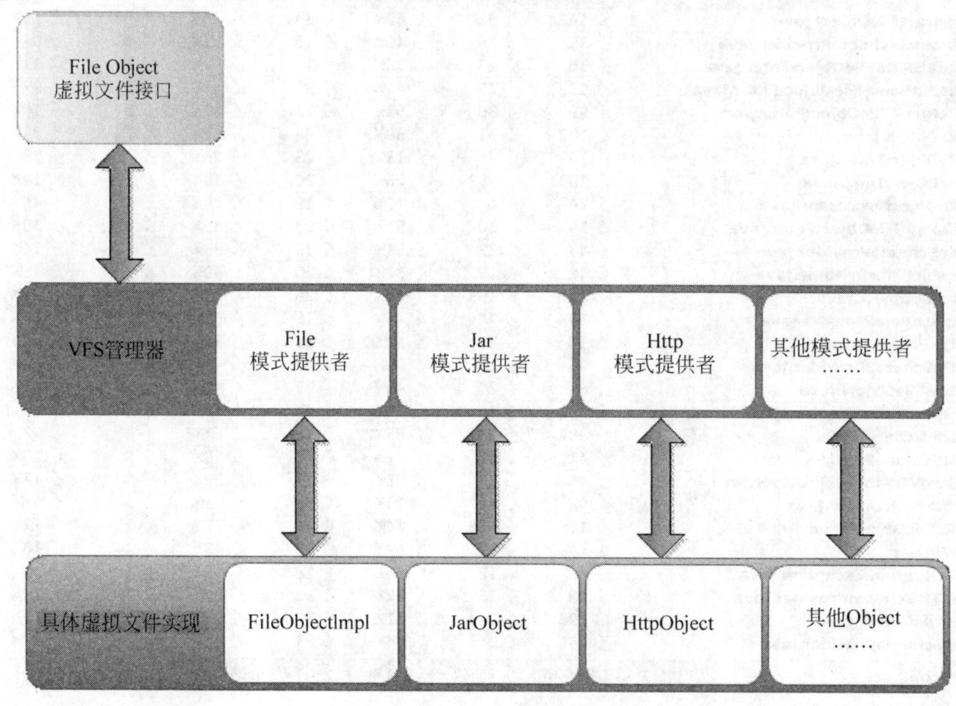

图 1-3　VFS 框架设计图

程序员可以通过 VFS 管理器获取指定路径的 FileObject 对象，但是实际上 VFS 自己不做具体的事情，它委托注册在 VFS 中的模式提供者做实际的解析，并将解析到的结果，也就是虚拟文件对象返回给调用者。

VFS 管理器类似于总包，模式提供者相当于分包，FileObject 对象就是最终结果。总包（VFS 管理器）本身不做任何具体工作，它负责管理和对外对接，所有的具体工作都是分配给自己的分包（模式提供者）完成。接到一个任务，它会依次询问每个模式提供者是不是其职能范围：如果是，则委派这个分包完成工作任务；不是的话，就问下一个模式提供者；万一问到最后也没有模式提供者能完成的话，VFS 管理器就会使用默认的模式提供者去完成工作任务。

开发者可以通过扩展并把扩展的新的模式提供者注册到 VFS 管理器，然后就可以通过 VFS 管理器解析特定来源的文件了。

1.5 VFS 实现讲解

这里列举了几个重要的接口，来说明 VFS 的实现原理。

1.5.1 VFS 管理器

VFS 管理器是作为工具类提供的，因此采用静态工具类的方式进行展示。核心方法如表 1-1 所示。

表 1-1　VFS方法说明

方 法 名	方 法 说 明
addSchemaProvider	增加新的模式提供者
getSchemaProvider	根据模式名称获取对应的模式提供者
setDefaultSchemaProvider	设置默认的模式提供者
resolveFile	根据 String 类型的协议地址解析 FileObject
resolveURL	根据 URL 类型的协议地址解析 FileObject

为了便于开发人员使用，VFS 管理器内置了一些模式提供者，以支持常见的文件来源协议，如下：

```
static {
    addSchemaProvider(new JarSchemaProvider());//注册本地 jar 模式提供者
    addSchemaProvider(new WsJarSchemaProvider());//注册 wsjar 协议的模式
                                                    提供者
    addSchemaProvider(new ZipSchemaProvider());//注册本地 zip 模式提供者
    addSchemaProvider(new FileSchemaProvider());//注册 file 协议的模式提供者
    addSchemaProvider(new HttpSchemaProvider());//注册 http 协议的模式提供者
    addSchemaProvider(new HttpsSchemaProvider());//注册 https 协议的模式
                                                    提供者
    addSchemaProvider(new FtpSchemaProvider());//注册 ftp 协议的模式提供者
    addSchemaProvider(new JBossVfsSchemaProvider());
                                    //注册其他 vfs 虚拟协议的模式提供者

}
```

通过 addSchemaProvider 方法，开发人员可以给 VFS 管理器增加新的模式提供者，从而扩展对新的 URL 协议或者格式的处理能力。

VFS 管理器解析 URL 过程如下：

（1）根据资源路径 path 从缓存容器 fileObjectCacheMap 查询是否存在已经被解析的 FileObject 对象，如果存在，则进一步判断该对象是不是包资源和最近的修改时间戳，如果是没有被修改的包资源（FileObject 对象）就直接返回，否则继续下一步。

（2）对资源路径 resource 进行转码。

（3）设置 schemaProvider 变量为默认的 SchemaProvider 模式提供者。

（4）遍历 schemaProviderMap 容器，判断模式提供者是否能处理资源路径 resource，如果能处理，则设置 schemaProvider 变量为当前的模式提供者，并中断循环。

（5）调用 schemaProvider 的 resolver 接口，获得 FileObject 对象。

（6）判断 FileObject 对象是不是包资源，如果是则放入缓存容器，并记录修改的时间戳。

（7）返回解析结果。

resolveFile 代码示例如下：

```
public static FileObject resolveFile(String resourceResolve) {
    String resource=resourceResolve;
    //根据协议地址从缓存中查询 FileObject
    FileObject fileObject = fileObjectCacheMap.get(resource);
    if (fileObject != null && fileObject.isInPackage()) {
     //检查 FileObject 的最近修改时间戳和缓存中的是否一致，如果一致的话就直接返回
       结果
       long oldTime = fileModifyTimeMap.get(resource);
       long newTime = fileObject.getLastModifiedTime();
       if (oldTime == newTime) {
           return fileObject;
       }
    }
    //取得默认的模式提供者 FileSchemaProvider
    SchemaProvider schemaProvider = schemaProviderMap.get(defaultSchema);
    for (SchemaProvider provider : schemaProviderMap.values()) {
     //遍历模式提供者，判断协议地址是否匹配当前模式提供者
       if (provider.isMatch(resource)) {
           schemaProvider = provider;
           break;
       }
    }
    //返回解析结果
    fileObject = schemaProvider.resolver(resource);
    //如果 fileObject 是包资源，则更新 fileObject 缓存和时间戳信息
    if (fileObject != null && fileObject.isInPackage()) {
       fileObjectCacheMap.put(resource, fileObject);
       fileModifyTimeMap.put(resource, fileObject.getLastModifiedTime());
```

```
    }
    return fileObject;
}
```

从解析效率和优化性能的角度出发，VFS 管理器在解析匹配虚拟文件时使用了缓存机制：会优先根据路径从缓存中获取资源，避免重复解析资源。如果是包资源（如 jar 包、zip 包），只要资源没有被修改，也只会被解析一次，从而提升整体性能，提升查找速度。

1.5.2 SchemaProvider 模式提供者

模式提供者是虚拟文件解析的执行者，由 VFS 管理器调度。如果需要解析新的模式，只需要实现对应的 SchemaProvider 接口，并注册到 VFS 管理器即可，接口方法说明如表 1-2 所示。

表 1-2　SchemaProvider方法说明

方 法 名	方 法 说 明
getSchema	返回处理的模式
isMatch	是否匹配。如果返回 true，则表示此提供者可以处理；返回 false 表示不能处理
resolver	解析资源，并返回文件对象

内置支持的模式提供者如表 1-3 所示。

表 1-3　内置模式提供者说明

模式提供者	支持的协议
JarSchemaProvider	支持解析 Jar 格式的文件资源
ZipSchemaProvider	支持解析 Zip 格式的文件资源
FileSchemaProvider	本地二进制文件，也是默认的模式提供者
HttpSchemaProvider	支持 HTTP 协议的远程文件
HttpsSchemaProvider	支持 HTTPS 协议的远程文件
FtpSchemaProvider	支持 FTP 协议的远程文件
JBossVfsSchemaProvider	支持 JBoss 的 VFS 格式的资源，返回 Jar 资源对象或者本地文件对象

1.5.3 FileObject 虚拟文件

FileObject 定义了虚拟文件的访问接口，可被用来访问文件内容及其目录结构。VFS 是以层次结构来对虚拟文件进行组织的，每个层次相当一个文件路径。

FileObject 虚拟文件接口大致可以分为属性接口、操作接口和关系接口，接口定义如图 1-4 所示。

文件属性接口如表 1-4 所示。

```
FileObject
  clean() : void
  foreach(FileObjectFilter, FileObjectProcessor) : void
  foreach(FileObjectFilter, FileObjectProcessor, boolean) : void
  getAbsolutePath() : String
  getChild(String) : FileObject
  getChildren() : List<FileObject>
  getExtName() : String
  getFileName() : String
  getFileObject(String) : FileObject
  getInputStream() : InputStream
  getLastModifiedTime() : long
  getOutputStream() : OutputStream
  getParent() : FileObject
  getPath() : String
  getSchemaProvider() : SchemaProvider
  getSize() : long
  getURL() : URL
  isExist() : boolean
  isFolder() : boolean
  isInPackage() : boolean
  isModified() : boolean
  resetModified() : void
  setParent(FileObject) : void
```

图 1-4　FileObject 接口

表 1-4　文件属性方法说明

方 法 名 称	方 法 说 明
isModified	判断虚拟文件是否被修改，一般根据文件的修改时间判断
getURL	返回虚拟文件的 URL
getAbsolutePath	返回虚拟文件的绝对路径，必须是唯一不可重复的
getPath	返回虚拟文件的相对路径
getFileName	返回虚拟文件的名称
getExtName	返回虚拟文件的扩展名
isFolder	返回是否为目录
isInPackage	返回是否为包资源
isExist	返回虚拟文件是否存在
getLastModifiedTime	返回虚拟文件的最近修改时间（精确到 ms）
getSize	返回文件大小

上述属性接口类似 File 接口，主要定义虚拟文件本身的属性。文件操作接口如表 1-5 所示。

表 1-5　文件操作方法说明

方 法 名 称	方 法 说 明
getInputStream	返回输入流，用户可以用来进行文件读操作
getOutputStream	返回输出流，用户可以用来进行文件写操作
resetModified	重置虚拟文件的修改状态
foreach	搜索操作。对文件对象及其所有子对象都通过文件对象过滤器进行过滤，如果匹配，则执行文件对外处理器
clean	对 FileObject 对象执行清理操作，清理完成后，可能会导致此对象不再可用

文件操作接口提供了虚拟文件基础的读、写、搜索、清理操作。文件关系接口如表 1-6 所示。

表 1-6　文件关系方法说明

方 法 名 称	方 法 说 明
getSchemaProvider	返回模式提供者
getParent	返回上级文件对象
setParent	设置上级文件对象
getChildren	返回当前虚拟文件的下级文件列表
getChild	返回当前虚拟文件的指定名称的下级文件
getFileObject	根据路径查询子文件

虚拟文件类似于 Java 的 File，也有两种类型：目录和普通文件。普通文件用于存储数据，普通文件不能包含其他文件，而目录本身不能用于存储数据，只能包含其他文件。现有的 FileObject 的实现层次关系如图 1-5 所示。

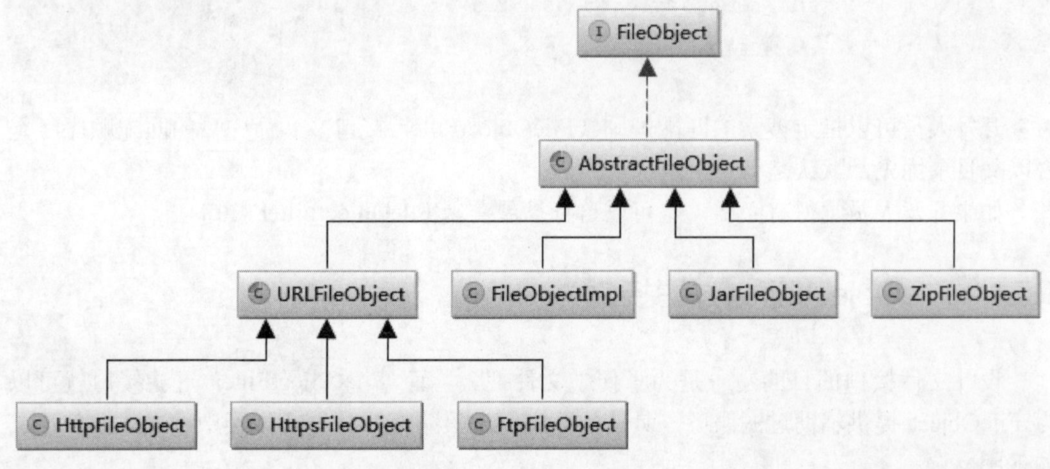

图 1-5　FileObject 类图

从层次设计而言，不涉及远程 URL 资源的虚拟文件，如本地文件、Jar 类型文件、Zip 类型文件可以通过继承 AbstractFileObject 来实现；而 URLFileObject 基类重写了 URL 资源的虚拟文件涉及到的大部分方法，所以像实现 Http 协议、Ftp 协议等远程网络协议就是继承 URLFileObject 基类。

AbstractFileObject 定义了文件过滤的实现机制：

```
/**
 * 对文件对象及其所有子对象都通过文件对象过滤器进行过滤，如果匹配，则执行文件对外处理器
 *
 * @param fileObjectFilter
 * @param fileObjectProcessor
 * @param parentFirst        true:如果父亲和儿子都命中，则先处理父亲；false:
 *  如果父亲和儿子都命中，则先处理儿子
 */
public void foreach(FileObjectFilter fileObjectFilter,
    FileObjectProcessor fileObjectProcessor,boolean parentFirst) {
    //先处理父对象，后处理子对象
    if (parentFirst && fileObjectFilter.accept(this)) {
        fileObjectProcessor.process(this);
    }
    //如果是目录，则递归调用子对象的查询
    if (isFolder()) {
     //遍历当前文件对象的子文件列表
        for (FileObject subFileObject : getChildren()) {
    subFileObject.foreach(fileObjectFilter, fileObjectProcessor, parentFirst);
        }
    }
    //先处理子对象，后处理父对象
    if (!parentFirst && fileObjectFilter.accept(this)) {
        fileObjectProcessor.process(this);
    }
}
```

开发人员可以指定搜索的匹配规则（FileObjectFilter 接口）和命中后的匹配顺序（是否以父目录优先，默认是以子目录优先）。

如果开发人员觉得有必要，也可以自行扩展实现 FileObjectFilter 接口。

1.5.4 FileObjectFilter 过滤接口

设计文件接口的目的之一是为了便于文件搜索，而 FileObjectFilter 过滤接口就可以为 FileObject 提供辅助过滤服务，具体的匹配过滤策略在具体的实现类中完成。接口定义如下：

```
/**
 * 用于对文件进行过滤
 */
public interface FileObjectFilter {
    /**
```

```
     * 如果文件对象匹配则返回真
     *
     * @param fileObject
     * @return
     */
    boolean accept(FileObject fileObject);
}
```

文件过滤接口的作用是 FileObject 搜索时，判断某个虚拟文件是否是匹配对象。

目前文件对象过滤器支持：路径过滤匹配（EqualsPathFileObjectFilter）、文件名过滤匹配（FileNameFileObjectFilter）、扩展名过滤匹配（FileExtNameFileObjectFilter）和正则过滤匹配（FilePathFileObjectFilter）。

路径过滤匹配支持对虚拟文件相对路径的精确匹配，如下：

```
public class EqualsPathFileObjectFilter implements FileObjectFilter {
    private final String path;           //匹配路径
    private boolean fullMatch = false;   //是否全匹配

    //设置匹配的路径
    public EqualsPathFileObjectFilter(String path) {
        this.path = path;
    }

    public boolean accept(FileObject fileObject) {
         //判断 fileObject 的相对路径是否匹配
        return path.equals(fileObject.getPath());
    }
}
```

文件名过滤匹配支持对文件名进行匹配，用户可以设置 fullMatch 属性，如果为真，则进行精确匹配，反之，则进行包含匹配。

```
public boolean accept(FileObject fileObject) {
        String fileName = fileObject.getFileName();//取得文件名
        if (fullMatch) {
         //完全匹配，不仅对文件名进行匹配，还要对匹配组(group)进行对比
           Matcher matcher = pattern.matcher(fileName);
           if (matcher.find()) {
               return matcher.group().equals(fileName);
           } else {
               return false;
           }
        } else {
         //局部匹配，直接用设置的正则表达式对文件名进行匹配
           Matcher matcher = pattern.matcher(fileName);
           return matcher.find();
```

```
        }
    }
```

扩展名过滤匹配支持对文件的扩展名，也就是文件后缀进行匹配。用户可以设置大小写敏感属性，如果为真，则精确匹配；反之，则不区分大小写。

```
public boolean accept(FileObject fileObject) {
        String extName = fileObject.getExtName();//获取文件扩展名
        if (extName != null) {
            if (caseSensitive) {
              //大小写敏感，进行精确匹配
                return extName.equals(fileExtName);
            } else {
              //大小写不敏感，进行忽略大小写匹配
                return extName.equalsIgnoreCase(fileExtName);
            }
        }
        //如果扩展名为空值，则默认返回不匹配
        return false;
    }
```

正则过滤匹配支持按用户定义的正则进行过滤，是适用场景最广的文件过滤接口。

```
public boolean accept(FileObject fileObject) {
        String filePath = fileObject.getPath();//取得文件路径
        if (fullMatch) {
         //完全匹配，不仅对文件路径进行匹配，还要对匹配组(group)进行对比
            Matcher matcher = pattern.matcher(filePath);
            if (matcher.find()) {
                return matcher.group().equals(filePath);
            } else {
                return false;
            }
        } else {
         //局部匹配，直接用设置的正则表达式对文件路径进行匹配
            Matcher matcher = pattern.matcher(filePath);
            return matcher.find();
        }
    }
```

需要注意，VFS 系统提供的对文件过滤接口默认考虑的是相对路径，不是系统绝对路径。

1.6 VFS 应用示例

原理我们已经介绍过了，那么接下来我们举几个示例，来看看 Tiny VFS 是怎么使用

的，示例内容包含我们前面介绍过的本地文件、远程 ftp 文件、jar 内文件和 zip 内文件。

本章应用示例工程代码，请参考附录 A 中的 org.tinygroup.vfs.demo（虚拟文件系统实践示例工程）。

1.6.1 本地文件

本地文件对应的协议是：File 协议，主要用于访问本地计算机中的文件，就如同在 Windows 资源管理器中打开文件一样。以 file://为开头，是 VFS 管理器的默认协议。

访问本地文件示例：

```
public void resolveFileObject() throws IOException {
        //获得路径
        String path= "e:/test/0.html";
        //解析资源
        FileObject fileObject= VFS.resolveFile(path);
        FileUtils.printFileObject(fileObject);//打印虚拟文件对象信息
}
```

本地文件的默认实现是 FileObjectImpl 这个 Java 类，继承 AbstractFileObject，通过 java.io.File 对象作为底层文件操作的实现。

1.6.2 Jar 文件

Jar 文件是 Java 标准的归档文件，不仅用于压缩和发布，而且还用于部署和封装库、组件和插件程序。以 jar://为开头，通过虚拟文件接口，开发人员可以读取 Jar 文件中的配置文件，就跟操作本地文件无异。

访问 Jar 文件示例：

```
public void resolveJarFileObject() throws Exception {
    //获得 Jar 文件路径
    String path= "e:/vfs-x.y.z-SNAPSHOT.jar";
    FileObject fileObject = VFS.resolveFile(path);//解析文件
      //查询子文件 VFS.class
    FileObject fo = findFileObject(fileObject, "VFS.class");
    if (fo != null) {
        InputStream inputStream = fo.getInputStream();
        byte[] buf = new byte[(int) fo.getSize()];
        inputStream.close();
        assertTrue(buf!=null);
      }
  }
    //根据文件名递归查询子文件
    private FileObject findFileObject(FileObject fileObject, String name) {
      //文件名和 name 一致，返回查询结果
```

```
        if (fileObject.getFileName().equals(name)) {
            return fileObject;
        } else {
            //当前文件类型是目录并且存在子文件
            if (fileObject.isFolder() && fileObject.getChildren() != null) {
                for (FileObject fo : fileObject.getChildren()) {
                    //递归调用
                    FileObject f = findFileObject(fo, name);
                    if (f != null) {
                        return f;
                    }
                }
            }
        }
        return null;
}
```

Jar 文件的默认实现是 JarFileObject 类，同样也是继承 AbstractFileObject，采用 java.util.jar.JarFile 作为底层文件操作的实现。

常见问题如下。

（1）协议解析结果不正确，明明是 Jar 资源却被解析成其他协议。先前说过虚拟文件接口有两类继承接口：AbstractFileObject 和 URLFileObject。像本地文件通常继承前者；而涉及到网络通信的协议一般就继承后者。协议优先于文件类型，比如基于 HTTP 协议的 Jar 资源，解析的结果是 HttpFileObject，而不是 JarFileObject。另外一种情况就是协议路径不正确，由默认模式提供者进行解析，导致结果不是用户预期的。

（2）读取资源发生异常。通常是 IO 异常，先检查 Jar 资源的路径是否正确，再检查资源的层次目录是否和压缩包的一致；还有需注意压缩包是否被损坏。

1.6.3 FTP 文件

FTP 文件以 ftp://开头，通过 FTP 文件标准路径，开发者可以使用 FileObject 直接读取该文件内容。

```
String resource = "ftp://anonymous:anonymous@127.0.0.1:2299/" + fileName;
FileObject fileObject = VFS.resolveFile(resource); //解析资源
```

1.6.4 ZIP 文件

读取 ZIP 文件后，可以直接获取 ZIP 压缩包中的子文件。

如有 ZIP 文件 test.zip，文件中目录结构为 read-tests/dir1/file1.txt，读取逻辑代码如下：

```
String path= "/test/test.zip";
FileObject fileObject = VFS.resolveFile(path); //解析资源
FileObject subFile = fileObject.getFileObject("/");
```

```
FileObject tests = fileObject.getFileObject("/read-tests");
FileObject dir1 = fileObject.getFileObject("/read-tests/dir1");
FileObject  file1  =  fileObject.getFileObject("/read-tests/dir1/file1.
txt");
```

1.7 本章总结

本章讲解了框架的虚拟文件系统。定义了统一的文件对象 FileObject，系统通过定义不同的 SchemaProvider，来识别不同的文件类型，并对其进行区别处理。

通过抽象了 VFS，可以在不修改代码的情况下，透明地切换文件的存储方式，比如在开发环境使用本地文件进行存储，在云上部署时采用云文件存储。

Tiny VFS 正是沿用了以上的思想，将不同的文件进行统一封装，达到屏蔽不同文件差异，进行无差异访问、处理的目的。虚拟文件系统是 Tiny 框架文件处理的基础，掌握 VFS 的使用，才能顺利地进行框架应用的开发。

第 2 章　缓 存 实 践

本章介绍Java EE开发常见的缓存，通过在项目开发中遇到的性能问题，以及项目代码的演变过程，引导读者对企业级应用的缓存架构有新的理解和认识。在本章介绍中，笔者会介绍字节码缓存和动态代理缓存两种不同实现的方案，对比方案的优劣，并给出两种缓存方案的配置和使用案例。

2.1　缓 存 简 介

在 Java EE 项目中，不可避免地会遇到数据处理性能方面的问题。初级的性能问题可以通过数据库 SQL 优化或者增加服务器处理能力解决，但也只能在一定程度上有所提升，往往不能彻底解决问题。此时如果引入缓存方案，不仅可以大幅提升性能，还可以大大降低数据库的压力，因此许多 Java EE 应用中都会应用缓存技术方案。

2.1.1　问题的提出及其解决方案分析

某个大型项目的性能总是不能满足应用的需要，因此笔者被拉去帮助分析、解决性能上不来的问题。在性能优化的过程中，笔者了解这个项目的缓存实现方案的变迁历史，摘录下来供大家参阅。

最早的项目实现是没有引入缓存的，在性能不能满足应用需要时，架构师为了提升处理效率，引入 Memcached 来作为缓存，因此就需要对业务代码进行调整，下面是最初无缓存逻辑的代码示例：

```
public void saveSomeObject(SomeObject someObject){
   //下面是真实保存对象的代码

}
public SomeObject getSomeObject(String id){
    //下面是真实读取对象的代码
    someObject=…;//访问数据库
    return someObject;
}
```

由于要增加对 Memcached 的访问，开发人员要对需要增加缓存逻辑的业务代码进行修改，那么上面的示例代码就改成如下格式：

```
public void saveSomeObject(SomeObject someObject){
    //下面是真实保存对象的代码
      ...
    //下面是缓存相关的代码
    memCache.put("SomeObject",someObject.getId(),someObject);
}

public SomeObject getSomeObject(String id){
    SomeObject someObject = memCache.get("SomeObject",id);
    If(someObject==null){
        //下面是真实读取对象的代码
        someObject=…;//访问 DAO
    }
    return someObject;
}
```

OK，通过上面的代码重构，缓存的逻辑就加入了，确实性能方面有了比较大的提升。

后来由于 Memcached 的功能也可以由 Redis 完全替代，于是就决定把缓存方案由 Memcached 替换为 Redis，于是就改成如下的样子：

```
public void saveSomeObject(SomeObject someObject){
      redisCache.put("SomeObject",someObject.getId(),someObject);
   //下面是真实保存对象的代码
   ...
}
public SomeObject getSomeObject(String id){
    SomeObject someObject = redisCache.get("SomeObject",id);
    If(someObject==null){
        //下面是真实读取对象的代码
        someObject=…;//访问 DAO
    }
    return someObject;
}
```

设计人员调整方案相对来说还算简单，但是最终方案还是需要软件开发人员完成，所有与缓存相关的逻辑又需要全部修改一遍，由于这是真实的大型项目，需要修改的地方自然不少。

故事并没有结束，修改后的系统仍然没有达到目标的 TPS。于是设计人员再次灵光一闪，可以引入二级缓存方案来进一步提升性能。简单说，有本地缓存就先取本地缓存，没有的情况下再取远程缓存，于是开发人员又把代码修改了一遍，代码大致变成下面的样子：

```
public void saveSomeObject(SomeObject someObject){
```

```
    redisCache.put("SomeObject",someObject.getId(),someObject);
    //下面是真实保存对象的代码

}
public SomeObject getSomeObject(String id){
    SomeObject someObject = localCache.get("SomeObject",id);
    if(someObject!=null){
        return someObject;
    }
    someObject = redisCache.get("SomeObject",id);
    if(someObject!=null){
         localCache.put("SomeObject",someObject.getId(),someObject);
    }else{
     //下面是真实读取对象的代码
     someObject=…;//访问 DAO
     localCache.put("SomeObject",someObject.getId(),someObject);
     redisCache.put("SomeObject",someObject.getId(),someObject);
}
    return someObject;
}
```

虽然代码比较丑陋，好歹功能实现了，到这个时候程序员都已经要崩溃了。

很明显这种实现方式是不够友好的，于是设计人员又提出了改进意见，能否采用注解方式进行标注，让开发人员只要声明就可以？Good idea！于是，又变成了下面的样子：

```
@Cache(type="SomeObject",parameter="someObject",key="${someObject.id}")
public void saveSomeObject(SomeObject someObject){
    //下面是真实保存对象的代码

}
@Cache("SomeObject",key="${id}")
public SomeObject getSomeObject(String id){
    //下面是真实读取对象的代码
    someObject=…;//访问 DAO
    return someObject;
}
```

这个时候，业务代码已经非常清爽了，里面不再有与缓存相关的部分内容，但是引入一个新的问题，就是处理注解的代码怎么写？如果引入容器，比如：Spring，这些处理逻辑必须被容器 Spring 托管，如果直接 new 一个实例，就没有办法用缓存了。还有一个问题是：程序员的工作量虽然大大节省，但是此方案中缓存的实现对业务代码还是有侵入性，需要引入这些注解。如果要增加超越现有注解的功能，还是需要在这些业务类中引入其他的注解或修改现有的注解。

所以，通过注解实现缓存的方案是一个可以接受的方案，但明显还有改进的余地。

实际上，我们可以把注解也理解为一种配置信息，那么我们可不可以使用配置文件来代替注解元素？答案是肯定的，开发人员编写业务代码和是否启用缓存没有一点关系，保证了业务代码的纯洁性，也避免了缓存方案的侵入性，但是需要增加配置文件。

回到最初的代码片段：

```
public void saveSomeObject(SomeObject someObject){
   //下面是真实保存对象的代码
   ...
}
public SomeObject getSomeObject(String id){
    //下面是真实读取对象的代码
    someObject=…;//访问数据库
    return someObject;
}
```

这个时候，开发人员不再关心缓存相关的内容，这是架构人员和技术经理的工作，示例中三番四次地修改，业务本身没有任何变化，但是为什么付出巨大代价的总是开发人员？开发人员应该专注在业务实现，像这种架构层面的问题应该由架构人员或者技术经理来解决。

2.1.2　用户需求

通过刚才的背景故事，可以了解到一个好的缓存解决方案需要满足以下要求。

- 支持对缓存元素的读、写和删除操作，可以实现对应用性能的提升，这是最基本的技术要求。
- 业务代码和缓存逻辑分离，具体而言，做不做缓存及怎么做缓存由技术框架完成，和开发人员无关，避免缓存代码侵入业务逻辑。
- 具体缓存实现的切换不影响业务开发。应用框架变更缓存实现方案，无需开发人员修改业务代码。
- 支持对缓存元素键值的动态处理。
- 同时支持注解方式和 XML 文件方式进行缓存配置。
- 便于开发人员或技术经理使用。

2.1.3　Tiny 缓存解决思路

目前常见的缓存解决方案，是直接把缓存相关的代码耦合在业务代码当中，这样可以满足增加缓存的要求，但是也对业务代码有相当大的侵入性，导致牺牲了代码的可读性和可扩展性，还需要增加大量的开发和维护成本。正如前面介绍的演变过程，一旦缓存方案发生变动，不可避免地会发生大规模代码变更，这是上述解决方案最大的不足。

Tiny 框架为了解决业务代码和缓存逻辑分离，采用面向切面的解决方案来设计缓存框架，按切面技术实现的不同，具体有以下两种切面缓存方案。

方案一的核心思路是把业务代码和缓存逻辑通过预编译的方式结合在一起，通过编译打包操作，将相关缓存逻辑通过字节码工具修改到目标业务代码的 class 文件。简要的操作流程如下。

（1）开发人员根据缓存的接口，实现具体的缓存方案，如 redis，并实现在读、写和删除缓存情况下的接口逻辑。

（2）通过配置预编译工程的缓存目标类，绑定预编译工程和具体的缓存实现工程。

（3）配置具体业务工程的 pom 文件，指定调用预编译工程的相关参数。

（4）开发人员在目标类的业务方法增加缓存的注解元素，表示对缓存的读、写或者删除操作。

（5）开发人员通过 maven 打包项目时，调用预编译工程对目标类进行字节码修改，将相关缓存逻辑增加到相关业务方法，并打包。

（6）业务代码运行时，通过模板引擎动态渲染缓存键值，然后再根据字节码执行相关操作。

方案二的核心思路是把业务代码和缓存逻辑通过动态代理结合在一起，工程编译阶段源代码和 class 文件是一致的，通过切面拦截器对目标方法进行代理，从而实现相关缓存逻辑。简要的操作流程如下。

（1）开发人员在具体业务工程配置缓存注解元素或者配置 XML 文件定义缓存操作。

（2）开发人员在全局配置文件定义 Cache 的具体实现和管理类，绑定具体的 Cache 实现工程。

（3）应用启动时，动态扫描缓存注解元素或者 XML 配置信息到管理类。

（4）业务方法运行时，通过 Spring 的代理拦截符合条件的方法，并触发拦截器的缓存元素动作。

（5）缓存动作执行时，先根据模板引擎动态渲染缓存的键值，然后根据键值执行相关的读、写或者删除缓存的操作。

（6）如果还需要执行原有业务方法，再将控制权交回原有执行者。

通过预编译的方式具有执行效率高，不依赖于容器的优点，但是它需要有 Maven 环境的支持；方案二则执行效率稍低，对内存占用空间稍大，依赖于具体的容器，但是它的应用不依赖于 Maven 环境。所以这两种方案可以根据场景合理选择。

上面是按切面缓存的底层实现划分的技术方案，如果从开发/架构人员角度来看，切面缓存方案应该包含下面几种配置方案。

1. 注解元素方案

比较直观，无须额外配置 XML 文件，业务代码和注解元素耦合在一起，可以同步修改。

代码示例：

```
@Cache(type="SomeObject",parameter="someObject",key="${someObject.id}")
public void saveSomeObject(SomeObject someObject){
    //下面是真实保存对象的代码
```

```
}
@Cache("SomeObject",key="${id}")
public SomeObject getSomeObject(String id){
    //下面是真实读取对象的代码
    someObject=…;//访问数据库
    return someObject;
}
```

开发人员在想要进行缓存处理的方法上增加注解元素，可以针对不同的业务处理场景定制不同的注解元素，具体的更新和读取缓存的逻辑由框架完成。

需要注意的是键值的设置，采用类似${someObject.id}的写法，和其他参数配置明显不同。这是因为缓存对象的键值是动态的，不能采用固定值，${someObject.id}这种写法是模板语言的语法，表示将上下文中名字是 someObject 的对象的 id 属性作为缓存操作的键值。实际执行过程这里不做详细展开，如果读者感兴趣可以参阅本书第 4 章的模板语言实践章节。

2. 配置文件方案

对代码无侵入性，代码和缓存配置完全分离。为此，通过制定缓存配置规范来描述项目中对缓存相关的声明。当然，这个配置文件的结构，可以根据自己所采用的缓存框架来进行相应的定义。

配置示例：

```
<aop-caches>
    <aop-cache class-name="org.tinygroup.aopcache.XmlUserDao">
        <method-config method-name="updateUser">
        <parameter-type type="org.tinygroup.aopcache.User"></parameter-type>
        <cache-actions>
            <cache-put class="org.tinygroup.aopcache.config.CachePut"
                keys="${user.id}" parameter-names="user" group="singleGroup"
                remove-keys="users" remove-groups="multiGroup">
            </cache-put>
      </cache-actions>
      </method-config>
<method-config method-name="insertUser">
        <parameter-type type="org.tinygroup.aopcache.User"></parameter-type>
        <cache-actions>
            <cache-put class="org.tinygroup.aopcache.config.CachePut"
                keys="${user.id}" parameter-names="user" group="singleGroup"
                 remove-keys="users" remove-groups="multiGroup">
            </cache-put>
      </cache-actions>
</method-config>
<method-config method-name="insertUserNoParam">
      <parameter-type type="org.tinygroup.aopcache.User"></parameter-type>
```

```
        <cache-actions>
            <cache-put class="org.tinygroup.aopcache.config.CachePut"
            keys="${user.id}" parameter-names="" group="singleGroup"
              remove-keys="users" remove-groups="multiGroup">
          </cache-put>
        </cache-actions>
</method-config>
<method-config method-name="deleteUser">
        <parameter-type type="int"></parameter-type>
        <cache-actions>
            <cache-remove class="org.tinygroup.aopcache.config.CacheRemove"
                group = "singleGroup" remove-keys = "${userId},users"
                remove-groups="multiGroup">
            </cache-remove>
        </cache-actions>
</method-config>
<method-config method-name="getUser">
        <parameter-type type="int"></parameter-type>
        <cache-actions>
            <cache-get class="org.tinygroup.aopcache.config.CacheGet"
                    key = "${userId}" group = "singleGroup">
                </cache-get>
        </cache-actions>


</method-config>
<method-config method-name="getUser">
        <parameter-type type="org.tinygroup.aopcache.User"></parameter-type>
         <cache-actions>
<!--可配置多个 key,用逗号分隔。第一次 get 时这些 key 会依次放入缓存,对应同一个 value. -->
            <cache-get class="org.tinygroup.aopcache.config.CacheGet"
                    key = "${user.id},${user.name}" group = "singleGroup">
                 </cache-get>
        </cache-actions>
</method-config>
<method-config method-name="getUsers">
         <cache-actions>
            <cache-get class="org.tinygroup.aopcache.config.CacheGet"
                  key = "users"  group = "multiGroup">
              </cache-get>
         </cache-actions>
  </method-config>
  </aop-cache>
</aop-caches>
```

这里先简单讲一下上面的配置的具体意义。

在 UserDao 的 saveUser 的时候，会同时把 user 对象放到缓存中，键值为

“user:${user.id}”，实际上，如果这个用户的 id 属于为 3，那么存放的键值就是“user：3”。

在调用 UserDao 的 getUser 的时候，会先从缓存中获取键值为“user:${id}”的数据（如果这里的参数 id 的值为 4，则键值为“user:4”），如果缓存中有，则取出并返回；如果缓存中没有，则从原有业务代码中取出值并放入缓存，然后返回此对象。

作为缓存技术方案来说，最少要支持其中一种配置方案，如果能两种方案都支持，那就更好了。下面的章节会重点介绍字节码和动态代理两种切面缓存方案的设计思路和核心代码分析。

2.2　字节码缓存设计

Tiny 的缓存解决核心思想：是通过切面方式动态处理业务的方法，这样开发人员不需要在业务代码中包含缓存逻辑，那么缓存的实现交给谁完成？答案是由架构师或技术经理利用 Tiny 缓冲框架完成的。

要实现基于字节码的缓存解决方案，首先要有下面的技术储备。

- 字节码操作：可以拦截业务方法，增加框架公用操作，也就是常说的面向切面（AOP）编程，这里的需求场景是增加缓存的处理逻辑，实际上可以应用 AOP 的业务场景很多，如权限验证、会话管理和操作日志记录等，这些都可以通过 AOP 进行增强。
- 缓存实现：一般来说我们会定义通用的缓存访问接口，然后切换不同的缓存底层实现，只要增加不同的缓存实现即可。
- Maven 插件工程：Maven 通过插件动作完成大多数构建任务。可以把 Maven 引擎认为是插件动作的协调器。这个插件完成的功能很简单，将指定注解元素或者配置文件的 class 文件执行 AOP 增强处理。

2.2.1　字节码操作工程

首先简单介绍一下字节码操作工程 org.tinygroup.asmaop，它的作用是为设计人员修改 class 字节码提供框架级别的支持，底层是通过 ASM 实现对 class 字节码的修改，目标是通过 asmaop 提供的拦截接口及扩展，降低设计人员实现 class 字节码的难度，用户无须关心 JVM 各个版本的字节码指令。工程主要接口或类如表 2-1 所示。

表 2-1　字节码接口设计列表

接口或类名	说　明
AnnotationInterceptorMapping	注解与拦截器的映射接口，此接口持有着拦截器注解，通过此接口可以实现对注解元素方案的业务 aop 处理
AsmAopProcess	asmaop 处理接口，通过工程方法获取其实例

续表

接口或类名	说　明
MethodInterceptorResolver	解析方法相关的拦截器列表
MethodResolverSetterInterceptor	具有关联方法拦截器列表解析功能的拦截器
AsmAopProcessFactory	获取 AsmAopProcess 的静态实例工厂
MethodInterceptorFactory	MethodInterceptor 拦截器的静态工厂类

AsmAopProcess 的接口用途由预编译工程调用，完成具体的切面处理操作。默认实现是 DefaultAsmAopProcess，DefaultAsmAopProcess 同时实现了 Spring 的 ApplicationContextAware 接口。接口定义如图 2-1 所示。

```
AsmAopProcess
    setMethodResolverSetterInterceptor(MethodResolverSetterInterceptor) : void
    getMethodResolverSetterInterceptor() : MethodResolverSetterInterceptor
    aopProcess(Class) : void
    aopProcess() : void
    aopProcess(ClassLoader) : void
    isAsmAopClass(Class) : boolean
    addScanPatternPath(String) : void
    removeScanPatternPath(String) : void
```

图 2-1　AsmAop 处理接口

AsmAop 处理接口如表 2-2 所示。

表 2-2　AsmAop处理接口方法说明

方 法 名 称	方 法 说 明
setMethodResolverSetterInterceptor	设置 asmaop 处理相关的方法拦截器解析接口，类上关联的拦截器的信息由这个接口解析
getMethodResolverSetterInterceptor	返回 asmaop 处理相关的方法拦截器解析类
aopProcess	对参数指定类型的类或者所有查询到的类进行 asmaop 处理
isAsmAopClass	该类是否能进行 asmaop 处理
addScanPatternPath	增加扫描的路径
removeScanPatternPath	删除扫描的路径

DefaultAsmAopProcess 是字节码切面的操作执行器，核心方法是 aopProcess，相关的代码如下：

```
public void aopProcess() throws AsmAopException {
    aopProcess(getClass().getClassLoader());
}
//执行切面处理逻辑
public void aopProcess(ClassLoader classLoader) throws AsmAopException {
  for (String locationPattern : scanPatternPaths) {
```

```
        LOGGER.logMessage(LogLevel.DEBUG, "开始对扫描路径：[{0}]对应的资源进行
        aop 处理",locationPattern);
            try {
                //设置应用上下文的类加载器
            if (applicationContext instanceof AbstractApplicationContext) {
                AbstractApplicationContext refreshApplicationContext =
                    (AbstractApplicationContext) applicationContext;
                refreshApplicationContext.setClassLoader(classLoader);
            }
            Resource[] resources = applicationContext
                    .getResources(locationPattern);
            if (!ArrayUtil.isEmptyArray(resources)) {
                for (Resource resource : resources) {
                    //遍历资源列表，进行资源切面处理
                    aopProcess(resource);
                }
            }
        } catch (Throwable e) {
    LOGGER.errorMessage("扫描路径：[{0}]对应的资源时出现异常", e, locationPattern);
            throw new AsmAopException(e);
        }
LOGGER.logMessage(LogLevel.DEBUG,"扫描路径：[{0}]对应的资源进行 aop 处理结束",
                locationPattern);
    }
}
```

aopProcess 的执行逻辑：遍历注册的扫描路径，并根据扫描路径从 Spring 注册的应用上下文 ApplicationContext 获得相关的资源数组 Resource[]，这里的 Resource 实际上就是用户业务工程的 class 文件，最后根据每个资源执行 aopProcess(class type)，对参数指定类型的类进行 asmaop 处理。DefaultAsmAopProcess 的实现代码如下：

```
public void aopProcess(Class type) throws AsmAopException {
    String classPath = ClassUtils.classPackageAsResourcePath(type) + "/"
            + ClassUtils.getClassFileName(type);//获取资源路径
    ClassPathResource resource = new ClassPathResource(classPath);
    aopProcess(type, resource);//调用 aop 增强处理操作
}

private void aopProcess(Class type, Resource resource)
        throws AsmAopException {
    LOGGER.logMessage(LogLevel.DEBUG, "开始对 class:[{0}]进行 aop 增强处理",
            type.getName());
    try {
            //判断当前类是否符合 aop 增强操作的条件
        if (isAsmAopClass(type)) {
            ClassReader classReader = new ClassReader(
```

```
                resource.getInputStream());
            AopEnhancer aopEnhancer = creatAopEnhancer(type);
            ClassWriter classWriter = new DebuggingClassWriter(
                ClassWriter.COMPUTE_FRAMES);
            aopEnhancer.setTarget(classWriter);
            aopEnhancer.validate();
            classReader.accept(aopEnhancer, ClassReader.EXPAND_FRAMES);
            OutputStream outputStream = getOutputStream(resource);
        StreamUtil.writeBytes(classWriter.toByteArray(), outputStream,
                true);
        }
    } catch (IOException e) {
LOGGER.errorMessage("对 class:[{0}]进行 aop 增强处理时出现异常", e, type.
getName());
        throw new AsmAopException(e);
    }
    LOGGER.logMessage(LogLevel.DEBUG, "对class:[{0}]进行aop增强处理结束",
            type.getName());
}
```

这里涉及两个 aopProcess 的重载：通过 ClassUtils 工具类，根据类的类型获得用户业务工程的 class 文件的物理位置信息，进而调用私有方法 aopProcess 执行真正的 aop 字节码增强，具体操作流程如下：

（1）记录切面增强的开始日志。

（2）根据类的类型判断是否可以进行 aop 操作，条件为 true 则继续操作。

（3）创建 ClassReader 和 ClassWriter 对象。

（4）通过 AopEnhancer 调用 asm 底层的字节码遍历修改操作。

（5）通过 StreamUtil 工具类，将修改后的类重新写回原有的 class 文件。

（6）记录切面增强的结束日志。

另外一个需要用户注意的接口是 AnnotationInterceptorMapping，用户想要完成的业务增加操作必须通过扩展这个接口实现，包括字节码缓存方案提到的 Redis 缓存实现也是扩展这个接口完成的。

AnnotationInterceptorMapping 接口定义如图 2-2 所示。

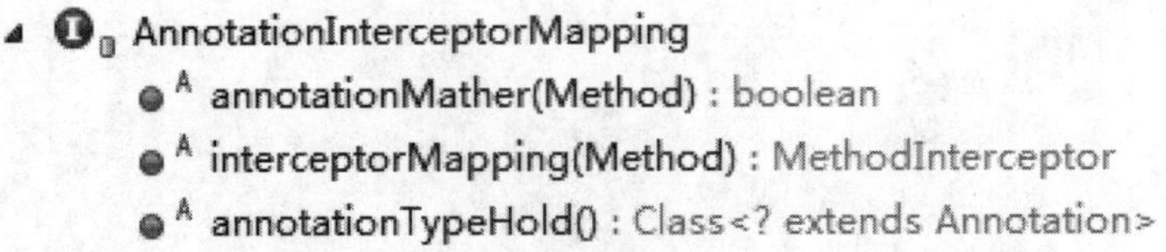

AnnotationInterceptorMapping
annotationMather(Method) : boolean
interceptorMapping(Method) : MethodInterceptor
annotationTypeHold() : Class<? extends Annotation>

图 2-2　AnnotationInterceptorMapping 接口

AnnotationInterceptorMapping 处理接口如表 2-3 所示。

表 2-3　AnnotationInterceptorMapping接口方法说明

方 法 名 称	方 法 说 明
annotationMather	方法上是否有该接口代表的注解
interceptorMapping	获取方法上对应的拦截器注解，转换成对应的拦截器实例
annotationTypeHold	返回该接口持有的拦截器注解

AbstractAnnotationInterceptorMapping 抽象类除了实现 AnnotationInterceptorMapping 接口，同时还实现了 Spring 的 InitializingBean 接口，在初始化时，会自动注册 AnnotationInterceptorMapping 到拦截器。

2.2.2　预编译工程

其次是介绍预编译工程 org.tinygroup.precompile，该工程是 Maven 插件工程，继承了 AbstractMojo 抽象类，并且实现了 execute 方法。预编译工程的调用发生在业务工程的编译阶段，也就是当 maven 将工程源代码编译成 class 文件就会触发预编译的操作，之后项目打包的 class 资源已经是修改后的包含缓存逻辑的 class 资源。

execute 方法也就是实现对业务工程指定 class 进行预编译过程时，进行 aop 操作，它影响的只是 class 的内容，对业务工程的源代码及配置文件没有任何影响。

代码片段如下：

```
public void execute() throws MojoExecutionException {
    getLog().info("Begin process  precompile...");
    try {
        compileInit();
        aopProcess();
    } catch (Exception e) {
        getLog().error(e);
        throw new MojoExecutionException("执行失败" + e.getMessage());
    }
    getLog().info("End process precompile.");
}
```

基本流程可以归纳以下几步：

（1）记录预编译开始的日志。

（2）初始化预编译环境，包括取得预编译空间、加载扫描路径、实例化 Spring 工具等。

（3）调用 asmaop 工程，实例化 AsmAopProcessor，进行 class 的 aop 逻辑。

（4）记录预编译结束的日志。

其中，如果预编译过程发生异常，会记录异常日志。

下面是预编译工程调用字节码工程的核心代码。

```
/**
 * 执行切片逻辑
 * @throws Exception
 */
private void aopProcess() throws Exception {

    if (container instanceof SpringBeanContainer) {
SpringBeanContainer springBeanContainer = (SpringBeanContainer) container;
    SpringBeanUtil.setApplicationContext((AbstractRefreshableConfigApplic-
ationContext) springBeanContainer.getBeanContainerPrototype());
    }

    AsmAopProcess process = AsmAopProcessFactory.createAsmAopProcess(
            "dynamicMethodInterceptor",
            "annotationMethodInterceptorResolver");
    process.addScanPatternPath(aopPattenPaths);
    URLClassLoader urlClassLoader = new URLClassLoader(
            new URL[] { new File(project.getBuild().getOutputDirectory())
                    .toURL() },
            getClass().getClassLoader());
    process.aopProcess(urlClassLoader);
}
```

核心代码完成如下逻辑操作：

（1）如果当前容器是 Spring 的容器实例，则将当前应用上下文放到静态类 SpringBeanUtil。

（2）通过静态工厂类 AsmAopProcessFactory 创建 AsmAopProcess 实例。

（3）预编译工程初始化获得的扫描路径，注册到 AsmAopProcess 实例。

（4）获得 Maven 工程的输出目录，包装成 URLClassLoader。

（5）调用 AsmAopProcess 实例的 aopProcess 方法，完成字节码修改操作。

需要注意，预编译工程是 Maven 插件工程，业务工程必须是 Maven 工程才能调用，如果用户选择非 Maven 方式进行业务工程的打包，就需要编写上面 Maven 插件中类似的功能的命令行或可视工具。

2.2.3 缓存实现工程

接下来介绍本节的重点：缓存实现工程 org.tinygroup.redis。其实就缓存技术方案本身而言，无论是 Redis 还是 Memcached，只是底层内存数据库选型不同，因为业务代码已经和技术框架分离，将来即便发生本章开头发生的问题场景，对开发人员也基本无影响，业务与缓存机制完全分离了。

首先是缓存接口的设计及其实现，如图 2-3 所示。

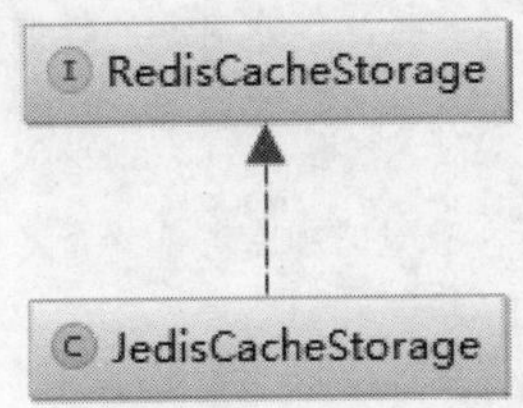

图 2-3　RedisCacheStorage 类图

RedisCacheStorage 定义了基本的缓存操作：读缓存、写缓存、设置过期时间以及关闭缓存，默认的 Redis 缓存实现是 JedisCacheStorage，底层通过 Redis 官方推荐的 Jedis 第三方 jar 资源作为客户端连接。

需要注意，JedisCacheStorage 存储对象时，会将对象序列化，因此用户进行缓存的对象必须实现 java.io.Serializable 接口，否则在读写缓存时会抛出异常。

目前定义了如下几类注解元素，如表 2-4 所示。

表 2-4　字节码的注解元素列表

元 素 名 称	说　　明
RedisString	可以实现指定键值的读写缓存
RedisExpire	可以设置指定键值的缓存的过期时间，单位是秒。如果不设置，则缓存永不过期
RedisRemove	可以删除指定键值的缓存

每种注解元素都会触发特定的拦截器，也就是说要实现 AnnotationInterceptorMapping 接口。缓存工程 Redis 的拦截器实现类，如图 2-4 所示。

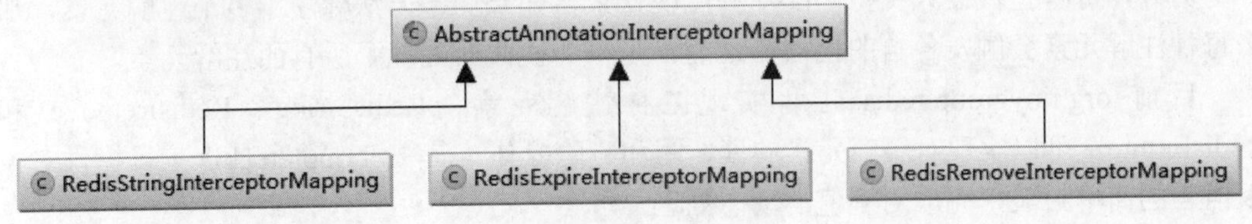

图 2-4　拦截器类

每一种拦截器需要实现一种注解功能，通过 MethodInvocation 对象，设计人员可以获得要 AOP 的方法的实例，获得输入参数和执行结果。

刚才说的是 Redis 缓存工程已经实现的注解元素，那么设计人员想要扩展新的注解元素该怎么办呢？扩展需求是肯定有的，而且实现很简单。

1. 定义新的注解元素结构，增加相关描述信息

示例如下：

```
/**
 * 设置 Redis 超时时间
```

```
 * 加上此注解时，会在添加到 Redis 时，指定对应的键值以及超时时间
 */
@Target(ElementType.METHOD)
@Retention(RetentionPolicy.RUNTIME)
public @interface RedisExpire {
    /**
     * 如果是<=0，表示永不超时
     *
     * @return
     */
    int value();

    /**
     * 主键
     *
     * @return
     */
    String key();
}
```

注解元素的 Target 需要定义成 METHOD 类型，因为这个元素是要标注在业务方法上；RETINETION 属性也要实现 RUNTIME，否则 JVM 编译后会丢失用户在注解元素上标注的信息。

实现 AnnotationInterceptorMapping 接口，实现新的 MethodInterceptor。

建议用户直接继承 AbstractAnnotationInterceptorMapping 抽象类，这样可以通过 Spring 实现拦截器的自动配置。

另外，每种拦截器只支持匹配一种注解元素，如果业务方法标注了多个注解元素，那么每种注解元素会触发各自的拦截器，而不是一个拦截器处理了所有的注解元素。

目前 org.tinygroup.redis 工程实现三种注解元素：RedisString、RedisRemove 和 RedisExpire，可以实现对缓存元素的读、写和删除操作。其中 TemplateUtil 工具提供对模板语言的简单封装，完成对键值的动态处理。

RedisExpireInterceptorMapping 示例如下：

```
public boolean annotationMather(Method method) {
     return AnnotationUtils.
findAnnotation(method, RedisExpire.class)!=null;
//判断 method 对象是否包含指定注解
}

public MethodInterceptor interceptorMapping(final Method method) {
     return new MethodInterceptor() {
//内部类，实现 MethodInterceptor 的 invoke 方法
public Object invoke(MethodInvocation invocation) throws Throwable {
    //获得 RedisExpire 注解元素
    RedisExpire redisExpire=method.getAnnotation(RedisExpire.class);
    RedisCacheStorage storage=
```

```
 (RedisCacheStorage) SpringBeanUtil.getObject(redisCache.DEFALT_STORAGE);
   //调用模板语言工具类渲染缓存的 key 值
   String key = TemplateUtil.renderRedis(redisExpire.key(), invocation);
storage.expire(key, redisExpire.value());  //执行过期逻辑

Object object= invocation.proceed();        //执行原始方法，并得到业务结果
return object;
}


    };
}

public Class<? extends Annotation> annotationTypeHold() {
    return RedisExpire.class;
}
```

设计者可以在 invoke 方法实现每种注解元素的相关业务逻辑，其中 invocation.proceed() 是执行原方法的逻辑。

2．将新注解元素的拦截器类配置到bean文件，通过Spring实现自动加载

配置文件片段如下：

```
<bean id="redisExpireInterceptorMapping" scope="singleton"
    class="org.tinygroup.redis.mapping.RedisExpireInterceptorMapping">
</bean>
 <bean id="redisStringInterceptorMapping" scope="singleton"
    class="org.tinygroup.redis.mapping.RedisStringInterceptorMapping">
</bean>
<bean id="redisRemoveInterceptorMapping" scope="singleton"
    class="org.tinygroup.redis.mapping.RedisRemoveInterceptorMapping">
</bean>
```

2.2.4　技术特点

字节码缓存方案的优势是性能，相同条件下字节码肯定比动态代理的执行更快。不过，字节码缓存方法需要动态修改工程的编译 class 文件，因此会增加项目打包编译的时间，而动态代理方案就不存在该问题。

字节码方案的缺点在于对项目开发的 JVM 版本有一定限制，如果项目后期需要 JVM 升级或者更新版本，可能存在一定的风险。

2.3　动态代理缓存设计

利用动态代理做缓存实现方案，无须修改业务代码的 class 文件，业务源代码和实际运

行时的 class 文件在内容上实际是一致的。只是运行期，缓存框架可以根据配置信息启用相关拦截器，截获目标业务方法，增加相关缓存的操作逻辑。

2.3.1 缓存接口定义

底层操作的 Cache 接口定义，如图 2-5 所示。

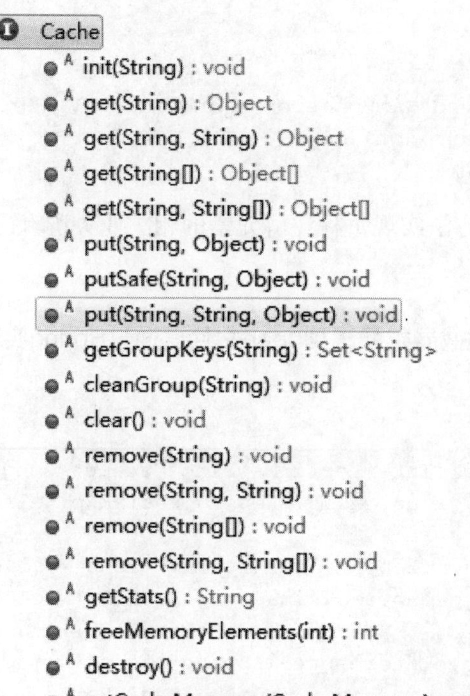

图 2-5　Cache 接口

Cache 接口如表 2-5 所示。

表 2-5　Cache接口方法说明

方法名称	方法说明
init	缓存区域初始化
get	通过组（或键值）读取对象（或者对象数组）
put	往组（或键值）中写入对象（或者对象数组）
putSafe	此方法会先检查缓存中该键值是否存。如果不存在，则往键值中写入该对象
getGroupKeys	读取组内的键值对集合
cleanGroup	清空组的对象
clear	清空该缓存
remove	通过键值、键值数组或者组中的键值删除对象
getStats	获取缓存的统计数据

续表

方法名称	方法说明
freeMemoryElements	通过元素序列清空其缓存
destroy	删除该缓存
setCacheManager	设置缓存管理类

通过 Cache 接口完全可以满足读、写、删除、批量读和批量删除等操作。与缓存相关的同步、数据安全和并发能力全部由 Cache 的具体实现工程负责，与 org.tinygroup.aopcache 无关，它仅仅负责运行期的动态代理拦截。

2.3.2　切面缓存工程

首先介绍切面缓存工程 org.tinygroup.aopcache。该工程通过 Spring 动态代理作为 aop 的实现工具，它采用 Cache 接口作为缓存的底层操作，彻底将业务工程和缓存实现工程拆分开来。字节码缓存方案并没有定义类似接口和注解元素，因此业务工程会绑定相关缓存的实现，而 org.tinygroup.aopcache 就没有这个问题。

目前 org.tinygroup.aopcache 提供了以下三类缓存操作，如表 2-6 所示。

表 2-6　动态代理的注解元素列表

元素名称	说　明
CacheGet	注解元素，获取缓存对象操作
CachePut	注解元素，设置缓存对象操作
CacheRemove	注解元素，删除缓存对象操作

动态代理缓存不光支持注解方式配置，同时也支持 XML 配置，两者差异仅仅是配置方式，底层执行的操作是相同的。

获取缓存对象操作的特性如下：

```
@Target(ElementType.METHOD)
@Retention(RetentionPolicy.RUNTIME)
public @interface CacheGet {
    /**
     * 缓存的 key
     *
     * @return
     */
    String key();
    /**
     * 缓存项所在的组
     * @return
     */
    String group() default "";

}
```

key 是缓存对象的键值，属于必填项。注意 key 是动态值，除非是静态全局对象，否则要采用模板语言的写法。group 是分组，如果缓存对象不是集合结构，则保持默认值即可。

设置缓存对象操作的特性如下：

```
@Target(ElementType.METHOD)
@Retention(RetentionPolicy.RUNTIME)
public @interface CachePut {

    /**
     * 要缓存的对象参数名称，多个参数名称以逗号分隔
     *
     * @return
     */
    String parameterNames() default "";

    /**
     * 缓存的 key，多个 key 以逗号分隔
     *
     * @return
     */
    String keys();

    String group() default "";

    /**
     * 要从缓存移除的 key，多个 key 以逗号分隔开
     * @return
     */
    String removeKeys() default "";

    /**
     * 从缓存移除 group，多个组以逗号分隔开
     * @return
     */
    String removeGroups() default "";
    /**
     * 设置缓存过期时间，默认不过期
     * @return
     */
    long expire() default Long.MAX_VALUE;

}
```

keys 是缓存对象的键值，属于必填项，如果是多个值则采用英文逗号分隔。parameterNames 对应方法的形参列表中的参数名，也是必填项，如果是多个值则采用英文逗号分隔。

删除缓存对象操作特性如下：

```
@Target(ElementType.METHOD)
@Retention(RetentionPolicy.RUNTIME)
public @interface CacheRemove {
    /**
     * 要移除的组名
     * @return
     */
    String group() default "";
    /**
     * 从缓存移除 key，多个 key 以逗号分隔开
     * @return
     */
    String removeKeys() default "";
    /**
     * 从缓存移除 group，多个组以逗号分隔开
     * @return
     */
    String removeGroups() default "";
}
```

支持删除一组缓存元素，也支持删除同组中若干个缓存元素。如果组名为空，则表示删除单个缓存元素。

通过定义缓存元素操作对象，可以屏蔽技术实现细节，开发人员不用关心缓存方案是 redis 还是 memcached 实现的，将来即便更换缓存实现，对业务代码也没有任何影响。

动态代理缓存的核心内容是怎么实现运行期对业务方法的动态代理，这也是本小节的重点，首先请看下面的接口设计，如表 2-7 所示。

表 2-7　动态代理的接口设计列表

接口或类名	说　明
AnnotationConfigResolver	注解缓存元素解析器，可以判断某个注解元素是否需要处理
AopCacheConfigManager	aop 缓存配置管理对象，可以返回某个方法包含的缓存操作对象列表
AopCacheExecutionChain	aop 缓存执行链，默认顺序是按先进先出
AopCacheProcessor	aop 缓存处理接口，支持前置操作、后置操作和流程结束操作三个事件接口
CacheActionResolver	缓存配置解析器，支持排序接口 Ordered
CacheProcessResolver	缓存处理解析器，可以返回某个方法包含的 aop 缓存处理接口列表
AopCacheInterceptor	aop 缓存拦截器，是动态代理功能的入口

需要注意 AopCacheInterceptor 是基于 Spring 动态代理实现的，无法单独使用，AopCacheInterceptor 本身已经作为 bean 配置在动态代理缓存工程的 aopcache.beans.xml，这个类的核心方法 invoke 如下：

```
public Object invoke(MethodInvocation invocation) throws Throwable {
    Method method = invocation.getMethod();
    List<CacheAction> actions = resolveMetadata(method);
    if (actions == null||actions.isEmpty()) {
```

```
        return invocation.proceed();
    }
    //获取处理器类与处理器类需要的配置信息
    AopCacheExecutionChain chain = createChain(actions);
    AopCacheHolder[] cacheHolders = chain.getAopCacheProcessors();
    Object result = null;
    if (cacheHolders != null) {//前置处理
        for (int processorIndex = 0; processorIndex < cacheHolders.length;
            processorIndex++) {
            AopCacheHolder cacheHolder = cacheHolders[processorIndex];
            AopCacheProcessor processor = cacheHolder.getProcessor();
            CacheMetadata metadata = cacheHolder.getMetadata();
            if (!processor.preProcess(metadata, invocation)) {
                result = endProcessor(processorIndex, cacheHolders,
                        invocation);
                return result;
            }
        }
    }
    result = invocation.proceed();
    if (cacheHolders != null) {//后置处理
        for (int i = cacheHolders.length - 1; i >= 0; i--) {
            AopCacheHolder cacheHolder = cacheHolders[i];
            cacheHolder.getProcessor().postProcess(
                    cacheHolder.getMetadata(), invocation, null);
        }
    }
    return result;
}
```

Invoke 方法是业务方法执行时由 Spring 动态代理触发，invocation 对象就是原始业务方法的拦截操作实例，其业务操作流程如下。

(1)根据拦截操作实例 invocation 获得 Method 方法对象的实例，再调用 resolveMetadata 方法获得缓存元素动作列表。resolveMetadata 方法委托 CacheActionResolver 接口读取 List<CacheAction>，方法片段如下：

```
private List<CacheAction> resolveMetadata(Method method) {
    for (CacheActionResolver resolver : resolvers) {
        List<CacheAction> actions = resolver.resolve(method);
        if (!CollectionUtil.isEmpty(actions)) {
            return actions;
        }
    }
    return null;
}
```

目前 CacheActionResolver 接口的具体实现类有两类：AnnotationCacheActionResolver 和 XmlCacheMetadataResolver，分别实现注解方式缓存配置解析器和 XML 方式缓存配置

解析器，两者都是继承 AbstractCacheActionResolver 抽象类。

AbstractCacheActionResolver 抽象类除了实现 CacheActionResolver 接口，还实现了 Spring 的 InitializingBean 接口，在 Spring 容器初始化时，将当前 CacheActionResolver 的类实例自动注册到 AopCacheInterceptor。

```
public void afterPropertiesSet() throws Exception {
        Assert.assertNotNull(interceptor,
"AopCacheInterceptor must not be null");
        interceptor.addResolver(this);
}
```

（2）List<CacheAction>列表对象如果为空，表示这个方法没有配置缓存操作，直接进行原始的业务操作，也就是调用 invocation.proceed()，同时终止 invoke 方法。如果不是，则继续缓存操作流程。

（3）AopCacheInterceptor 会根据 List<CacheAction>列表对象，通过处理器类与处理器类需要的配置信息，创建 aop 缓存操作执行链 AopCacheExecutionChain，createChain 方法片段如下：

```
private AopCacheExecutionChain createChain(List<CacheAction> actions) {
    AopCacheExecutionChain chain = new AopCacheExecutionChain();
    for (CacheAction cacheAction : actions) {
        AopCacheProcessor processor = processorMap.get(cacheAction
                .bindAopProcessType());
        if (processor == null) {
            throw new AopCacheException(String.format(
                    "未注册 aop 缓存操作类型：%s 对应的 aop 缓存处理器", cacheAction
                            .bindAopProcessType().getName()));
        }
    CacheMetadata metadata = cacheAction.createMetadata();
    chain.addAopCacheProcessor(new AopCacheHolder(processor, metadata));
    }
    return chain;
}
```

前面介绍过有三类缓存元素，通过 cacheAction.bindAopProcessType()可以获得其对应的操作处理器，关系如表 2-8 所示。

表 2-8　动态代理的缓存操作处理器列表

缓 存 元 素	对应操作处理器
CacheGet	AopCacheGetProcessor
CachePut	AopCachePutProcessor
CacheRemove	AopCacheRemoveProcessor

最后通过执行链 AopCacheExecutionChain 得到 AopCacheHolder 数组。

（4）根据 AopCacheHolder 数组执行前置操作，也就是执行期望在业务方法之前调用的操作。假设当前业务方法是从数据库读取数据，那么通过前置操作就可以实现先从缓存读取数据，如果不存在，则调用业务方法。

遍历 AopCacheHolder 数组过程中，AopCacheProcessor 接口的前置操作一定会被执行，并根据执行结果判断是否执行结束流程操作。结束流程操作会将操作结果代替业务方法的返回值，比如 AopCacheGetProcessor 就是这么实现的。因此每个执行链中可以有多个前置操作。但最多只能有一个结束流程操作，并且和后置操作互斥。

（5）如果 AopCacheHolder 数组没有结束流程操作，即 doPreProcess 返回 false。此时就会执行业务方法 invocation.proceed()，并赋值给变量 result。

（6）根据 AopCacheHolder 数组执行后置操作，与前置操作的遍历顺序相反，后置操作是执行链从后往前遍历。因为后置操作是业务方法结束之后才执行的操作，所以跟结束流程操作互斥。后置操作不会改变业务方法的返回值。

（7）最后，将 result 结果返回。

通过介绍动态代理工程的核心代码 invoke，相信读者对动态代理这部分的设计原理和具体实现有了一定的理解，那么接下来笔者就进一步介绍具体缓存的实现细节。

首先是获取缓存操作 AopCacheGetProcessor。它的设计需求是：如果有缓存，则直接返回缓存；如果没有的话就调用业务方法返回结果。因此它没有后置操作，只有结束流程操作。具体代码如下：

```
/**
 * 缓存获取操作
 */
public class AopCacheGetProcessor extends AbstractAopCacheProcessor {

 @Override
 public boolean doPreProcess(CacheMetadata metadata,
        MethodInvocation invocation) {
    return false;
 }

 @Override
 public Object endProcessor(CacheMetadata metadata,
        MethodInvocation invocation) {

    TemplateRender templateRender=TemplateUtil.getTemplateRender();
    try {
     TemplateContext templateContext=
     templateRender.assemblyContext(invocation);
     String group=
        templateRender.renderTemplate(templateContext,metadata.getGroup());
     String key=
        templateRender.renderTemplate(templateContext,metadata.getKeys());
        Object result=getAopCache().get(group, key);
        if(result==null){
            result=invocation.proceed();
            if(result!=null){
```

```
                getAopCache().put(group, key, result);
            }
        }
        return result;
    } catch (Throwable e) {
        throw new AopCacheException(e);
    }
 }
}
```

AopCacheGetProcessor 的具体流程如下。

（1）通过模板引擎工具类获得模板语言渲染类 TemplateRender。

（2）TemplateRender 对拦截对象实例进行模板上下文的包装，并返回上下文对象 templateContext。包装上下文方法 assemblyContext 实现细节如下：

```
public TemplateContext assemblyContext(MethodInvocation invocation) {
    TemplateContext context = new TemplateContextDefault();
    Method method = invocation.getMethod();
    String[] paramNames = MethodNameAccessTool
            .getMethodParameterName(method);
    if (paramNames != null) {
        for (int i = 0; i < paramNames.length; i++) {
            context.put(paramNames[i], invocation.getArguments()[i]);
        }
    }
    return context;
}
```

创建模板上下文的实例 context，并把业务方法的形参列表的参数值按参数名放置到 context 对象中，简单来说，业务方法的输入参数都可以在模板上下文中获得。

（3）调用 renderTemplate 方法，对缓存元素的 key 和 group 属性进行渲染，获得其动态值。

（4）调用 getAopCache 获得 Cache 对象，通过 Cache 对象可以屏蔽缓存的实现细节。

```
    public Cache getAopCache(){
    return interceptor.getCache();
}
```

AopCacheGetProcessor 是委托 AopCacheInterceptor 获得 Cache 对象的实例，而 AopCacheInterceptor 是通过 Spring 初始化完成相关对象的注入，具体的配置细节请参看 2.4.3 小节“动态代理方案配置”。

（5）根据 key 和 group 动态值，调用 Cache 的 get 方法，并赋值给 result。

（6）如果 result 存在，则直接返回 result；否则，调用业务方法，并通过 Cache 的 put 方法，将结果保存到 Cache。这样下次访问相同的业务方法时，结果就是从缓存中取值。

需要注意：配置 CacheGet 操作的业务方法，必须有返回值。

其次介绍设置缓存操作 AopCachePutProcessor。它的设计需求是：将当前业务方法的某些参数或业务方法结果放置到缓存中。因为整个过程涉及业务方法的结果，因此需要放到后置操作才能完成。具体代码如下：

```
/**
 * aop 缓存存放操作
 *
 * @author renhui
 *
 */
public class AopCachePutProcessor extends AbstractAopCacheProcessor {

@Override
public void postProcess(CacheMetadata metadata,
        MethodInvocation invocation, Object result) {
    TemplateRender templateRender = TemplateUtil
            .getTemplateRender();
    try {
TemplateContext templateContext=templateRender.assemblyContext(invocation);
    String group =
        templateRender.renderTemplate(templateContext,metadata.getGroup());
    String keys =
     templateRender.renderTemplate(templateContext,metadata.getKeys());
    String removeKeys =
    templateRender.renderTemplate(templateContext,metadata.getRemoveKeys());
    String removeGroup =
templateRender.renderTemplate(templateContext,metadata.getRemoveGroups(
));
        String parameterNames = metadata.getParameterNames();
        //先做删除
        if (!StringUtil.isBlank(removeKeys)) {
            String[] removeArray = removeKeys.split(SPLIT_KEY);
            for (String removeStr : removeArray) {
                getAopCache().remove(group, removeStr);
            }
        }
        if (!StringUtil.isBlank(removeGroup)) {
            String[] removeGroupArray = removeGroup.split(SPLIT_KEY);
            for (String remvoeGroupStr : removeGroupArray) {
                getAopCache().cleanGroup(remvoeGroupStr);
            }
        }
        //long expire=metadata.getExprire();
        if(StringUtil.isBlank(parameterNames)){
            //不缓存参数，那么缓存方法返回值，以 key 列表的第一个 key 为缓存的 key
            if(result!=null){
            getAopCache().put(group,keys.split(SPLIT_KEY)[0], result);
            }
        }else{
            String[] keyArray = keys.split(SPLIT_KEY);
```

```
            String[] namesArray = parameterNames.split(SPLIT_KEY);
            Assert.assertTrue(keyArray.length == namesArray.length,
                    "方法参数名称和缓存的 key 个数要相同");
            for (int i = 0; i < keyArray.length; i++) {
                Object value =
                 templateRender.getParamValue(templateContext,names-
                 Array[i]);
                if (value != null) {
                    getAopCache().put(group, keyArray[i], value);
                }
            }
        }

    } catch (Throwable e) {
        throw new AopCacheException(e);
    }
}

protected void checkMetadata(CacheMetadata metadata) {
    Assert.hasText(metadata.getKeys(),"keys 不能为空");
}
}
```

AopCachePutProcessor 的具体流程如下。

（1）通过模板引擎工具类获得模板语言渲染类 TemplateRender。

（2）TemplateRender 对拦截对象实例进行模板上下文的包装，并返回上下文对象 templateContext。

（3）调用 renderTemplate 方法，对缓存元素的 keys、groups、removeKeys、removeGroups 和 parameterNames 属性进行渲染，获得其动态值。

其实 AopCachePutProcessor 前面几步操作和 AopCacheGetProcessor 类似，都是通过模板语法对缓存元素属性进行渲染，取得其真实值。

（4）如果 removeKeys 存在，则循环调用 Cache 接口的 remove 接口，删除缓存元素。

（5）如果 removeGroups 存在，则循环调用 Cache 接口的 cleanGroup 接口，按组删除缓存元素。

（6）判断 parameterNames 是否为空：如果是，则执行缓存业务方法结果逻辑，以 key 列表第一个值为缓存的 key，调用 Cache 的 put 方法保存业务方法的返回结果；如果不是，则执行缓存参数列表的逻辑，遍历 keys，将相关参数保存到 cache。

注意：AopCachePutProcessor 在缓存业务方法结果和缓存业务方法参数值之间，只能选择一种。

最后介绍删除缓存操作 AopCacheRemoveProcessor。它的设计需求是：从缓存中删除某些键值或者某些组。具体代码如下：

```
/**
 * aop 缓存删除操作
```

```
 * @author renhui
 *
 */
public class AopCacheRemoveProcessor extends AbstractAopCacheProcessor{

@Override
public void postProcess(CacheMetadata metadata,
        MethodInvocation invocation, Object result) {
    TemplateRender templateRender=TemplateUtil.getTemplateRender();
    try {
TemplateContext templateContext=templateRender.assemblyContext(invocation);
    String group=
        templateRender.renderTemplate(templateContext,metadata.getGroup());
    String removeKeys=
    templateRender.renderTemplate(templateContext,metadata.getRemoveKeys());
    String removeGroups=
    templateRender.renderTemplate(templateContext,metadata.getRemoveGroups());
        if(!StringUtil.isBlank(removeKeys)){
            String[] removeArray=removeKeys.split(SPLIT_KEY);
            for (String removeStr : removeArray) {
                getAopCache().remove(group, removeStr);
            }
        }
        if(!StringUtil.isBlank(removeGroups)){
            String[] removeGroupArray = removeGroups.split(SPLIT_KEY);
            for(String remvoeGroupStr : removeGroupArray){
                getAopCache().cleanGroup(remvoeGroupStr);
            }
        }

    } catch (Throwable e) {
        throw new AopCacheException(e);
    }
 }
}
```

AopCacheRemoveProcessor 的具体流程如下：

（1）通过模板引擎工具类获得模板语言渲染类 TemplateRender。

（2）TemplateRender 对拦截对象实例进行模板上下文的包装，并返回上下文对象 templateContext。

（3）调用 renderTemplate 方法，对缓存元素的 removeKeys 和 removeGroups 的属性进行渲染，获得其动态值。

（4）如果 removeKeys 存在，则循环调用 Cache 接口的 remove 接口，删除缓存元素。

（5）如果 removeGroups 存在，则循环调用 Cache 接口的 cleanGroup 接口，按组删除缓存元素。

其实 AopCacheRemoveProcessor 的逻辑和 AopCachePutProcessor 类似，都有删除元素

的操作并且操作元素的属性页类似，只不过没有保存操作。

2.3.3 技术特点

动态代理缓存方案的优势是不像字节码缓存方案需要考虑字节码工具能否支持各种版本 JVM，就不存在各种 JVM 兼容上的风险，但是这种方案要求一定要使用 Spring 容器。

Tiny 框架其实两种方案都有实现，早期采用字节码方式，也就是方案一，后来也出现了动态代理方式，两种方案各有优缺点，具体采用哪种可以根据情况来选定。

2.4 缓存方案实践

前面几节侧重介绍字节码缓存方案和动态代理缓存方案的设计原理和实现细节，方便用户了解设计思想和核心代码，同时对两种技术方案的优缺点有所了解。而本节是实践章节，目的是通过工程代码示例模拟缓存的调用过程，读者依照介绍，可以在业务代码不修改的情况下，动态读取、更新和删除缓存。笔者会依次介绍字节码缓存方案和动态代理缓存方案的配置和使用步骤，指导开发人员如何配置使用 Tiny 的缓存方案。

本章应用示例工程代码，请参考附录 A 中的 org.tinygroup.cache.demo（缓存实践示例工程）。

2.4.1 字节码方案配置

采用字节码缓存作为缓存解决方案，首先要确保业务工程是基于 maven 管理的。

（1）在业务工程的 pom 文件增加调用预编译工程的配置。

配置片段如下：

```
<build>
    <plugins>
        <plugin>
            <groupId>org.tinygroup</groupId>
                <artifactId>org.tinygroup.precompile</artifactId>
                <version>${tiny_version}</version>
                <executions>
                    <execution>
                        <id>compile phase</id>
                        <phase>compile</phase>
                        <goals>
                            <goal>preCompile</goal>
                        </goals>
                    </execution>
                </executions>
        </plugin>
```

```
    </plugins>
</build>
```

业务工程通过 maven 执行 class 编译时，调用预编译工程，这样之后打包、安装的 jar 资源统统都是 AOP 之后的文件了。

（2）在业务工程的 pom 文件增加相关缓存实现工程的依赖。比如示例是 redis 缓存工程，那么 pom 文件就要增加如下依赖片段：

```
<dependency>
    <groupId>org.tinygroup</groupId>
    <artifactId>org.tinygroup.redis</artifactId>
    <version>${tiny_version}</version>
</dependency>
```

至此配置阶段就完成了。

2.4.2 字节码方案示例

在业务工程想要进行缓存操作的类上增加缓存工程定义的注解元素。光配置构建时依赖预编译工程进行 AOP 切面还不够，需要同时指定哪些类的那些方法需要进行 AOP。因为业务工程也只是一部分类的一部分方法需要进行 AOP 处理，而不是对所有类的所有方法。

代码示例如下：

```
@AsmAop
public class UserDao {

  @RedisString(type = "org.tinygroup.redis.test.User",
  key = "${user.name}",parameterName = "user")
  public void  updateUser(User user) {
  System.out.println("update user");
  }

  @RedisString(type = "org.tinygroup.redis.test.User", key = "${user.name}")
  @RedisExpire(key = "${user.name}",value=1000)
  public void insertUser(User user) {
  System.out.println("insert user");
  }

  @RedisString(type = "org.tinygroup.redis.test.User",
  key = "${name}",parameterName = "name")
  public User getUser(int userId,String name) {
  System.out.println("get user");
  User user =new User();
  user.setId(userId);
      return user;
  }
```

```
}
```

首先要在类上标注@AsmAop 注解，表示这个类需要进行 AOP 处理，如果没有这个注解，那么后台扫描时，会自动忽视没有该注解的类；只有发现存在该注解，后台扫描时，才会进一步扫描是否存在方法需要进行缓存的 AOP 处理。

接下就可以通过 maven 验证字节码的处理结果了。这里并不局限 maven 构建的方式，无论是采用命令行方式还是通过 IDE 的 maven 插件调用构建命令，都是可以的。

日志片段如下：

```
[INFO] Begin process precompile...
[INFO] 从插件上下文取得当前工程的编译空间:D:\workspace\tinyext\internet\org.tinygroup.redistest\target\classes
[INFO] 查找 Web-INF/classes 路径开始...
[INFO]  Web-INF/classes  路 径 是 :jar:file:/C:/Users/yancheng11334/  .m2/repository/org/tinygroup/org.tinygroup.fileresolver/2.0.6/org.tinygroup.fileresolver-2.0.6.jar!/org/tinygroup/fileresolver/impl/
[INFO]  Web-INF/lib  路 径 是 :file:/C:/Users/yancheng11334/.m2/repository/org/tinygroup/org.tinygroup.fileresolver/2.0.6
[INFO] 查找 Web-INF/classes 路径完成。
[WARNING] WebROOT 变量找不到
[INFO] 查找 Web 工程中的 jar 文件列表开始...
[INFO] End process precompile.
```

如果编译业务工程后，日志没有提示异常信息，同时 maven 的 install 信息提示 Success，就表示缓存工程的 AOP 执行成功了。那么如何验证目标 class 是否真正被重写成功了，第一种做法是跑应用，看看缓存逻辑是否调用成功；第二种做法就是利用 Java 反编译工程，直接对比 class 的反编译结果。

以示例中的 UserDao 为查看对象，反编译后的结果如下：

```
public final User getUser(int paramInt, String paramString)
  {
    if (!this.CGLIB$CONSTRUCTED)
      return getUserOriginal(paramInt, paramString);
    MethodInterceptor tmp18_15 = this.CGLIB$CALLBACK_0;
    if (tmp18_15 == null)
    {
      tmp18_15;
      CGLIB$BIND_CALLBACKS(this);
    }
    MethodInterceptor tmp31_28 = this.CGLIB$CALLBACK_0;
    if (tmp31_28 != null)
      return  (User)tmp31_28.intercept(this,  CGLIB$getUser$0$Method,  new
Object[] { new Integer(paramInt), paramString }, CGLIB$getUser$0$Proxy);
    return getUserOriginal(paramInt, paramString);
  }
```

以上 class 的内容是重写成功后的结果。

```
@RedisString(type="org.tinygroup.redis.test.User",          key="${name}",
parameterName="name")
  public User getUser(int userId, String name) {
    throw new Error("Unresolved compilation problems: \n\tUser cannot be
resolved to a type\n\tUser cannot be resolved to a type\n\tUser cannot be
resolved to a type\n");
  }
```

以上 class 内容是原生的 class 反编译的结果。

至此，通过 AOP 切面方式对缓存逻辑的自动插入就圆满完成了。因为基于字节码缓存的方案不支持 XML 方式配置，所以本小节仅仅介绍注解元素的代码示例。

2.4.3 动态代理方案配置

动态代理方案配置由于不涉及字节码的修改，因此不关心编译期间的配置，接下来介绍的都是项目工程运行期的配置信息。

（1）在业务工程的 pom 文件增加调用动态代理工程和 Cache 具体实现的依赖配置。

```
<dependency>
        <groupId>org.tinygroup</groupId>
        <artifactId>org.tinygroup.aopcache</artifactId>
        <version>${tiny_version}</version>
</dependency>
<dependency>
        <groupId>org.tinygroup</groupId>
        <artifactId>org.tinygroup.rediscache</artifactId>
        <version>${tiny_version}</version>
</dependency>
```

目前 Cache 的具体实现工程有以下几类，如表 2-9 所示。

表 2-9　Cache实现工程列表

工　程　名	说　　明
org.tinygroup.ehcache	以 ehcache 作为 Cache 的底层实现方案
org.tinygroup.jcscache	以 jcs 1.3 版本为 Cache 的底层实现方案
org.tinygroup.jcscache2	以 jcs 2.0-Bate 版本为 Cache 的底层实现方案
org.tinygroup.rediscache	以 redis 为 Cache 的底层实现方案

（2）配置业务工程的 Spring 动态代理。以下代码仅供示例，用户需要根据业务场景配置合适的业务对象。

```
<bean id="customerAdvisor"
class="org.springframework.aop.support.RegexpMethodPointcutAdvisor">
      <property name="patterns">
          <list>
```

```
            <value>.*Dao.*</value>
         </list>
      </property>
      <property name="advice" ref="aopCacheInterceptor" />
   </bean>


<bean id="annotationUserDao" scope="singleton"
    class="org.tinygroup.aopcache.AnnotationUserDao">
</bean>

<bean id="xmlUserDao" scope="singleton"
    class="org.tinygroup.aopcache.XmlUserDao">
</bean>

<bean class="org.springframework.aop.framework.autoproxy.DefaultAdvisor-
AutoProxyCreator"></bean>
```

比如上述配置，通过 RegexpMethodPointcutAdvisor 可以按正则规则对业务类进行拦截匹配，比如测试的业务代码类 AnnotationUserDao 和 XmlUserDao 都是符合上述规则的，不符合的业务类是不会进行拦截处理的。以上只是展示部分 Spring 动态代理，开发人员完全可以根据自己的需要进行配置，Tiny 框架本身没有任何限制。

（3）接着是配置 application.xml，设置具体的缓存实现。配置示例如下：

```
<application-properties>
    <property name="BASE_PACKAGE" value="org.tinygroup" />
    <property name="TINY_IS_RELEASE_MODE" value="false" />
    <property name="TINY_THEME" value="default" />
    <property name="wholeWidth" value="200pt" />
    <property name="labelWidth" value="80pt" />
    <property name="fieldWidth" value="120pt" />
    <property name="cardWidth" value="200pt" />
    <!-- 如果没有指定语言或指定语言的内容找不到，则从默认语言查找 -->
    <property name="TINY_DEFAULT_LOCALE" value="zh_CN" />
    <property name="aop_cache_region" value="testCache1"></property>
       <property name="cache_manager" value="jcsCacheManager"></property>
</application-properties>
```

aop_cache_region 是设置动态代理缓存工程的绑定 Cache 名称，相关 Cache 管理器会根据这个名称创建或者查询 Cache；cache_manager 是 Cache 管理器的 bean 名称，具体 bean 的 spring 配置通常已经在各自的缓存实现工程配置，这里用户只需要引用即可。

（4）配置文件解析处理器。

Tiny 框架通过文件搜索器 fileResolver 统一处理配置加载，如果缓存实现工程有各自私有的设置文件，一般需要在 fileResolver 的 bean 节点增加相关处理。例如，动态代理方案支持 XML 配置，命名规范是*.aopcache.xml，要在 Application.beans.xml 配置文件增加

cacheActionFileProcessor 节点，配置如下：

```
<bean id="fileResolver" scope="singleton"
    class="org.tinygroup.fileresolver.impl.FileResolverImpl">
    <property name="fileProcessorList">
        <list>
            <ref bean="i18nFileProcessor" />
            <ref bean="xStreamFileProcessor" />
            <ref bean="cacheActionFileProcessor" />
        </list>
    </property>
</bean>
```

配置阶段至此结束，下一小节介绍动态代理方案的具体示例。

2.4.4 动态代理方案示例

动态代理方案同时支持注解元素缓存和 XML 方式缓存：注解元素对业务代码有一定侵入性；而 XML 方式虽然没有侵入性，但是需要额外配置*.aopcache.xml。

先是具体缓存对象 User 的定义，注意一定要实现可序列化接口。

```
public class User implements Serializable{

private static final long serialVersionUID = 3623124271671754910L;
int id;
    String name;
    int age;
    Date birth;

    public User() {
    }

    public User(int id,String name, int age, Date birth) {
     this.id=id;
        this.name = name;
        this.age = age;
        this.birth = birth;
    }


    public String getName() {
        return name;
    }

    public void setName(String name) {
        this.name = name;
    }
```

```
    public int getAge() {
        return age;
    }

    public void setAge(int age) {
        this.age = age;
    }

    public Date getBirth() {
        return birth;
    }

    public void setBirth(Date birth) {
        this.birth = birth;
    }

public int getId() {
    return id;
}

public void setId(int id) {
    this.id = id;
}

}
```

User 值对象很简单，包含序号、年龄和出生日期三个属性以及 get/set 方法。

注解元素示例，AnnotationUserDao 代码如下：

```
public class AnnotationUserDao {
Map<Integer, User> container = new HashMap<Integer, User>();

private String testDbOperatorLog = "";
                                    //仅用于测试日志，记录从数据库获取的测试结果
 public String getTestDbOperatorLog() {
    return testDbOperatorLog;
}

    @CachePut(keys = "${user.id}", parameterNames = "user", group =
    "singleGroup", removeKeys = "users",removeGroups = "multiGroup")
public void updateUser(User user) {
    testDbOperatorLog+="update user;";
//      System.out.println("update user");
}

    @CachePut( keys = "${user.id}",parameterNames = "user", group =
    "singleGroup", removeKeys = "users",removeGroups = "multiGroup")
```

```
public void insertUser(User user) {
    testDbOperatorLog+="insert user;";
//      System.out.println("insert user");
    container.put(user.id, user);
}

    @CacheRemove(group = "singleGroup", removeKeys = "${userId},users",
    removeGroups ="multiGroup")
public void deleteUser(int userId) {
    testDbOperatorLog+="delete user;";
//      System.out.println("delete user");
    container.remove(userId);
}

@CacheGet(key = "${userId}", group = "singleGroup")
public User getUser(int userId) {
    testDbOperatorLog+="get user;";
//      System.out.println("get user");
    return container.get(userId);
}

@CacheGet(key = "users", group = "multiGroup")
public List<User> getUsers() {
//      System.out.println("get users");
    testDbOperatorLog+="get users;";
    List<User> users=new ArrayList<User>();
    users.addAll(container.values());
    return users;
}

}
```

示例通过 HashMap 模拟数据库的业务对象操作。

测试代码 AopCacheTest 的演示片段如下：

```
public void testAopCacheWithAnnotation() {

    AnnotationUserDao userDao = BeanContainerFactory.getBeanContainer(
            getClass().getClassLoader()).getBean("annotationUserDao");
    User user = userDao.getUser(1);
    assertNull(user);
    User user1 = new User(1, "flank", 10, null);
    User user2 = new User(2, "xuanxuan", 11, null);
    User user3 = new User(3, "liang", 12, null);
    userDao.insertUser(user1);
    userDao.insertUser(user2);
    userDao.insertUser(user3);
    user = userDao.getUser(1);//从缓存中获取
```

```
    assertNotNull(user);
    user = userDao.getUser(1);              //第二次查询从缓存中获取
    assertNotNull(user);
    user.setAge(20);
    userDao.updateUser(user);
    user = userDao.getUser(1);
    assertEquals(20, user.getAge());
    Collection<User> users = userDao.getUsers();//从数据库中加载
    assertEquals(3, users.size());
    users = userDao.getUsers();             //第二次查询从缓存中获取
    assertEquals(3, users.size());
    userDao.deleteUser(1);
    users = userDao.getUsers();             //从数据库中加载
    assertEquals(2, users.size());
    users = userDao.getUsers();
    assertEquals(2, users.size());          //第二次查询从缓存中获取
    userDao.insertUser(user1);              //重新插入
    users = userDao.getUsers();             //从数据库中加载
    assertEquals(3, users.size());
    users = userDao.getUsers();             //第二次查询从缓存中获取
    assertEquals(3, users.size());
    assertEquals(userDao.getTestDbOperatorLog(), EXPECTATION);
}
```

XML 方式缓存示例，XmlUserDao 代码如下：

```
public class XmlUserDao {

Map<Integer, User> container = new HashMap<Integer, User>();

private String testDbOperatorLog = "";
    //仅用于测试日志，记录从数据库获取的测试结果

public void updateUser(User user) {
//      System.out.println("update user");
    testDbOperatorLog+="update user;";
}

public void insertUser(User user) {
//      System.out.println("insert user");
    testDbOperatorLog+="insert user;";
    container.put(user.id, user);
}

public void deleteUser(int userId) {
//      System.out.println("delete user");
    testDbOperatorLog+="delete user;";
    container.remove(userId);
```

```
}

public User getUser(int userId) {
//      System.out.println("get user");
    testDbOperatorLog+="get user;";
    return container.get(userId);
}

public List<User> getUsers() {
//      System.out.println("get users");
    testDbOperatorLog+="get users;";
    List<User> users=new ArrayList<User>();
    users.addAll(container.values());
    return users;
}

public String getTestDbOperatorLog() {
    return testDbOperatorLog;
 }
}
```

XmlUserDao 和 AnnotationUserDao 业务操作基本相似，主要差距在于缺少缓存注解操作元素的配置，而这些信息是配置在 XML 文件中的，test.aopcache.xml 的示例如下：

```
<aop-caches>
<aop-cache class-name="org.tinygroup.aopcache.XmlUserDao">
    <method-config method-name="updateUser">
        <parameter-type type="org.tinygroup.aopcache.User">
            </parameter-type>
        <cache-actions>
            <cache-put class="org.tinygroup.aopcache.config.CachePut"
              keys="${user.id}" parameter-names="user"
              group="singleGroup" remove-keys="users"
                    remove-groups="multiGroup">
            </cache-put>
        </cache-actions>
    </method-config>
    <method-config method-name="insertUser">
     <parameter-type type="org.tinygroup.aopcache.User">
        </parameter-type>
    <cache-actions>
     <cache-put class="org.tinygroup.aopcache.config.CachePut"
               keys="${user.id}" parameter-names="user"
                 group="singleGroup" remove-keys="users"
                 remove-groups="multiGroup">
        </cache-put>
    </cache-actions>
    </method-config>
```

```
    <method-config method-name="deleteUser">
    <parameter-type type="int"></parameter-type>
    <cache-actions>
        <cache-remove class="org.tinygroup.aopcache.config.CacheRemove"
             group = "singleGroup" remove-keys = "${userId},users"
                   remove-groups="multiGroup">
        </cache-remove>
    </cache-actions>
    </method-config>
    <method-config method-name="getUser">
        <parameter-type type="int"></parameter-type>
        <cache-actions>
        <cache-get class="org.tinygroup.aopcache.config.CacheGet"
                  key = "${userId}" group = "singleGroup">
            </cache-get>
      </cache-actions>
    </method-config>
    <method-config method-name="getUsers">
        <cache-actions>
            <cache-get class="org.tinygroup.aopcache.config.CacheGet"
                   key = "users"  group = "multiGroup">
               </cache-get>
        </cache-actions>
    </method-config>
</aop-cache>
</aop-caches>
```

最后，演示基于 XML 的测试代码：

```
public void testAopCacheWithXml() {

    XmlUserDao userDao = BeanContainerFactory.getBeanContainer(
            getClass().getClassLoader()).getBean("xmlUserDao");
    User user = userDao.getUser(1);
    assertNull(user);
    User user1 = new User(1, "flank", 10, null);
    User user2 = new User(2, "xuanxuan", 11, null);
    User user3 = new User(3, "liang", 12, null);
    userDao.insertUser(user1);
    userDao.insertUser(user2);
    userDao.insertUser(user3);
    user = userDao.getUser(1);//从缓存中获取
    assertNotNull(user);
    user = userDao.getUser(1);//第二次查询从缓存中获取
    assertNotNull(user);
    user.setAge(20);
    userDao.updateUser(user);
    user = userDao.getUser(1);//从缓存中获取
```

```
    assertEquals(20, user.getAge());
    Collection<User> users = userDao.getUsers();//从数据库中加载
    assertEquals(3, users.size());
    users = userDao.getUsers();          //第二次查询从缓存中获取
    assertEquals(3, users.size());
    userDao.deleteUser(1);
    users = userDao.getUsers();          //从数据库中加载
    assertEquals(2, users.size());
    users = userDao.getUsers();
    assertEquals(2, users.size());       //第二次查询从缓存中获取
    userDao.insertUser(user1);           //重新插入
    users = userDao.getUsers();          //从数据库中加载
    assertEquals(3, users.size());
    users = userDao.getUsers();          //第二次查询从缓存中获取
    assertEquals(3, users.size());
    assertEquals(userDao.getTestDbOperatorLog(), EXPECTATION);
}
```

通过 testAopCacheWithAnnotation 和 testAopCacheWithXml 这两个 testcase 的演示，读者很容易对比和理解两种配置方式的差异。

2.5 本章总结

本章介绍了基于字节码修改和动态代理两种缓存的实现方案，并给出完整的技术实现细节和实践示例。特别是介绍字节码缓存方案和动态代理缓存方案时，笔者对两者优劣做了对比，希望读者能通过本章的阅读，对开发企业级的应用有新的心得体会。

2.5.1 关键点：缓存实现方案的可替换性

前文介绍缓存实现方式时，提到缓存实现方案不应该绑定具体的某种实现，而是应该采用接口与实现分离的原则，具体的实现是由用户进行选择的。

字节码缓存实践方案时，提到定义缓存通用接口 RedisCacheStorage，将来即便替换成其他缓存方案也容易，增加一个缓存方案的实现即可。

动态代理缓存方案，则是通过 Cache 接口实现底层缓存方案的可替换性。

2.5.2 关键点：缓存代码与业务代码的解耦

字节码方式缓存实现，提到业务工程开发时无须开发人员在业务代码里面硬编码缓存逻辑，只需要配置注解元素即可，缓存代码的添加通过 Maven 插件自动添加，无论是替换缓存实现方案还是增加/删除缓存代码仅仅只是一句命令，无须开发人员手动修改业务代码。

而动态代理方式缓存则更进一步，不光支持注解元素还支持 XML 配置，特别是 XML 配置是完全对业务代码的零侵入。

2.5.3　关键点：模板语言的应用

Tiny 框架缓存为了实现 Cache 键值的动态化，采用模板语言动态渲染，可以将某个对象或者对象属性的值作为键值的字符串，继而完成读、写和删除等缓存操作。

这里使用的模板语言是 Tiny 模板语言，读者可以查看对应章节了解 Tiny 模板语言。

第 3 章　文件处理框架实践

文件扫描器，是用于处理特定文件的一套扫描系统，当容器加载时，优先启动加载，另外提供了路径的过滤、配置的反序列化等附加功能。

在实际项目开发过程中，往往会产生各种类型的文件来存储各种配置或信息，需要通过编程的方式读取这些文件内容。而模块化在最近几年非常热，毕竟只有实现模块化才可以更好地实现资源高内聚，便于进行开发、测试和发布，但是随着应用的模块化，也会导致各种配置文件分散在不同的模块、不同的 Jar 包中，从而大大增加了处理这些资源的难度。

为了解决这个问题，我们构建了文件处理框架，体系性地处理好这些问题。

3.1　概　　述

文件处理框架的设计目标是把文件的扫描、文件的变化、文件的遍历等与文件的实际处理分离，开发者无须关心要处理的文件的具体位置，只要编写文件处理相关的代码即可。文件处理框架会对应用资源进行扫描，然后把扫描到的文件分到开发者开发的文件处理器并由其处理，从而达到对文件进行处理的目的。文件扫描器实现类如图 3-1 所示。

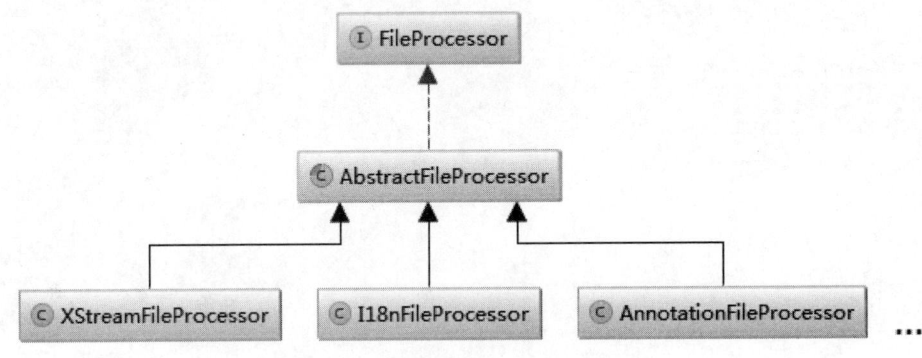

图 3-1　FileProcessor 实现类

3.1.1　FileProcessor 接口

FileProcessor 是文件扫描器接口，开发者通过实现该接口的 isMatch 方法来告诉管理器哪些文件是自己关心的，对其管理器分发过来的文件进行处理。每种需要处理的文件都需要实现一个 FileProcessor 实现类，接口定义如图 3-2 所示。

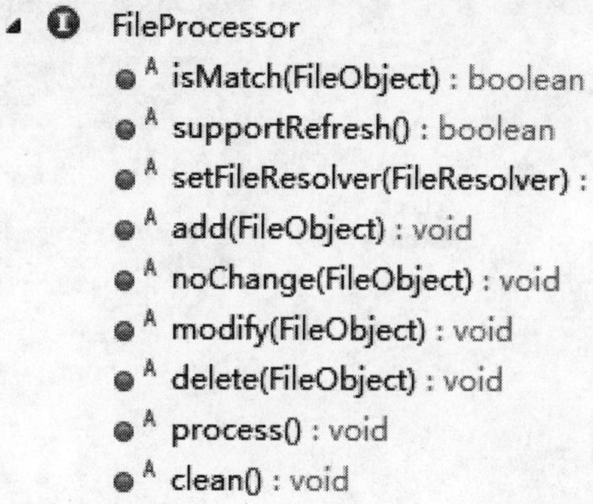

```
FileProcessor
  isMatch(FileObject) : boolean
  supportRefresh() : boolean
  setFileResolver(FileResolver) : void
  add(FileObject) : void
  noChange(FileObject) : void
  modify(FileObject) : void
  delete(FileObject) : void
  process() : void
  clean() : void
```

图 3-2　FileProcessor 接口

FileProcessor 接口各方法说明如表 3-1 所示。

表 3-1　FileProcessor方法说明

方　法	说　明
isMach	判断文件是否满足当前 FileProcessor 的匹配规则，若该方法返回为 true，则认为该文件符合规则
supportRefresh	该处理器是否支持文件刷新
setFileResolver	设置 FileResolver，该方法由 FileResolver 调用，以注入一个 FileResolver 实例，以便在需要时使用
add	添加一个符合规则的新文件
noChange	添加一个符合规则且未发生变化的文件
modify	添加一个符合规则且发生变化的文件
delete	删除一个符合规则的文件
process	进行处理，该方法内由用户自行处理所有符合规则的文件
clean	清除扫描器中的文件信息

框架提供了一个抽象类 AbstractFileProcessor，该类实现了 FileProcessor 方法，一般情况下，开发者只需要继承该类，实现以下两个方法即可：

```
//判断文件是否符合规则，符合规则的文件将被收集后，被 process 方法处理
boolean checkMatch(FileObject fileObject);
//处理扫描到的文件
void process();
```

checkMatch 是扫描器的核心方法，开发者通过该方法可对文件进行判断，如果该文件是目标查找对象，则返回 true，否则返回 false。具体匹配流程如图 3-3 所示。

process 则是处理方法，所有对配置文件的处理都需要在这个方法内完成。

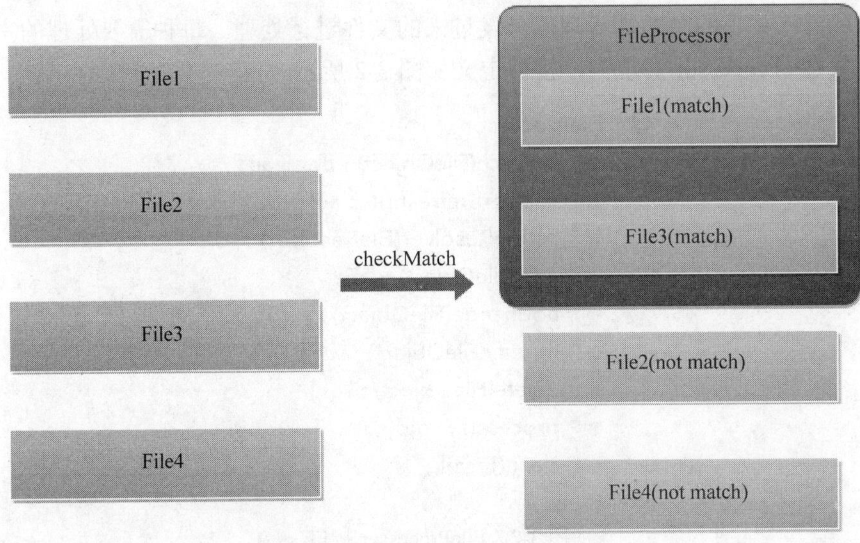

图 3-3　FileProcessor 匹配过程

3.1.2　FileResolver 接口

FileResolver 是资源扫描的主接口，FileProcessor 的实现类被添加至此接口，该实现类会对环境中的资源扫描，系统默认会包含常用的扫描路径，同时也可以由开发者自行添加。路径下的文件会首先用正则表达式判断这些文件是不是要扫描的文件（这一过程主要是为了把一些不需要扫描的文件从扫描范围中去除，加快扫描效率），只有需要扫描的文件，才会被 FileResolver 拿来匹配 FileProcessor 指定的规则，对于符合规则的文件，FileResolver 才会将该文件 add 至 FileProcessor 之中，接口定义如图 3-4 所示。

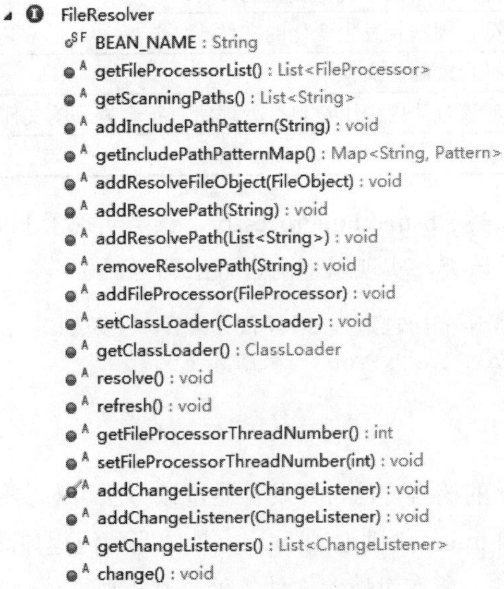

```
FileResolver
  BEAN_NAME : String
  getFileProcessorList() : List<FileProcessor>
  getScanningPaths() : List<String>
  addIncludePathPattern(String) : void
  getIncludePathPatternMap() : Map<String, Pattern>
  addResolveFileObject(FileObject) : void
  addResolvePath(String) : void
  addResolvePath(List<String>) : void
  removeResolvePath(String) : void
  addFileProcessor(FileProcessor) : void
  setClassLoader(ClassLoader) : void
  getClassLoader() : ClassLoader
  resolve() : void
  refresh() : void
  getFileProcessorThreadNumber() : int
  setFileProcessorThreadNumber(int) : void
  addChangeLisenter(ChangeListener) : void
  addChangeListener(ChangeListener) : void
  getChangeListeners() : List<ChangeListener>
  change() : void
```

图 3-4　FileResolver 接口

FileResolver 接口各方法说明如表 3-2 所示。

表 3-2　FileResolver方法说明

方　法	说　明
getFileProcessorList	获取当前所有的文件处理器
getScanningPaths	获取当前所有扫描路径
addIncludePathPattern	添加需扫描的文件的正则匹配规则
getIncludePathPatternMap	返回扫描 Jar 包的正则匹配规则
addResolveFileObject	添加扫描路径
addResolvePath	添加扫描路径
removeResolvePath	移除扫描路径
addFileProcessor	添加文件处理器
setClassLoader	设置 ClassLoader
getClassLoader	获取 ClassLoader
resolve	开始扫描
refresh	刷新扫描内容
getFileProcessorThreadNumber	获取当前文件处理的线程数目
setFileProcessorThreadNumber	设置当前文件处理的线程数目
addChangeLisenter	添加变更监听器
getChangeListeners	获取变更监听器
change	发起变更，触发变更监听器

框架提供了三个工具方法，用于获取当前工程中需要扫描的文件路径。在框架启动的过程中，这三个路径默认会被添加到框架创建的文件扫描器中。

```
//获取 classPath 中需要扫描的文件
FileResolverUtil.getClassPath(FileResolver resolver);
//获取 web 的 classes 目录下需要扫描的文件
FileResolverUtil.getWebClasses();
//获取 web 的 lib 目录下需要扫描的文件
FileResolverUtil.getWebLibJars(FileResolver resolver);
```

完成扫描路径添加后，即可通过 resolve 发起扫描。

```
fileResolver.addResolvePath(FileResolverUtil.getClassPath(fileResolver)
);
fileResolver.addResolvePath(FileResolverUtil.getWebClasses());
try {
fileResolver.addResolvePath(FileResolverUtil.getWebLibJars(fileResolver
));
} catch (Exception e) {
logger.errorMessage("为文件扫描器添加 webLibJars 时出现异常",e);
}
fileResolver.resolve();
```

FileResolver 提供 addFileProcessor 方法，开发者可以根据需要加入不同的 FileProcessor 实现。FileResolver 通过 resolve 发起扫描时，会扫描所有的注册路径和注册文件中路径符合正则匹配的文件，用已注册的所有 FileProcessor 分别对其进行 checkMatch。如果 match 成功，则会缓存下文件及文件的修改时间。若文件不存在于内存中，则认为是第一次发现该文件，并以新增模式推送给 FileProcessor。如果存在，则判断修改时间是否与内存中已有的修改时间一样，如果不一样，则认为文件发生变化，用最新的文件对象以及修改时间覆盖已有数据。并以修改模式推送至 FileProcessor。如果文件已存在且未修改时间与之前一样，则以无变化模式推送至 FileProcessor。

Resolver 完成后，如有需要（例：文件发生变动、添加了新的配置等情况），开发者可通过 refresh 方法，进行再次刷新扫描。

3.1.3 FileMonitorProcessor 类

FileMonitorProcessor 是基于 FileResolver 的 refresh 方法所做的定时扫描扩展，其核心方法如下。每间隔一段时间，发起 FileResolver 的 refresh 调用，从而发现扫描目录下的文件变化。

```
public void run() {
        while (!stop) {
            try {
                synchronized (synObject) {
                    synObject.wait(interval * MILLISECOND_PER_SECOND);
                    if (!stop) {
                        resolver = BeanContainerFactory.getBeanContainer(
                            this.getClass().getClassLoader()).getBean(
                            "fileResolver");
                        resolver.refresh();//刷新文件列表
                    }
                }
            } catch (InterruptedException e) {
                LOGGER.errorMessage(e.getMessage(), e);
            }
        }
    }
```

3.2 基础文件扫描器

Tiny 框架内置了几个文件扫描器，这些扫描器是 Tiny 的核心，缺一不可，它们负责

Tiny 启动过程中，基础功能的初始化。

3.2.1　XStreamFileProcessor 类

XStreamFileProcessor 是用于处理对象序列化的文件扫描器。采用基于 xstream 的方式作为序列化和反序列化方案，通过 Xstream 注解规范，将 Java 对象的实例快速序列化或者将配置文件中的内容快速反序列化为该对象的实例。

首先定义需要进行反序列化或者序列化的对象，需要通过 xstream 来完成此功能，并需要加上相关的注解，如下所示。

```
@XStreamAlias("components")
public class ComponentDefines {
    @XStreamImplicit
    private List<ComponentDefine> componentDefines;
    //省略 setter/geter
}

@XStreamAlias("component")
public class ComponentDefine implements Serializable{
        @XStreamAsAttribute
        private String category;
        @XStreamAsAttribute
        private String name;
        @XStreamAsAttribute
        private String bean;
        @XStreamAsAttribute
        private String title;
        @XStreamAsAttribute
        private String icon;
        @XStreamAsAttribute
        @XStreamAlias("short-description")
        private String shortDescription;
        @XStreamAsAttribute
        @XStreamAlias("long-description")
        private String longDescription;
        @XStreamImplicit
        private List<Result> results;
        //省略 setter/getter
}

@XStreamAlias("result")
public class Result {
        @XStreamAsAttribute
```

```
        private String name;
        @XStreamAsAttribute
        private String title;
        @XStreamAsAttribute
        private String type;
        @XStreamAsAttribute
        private Boolean array;
        @XStreamAsAttribute
        private Boolean required;
        @XStreamAlias("collection-type")
        @XStreamAsAttribute
        private String collectionType;
        //省略 setter/getter
}
```

XStream 相关注解含义如表 3-3 所示，更多的 XStream 知识请读者自己查找资料学习。

表 3-3　XStream注解说明

注　解	说　明
XStreamAsAttribute	将当前配置项作为节点属性
XStreamAlias	为当前配置项设置别名
XStreamImplicit	不为当前集合节点列表设置专门的父节点

创建一个*.xstream.xml 文件，用于配置需要处理的对象，此处配置如下。package-name 是命名空间，用于区分不同模块的对象定义，避免出现命名冲突。

```
<xstream-configuration package-name="flow">
    <xstream-annotation-classes>
    <xstream-annotation-class
        class-name="org.tinygroup.flow.config.ComponentDefines" />
    </xstream-annotation-classes>
</xstream-configuration>
```

XStreamFileProcessor 通过 FileResolver 扫描器收集*.xstream.xml 文件。

XStreamFileProcessor 会读取所有的*.xstream.xml 文件，根据文件中配置的 class，读取对应的注解配置。相关信息会根据配置的 package-name 存入 XStreamFactory。

```
XStream loadXStream = XStreamFactory.getXStream();
XStreamConfiguration   xstreamConfiguration   =   (XStreamConfiguration)
loadXStream
                .fromXML(fileObject.getInputStream());
XStream xStream = XStreamFactory.getXStream(xstreamConfiguration
                .getPackageName());
loadAnnotationClass(xStream, xstreamConfiguration);//根据 XML 配置加载注释类
```

```
if (xstreamConfiguration.getxStreamClassAliases() != null) {
 processClassAliases(xStream, xstreamConfiguration.getxStreamClassAliases());
}
```

完成以上步骤后，开发者只需要从 XStreamFactory 中获取该 XStream 即可进行对象的正反序列化处理了。

注意：代码中的 flow 必须和对应的*.xstream.xml 里面的命名空间 package-name 保持一致。

```
XStream stream = XStreamFactory.getXStream("flow");
//将 fileObject 文件中的 xml 内容反序列化为 ComponentDefines 对象
ComponentDefines components =
(ComponentDefines) stream.fromXML(fileObject.getInputStream());
```

3.2.2　I18nFileProcessor 类

I18nFileProcessor 是国际化配置文件的扫描器。它收集所有父文件夹是 i18n 的*.properties 或者*.cproperties 文件，将其作为国际化语言文件。工程结构如图 3-5 所示。

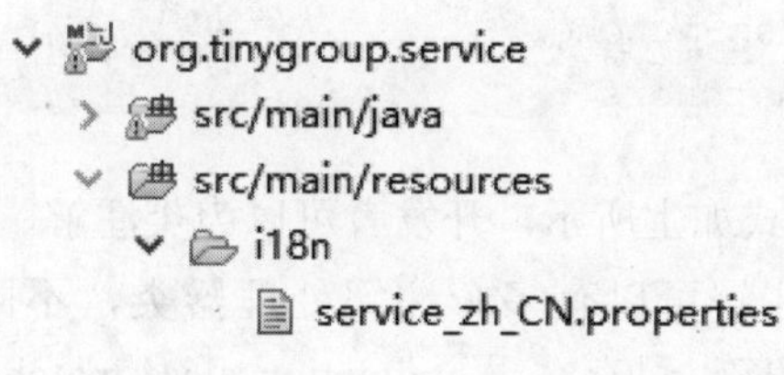

图 3-5　国际化

国际化文件命名规范为“模块名_Locale 信息.后缀名”，如 service_zh_CN.properties。

3.2.3　Annotation 扫描器

Annotation 扫描器由 AnnotationFileProcessor 和 AnnotationClassFileProcessor 组成。前者负责收集注解和注解处理类的映射关系，而后者负责查找符合规则的.class。

框架提供注解解析方案，该方案允许开发者用预先配置的处理器去处理配置了该注解的类，整个处理过程由框架完成，开发者只需要配置注解与处理类的映射关系。

AnnotationFileProcessor 配置文件名格式为*.annotation.xml。

```
<annotation-class-matchers>
    <annotation-class-matcher class-name=".*\.annotation\.Annotation.*"
        annotation-type=".*Test" annotation-id="test">
        <processor-beans>
```

```
            <processor-bean enable="true" name="classAction">
            </processor-bean>
        </processor-beans>
        <annotation-method-matchers>
            <annotation-method-matcher method-name="method.*"
                annotation-type=".*Test">
                <processor-beans>
                    <processor-bean enable="true" name="methodAction">
                    </processor-bean>
                </processor-beans>
            </annotation-method-matcher>
        </annotation-method-matchers>
        <annotation-property-matchers>
            <annotation-property-matcher
                property-name="field.*" annotation-type=".*Test">
                <processor-beans>
                    <processor-bean enable="true" name="propertyAction">
                    </processor-bean>
                </processor-beans>
            </annotation-property-matcher>
        </annotation-property-matchers>
    </annotation-class-matcher>
</annotation-class-matchers>
```

*.annotation.xml 文件格式如上所示，开发者可以为类注解、方法注解和属性注解分别定义不同的处理器。一个注解可以有多个注解处理器类，不同处理类之间相互独立。annotation-id 是注解唯一标识符，只存在于 annotation-class-matcher 节点。当注解被引用时，以该 annotation-id 为引用标识，具体 xml 说明如表 3-4 所示。

表 3-4　注解xml说明

节点/属性	说　明
annotation-class-matcher	类配置节点
annotation-method-matchers	方法配置节点列表
annotation-method-matcher	方法配置节点
annotation-property-matchers	属性配置节点列表
annotation-property-matcher	属性配置节点
class-name	注解所在类全路径的正则匹配规则，只有当类名匹配该正则时，框架才会去解析该类，判断该类是否有配置相应的注解
annotation-id	类注解处理规则唯一标识
method-name	方法名正则匹配规则
property-name	属性名正则匹配规则
annotation-type	注解类型正则匹配规则

续表

节点/属性	说　明
processor-beans	注解处理类 bean 配置节点列表
processor-bean	注解处理类 bean 配置节点
enable	是否启用该配置
name	注解处理器 bean 的 name

AnnotationClassFileProcessor 负责查找.class，并进行解析判断.class 中是否存在已定义处理器的注解。如果存在，则将其交给处理器进行处理。

由于实际应用中.class 数量过于巨大，如果对所有的.class 进行扫描，并读取判断是否有配置该注解，势必造成解析进度缓慢。实际上，例如第三方 jar 包等包，根本无须去解析里面的.class，因为开发者自定义的注解只会存在于自己的应用包中。基于以上原因，AnnotationClassFileProcessor 提供了正则匹配规则，只有符合该正则规则的才会去解析对应的注解处理器规则，该配置在 application.xml 中。

```
<annotation-configuration>
    <annotation-mapping id="service" value="(.)*Service"></annotation-mapping>
    <annotation-mapping id="service" value="(.)*Adapter"></annotation-mapping>
    <annotation-mapping id="validate" value="org\.tiny\..*"></annotation-mapping>
</annotation-configuration>
```

上例中配置了.class 解析规则，id 是前文中提到的配置项 annotation-id。只有类名匹配正则“(.)*Service”或者“(.)*Adapter”才会被框架去解析是否存在注解处理器 service 所声明的注解类型。同样，只有类全路径匹配“org\.tiny\..*”才会被框架去解析是否存在 validate 所声明的注解类型。

本小节提供了注解与注解处理类的映射关系配置方案，开发者根据该方案提供的方式，可以为注解及注解处理类成功建立联系。框架得到该配置后，在框架启动时或者 FileResolver 进行 Resolve 时，会查找到符合规则的 java 类的.class，通过该注解处理器类进行处理。整个过程，全部由框架来负责完成，开发者不需要做任何其他工作。而查找符合规则的.class 的任务则由 annotationClassFileProcessor 来完成。

3.2.4　SpringBeansFileProcessor 类

SpringBeansFileProcessor 是用于扫描框架中 Spring beans 配置文件的扫描器。框架中使用了 Spring beans 容器作为对象容器。开发者需要遵循框架定义的 beans 文件命名规则，以*.springbeans.xml 或者*.beans.xml 作为 Spring beans 配置文件的名称，在配置文件格式上，完全依照 Spring 的规范，不存在任何差异。

3.3 完 整 示 例

文件处理的应用场景可能不同，我们就区分开来写两个示例，分别是文件处理框架单独使用和 Tiny 框架集成文件处理框架，详细的示例可以参考示例工程。

本章应用示例工程代码，请参考附录 A 中的 org.tinygroup.fileresolver.demo（文件处理框架实践示例工程）。

3.3.1 单独使用

开发者可直接创建 FileResolver 添加各种配置，然后调用 resolve 方法进行文件扫描。

```
FileResolver fileResolver = new FileResolverImpl();
fileResolver.addResolvePath(path);                         //path为需要扫描的路径
fileResolver.addIncludePathPattern(TINY_JAR_PATTERN);//路径匹配正则
fileResolver.addFileProcessor(new SpringBeansFileProcessor());
                                                           //spring配置文件扫描器
fileResolver.addFileProcessor(new ConfigurationFileProcessor());
                                                           //组件配置扫描器
fileResolver.resolve();//开始扫描
```

3.3.2 通过配置文件配置

在本书提供的源代码中，还有另一种方式进行配置，即直接在配置文件中进行配置。首先，在 application.xml 中配置一个启动器。

```
<application-processors>
<application-processor
bean="fileResolverProcessor"></application-processor>
</application-processors>
```

在 Application.springbeans.xml 中通过 Bean 注入的方式来为 FileResolver 注入各种 FileProcessor。开发者只需要将自己开发的文件扫描器的 bean 配置到 fileProcessorList 属性之下即可。

```
 <bean id="fileResolver" scope="singleton"
   class="org.tinygroup.fileresolver.impl.FileResolverImpl">
   <property name="fileProcessorList">
```

```
        <list>
            <ref bean="i18nFileProcessor" />
            <ref bean="xStreamFileProcessor" />
            <ref bean="xmlServiceFileProcessor" />
            <ref bean="tinyFilterFileProcessor" />
            <ref bean="tinyProcessorFileProcessor" />
            <ref bean="fullContextFileFinder" />
        </list>
    </property>
</bean>
```

开发者还可以在 application.xml 中对扫描路径、匹配规则等进行配置。

```
<file-resolver-configuration
        resolve-classpath="true">
    <class-paths>
        <!— 需要扫描的应用外部路径，通过 addResolvePath 添加到扫描器-->
        <!-- <class-path path="{TINY_WebROOT}\Web-INF\lib" /> -->
    </class-paths>
    <include-patterns>
         <!— 需扫描的文件的正则匹配规则,通过 addIncludePathPattern 添加到扫描器-->
          <include-pattern pattern="org\.tinygroup\.(.)*\.jar"/>
        </include-patterns>
    </file-resolver-configuration>
```

另外，还可以在 application.xml 中配置定时扫描的刷新功能，相关配置项如下。Interval 为每次刷新的间隔时间，enable 表示是否启用定时刷新功能。该功能开启后，每过指定间隔时间，都会调用 FileResolver 的 refresh 方法。

```
<file-monitor interval="10" enable="false" />
```

3.4　本 章 总 结

本章讲解了框架的文件扫描体系，框架通过此种方式实现了自发现式配置。开发者不再需要刻意将项目内归属于不同包或者工程的配置集中放置了，只需要实现文件扫描器接口 FileProcessor，即可将离散分布在各处的配置文件收集并进行统一处理。

通过本章提供的技术，可以方便地处理各种类型的资源文件，而不用关心怎么查找它、怎么遍历它以及怎么监视它的变化等等，程序员只要关心要处理什么文件和怎么处理文件两个必要的步骤上，简化了开发环节，降低了开发工作量。

同时由于扫描文件及监控文件的变化由框架进行，也避免了不同的文件处理逻辑多次扫描整个运行环境而导致的大量性能损耗，使得同样的事情只做一次成为可能。

本章还简要介绍了框架中基于自发现机制提供的文件序列化方案。采用 xstream 进行文件序列化和反序列化处理。该方式需要首先在 Java 对象上配置 xstream 相关的注解，再将该类配置为*.stream.xml。使用时，通过该 xstream 实例即可直接将文件反序列化 Java 对象。感兴趣的读者可以直接查看 Tiny 框架源码中的相关内容。

第 4 章　模板语言实践

本章介绍模板语言及其在 Java EE 领域的实践开发。为了便于读者理解，笔者先介绍模板语言的概念原理和应用场景，并列举了常见的模板语言 Velocity、FreeMarker 和 Tiny。在模板语言的设计章节，详细介绍了模板语言的架构、语法解析和渲染机制，无论是开发人员还是架构人员都可以从中获得一定收获。本章最后列举了模板语言的语法或完整的应用测试场景，方便开发人员学习体验。

4.1　模板语言简介

什么是模板语言？模板语言是为了使用户界面与业务数据（内容）分离而产生的，并能生成特定格式的文档。

每种模板语言都包含模板处理器，也可以称为模板引擎或者模板解析器。就模板语言的基本概念而言，它可以将一种或者多种数据模型及模板页面进行处理，并能得到一个或者多个的文档结果。

就本书而言，介绍的重点范围是描述 Java EE 的相关技术，因此模板语言侧重介绍基于前端界面的 UI 模板。但实际上，模板语言处理的文档范围很广泛，不仅仅局限在网页模板，任何规范的文本形式的格式化输出，其实都可以应用模板语言，包括网页、文档、配置文件甚至源代码。

4.1.1　模板语言构成

模板语言的实现可以有多种方案，但是常见的模板语言都包含以下几个概念：数据（Data）、模板（Template）、模板引擎（Template Engine）和结果文档（Result Documents）。

- ❑ 数据：是信息的表现形式和载体，可以是符号、文字、数字、语音、图像和视频等。数据和信息是不可分离的，数据是信息的表达，信息是数据的内涵。数据本身没有意义，数据只有对实体行为产生影响时才成为信息。
- ❑ 模板：是一个蓝图，即一个与类型无关的类。编译器在使用模板时，会根据模板实参对模板进行实例化，得到一个与类型相关的类。
- ❑ 模板引擎：（这里特指用于 Web 开发的模板引擎）是为了使用户界面与业务数据

（内容）分离而产生的，它可以生成特定格式的文档，用于网站的模板引擎就会生成一个标准的 HTML 文档。

- 结果文档：一种特定格式的文档，比如用于网站的模板引擎就会生成一个标准的 HTML 文档。

不同的模板语言实现细节或有差异，但是以上内容是通用的，如图 4-1 所示。

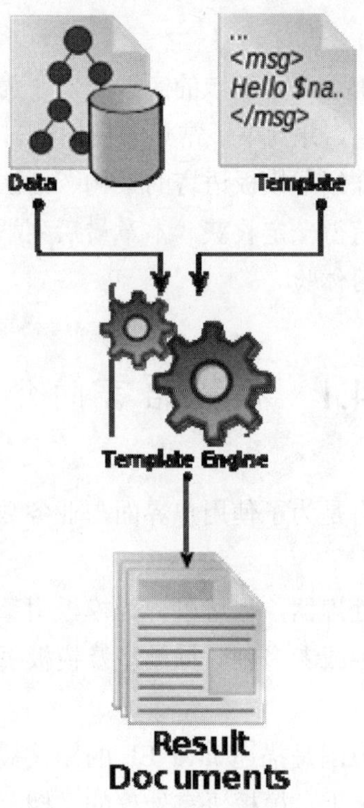

图 4-1　模板语言的结构概念

通过图 4-1 可以看出，用户可以利用模板语言很容易实现数据与代码分离，这也是模板语言的先天优势。

4.1.2　模板语言应用场景

模板语言自身相当灵活，根据设计初衷和应用需求的不同，可以有广泛的用途，常见的用途如下：

- 页面渲染；
- 文档生成；
- 代码生成；
- 所有“数据+模板=文本”的应用场景。

4.2　常见的模板语言

上面讲述了模板语言的构成及应用场景，下面列举 3 种模板语言进行比较说明。

4.2.1　Velocity 模板语言

Velocity 是较早出现的商业模板语言，它的设计初衷是替代 JSP 开发 Web 前端。默认情况下，Velocity 模板中不能包含 Java 代码片段，可以避免 JSP 页面 Java 代码和 html 混用的场景。所以 Velocity 能够提供分离的模板表示层，把 Java 代码和表示层清晰地划分开，强迫开发人员遵守 MVC 规范。

Velocity 是一个基于 Java 语言实现的模板引擎（Template Engine）。它允许任何人仅仅简单地使用模板语言（Template Language）来引用由 Java 代码定义的对象。当然 Velocity 的能力远不止 Web 站点开发这个领域，它可以从模板（Template）产生 SQL 和 PostScript、XML，它也可以被当作一个独立工具来产生源代码和报告，或者作为其他系统的集成组件使用。Velocity 也可以为 Turbine Web 开发架构提供模板服务（Template Service）。Velocity+Turbine 提供一个模板服务的方式，允许一个 Web 应用以一个真正的 MVC 模型进行开发。

当 Velocity 应用于 Web 开发时，界面设计人员可以和 Java 程序开发人员并行开发一个遵循 MVC 架构的 Web 站点，也就是说，页面设计人员可以只关注页面的显示效果，而由 Java 程序开发人员关注内在的业务逻辑。Velocity 将 Java 代码从 Web 页面中分离出来，这样为 Web 站点的长期维护提供了便利，同时也为我们在 JSP 和 PHP 之外又提供了一种可选的方案。

Velocity 的优点：

- 可以使用表达式语言（EL）；
- 宏定义（类似 JSP 标签）非常方便；
- 使用表达式语言。

Velocity 的缺点：

- 用户群体和第三方标签库没有 JSP 多；
- 不能友好地支持 JSP 标签；
- 不支持宏嵌套。

4.2.2　FreeMarker 模板语言

FreeMarker 是一个用 Java 语言编写的模板引擎，它基于模板来生成文本输出。

FreeMarker 与 Web 容器无关，完全屏蔽 Servlet 或 HTTP 等对象。它不仅可以用作表现层的实现技术，而且还可以用于生成 XML、JSP 或 Java 等。

当 FreeMarker 应用于 Web 开发时，虽然 FreeMarker 具有一些编程能力，但这种编程能力非常有限，无法实现业务逻辑，只能提供一些数据格式的转换功能。因此，通常由 Java 程序准备要显示的数据，由 FreeMarker 模板引擎来生成页面，FreeMarker 模板则提供页面布局支持。

FreeMarker 的优点：

- 对 JSP 标签支持良好；
- 内置大量常用功能，使用非常方便；
- 宏定义（类似 JSP 标签）非常方便；
- 使用表达式语言。

FreeMarker 的缺点：

- 用户群体和第三方标签库没有 JSP 多；
- 不支持宏嵌套。

4.2.3 Tiny 模板语言

Tiny 模板引擎是一个基于 Java 技术构建的模板引擎，它具有体量小、性能高和扩展易的特点。适合于所有通过文本模板生成文本类型内容的场景，如：XML、源文件和 HTML 等等。可以说，它的出现就是为了替换 Velocity 模板引擎而来，因此在指令集上尽量与 Velocity 接近，同时又扩展了一些 Velocity 不能很好解决问题的指令与功能，在表达式方面则尽量与 Java 保持一致，所以非常易学易用。

- 性能高表现在与现在国内几款高性能模板引擎如 Jetbrick、Webit 等性能相比，近乎伯仲之间，但是比 Velocity、Freemarker 等则有长足的进步。
- 扩展性表现在 Tiny 框架引擎的所有环境都可以自行扩展，并与原有体系进行良好统一。
- 易学习表现在 Tiny 框架概念清晰、模块划分科学、具有非常高的高内聚及低耦合特性。
- 使用方式灵活表现在支持多例和单例方式使用，并可以与 Spring 等良好集成。
- 友好的错误提示信息。
- Tiny 模板语言采用解释方式，不必生成 Java 源文件和 Class 文件，解决了 PermSize 和众多 ClassLoader 大量占用内存的问题。

Tiny 模板语言优点：

- 性能优异；
- 支持宏和函数的定义；

- ❑ 支持表达式语言；
- ❑ 强大的布局支持；
- ❑ 支持宏嵌套；
- ❑ 国际化支持。

Tiny 模板语言的缺点有一个，就是应用广泛度方面不足。

4.3 Tiny 模板语言设计

了解 Tiny 模板语言的优缺点，下面讲解 Tiny 模板语言的设计，即模板语言架构、实现、语法解析及渲染机制等。

4.3.1 Tiny 模板语言的构建原因

目前有众多模板语言可供选择，老牌的有 Velocity、FreeMarker 等，国产的有 Jetbrick、Webit、Beetl 等，应该说这些模板语言都是非常不错的。我们的开发环境中，主要使用 Velocity，但是在实际应用过程中，对于其功能及使用方式也有诸多不满意的地方。也曾尝试扩展 Velocity 或者选用其他模板语言，但是总是感觉有些不满足自己的要求。

笔者一开始是抱着学习和试一试的态度尝试写一下，验证一下技术上是否可行，实际验证下来，发现效果非常不错，于是就作为正式的模块发布了出来。在编写过程中，受到了 Jetbrick、Webit 和 Beetl 等模板语言作者的大量帮助与启发，在此深深地感谢他们的无私帮助。

4.3.2 模板语言执行方式

Tiny 模板语言采用解释执行方式，与编译方式相比不必生成 Java 源文件和 Class 文件，解决了 PermSize 和众多 ClassLoader 大量占用内存的问题。由于采用解释执行方式，加载时只需要扫描部分必需的内容即可，因此加载速度非常快。只有在执行的时候，才需要真正的处理，同时由于不需要进行编译和解决同步问题，因此加载速度比编译方式会快许多。执行效率方面，理论上比编译方式慢一点点，但是由于编译方式可以更早地得到 JVM 的深度优化，因此实际看下来，相差不大。

4.3.3 模板语言架构

Tiny 模板语言以简单易用、易于扩展为设计目标，既可以满足初级用户使用的需求，也可以满足高级用户的扩展需求。Tiny 模板语言包含以下基本概念如 4-1 所示。

表 4-1　Tiny模板语言的概念说明

中 文 名	英 文 名	说　明
模板引擎	TemplateEngine	用于驱动整个模板语言的协作运行，属于协调者的角色，也是模板语言的核心
模板	Template	模板，它由符合模板语言规范的各种指令等内容组成
布局	Layout	结构上与 Template 基本相同，只是在它里面有一个占位符#pageContent，表示布局渲染时，要渲染的模板内容的位置在哪里
宏	Marco	相当于一个方法，有用于访问的名字，调用时可以传入参数，在调用时可以包含其他模板内容，可以模板的#macro 指令创建
宏文件	Component	用于定义各种宏，一个宏文件可以包含多个宏
国际化访问接口	I18nVisitor	Tiny 模板语言支持两种国际化方式，通过国际化接口可以采用$${key}指令来进行国际化文件的渲染
函数	Function	用于给引擎扩展新的函数，或者为某种类型增加成员函数
文件加载器接口	ResourceLoader	资源用于加载各种模板文件，引擎只能访问文件加载器中的内容，而不能访问文件加载器外部的内容
模板上下文接口	TemplateContext	模板语言的上下文环境，为模板引擎提供统一的数据传递环境
模板缓存接口	TemplateCache	模板语言内部数据缓存接口
静态类操作	StaticClassOperator	支持模板语言调用静态类的静态方法
模板语言异常	TemplateException	友好的异常信息提供者，可以显示模板语言的错误所在的行列位置以及相关模板路径，方便开发人员定位问题

对于初级用户，可以通过简单配置完成对 Tiny 模板语言的组装；对于高级用户，可以阅读本小节熟悉模板语言的各个接口，从而开发满足自身需求的相关接口实现。

4.3.4　Tiny 模板语言实现与扩展

介绍 Tiny 模板语言的实现首先要从理解模板引擎开始，无论是页面的渲染、行为参数的设置还是组件的加载查询，模板语言都是通过模板引擎完成的。模板引擎的接口是 TemplateEngine，它在 Tiny 模板语言中起到核心调度的作用，相当于领导者角色。接口方法定义如图 4-2 所示。

模板引擎接口方法说明如表 4-2 所示。

TemplateEngine
- DEFAULT_BEAN_NAME : String
- setResourceLoaderList(List<ResourceLoader>) : void
- setSafeVariable(boolean) : void
- isSafeVariable() : boolean
- getRepositories() : Map<String, Template>
- setCheckModified(boolean) : void
- isCheckModified() : boolean
- isCompactMode() : boolean
- setCompactMode(boolean) : void
- setEncode(String) : TemplateEngine
- setI18nVisitor(I18nVisitor) : TemplateEngine
- getI18nVisitor() : I18nVisitor
- addTemplateFunction(TemplateFunction) : TemplateEngine
- getTemplateFunction(String) : TemplateFunction
- getTemplateFunction(Object, String) : TemplateFunction
- getEncode() : String
- isLocaleTemplateEnable() : boolean
- setLocaleTemplateEnable(boolean) : void
- addResourceLoader(ResourceLoader) : TemplateEngine
- getResourceLoaderList() : List<ResourceLoader>
- renderMacro(String, Template, TemplateContext, OutputStream) : void
- renderMacro(Macro, Template, TemplateContext, OutputStream) : void
- renderTemplate(String, TemplateContext, OutputStream) : void
- renderTemplateWithOutLayout(String, TemplateContext, OutputStream) : void
- renderTemplate(String) : void
- renderTemplate(Template) : void
- renderTemplate(Template, TemplateContext, OutputStream) : void
- findMacro(Object, Template, TemplateContext) : Macro
- findTemplate(String) : Template
- executeFunction(Template, TemplateContext, String, Object...) : Object
- getResourceContent(String, String) : String
- getResourceContent(String) : String
- registerMacroLibrary(String) : void
- registerMacro(Macro) : void
- registerMacroLibrary(Template) : void
- write(OutputStream, Object) : void
- registerStaticClassOperator(StaticClassOperator) : void
- getStaticClassOperator(String) : StaticClassOperator

图 4-2　TemplateEngine 接口

表 4-2　模板引擎方法说明

方 法 名 称	方 法 说 明
setResourceLoaderList	设置模板加载器列表
setSafeVariable	设置是否安全变量
isSafeVariable	返回是否安全变量
getRepositories	获取模板资源列表
setCheckModified	设置是否会检查模板被修改过

续表

方法名称	方法说明
isCheckModified	返回是否会检查模板被修改过
isCompactMode	返回是否为紧凑模式
setCompactMode	设置是否为紧凑模式
setEncode	设置编码
setI18nVisitor	设置国际化资源访问器
getI18nVisitor	返回国际化资源访问器
addTemplateFunction	添加模板函数
getTemplateFunction	返回注册的模板函数
getEncode	返回编码
isLocaleTemplateEnable	是否支持国际化模板
setLocaleTemplateEnable	设置是否支持国际化模板
addResourceLoader	添加类型加载器
getResourceLoaderList	返回所有的类型加载器
renderMacro	渲染宏
renderTemplate	渲染模板文件
renderTemplateWithOutLayout	渲染模板文件，但不会渲染其布局
findMacro	查找宏
findTemplate	查找模板文件
executeFunction	执行方法
getResourceContent	获取资源对应的文本内容
registerMacroLibrary	注册库文件中所有的宏
registerMacro	注册宏
write	写出数据流
registerStaticClassOperator	注册静态类操作
getStaticClassOperator	获得静态类操作

归纳一下模板引擎的接口方法，可以看出其支持并实现了以下功能点。

1. 设置模板引擎的运行参数

如果不配置的话，就采用默认值。目前支持的运行参数如表 4-3 所示。

表 4-3　模板引擎运行参数说明

参数名	中文名	说明
encode	渲染编码	模板引擎渲染时使用的字节码，默认是 utf-8
cacheEnabled	是否启用缓存	模板引擎渲染时是否使用缓存，默认不启用
safeVariable	是否安全变量	模板引擎渲染时是否启用安全变量，默认不启用
compactMode	是否紧凑模式	模板引擎渲染时是否过滤空格，默认不启用
checkModified	是否检查文件修改	模板引擎执行时是否检查模板文件发生变化，默认不检查

上述这些参数影响模板语言的渲染机制和渲染结果，用户设置需要慎重。特别是 checkModified 属性对模板引擎性能影响比较大，建议开发阶段开启，方便修改调试；实际

运行阶段关闭，提升模板引擎的执行效率。

模板引擎默认实现 TemplateEngineDefault，采用成员变量的方式保存以上运行参数，并以 get/set 接口方式暴露给开发人员使用。以 checkModified 属性为例，代码片段如下：

```
public void setCheckModified(boolean checkModified) {
    this.checkModified = checkModified;
}

public boolean isCheckModified() {
    return checkModified;
}
```

2. 注册和查询模板文件加载器ResourceLoader

目前模板引擎默认提供两种模板文件加载器：文件加载器和字符串加载器。默认是文件加载器，模板语言引擎在文件扫描时会通过文件加载器，将符合条件的页面文件、布局文件和宏文件加载到文件加载器，再把它注册到模板引擎中。

文件加载器 FileObjectResourceLoader，它可以加载 FileObject 对象作为模板文件。FileObject 对象的路径就是模板文件的路径，这类加载器用途很广，后面章节介绍的页面文件、布局文件和宏文件都是通过它加载完成。

字符串加载器 StringResourceLoader，它加载的对象是 String 字符串，并转化成模板文件，因为是内存对象，所以模板文件的路径就是随机串，并没有实际的物理含义，这点和文件加载器有很大差异，用户使用时需注意。字符串加载器一般辅助文件加载器使用，如缓存框架要动态渲染业务对象某个属性作为 key 值，这个时候无法使用文件加载器，但是字符串加载器只要从注解元素或者 XML 节点取得配置字符串就可以进行渲染了。

模板加载器接口定义如图 4-3 所示。

```
ResourceLoader<T>
    isModified(String) : boolean
    resetModified(String) : void
    getLayoutPath(String) : String
    getTemplate(String) : Template
    getLayout(String) : Template
    getMacroLibrary(String) : Template
    getResourceContent(String, String) : String
    addTemplate(Template) : ResourceLoader
    createTemplate(T) : Template
    setTemplateEngine(TemplateEngine) : void
    getClassLoader() : ClassLoader
    setClassLoader(ClassLoader) : void
    getTemplateEngine() : TemplateEngine
    getTemplateExtName() : String
    getLayoutExtName() : String
```

图 4-3　ResourceLoader 接口

模板加载器接口方法说明如表 4-4 所示。

表 4-4　模板加载器方法说明

方法名称	方法说明
setResourceLoaderList	设置模板加载器列表
isModified	确定某个路径对应的文件是否被修改
resetModified	重置修改状态
getLayoutPath	返回布局文件路径
getTemplate	返回模板对象，如果不存在，则返回空对象
getLayout	返回布局对象
getMacroLibrary	返回宏的库文件
getResourceContent	获取资源对应的文本
addTemplate	添加模板对象
createTemplate	创建并注册模板
setTemplateEngine	设置模板引擎
getClassLoader	返回类加载器
setClassLoader	设置类加载器
getTemplateEngine	获取模板引擎
getTemplateExtName	返回模板文件的扩展名
getLayoutExtName	返回布局文件的扩展名

模板加载器的最核心任务就是通过文件路径 path 查询到对应的模板 Template 对象。模板引擎 TemplateEngine 本身不管理模板的搜索和创建，这些任务都是委托模板加载器去完成的。TemplateEngine 的 findTemplate 方法示例如下：

```
public Template findTemplate(String path) throws TemplateException {
      Template template = null;
      if (!checkModified) {
         template = repositories.get(path);
         if (template != null) {
            return template;
         }
      }
      if (template == null) {
         for (ResourceLoader loader : resourceLoaderList) {
            template = loader.getTemplate(path);
            if (template != null) {
               templateCache.put(path, template);
               return template;
            }
         }
      }
      throw new TemplateException("找不到模板：" + path);
   }
```

TemplateEngine 优先会返回缓存中的 Template 对象，如果没有发现则遍历 resourceLoaderList，委托模板加载器根据 path 查询模板，找到模板对象就返回；如果遍历结束也没有找到模板对象，则抛出找不到模板的异常。

需要注意：checkModified 属性会影响是否启用缓存。如果允许检查文件修改，则不会读取缓存，每次都会查询最新的模板。

3. 注册国际化接口I18nVisitor

现在很多应用都需要支持国际化，意味着同一个应用需要支持不同国家地区和语言的人使用，也就是应用的国际化方案。Tiny 模板语言支持两种国际化方案，开发人员需要根据当前项目的情况进行选择。

方案一：局部国际化，页面文件和布局文件保持单一，采用国际化文件进行替换的方式，具体做法就是根据文件 key 值和期望显示的语言来加载对应语言的文件。这种方式适合于改动内容不多的场合，如页面标题、列表字段等。采用此方案必须配置 I18nVisitor 接口实例。

方案二：整页国际化，也就是同一个页面用不同的语言写多次，根据客户端的 Locale 的不同，模板引擎调用对应 Locale 的国际化页面进行渲染；如果没找到相应的国际化页面，则用默认语言的页面进行渲染。这种方式比较灵活，不同的国际化页面可以自由设计，不足之处是需要开发多套页面和布局文件，开发人员的工作量会比方案一多。

两种方案虽然都和国际化相关，但是实际上两者实现的方式完全不一样。

局部国际化方案通过设置 I18nVisitor 完成，接口定义如下：

```
public interface I18nVisitor {
    /**
     * 获取当前位置
     * @param context
     * @return
     */
    Locale getLocale(TemplateContext context);

    /**
     * 返回国际化文件
     * @param context
     * @param key
     * @return
     */
    String getI18nMessage(TemplateContext context,String key);
}
```

默认模板引擎没有设置 I18nVisitor 的实现类，在扩展工程 org.tinygroup.templatei18n 中有以下几个实现，开发人员可以通过设置 application.xml 进行配置，如图 4-4 所示。

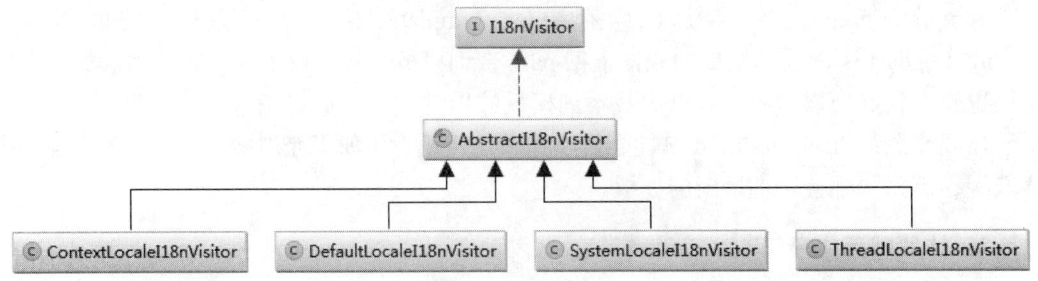

图 4-4　注册国际化实现类的 UML 图

当模板引擎调用 i18n 函数或者国际化指令，就会调用工具类 TemplateUtil 进行处理。

```
/**
    * 获取
    *
    * @param i18nVistor
    * @param key
    * @return
    */
   public static String getI18n(I18nVisitor i18nVistor, TemplateContext
   context,
      tring key) {
      if (key == null) {
         return null;
      }
      if (i18nVistor == null) {
         return key;
      } else {
         return i18nVistor.getI18nMessage(context, key);
      }
   }
```

如果 I18nVisitor 为空则直接返回键值 key，这里的 key 类似数据字典的条目名，全局唯一，通过调用 getI18nMessage 返回国际化渲染的结果。

整页国际化方案则是对路径进行替换查找，而不仅仅局限在同一页面，针对不同的国际化可以设置不同的页面文件和布局文件，因此实现方式可以更灵活。

模板引擎支持对页面文件和布局文件的国际化处理，核心代码片段如下：

```
private Template findTemplate(TemplateContext context, String path)
throws TemplateException {
    if(localeTemplateEnable){
        //查询国际化模板
        Locale locale = context.get("defaultLocale");
          if (locale != null) {
              String localePath = TemplateUtil.getLocalePath(path, locale);
              if(localeSearchResults.contains(localePath)){
               return findTemplate(path);
```

```
            }
             try{
                Template template = findTemplate(localePath);
                if(template!=null){
                   return template;
                }else{
                     localeSearchResults.put(localePath, "");
                }
             }catch(TemplateException e){
            //findTemplate 查找不到国际化模板文件可能会抛出异常，这时候再查找默认
               模板文件
                localeSearchResults.put(localePath, "");
                return findTemplate(path);
             }
          }
      }
      //查询默认模板
      return findTemplate(path);
   }
```

在国际化文件查询开关 localeTemplateEnable 开启的状态下，模板引擎会先根据 Locale 查找相应的国际化模板文件；查询不到的情况下再查找默认的模板文件。

如果项目应用没有配置国际化文件，那么访问页面必然发生两次查询：先查询当前 Locale 对应的国际化模板文件，再查询原始模板文件。根据实际测试，页面渲染耗时大约增加 5%，对性能有一定损耗，因此项目没有使用国际化文件方案的情况下，请不要设置 localeTemplateEnable 为 true。

4．注册和管理模板函数TemplateFunction

模板函数是对 Tiny 模板语法的增强和补充。设计模板函数的原因：是因为模板语言的领域无关的特性，也就是说模板语言可以用在 Web 渲染、代码生成和文档生成等各种场合，但是这就带来一个问题：不同场合的业务需求不一样，比如 Web 层希望能操作 request 等 Java EE 的对象，而这些需求无法在模板语言自身工程完成，这会破坏领域无关特性。如果不实现业务需求，会导致开发人员操作的复杂甚至导致放弃模板语言。

而模板函数就可以有效地解决这个难题，通过扩展模板语言工程，在扩展工程增加相关扩展的模板函数，既能满足各种场合的业务需求，又保证模板语言自身特性不受影响，不至于变成包容各种特性的“大杂烩”。

如果按模板函数来源划分，可以分为系统内置函数和用户扩展函数：前者是模板引擎初始化时自动添加，开发人员可以直接使用；而用户扩展的函数可以通过调用添加函数方法的方式（当然也可以通过 Spring 容器注入），注册到模板引擎。

```
public TemplateEngineDefault() {
    //添加一个默认的加载器
    addTemplateFunction(new FormatterTemplateFunction());
    addTemplateFunction(new InstanceOfTemplateFunction());
```

```
    addTemplateFunction(new GetResourceContentFunction());
    addTemplateFunction(new EvaluateTemplateFunction());
    addTemplateFunction(new CallMacroFunction());
    addTemplateFunction(new GetFunction());
    addTemplateFunction(new RandomFunction());
    addTemplateFunction(new ToIntFunction());
    addTemplateFunction(new ToLongFunction());
    addTemplateFunction(new ToBoolFunction());
    addTemplateFunction(new ToFloatFunction());
    addTemplateFunction(new ToDoubleFunction());
    addTemplateFunction(new FormatDateFunction());
    addTemplateFunction(new TodayFunction());
    addTemplateFunction(new ParseTemplateFunction());
    addTemplateFunction(new I18nFunction());
}
```

内置的函数是 TemplateEngineDefault 调用构造函数时，自动注册的。

用户扩展的模板函数可以通过调用下面的添加函数方法的方式（当然也可以通过 Spring 容器注入）。

```
private void addFunction(XmlNode totalConfig){
List<XmlNode> list = totalConfig.getSubNodes(TEMPLATE_FUNCTION_NAME);
if(list!=null){
    for(XmlNode node:list){
        try {
            TemplateFunction function = createFunction(node);
            templateEngine.addTemplateFunction(function);
        } catch (Exception e) {
            LOGGER.errorMessage("加载模板引擎的函数出错", e);
        }
    }
}
}
```

模板函数如果按照调用方式，可以分为表达式函数和类型扩展函数。差异可以通过模板函数接口定义看出。

```
/**
 * 模板函数扩展
*/
public interface TemplateFunction {
    /**
     * 绑定到类型上，使之成为这些类型的成员函数，如果有多个可以用半角的逗号分隔
     * 比如：此方法返回“java.lang.Integer”，表示可以在模板语言中的 Integer 类型的对象
     * integer 用“integer.someFunction(...)”的方式调用此方法
     * 为了方便扩展，这方法也可以返回多个类型，比如：“java.lang.Integer,java.
       lang.Long”
     * 就表示同时给 Integer 和 Long 类型添加此扩展方法
     */
    String getBindingTypes();
```

```
    /**
     * 返回函数名，如果有多个名字，则用逗号分隔
     */
    String getNames();

    /**
     * 设置模板引擎
     */
    void setTemplateEngine(TemplateEngine templateEngine);

    /**
     * 返回模板引擎
     */
    TemplateEngine getTemplateEngine();

    /**
     * 执行函数体
     */
    Object execute(Template template, TemplateContext context, Object...
parameters) throws TemplateException;
}
```

通过 getBindingTypes 方法就可以区分两种函数，表达式函数不需要绑定在某个对象类型上，在模板中直接调用即可（有些类似静态方法），因此 getBindingTypes 一定返回 null；而类型扩展函数需要在 getBindingTypes 返回绑定的对象类型分组，在模板中调用该函数，前缀对象一定要在对象类型分组中，否则会导致模板引擎抛出异常。

通过模板引擎的注册函数方法，可以更好地体会两者差异，模板引擎内置了 functionMap 和 typeFunctionMap 两个容器，分别管理表达式函数和类型扩展函数，具体代码如下：

```
public    TemplateEngineDefault    addTemplateFunction(TemplateFunction
function) {
      function.setTemplateEngine(this);
      String[] names = function.getNames().split(",");
      if (function.getBindingTypes() == null) {
         for (String name : names) {
            functionMap.put(name, function);
         }
      } else {
         String[] types = function.getBindingTypes().split(",");
         for (String type : types) {
            try {
               Class clazz = Class.forName(type);
               Map<String, TemplateFunction> nameMap
                  = typeFunctionMap.get(clazz);
               if (nameMap == null) {
                  nameMap = new HashMap<String, TemplateFunction>();
                  typeFunctionMap.put(clazz, nameMap);
               }
```

```
                for (String name : names) {
                    nameMap.put(name, function);
                }
            } catch (ClassNotFoundException e) {
                throw new RuntimeException(e);
            }
        }
    }
    return this;
}
```

表达式函数仅根据函数名就可以完成注册；而类型扩展函数需要先建立类型的 class 作第一级键值，再以函数名作第二级键值，判断类型扩展函数，同时需要绑定对象实例和函数名，两者缺一不可。

5．注册宏文件及宏

宏理解起来比较抽象，简单说就是对文本内容的方法输出块，类似于一个方法，它只有输入参数没有输出参数，它是直接针对 OutputStream 对象进行输出。宏文件就是包含宏的文件，一个宏文件可以包含零到多个宏。宏的定义如图 4-5 所示。

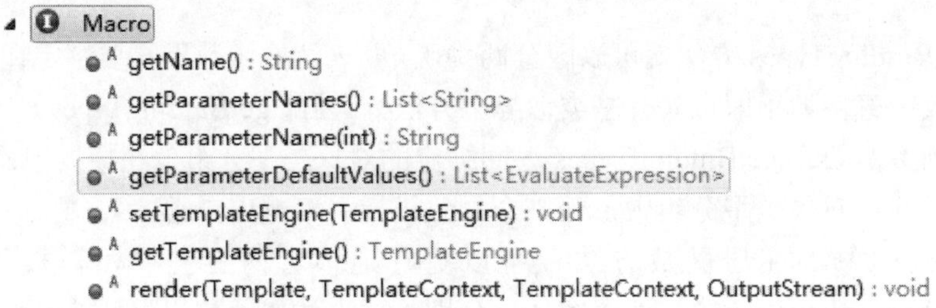

Macro
getName() : String
getParameterNames() : List<String>
getParameterName(int) : String
getParameterDefaultValues() : List<EvaluateExpression>
setTemplateEngine(TemplateEngine) : void
getTemplateEngine() : TemplateEngine
render(Template, TemplateContext, TemplateContext, OutputStream) : void

图 4-5　Macro 接口

宏文件接口方法说明如表 4-5 所示。

表 4-5　宏文件接口方法说明

方 法 名 称	方 法 说 明
getName	返回宏的名字
getParameterNames	返回宏的参数名称列表
getParameterName	返回指定索引的参数名，如果越界，则返回 null
getParameterDefaultValues	返回宏的参数的默认值列表
setTemplateEngine	设置模板引擎
getTemplateEngine	获得模板引擎
render	进行渲染

目前 Tiny 模板语言支持宏嵌套调用，因此根据宏定义里是不是包含#bodyContent 指令的不同，可以分为非嵌套宏（内部不会调用其他宏）和嵌套宏，分别继承 AbstractMacro 和 AbstractBlockMacro 这两个宏的抽象类。

AbstractMacro 的核心代码如下：

```
public void render(Template template, TemplateContext pageContext, TemplateContext context, OutputStream outputStream) throws TemplateException {
       try {
           for (int i = 0; i < parameterNames.size(); i++) {
               Object value = context.get(parameterNames.get(i));
               //如果没有传值且有默认值
               if (value == null && parameterDefaultValues.get(i) != null) {
                   context.put(parameterNames.get(i),
                    parameterDefaultValues.get(i).evaluate(context));
               }
           }
           renderMacro(template, pageContext, context, outputStream);
       } catch (IOException e) {
           throw new TemplateException(e);
       }
   }
   protected abstract void renderMacro(Template template, TemplateContext pageContext, TemplateContext context, OutputStream outputStream) throws IOException, TemplateException;
```

具体的渲染过程由子类实现 renderMacro 抽象方法完成。

AbstractBlockMacro 类继承了 AbstractMacro，类定义如下：

```
/**
 * 抽象宏
 */
public abstract class AbstractBlockMacro extends AbstractMacro {
   public AbstractBlockMacro(String name) {
       super(name);
   }

   protected void renderMacro(Template template, TemplateContext pageContext, TemplateContext context, OutputStream outputStream) throws IOException, TemplateException {
       renderHeader(template, context, outputStream);
       Macro macro = (Macro) context.getItemMap().get("bodyContent");
       if (macro != null) {
           macro.render(template,pageContext, context, outputStream);
       }
       renderFooter(template, context, outputStream);
   }

   protected abstract void renderHeader(Template template, TemplateContext context, OutputStream outputStream) throws IOException, TemplateException;

   protected abstract void renderFooter(Template template, TemplateContext
```

```
context, OutputStream outputStream) throws IOException, TemplateException;

}
```

AbstractBlockMacro 除了调用嵌套宏的 render 方法之外，还增加了 renderHeader 和 renderFooter 方法。

6．注册静态类和静态方法

在实际开发过程中，开发人员希望能在页面直接调用 Java 静态工具类，为此模板语言提供了静态类及静态方法的注册及使用。

静态类操作器定义如下，这也是模板引擎对上述需求的具体操作接口。

```
public interface StaticClassOperator {
    String getName();
    Class<?> getStaticClass();
    Object invokeStaticMethod(String methodName,Object[] args) throws
    Exception;
}
```

该接口的默认实现是抽象类 AbstractStaticClassOperator，它定义了方法名和静态类的注册过程，需要子类实现具体的 invokeStaticMethod。

```
public abstract class AbstractStaticClassOperator
implements StaticClassOperator{
    private String name;
    private Class<?> clazz;

    public AbstractStaticClassOperator(){
    }

    public AbstractStaticClassOperator(String name,Class<?> clazz){
        this.name = name;
        this.clazz = clazz;
    }

    public Class<?> getStaticClass() {
        return clazz;
    }

    public void setStaticClass(Class<?> clazz) {
        this.clazz = clazz;
    }

    public String getName(){
        return name;
    }

    public void setName(String name){
```

```
        this.name = name;
    }
}
```

AbstractStaticClassOperator 的子类一共有两个：DefaultStaticClassOperator 和 XmlNodeStaticClassOperator。

DefaultStaticClassOperator 仅是兼容历史版本，负责支持模板引擎内置的基本类型的静态类，只能对静态类进行注册。

```
    static {
        addDefaultStaticClassOperator(
new DefaultStaticClassOperator("Integer", Integer.class));
        addDefaultStaticClassOperator(
new DefaultStaticClassOperator("Long", Long.class));
        addDefaultStaticClassOperator(
new DefaultStaticClassOperator("Short", Short.class));
        addDefaultStaticClassOperator(
new DefaultStaticClassOperator("Double", Double.class));
        addDefaultStaticClassOperator(
new DefaultStaticClassOperator("Float", Float.class));
        addDefaultStaticClassOperator(
new DefaultStaticClassOperator("Boolean", Boolean.class));
        addDefaultStaticClassOperator(
new DefaultStaticClassOperator("String", String.class));
        addDefaultStaticClassOperator(
new DefaultStaticClassOperator("Byte", Byte.class));
        addDefaultStaticClassOperator(
new DefaultStaticClassOperator("Number", Number.class));
        addDefaultStaticClassOperator(
new DefaultStaticClassOperator("Math", Math.class));
        addDefaultStaticClassOperator(
new DefaultStaticClassOperator("System", System.class));
    }
```

XmlNodeStaticClassOperator 支持 XML 配置元素对静态类以及静态方法进行定义，能绑定运行时参数类型，通过修改 XML 配置定义静态方法的别名。XmlNodeStaticClassOperator 的加载也是 TinyTemplateConfigProcessor 扫描 XML 配置文件时发生，具体代码如下：

```
private void addStaticClass(XmlNode totalConfig){
    List<XmlNode> list = totalConfig.getSubNodes(STATIC_CLASS_NAME);
    if(list!=null){
        for(XmlNode node:list){
            try {
            templateEngine.registerStaticClassOperator(
new XmlNodeStaticClassOperator(node));
        } catch (Exception e) {
            LOGGER.errorMessage("加载用户注册的静态类出错", e);
        }
```

```
            }
        }
    }
```

通过配置文件，开发人员可以很简单地扩展静态类及静态方法供页面调用。

最后讲一下模板引擎是如何调用静态方法的，实际上模板引擎是委托 TemplateUtil 处理 Java 方法的反射调用，当然也包括静态方法的调用。核心代码如下：

```
public static Object executeClassMethod(Object object, String methodName,
Object[] parameters) throws TemplateException,Exception {
        Method method = getMethodByName(object, methodName, parameters);
        //如果有缓存，则用缓存方式调用
        if (method != null) {
            return method.invoke(object, parameters);
        }
        if (object instanceof StaticClassOperator) {
            return ((StaticClassOperator)object).invokeStaticMethod(methodName,
            parameters);
        } else {
            return MethodUtils.invokeMethod(object, methodName, parameters);
        }
    }
```

实际上上述逻辑包含类方法及静态方法的操作。首先判断 Method 方法是否有缓存，如果有缓存则直接通过缓存调用，这样可以提升性能。如果没有则判断 Object 类型，如果是 StaticClassOperator，实际上对应页面的静态方法调用，接下来由接口完成具体的静态方法调用；如果不是那就是一般的类方法，则委托 MethodUtils 工具类完成反射调用。

4.3.5 模板语言语法解析

讲解模板语言不可避免地涉及到词法和语法分析。无论具体的模板语言分析器是何种框架，基本的流程都是一样的，可以分为以下阶段。

（1）语法分析阶段：这一阶段工作通常由语法分析器完成。它的任务是将一段字符串流，按定义好的语法规则进行分析，识别拆分成一个个的字符组（Token），Token 的类型可以是关键字、指令、符号和操作符等。

（2）词法分析阶段：这一阶段的工作通常由词法分析器完成。它的任务是将语法分析器得到的 Token 数组做进一步的分析，这时候需要考虑 Token 之间的上下文关系，按定义的词法规则整理，得到目标的词法序列。

（3）语义树阶段：语义树阶段是模板语法解析的最后一步，它将前两步的识别结果进行最终整理，得到可供遍历的语法结构，因为通常是树形存储结构，所以一般称为语义树。通过语义树，开发人员可以实现一些操作。

Tiny 模板语言底层采用 antlr4 作为词法语法分析器。antlr4 可以让用户定义语法文件和词法文件，通过预编译可以转换成相关模板语法的语法词法 Java 代码类，这样基于该模板语法的字符流都可以转换成 ATS 抽象语法树。antlr4 的语法词法文件都是以 g4 为后缀。

TinyTemplateLexer.g4 的语法文件片段如下：

```
TEXT_PLAIN                : ~('$'|'#'|'\\')+                ;
TEXT_CDATA                : '#[[' .*? ']]#'                 ;
TEXT_ESCAPED_CHAR          : ('\\#'|'\\$'|'\\\\')           ;
TEXT_SINGLE_CHAR           : ('#'|'$'|'\\')                 ;
PARA_SPLITER              :[ \t]* (',')?[ \t]*    ;
I18N_OPEN                : '$${'                           -> pushMode(INSIDE) ;

//VALUE_COMPACT_OPEN                : '$'                   ;
VALUE_OPEN                : '${'                           -> pushMode(INSIDE) ;
VALUE_ESCAPED_OPEN          : '$!{'                          -> pushMode(INSIDE) ;

DIRECTIVE_OPEN_SET          : ('#set'|'#!set' )        ARGUMENT_START        ->
pushMode(INSIDE) ;
DIRECTIVE_OPEN_IF               :  '#if'           ARGUMENT_START            ->
pushMode(INSIDE) ;
DIRECTIVE_OPEN_ELSEIF         :  '#elseif'       ARGUMENT_START            ->
pushMode(INSIDE) ;
DIRECTIVE_OPEN_FOR        : ('#for'|'#foreach')       ARGUMENT_START        ->
pushMode(INSIDE) ;
DIRECTIVE_OPEN_WHILE            :  ('#while')          ARGUMENT_START        ->
pushMode(INSIDE) ;
DIRECTIVE_OPEN_BREAK            :  '#break'          ARGUMENT_START          ->
pushMode(INSIDE) ;
DIRECTIVE_OPEN_CONTINUE    :   '#continue'   ARGUMENT_START              ->
pushMode(INSIDE) ;
DIRECTIVE_OPEN_STOP             :  '#stop'           ARGUMENT_START          ->
pushMode(INSIDE) ;
DIRECTIVE_OPEN_RETURN           :  '#return'          ARGUMENT_START         ->
pushMode(INSIDE) ;
DIRECTIVE_OPEN_INCLUDE      :  '#include'     ARGUMENT_START             ->
pushMode(INSIDE) ;
DIRECTIVE_CALL     :  ('#call'|'#callMacro')    ARGUMENT_START            ->
pushMode(INSIDE) ;
```

语法文件基本采用关键字加上正则表达式的结合方式，对于有正则表达式经验的程序员是比较容易理解的。匹配相关正则表达式的字符串流就会被解释成一个 token。如果 token 识别发生异常，就会抛出语法解析异常。

TinyTemplateParser.g4 词法文件的片段如下：

```
// -------- rule ------------------------------------
template    :   block
          ;
```

```
block       :   (comment | directive | text | value)*
            ;


text        :   TEXT_PLAIN
            |  TEXT_CDATA
            |  TEXT_SINGLE_CHAR
            |   COMMENT_LINE
            |  COMMENT_BLOCK1
            |  COMMENT_BLOCK2
            |  TEXT_ESCAPED_CHAR
            |  TEXT_DIRECTIVE_LIKE
            ;
comment          :    COMMENT_LINE
            |  COMMENT_BLOCK1
            |  COMMENT_BLOCK2
            ;
value        :   //VALUE_COMPACT_OPEN  identify_list
              VALUE_OPEN        expression '}'
            |  VALUE_ESCAPED_OPEN expression '}'
            | I18N_OPEN  identify_list '}'
            ;



directive    :   set_directive
            |  if_directive
            |  for_directive
            |  while_directive
```

词法文件的作用是定义语法识别之后，得到 Token 之间的关系，如果用户编写的模板语言文件完全符合语法，但是不符合词法规则，那么经过词法识别就会抛出词法分析异常。

以上述词法文件为例：每个 Token 都是由 block 组成的，而 block 可以由 comment、directive、text 和 value 四部分任意序列组成……词法文件是自上向下介绍 Token 之间的组成关系，当然关系本身的定义也是符合正则规范。

最后的语义树阶段，antlt4 会根据上述两个语法词法文件，生成 Tiny 模板语法的 Java 结构，成员列表如表 4-6 所示。

表 4-6　模板语法成员说明

文 件 名	说　明
TinyTemplateLexer.tokens	Tiny 模板语言语法解析的 Token 列表
TinyTemplateParser.tokens	Tiny 模板语言词法解析的 Token 列表
TinyTemplateLexer	Tiny 语法结构对象，继承 Lexer
TinyTemplateParser	Tiny 词法结构对象，继承 Parser
TinyTemplateParserListener	Tiny 词法监听器

续表

文 件 名	说　　明
TinyTemplateParserVisitor	Tiny 词法访问器
TinyTemplateParserBaseListener	词法监听器的默认实现
TinyTemplateParserBaseVisitor	词法访问器的默认实现

如果语法和词法文件发生修改，那么模板引擎编译时会重新自动生成上述文件，无须开发人员手动干预。需要注意：TinyTemplateLexer.g4 和 TinyTemplateParser.g4 是 Tiny 模板语言根据自己的业务需求与语法命令设计的，用户完全可以根据自己的需求编写符合 antlr4 规范的*.g4 文件，这样就可以开发属于自己的模板语言了。

前文在介绍模板引擎时，提到过文件加载器，它的任务有二：一是根据路径查询已经存在的模板文件；二是根据相关路径文件创建 Template 对象，接口定义如下：

```
/**
 * 模板
*/
public interface Template extends TemplateContextOperator {
    /**
     * 返回宏的内容
     */
    Map<String, Macro> getMacroMap();

    /**
     * 返回宏文件中引入模板的顺序
     */
    List<String> getImportPathList();

    void addImport(Object importPath);
    /**
     * 进行渲染
     */
    void render(TemplateContext context, OutputStream outputStream)
                                        throws TemplateException;

    void render(TemplateContext context) throws TemplateException;

    void render() throws TemplateException;

    /**
     * 返回宏对应的路径
     */
    String getPath();

    /**
     * 设置对应的模板引擎
     */
    void setTemplateEngine(TemplateEngine templateEngine);
```

```
    /**
     * 返回模板引擎
     */
    TemplateEngine getTemplateEngine();
}
```

Template 对象实际上就是开发人员按 Tiny 模板语言规范编写的页面文件和布局文件经过底层的语法分析、词法分析和语义树整理得到内存对象，模板加载器在生成 Template 对象时也是委托 TemplateLoadUtil 工具类以及 TemplateInterpreter 拦截器完成的，代码片段如下：

```
public final class TemplateLoadUtil {
    static TemplateInterpreter interpreter = new TemplateInterpreter();
     //注册宏定义和导入指令的处理器
    static {
        interpreter.addContextProcessor(new MacroDefineProcessor());
        interpreter.addContextProcessor(new ImportProcessor());
    }

    public static Template loadComponent(TemplateEngineDefault engine,
    String path, String content) throws Exception {
        //将字符串解析成语义树
        TinyTemplateParser.TemplateContext tree
             = interpreter.parserTemplateTree(path, content);
        //将语义树包装成模板文件
        TemplateFromContext template = new TemplateFromContext( path, tree);
        //对模板文件执行拦截操作，根据上下文做进一步解析
        interpreter.interpretTree(engine, template, tree, null, null,
        null,path);
        return template;
    }
}
```

首先通过 TemplateInterpreter 拦截器得到模板词法的结构上下文，并包装成 TemplateFromContext 上下文，再调用拦截器进行结构的动态解析，如函数等。核心代码如下：

```
public void interpret(TemplateEngineDefault engine, TemplateFromContext
templateFromContext, String templateString, String sourceName,
TemplateContext pageContext, TemplateContext context, OutputStream
outputStream, String fileName) throws Exception {
        interpret(engine, templateFromContext, parserTemplateTree(sourceName,
        templateString), pageContext, context, outputStream, fileName);
    }
    //动态解析语义树节点的子节点列表
    public void interpret(TemplateEngineDefault engine, TemplateFrom-
    Context templateFromContext, TinyTemplateParser.TemplateContext
    templateParseTree, TemplateContext pageContext, TemplateContext
```

```
context, OutputStream outputStream, String fileName)throws Exception {
    for (int i = 0; i < templateParseTree.getChildCount(); i++) {
        interpretTree(engine, templateFromContext,
       templateParseTree.getChild(i), pageContext, context, outputStream,
       fileName);
    }
}

public Object interpretTree(TemplateEngineDefault engine, TemplateFrom-
Context templateFromContext, ParseTree tree, TemplateContext pageContext,
TemplateContext context, OutputStream outputStream, String fileName)
throws Exception {
    Object returnValue = null;
    //当前节点是叶子节点
    if (tree instanceof TerminalNode) {
        TerminalNode terminalNode = (TerminalNode) tree;
        TerminalNodeProcessor processor =
terminalNodeProcessors[terminalNode.getSymbol().getType()];
        if (processor != null) {
            return processor.process(
terminalNode, context, outputStream, templateFromContext);
        } else {
            return otherNodeProcessor.process(
terminalNode, context, outputStream,templateFromContext );
        }
    //当前节点是树枝节点，也就是包含解析上下文
    } else if (tree instanceof ParserRuleContext) {
        try {
            ContextProcessor processor =
contextProcessorMap.get(tree.getClass());
            if (processor != null) {
                returnValue = processor.process(this, templateFromContext,
                (ParserRuleContext) tree, pageContext, context, engine,
                outputStream, fileName);
            }
            if (processor == null) {
                //递归调用本方法
                for (int i = 0; i < tree.getChildCount(); i++) {
                    Object value = interpretTree(engine, templateFrom-
                   Context, tree.getChild(i), pageContext, context,
                   outputStream, fileName);
                    if (value != null) {
                        returnValue = value;
                    }
                }
            }
        } catch (StopException se) {
            throw se;
        } catch (ReturnException se) {
            throw se;
```

```
            } catch (TemplateException te) {
                if (te.getContext() == null) {
                    te.setContext((ParserRuleContext) tree, fileName);
                }
                throw te;
            } catch (Exception e) {
                throw new TemplateException(
                        e, (ParserRuleContext) tree, fileName);
            }
        }
        return returnValue;
    }
```

以上逻辑就是解析语义树的逻辑，Tiny 模板语言的语义树节点有两类：分支节点 ParserRuleContext 和终端节点 TerminalNode，前者可以进一步递归调用解析。

如果是终端节点，则根据节点的类型判断是否有注册对应的 TerminalNodeProcessor 接口的实现类，如果有则调用专门的终端节点处理器处理；如果没有则调用默认的 OtherNodeProcessor 进行处理。

如果是分支节点，则根据节点的类型判断是否有注册对应的 ContextProcessor 接口的实现类，如果有就调用该实现类继续处理；如果没有则遍历该节点的子节点，递归调用 interpretTree。当整个语义树执行完毕，没有发生异常，输出流中的内容就是模板引擎的输出结果；如果期间发生异常，模板引擎就会出现异常，并中止解析。

以上就是 Tiny 模板语言的整个语法解析的完整流程。

4.3.6 模板语言渲染机制

对模板语言而言，最重要的内容就是模板的渲染，通过本文的介绍，希望用户能对模板语言的渲染机制有所了解。

Tiny 模板语言的模板文件按用途可以分为：页面文件、布局文件和宏文件，前两者对应的 Java 对象是 Template，而后者对应是 MacroLibrary（一个宏文件包含多个 Macro）。模板语言的渲染机制也分两种：带布局的渲染和不带布局的渲染。

不带布局的渲染最为简单，仅仅渲染访问的页面文件和相关宏文件，而不会渲染相应的布局文件，核心代码如下：

```
public void renderTemplateWithOutLayout(String path, TemplateContext
context, OutputStream outputStream) throws TemplateException {
        Template template = findTemplate(context, path);
        if (template != null) {
            renderTemplate(template, context, outputStream);
        } else {
            throw new TemplateException("找不到模板：" + path);
        }
    }
```

```
public void renderTemplate(Template template, TemplateContext context,
OutputStream outputStream) throws TemplateException {
    template.render(context, outputStream);
}
```

可以看到这种方式仅仅查询当前页面对应的模板文件，而不会去查询相关的布局文件。

带布局的渲染就比较复杂了，处理查询当前页面的模板文件，还会涉及布局文件的模板文件。特别是前文还介绍过，如果允许国际化文件查询，还会进行国际化文件的查找，这里就不再赘述了。

```
public void renderTemplate(String path, TemplateContext context,
OutputStream outputStream) throws TemplateException {
    try {
        Template template = findTemplate(context, path);
        if (template != null) {
            List<Template> layoutPaths =
                getLayoutList(context,template.getPath());
            if (layoutPaths.size() > 0) {
                ByteArrayOutputStream byteArrayOutputStream =
                  new ByteArrayOutputStream();
                template.render(context, byteArrayOutputStream);
                context.put("pageContent", byteArrayOutputStream);
                ByteArrayOutputStream layoutWriter = null;
                TemplateContext layoutContext = context;
                for (int i = layoutPaths.size() - 1; i >= 0; i--) {
                    //每次都构建新的 Writer 和 Context 来执行
                    TemplateContext tempContext = new TemplateContext-
                    Default();
                    tempContext.setParent(layoutContext);
                    layoutContext = tempContext;
                    layoutWriter = new ByteArrayOutputStream();
                    layoutPaths.get(i).render(layoutContext, layoutWriter);
                    if (i > 0) {
                        layoutContext.put("pageContent", layoutWriter);
                    }
                }
                outputStream.write(layoutWriter.toByteArray());
            } else {
                renderTemplate(template, context, outputStream);
            }
        } else {
            throw new TemplateException("找不到模板: " + path);
        }
    } catch (IOException e) {
        throw new TemplateException(e);
    }
}
```

大致流程如下：

（1）调用方法 findTemplate，根据 path 查询到当前页面对应的模板文件。

（2）调用方法 getLayoutList，查询当前模板对应的布局列表。

（3）循环 layoutPaths，建立模板上下文 tempContext 和当前布局上下文 layoutContext。

（4）布局模板渲染之后，把操作流 layoutWriter 存入布局上下文。

（5）最后统一调用 layoutWriter.toByteArray()方法写入 outputStream。

其中 getLayoutList 方法涉及 Tiny 模板语言的布局查找顺序，方法摘要如下：

```
private List<Template> getLayoutList(TemplateContext context, String
templatePath) throws TemplateException {
    List<Template> layoutPathList = null;
    if (!checkModified) {
        layoutPathList = layoutPathListCache.get(templatePath);
        if (layoutPathList != null) {
            return layoutPathList;
        }
    }
    if (layoutPathList == null) {
        layoutPathList = new ArrayList<Template>();
    }
    String[] paths = templatePath.split("/");
    String path = "";

    String templateFileName = paths[paths.length - 1];
    for (int i = 0; i < paths.length - 1; i++) {
        path += paths[i] + "/";
        String template = path + templateFileName;
        Template layout = null;
        //先找同名的看有没有
        for (ResourceLoader loader : resourceLoaderList) {
            String layoutPath = loader.getLayoutPath(template);
            if (layoutPath != null) {
                layout = findLayout(context, layoutPath);
                if (layout != null) {
                    layoutPathList.add(layout);
                    break;
                }
            }
        }
        //如果没有找到，则看看默认的有没有
        if (layout == null) {
            for (ResourceLoader loader : resourceLoaderList) {
                String layoutPath = loader.getLayoutPath(template);
                if (layoutPath != null) {
                    String defaultTemplateName =path + DEFAULT + layoutPath.
                    substring(layoutPath.lastIndexOf('.'));
                    layout = findLayout(context, defaultTemplateName);
                    if (layout != null) {
```

```
                        layoutPathList.add(layout);
                        break;
                    }
                }
            }
        }
    }
    if (!checkModified) {
        layoutPathListCache.put(templatePath, layoutPathList);
    }

    return layoutPathList;
}
```

布局模板列表的查询流程大致如下：

（1）检查缓存中是否存在当前路径的布局模板列表，如果有的话就返回。这步操作可以大幅度提升模板文件的查找性能。

（2）按 Linux 的路径分隔符拆分路径，建立数组，并开始循环结果。

（3）先判断是否存在和文件名相同的布局文件名，如果存在则将该布局文件路径加入 layoutPathList。

（4）在上一步不满足的情况下，检查是否存在默认的布局文件名，如果存在则将该布局路径加入到 layoutPathList。

上面介绍了页面文件和布局文件的渲染机制，最后介绍一下宏的渲染机制。涉及到宏渲染的关键代码如下：

```
public void renderMacro(String macroName, Template Template, TemplateContext
context, OutputStream outputStream) throws TemplateException {
    findMacro(macroName, Template, context).render(Template, context,
    context, outputStream);
}
public void renderMacro(Macro macro, Template Template, TemplateContext
context, OutputStream outputStream) throws TemplateException {
    macro.render(Template, context, context, outputStream);
}
```

首先调用方法 findMacro 找到对应宏，最后调用宏自身的 render 方法完成渲染。需要注意的是查找宏的方法，比较复杂，现在介绍一下。

```
public Macro findMacro(Object macroNameObject, Template template,
TemplateContext context) throws TemplateException {
    //上下文中的宏优先处理，主要是考虑 bodyContent 宏
    String macroName = macroNameObject.toString();
    Object obj = context.getItemMap().get(macroName);
    if (obj instanceof Macro) {
        return (Macro) obj;
    }
    //查找私有宏
```

```
    Macro macro = template.getMacroMap().get(macroName);
    if (macro != null) {
        return macro;
    }
    //先查找 import 的列表，后添加的优先
    for (int i = template.getImportPathList().size() - 1; i >= 0; i--) {
        Template macroLibrary =
        getMacroLibrary(template.getImportPathList().get(i));
        if (macroLibrary != null) {
            macro = macroLibrary.getMacroMap().get(macroName);
            if (macro != null) {
                if (!checkModified) {
                    macroCache.put(macroName, macro);
                }
                return macro;
            }
        }
    }

    macro = macroCache.get(macroName);
    if (macro != null) {
        return macro;
    }

    /**
     * 查找公共宏，后添加的优先
     */
    for (int i = macroLibraryList.size() - 1; i >= 0; i--) {
        String path = macroLibraryList.get(i);
        if (!template.getImportPathList().contains(path)) {
            Template macroLibrary = getMacroLibrary(path);
            if (macroLibrary != null) {
                macro = macroLibrary.getMacroMap().get(macroName);
                if (macro != null) {
                    if (!checkModified) {
                        macroCache.put(macroName, macro);
                    }
                    return macro;
                }
            }
        }
    }
    throw new TemplateException("找不到宏: " + macroName);
}
```

宏处理复杂的原因是因为不同宏文件可能出现相同命名的宏，而为此模板语言特别增加了 import 指令，可以指定要加载的宏文件，从而解决冲突问题。

从代码内容可以看出宏优先级顺序是：私有宏最高级；其次是通过 import 指令引入的宏；而优先级最低的是公共宏。

归纳一下，模板宏查找的流程如下：

（1）根据宏名称在模板上下文查找是否存在，如果有则直接返回。

（2）根据宏名称在当前模板文件的私有宏查找是否存在同名宏，如果找到就返回。

（3）从后往前遍历 Import 指令引入的宏匹配是否存在同名宏，如果找到就返回。

（4）从宏缓存容器中检查是否存在同名宏，如果匹配就返回。

（5）最后遍历公共宏，查找是否存在同名宏，如果找到就返回。

（6）抛出“找不到宏”的模板异常。

4.4　模板语言的使用

前面章节主要介绍了常见的模板语言和 Tiny 模板语言的设计思想，侧重点是原理和设计思想，解决的是“为什么”。本节重点是怎么使用模板语言，基础较差的同学可以直接阅读本节，先学习怎么搭建 Tiny 模板语言的运行环境，以及跑通相关教学示例。

本章应用示例工程代码，请参考附录 A 中的 org.tinygroup.template.demos（模板语言实践示例工程目录）。

4.4.1　依赖配置

首先在 Maven 工程的 pom 文件中，加入以下依赖：

```
<dependency>
   <groupId>org.tinygroup</groupId>
   <artifactId>org.tinygroup.templateengine</artifactId>
   <version>${tiny_version}</version>
</dependency>
```

其中${tiny_version}代表着是 Tiny 框架的版本号。如果不是使用 Maven 工程，则将所需要的 Jar 文件添加至 classpath 或工程的 lib 下。

4.4.2　模板语言的配置

标准的 Tiny 框架中模板语言的配置片段如下：

```
<!--template config 配置 -->
<template-config templateExtFileName="page" layoutExtFileName="layout"
                  componentExtFileName="component">
  <init-param name="encode" value="UTF-8" ></init-param>
  <init-param name="cacheEnabled" value="false" ></init-param>
```

```
    <init-param name="safeVariable" value="false" ></init-param>
    //这个属性在模板引擎 2.0.10～2.0.23 版本之间暂时失效
    <init-param name="compactMode" value="false" ></init-param>
    //这个属性在模板引擎 2.0.20 版本之后增加
    <init-param name="checkModified" value="false" ></init-param>
    //这个属性在模板引擎 2.0.27 版本之后增加
    <init-param name="localeTemplateEnable" value="false" ></init-param>
    <resource-loader name="XXXXLoader" ></resource-loader>
    <i18n-visitor name="XXXXVisitor" ></i18n-visitor>
    <template-function name="XXXXFunction" ></template-function>
    //注册静态类，这个功能在模板引擎 2.0.26 版本之后增加
    <static-class name="stringUtil"
        class="org.tinygroup.commons.tools.StringUtil" >
<static-method name="" method-name="isEmpty"
        parameter-type="java.lang.String">
</static-method>
<static-method name="ts1" method-name="trimStart"
        parameter-type="java.lang.String">
</static-method>
   <static-method name="ts2" method-name="trimStart"
        parameter-type="java.lang.String,java.lang.String">
    </static-method>
       </static-class>
</template-config>
```

其过程是模板引擎的应用处理器 TinyTemplateConfigProcessor 在扫描全局应用配置 application.xml 的 template-config 节点，检查有没有用户自定义的扩展函数 bean，如果有的话就用容器工厂获取函数的实例，最后调用 addTemplateFunction 方法注册到模板引擎。

配置介绍如下。

- 模板引擎的属性，又分节点属性和初始化属性。节点属性只有 3 个：
  - 页面扩展后缀（templateExtFileName）；
  - 布局扩展后缀（layoutExtFileName）；
  - 组件扩展后缀（componentExtFileName）。
- 初始化属性则以 init-param 列表的方式定义，可以定义多组，以 name 和 value 为键值对，包含渲染编码（encode）、是否启用缓存（cacheEnabled）、是否安全变量（safeVariable）、是否紧凑模式（compactMode）、模板引擎实例 Id（engineId）、是否检查文件修改（checkModified）和是否启用国际化模板（localeTemplateEnable）。
- 自定义文件加载器（resource-loader）。可以不配置，也可以配置多个 resource-loader 节点，name 属性表示一个文件加载器的 bean 实例，需要在对应工程的*.beans.xml 定义。该 bean 的实例需要实现 org.tinygroup.template.ResourceLoader 接口。

- ❑ 国际化文件访问器（i18n-visitor）。最多只能配置一个 i18n-visitor 节点，name 属性表示一个国际化资源访问器的 bean 实例，需要在对应工程的*.beans.xml 定义。该 bean 的实例需要实现 org.tinygroup.template.I18nVisitor 接口。
- ❑ 模板函数（template-function）。可以不配置，也可以配置多个 template-function 节点，name 属性表示一个模板函数的 bean 实例，需要在对应工程的*.beans.xml 定义。该 bean 的实例需要实现 org.tinygroup.template.TemplateFunction 接口。
- ❑ 注册静态类（static-class）。可以不配置，也可以配置多个 static-class 节点。name 属性表示这个静态类在模板中的引用名，class 属性表示静态类的 class 路径。
- ❑ 注册静态类的静态方法（static-method）。每个静态类节点可以不配置，也可以配置多个静态方法节点。name 表示静态方法引用的别名，method-name 表示静态方法的方法名，parameter-type 表示参数类型列表（多个参数采用英文逗号分隔，目前仅支持简单对象类型，不支持泛型、数组和集合对象）。name 属性必须唯一，method-name 属性因为方法重载允许重复。通常可以不设置 name 属性，但是当 parameter-type 因为 null 值产生歧义时，必须设置 name 属性。

4.4.3　模板语言的 Eclipse 插件

关于模板语言的插件，Tiny 也提供了 Eclipse 插件工具，即模板编辑器和模板运行器。

1．模板编辑器

- ❑ 大纲支持：支持宏定义、布局定义、布局实现和变量定义。可以通过双击大纲树中的节点，快速定位并选定相关的内容，如图 4-6 所示。

图 4-6　模板编辑器的大纲支持

- ❑ 语法高亮：支持在编辑器中，根据语法进行着色，使得代码更容易阅读。
- ❑ 错误提示：如果模板语言语法出现错误，那么工程导航、错误视图及编辑窗口会出现友好的错误提示，如图 4-7 所示。

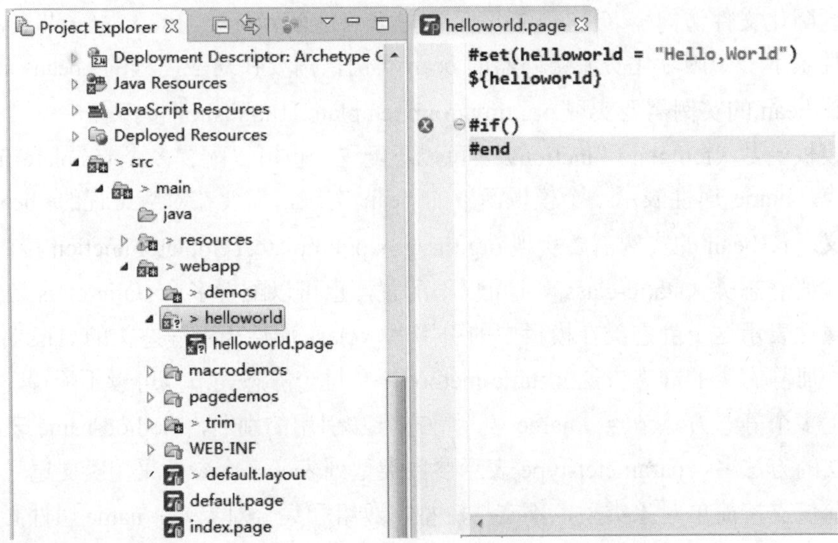

图 4-7　模板编辑器的错误提示

单击编辑器前面的红叉，会显示详细的错误信息，如图 4-8 所示。

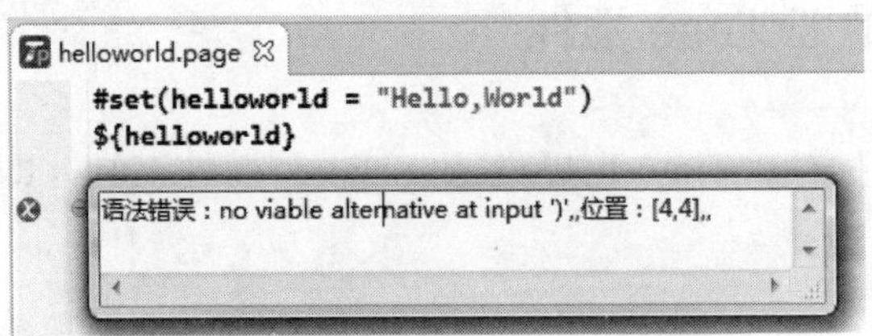

图 4-8　模板编辑器的详细错误提示

- 代码折叠：支持对代码块进行代码折叠，方便查阅，如图 4-9 所示。

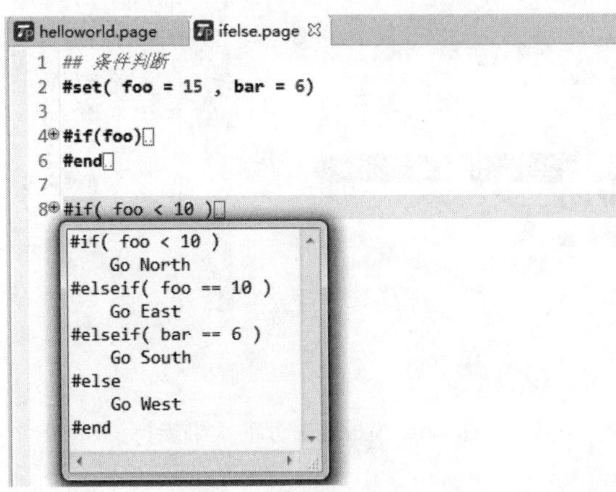

图 4-9　模板编辑器的代码折叠

- 语法提示：支持 Tiny 模板语言和 Html 语法提示，支持模糊匹配和分段匹配，如图 4-10 所示。

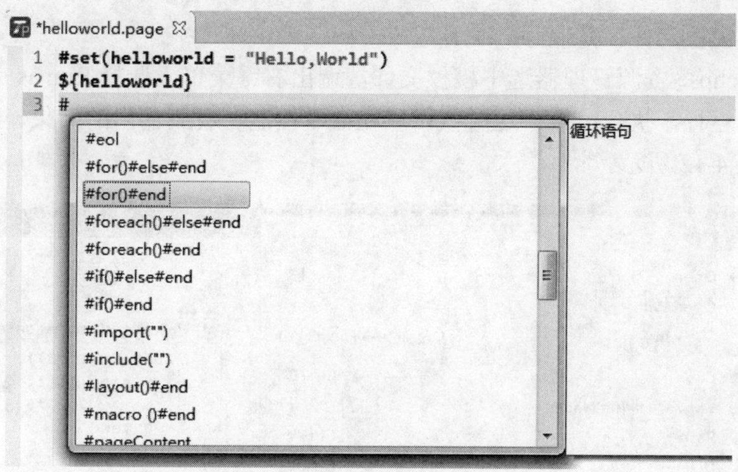

图 4-10　模板编辑器的语法提示

- 快速定位：支持 Tiny 模板中开始语句与结束语句间的快速切换。比如，使用 Ctrl+Shift+鼠标左键单击语法块（例如 If 语法块）头部时，可以快速定位到对应的#end。当单击#end 时，会快速定位到对应的语法块头部。
- 变量快速提示：鼠标单击某变量时，会高亮显示所有同名变量。
- 宏定义对应位置显示：在语法块的头部按 Ctrl 键时，会高亮显示与其对应的#end。
- 代码注释的快捷支持。

行注释（快捷键：Ctrl+/）：

```
##内容
```

块注释（快捷键：Ctrl+Shift+/）：

```
#*内容*#
```

- 资源智能提示：include、import 和 layout 指令支持资源智能提示，可以通过 Alt+/快捷方式快速定位资源路径，如图 4-11 所示。

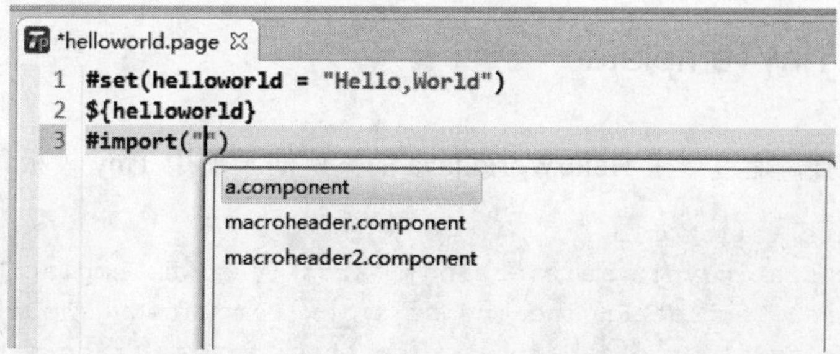

图 4-11　模板编辑器的资源智能提示

2. 模板运行器

模板运行器可以帮助用户进行开发或者调试程序。使用步骤如下：

（1）编写模板文件，并保存。

（2）在 Eclipse 资源管理器选中模板文件，调出右键菜单，选择 Run as 或 Debug as。

（3）单击运行，执行模板。这时候可以在命令控制台看到输出的结果。

操作如图 4-12 所示。

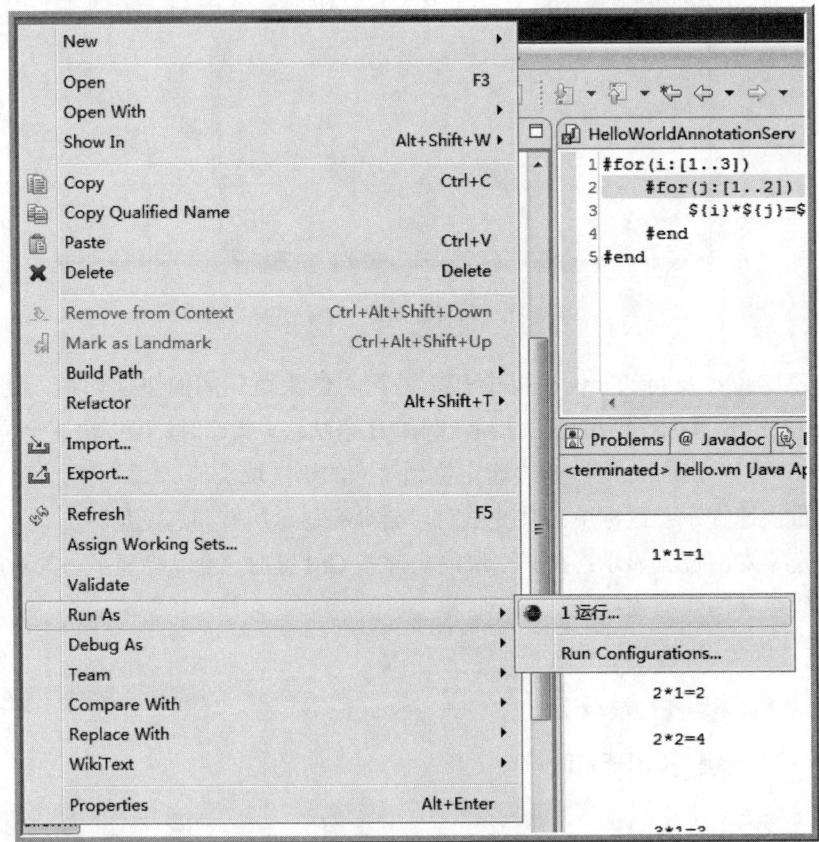

图 4-12　模板运行器的操作图

4.4.4 Hello,TinyTemplate

加入依赖配置，通过一个 HelloWorld.java 的案例演示使用 Tiny 模板语言。代码如下：

```
public class HelloWorld {
    public static void main(String[] args) throws TemplateException {
        final TemplateEngine engine = new TemplateEngineDefault();
        StringResourceLoader resourceLoader = new StringResourceLoader();
        engine.addResourceLoader(resourceLoader);
        Template template = resourceLoader.loadTemplate("Hello,${name}");
        TemplateContext context = new TemplateContextDefault();
        context.put("name", "TinyTemplate!");
        template.render(context, System.out);
```

```
    }
}
```

运行 HelloWorld 的 main 方法，结果如下：

```
Hello,TinyTemplate!
```

4.5　模板语言语法介绍

首先在 HelloWorld 工程的 src/main/resources 目录下，新建一个 grammardemos 目录用来讲解模板语言语法。Tiny 框架针对 Eclipse 也提供了插件工具，运用工具可以很好地针对语法进行演示。演示方法如下：

- 右键选中*.page 文件→Open With，然后在显示页面中单击左下角的“预览”。
- 右键选中*.page 文件→Run As，然后“运行”。

后面在详细例子中，统一使用第一种演示方法进行实践。例如“Hello,World”演示如下，第一步右键选中 helloworld.page，单击 Open With 的 Tiny 模板引擎编辑器打开该文件，操作流程如图 4-13 所示。

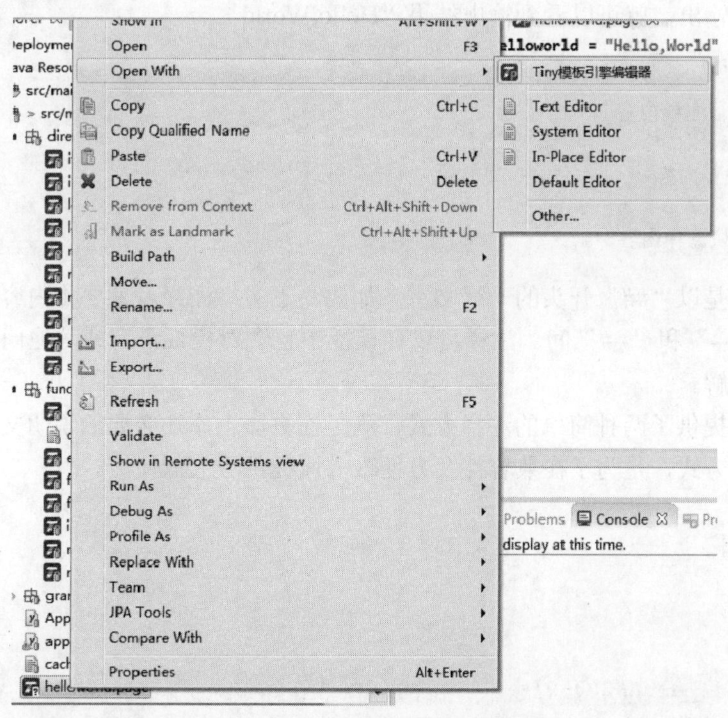

图 4-13　模板页面编辑器的操作图

helloworld.page 实现的代码如下，插件展示页面如图 4-14 所示。

```
#set(helloworld = "Hello,World")
${helloworld}
```

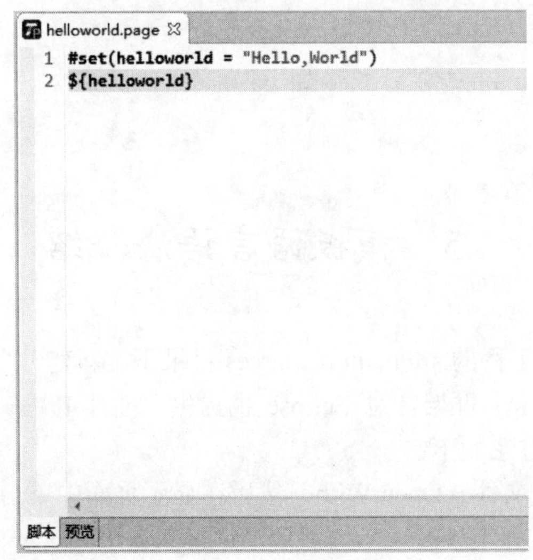

图 4-14　模板页面编辑器的预览功能

然后在页面中，单击左下角的“预览”，即可通过 Tiny 插件预览功能。

等待编译输出，就可以看到输出结果“Hello,World”。

注释语法：

```
## 这里是行注释内容
#--
这里是块注释内容
--#
#* 这里是块注释内容 *#
```

单行注释是以“##”开头的一行文字。如要写下多行注释，就要将内容放入“#*”和“*#”间或“#--”和“--#”间。注释可以在模板中包含对模板语言或其他问题的说明描述以便阅读和理解。

模板语言提供了两种简单的注释方式，满足在页面上添加必要的说明文字。之所以支持两种块注释方式，是为了在兼容性及方便性方面提供更大的便捷。

4.5.1　变量

语法：

```
[_a-zA-Z][_a-zA-Z$0-9]*
```

上面是变量语法的正则表达式。变量必须是以下划线或大小写字母开头的，后续可以跟下划线或大小写字母和数字组合的字符串。下面章节介绍的宏的名字，也是遵守同样的规则。

因此，一个合法的模板语言变量名是以字母开头，后面可以是以下任意字符：

- 字母(a .. z, A .. Z);
- 数字(0 .. 9);
- 下划线("_")。

以下案例是正确的模板语言变量名：

```
foo
mudSlinger
mud_slinger
```

如果想在模板语言中引用一个变量如 foo，可以通过#set 命令赋值其值（也可以从 Java 代码中获取）。在目录中新增 set.page，写入代码如下：

```
#set(foo = "bar" )
${foo}
```

只要右键选择 set.page→OpenWith→“Tiny 模板引擎编辑器”，然后在显示页面中单击左下角的“预览”。模板引擎的预览结果如下：

```
bar
```

只要符合上面规范的字符串都可以作为 Tiny 模板语言中的变量，即使是 Java 的关键字也可以。需要注意的是，在进行循环时，Tiny 模板语言会在循环变量名后附加 For 作为该变量的状态变量，因此需要注意避免冲突。

4.5.2　取值表达式

语法：

```
${expression}  ##输出表达式的计算结果
$!{expression} ##输出表达式的计算结果，并转义其中的 HTML 标签
```

在上面介绍了变量的定义。那么要将变量引用的结果输出打印都需要经过取值表达式。在 Tiny 模板语言中取值表达式分两种：一种是将输出表达式的计算结果直接输出，另一种则将计算结果包含的 HTML 标签进行转义。

其中 expression 必须是一个合法的 Tiny 模板语言表达式。Tiny 模板语言取值表达式{}不可以省略。如果表达式执行结果为 null 或 void，则不会输出任何内容。取值表达式作为指令的参数时，不可以采用${expression}形式，需要去掉{}。同时在字符串参数中，也不支持${expression}。

4.5.3　Map 常量

语法：

```
{expression:expression,...}
```

在模板中为了数据存储和传递的方便，Tiny 模板语言提供了 Map 常量的表达方式。Map 常量经常直接作为指令或自定义宏的参数，下面的例子希望能帮助读者快速理解如何定义 Map 常量。

示例：

```
{} ##表示空Map
{"aa":"aaValue","bb":"bbValue"} ##纯字符串Map
{"aa":1,"bb":"bbValue"} ##数字及字符串混合Map
```

上面的例子是如何定义 Map 常量。事实上，在模板中定义一个 Map 变量也类似上面的形式，只不过需要使用#set 指令，并定义一个具体的参数名。下面的例子展示了如何调用 Map 常量。

调用示例：

```
#set(map={"aa":1,"key":"bbValue"})
${map.key}
${map["key"]}
${map.get("key")}
```

其中，{aa:1}和{"aa":1}的含义是不同的，{aa:1}表示 key 值是 aa 变量的值，${"aa":1}表示 key 值是"aa"的字符串。因此，如果写为{aa:1}的形式时，如果没有 aa 变量存在，则会报空指针错误。

如果不能确认前面的变量是否为空，可以加一个安全调用方式：

```
${map?.key}
${map?.get("key")}
```

4.5.4 数组常量

语法：

```
[expression,...]
```

同样在模板中为了数据存储和传递的方便，Tiny 模板语言提供了数组常量的表达方式。数组常量定义语法也很简单。

示例：

```
[] ##表示空数组
[1..5] ##等价于[1,2,3,4,5]
[5..1] ##等价于[5,4,3,2,1]
[(1+4)..1] ##等价于[5,4,3,2,1]
[1,2,3,4,5] ##纯数字数组
[1,"aa",2,"cc",3] ##数字及字符串混合数组
[1, aa,2,"cc",3] ##数字、变量和字符串混合数组
```

而调用数组常量的方式有两种，一种是直接通过下标索引的方式，另一种是调用

get(index)方式：

```
${list[1]}
${list.get(1)}
```

如果不能确认前面的变量是否为空，可以加一个安全调用方式：

```
${list?[1]}
${list?.get(1)}
```

4.5.5　其他表达式

模板语法的表示式简介如表 4-7 所示。

表 4-7　模板语法的表达式说明

类　型	表 达 式	说　明
逻辑运算	! && ||	
自增/自减	++ --	和 Java 语言自增自减规则一致。 自增（++）：将变量的值加 1，分前缀式（如++i）和后缀式（如 i++）。前缀式是先加 1 再使用；后缀式是先使用再加 1。 自减（--）：将变量的值减 1，分前缀式（如--i）和后缀式（如 i--）。前缀式是先减 1 再使用；后缀式是先使用再减 1
算术计算	+ - * / %	
空值常量	null	
移位运算	>> >>> <<	
比较运算	== != > >= < <=	
方法调用	functionName([...])	调用框架中的内嵌或扩展方法
数组读取	array[i]	

续表

类　型	表 达 式	说　明
数字常量	123 123L 99.99F 99.99d 99.99e99 -99.99E-10d 0xFF00 0xFF00L 0.001 0.001D 1.10D	前缀 0x 不可以写成 0X，后缀 lfde 可以用相应的 LFDE 替换
成员方法调用	object.methodName([...])	可以通过框架为某种类型增加新的方法或覆盖原有方法
成员属性访问	object.fieldName	
布尔值常量	true false	
字符串常量	"abc--\"tiny\"--" 'abc--"tiny"--'	使用单引号和双引号标明的字符串常量是等效的。但使用单引号可以减少字符串中引号的转义。 反之亦然，"abc--'tiny'--"和'abc--\'tiny\'--'是等效的
位运算	~ ^ & |	
三元表达式	exp?a:b exp?:b	a?:b 等价于 a?a:b

Tiny 模板引擎对于布尔表达式强力支持，不仅仅只有布尔值才可以参与运算，它的运行规则如下：

- 如果是 null，则返回 false。
- 如果是布尔值，则返回布尔值。
- 如果是字符串且为空串“”，则返回 false。
- 如果是集合，且集合中没有元素，则返回 false。
- 如果是数组，且数组长度为 0，则返回 false。
- 如果是 Iterator 类型，且如果没有后续元素，则返回 false。
- 如果是 Enumerator 类型，且如果没有后续元素，则返回 false。
- 如果是 Map 类型且其里面没有键值对，则返回 false。

在访问属性或成员变量的时候，普通的方式是用“.”运算符，也可以使用“?.”运算符，表示如果前置变量非空，都继续执行取属性值或调用成员函数，避免空指针异常的发生。

注意以下个别示例：

```
#if(0)zero#end
```

结果会显示 zero，在 Tiny 模板语言中，只要有值就会返回 true。

4.5.6　索引表达式

用类似 foo[0]的方式可以获取一个对象的指定索引的值。这种形式类似调用 get(Object)方法，实际上是提供了一种简略，比如 foo.get(0)。因此以下几种写法本质上是调用 get 方法：

```
foo[0]
foo[i]
foo["bar"]
```

Java 数组适用相同的语法，因为 Tiny 模板语言将数组包装成一个对象，它可以通过 get(Integer)获得指定索引对象的元素。例如：

```
foo.bar[1].junk
foo.callMethod()[1]
foo["apple"][4]
```

4.5.7　#set 指令

语法：

```
#set(name1=expression,name2=expression,[...]) ##用于向当前上下文赋值
#!set(name1=expression,name2=expression,[...]) ##用于向当前模板的上下文赋值
```

#set 指令通常是用来给一个引用赋值。赋值对象不仅可以是变量引用，还可以是属性引用。

示例：

```
#set( primate = "monkey" )
```

Tiny 模板语言的#set 指令赋值的内容可以是基本类型，也可以直接是变量名，但是不需采用${变量名}的形式赋值。下面例子就是一种错误的写法：

```
#set( customer.Behavior = $primate )
```

“左操作数被赋值”是引用操作的一个规则。=号右侧可能是以下类型之一：

- ❑ Variable reference 变量引用；
- ❑ String literal 字符串；
- ❑ Property reference 属性引用；
- ❑ Method reference 命令引用；
- ❑ Number literal 数字；
- ❑ ArrayList 数组；

- Map 映射。

下面是上述类型设置的调用示例：

```
#set( monkey = bill ) ##变量引用
#set( blame = whitehouse.Leak ) ##属性引用
#set( number = 123 ) ##数字
#set( friend = "monica" ) ##字符串
#set( say = ["Not", friend, "fault"] ) ##数组
#set( map = {"banana" : "good", "kg" : 1}) ##映射
```

在 ArrayList 类型引用的例子中，其元素定义在数组[...]中。因此，调用${say.get(0)}访问第一个元素。在 Map 引用的例子中，其元素定义在{...}中，其键和值间以“:”隔成一对，调用${map.get("bannana")}在上例中将返回“good”，如果写成${map.banana}也会有同样效果。

同样，一般的计算表达式结果也可以通过#set 指令赋值：

```
#set( value = foo + 1 )
#set( value = bar - 1 )
#set( value = foo * bar )
#set( value = foo / bar )
```

如果在模板中对一个变量进行多次赋值，其值会进行替换。比如下例中，最终 name 变量赋值为字符串“def”。

```
#set(name="abc",name="def")
```

设置到当前上下文用#set，设置到模板的上下文上，则用#!set。如果当前位置就在模板中，使用#set 和#!set 没有任何区别。

注意： 在 Tiny 模板语言中已经内置上下文 Context，如果调用宏，会产生一个上下文；如果进入循环语句或多层循环语句，采用同名变量值就会出现覆盖的现象。如果在宏或循环里，想把值设到自己的生命周期结束之后还可以被继续使用，建议设置到模板的上下文中。

4.5.8 条件判断

语法：

```
#if...#else...#elseif...#end
```

该指令用来根据条件在页面中输出内容。如下是一个简单的示例：

```
#if( foo )
  Tiny!
#end
```

在#if 和#end 间的内容是否会输出，由 foo 是否为 true 决定。如果 foo 为 true，输出将是“Tiny”。如果 foo 为 null 或 false，将不会有任何输出。

根据变量 foo 计算后是否为 true 决定输出，这时会有三类情况：

- ❑ foo 是 null 值，那么模板语言处理结果为 false。
- ❑ foo 的是值是一个非 null 的 Boolean（true/false）型变量，那么计算结果直接取其值。
- ❑ 它是一个非 null 的实例，若是 String、Collection、Map 和 Array 等类型，则当其长度或大小大于 0 返回 true，否则返回 false。若是 Iterator 则当迭代器有下一个元素返回 true，否则返回 false；其他非 null 实例都返回 true。

#elseif 或#else 可以和#if 组合使用。如果第一个表达式为 true，将会不计算以后的流程，如下例，foo 的初始值为 15，bar 的初始值为 6。

```
#if( foo < 10 )
   Go North
#elseif( foo == 10 )
   Go East
#elseif( bar == 6 )
   Go South
#else
   Go West
#end
```

输出的结果将会是：

```
Go South
```

其中#if 指令及#end 指令必须包含，#elseif 及#else 指令可以省略，#elseif 可以多次出现，而#else 最多只能出现一次。多个条件之间可以用&&和||等进行连接。

注意：有时候#else 或#end 会和后面的字符内容连起来，从而导致模板语法无法正确识别，这时就需要用#{else}或#{end}方式，避免干扰。

4.5.9　==相等运算

Tiny 模板语言使用==相等运算符做比较。

示例：

```
#set (foo = "deoxyribonucleic acid")
#set (bar = "ribonucleic acid")
#if (foo == bar)
   相等
#else
   不相等
#end
```

输出结果将会是：

```
相等
```

如果是浮点数比较，不推荐采用==方式进行比较，因为精度原因，这样会出现误差，而导致看似相同的结果在执行 equals 的时候返回 false。

==计算与 Java 中的==计算有些不同，不能用来测试对象是否相等（指向同一块内存）。在相等运算时，Tiny 模板语言首先会判断操作对象是否为 null，若两个操作数都为 null，则判为相等；若两操作数中仅有一个为 null 则判为不相等；若两个操作数都是非 null 但类型相同，则调用其 equals()方法。如果是不同的对象，会调用它们的 toString()方法，再调用两个 String 的 equals()方法进行比较。

4.5.10 AND 运算

示例：

```
## logical AND
#if( foo && bar )
    AND 运算
#end
```

仅当 foo 和 bar 都为 true 时，#if()才会输出中间的内容。

4.5.11 OR 运算

示例：

```
## logical OR
#if( foo || bar )
   OR 运算
#end
```

当 foo 或 bar 只要有一个为 true 时，#if()就会输出中间的内容。

4.5.12 NOT 运算

示例：

```
##logical NOT
#if( !foo )
   NOT 运算
#end
```

NOT 运算则只有一个操作参数或表达式。

4.5.13 循环语句

语法：

```
#for|foreach(var:expression)
...
#else
...
#end
```

#for 表示对 expression 进行循环处理，当 expression 不可以循环时，执行#else 指令部分的内容。虽然#foreach 也表示循环，但是为了通用建议使用#for。

示例：

```
#for(number:[1,2,3,4,5])
   value:${number}
#end

#for ( product : allProducts )
   ${product.name}
#end
```

其中 expression 必须是一个合法的 Tiny 模板语言表达式。#end 指令在使用的时候如果有歧义可以用#{end}代替。循环变量及循环状态变量只在循环体内可以使用，循环体外则不可用。

在上述例子中，allProducts 是一个 List、Map 或 Array 类型的集合，#for 每一次循环都会将容器集合中的一个对象赋给暂存变量 product（称为循环变量），allProducts 指定给 product 是一个指向 Java 对象的引用。如果 product 确实是一个 Java 代码中的 Product 类，它就可以通过 product.name 或者 product.getName()访问该类的属性。

假设 allProducts 是一个 HashMap 类型的集合变量，如下例的操作展示了如何读取该变量的属性：

```
#for ( key : allProducts.keySet())
   键: ${key} -> 值: ${allProducts.get(key)}
#end
```

Tiny 模板语言对于表达式给予了多种强力支持，不仅仅只有集合类型才可以参与运算，它的执行规则如下：

- 如果是 null，则不执行循环体。
- 如果是 Map，则循环变量存放其 entry，可以用循环变量 key 和循环变量 value 的方式读取其中的值。
- 如果是 Collection 或 Array，则循环变量存放其中的元素。
- 如果是 Enumeration 或 Iterator，则循环变量存放其下一个变量。
- 如果是 enum 类，则循环变量存放其枚举值。

否则，就把对象作为循环对象，但是只循环一次。

4.5.14 循环状态变量

每个#for 语句，会在循环体内产生两个变量：一个是变量本身，一个是名为变量名+“For”的状态变量。

示例：

```
#for(num:[1,2,3,4,5])
...
#end
```

例子中，在循环体内有两个变量可以访问：一个变量是 num，另一个状态变量是 numFor。其中 numFor 是 num 状态变量，用于查看 for 循环中的一些内部状态，下面对 numFor 属性进行详细说明：

- numFor.index 可用于内部循环计数，从 1 开始计数。
- numFor.size 获取循环总数。如果对 Iterator 进行循环，或者对非 Collection 的 Iterable 进行循环，则返回–1。
- numFor.first 表示是否为第一个元素。
- numFor.last 表示是否为最后一个元素。
- numFor.odd 表示是否为第奇数个元素。
- numFor.even 表示是否为第偶数个元素。

4.5.15 循环中断：#break

语法：

```
#break(expression)
#break
```

循环中断#break 语句只能用在循环体内，用于表示跳出当前循环体。其中 expression 必须是一个合法的模板语言表达式。

示例：

```
#for(num:[1,2,3])
    #break(num==2)
#end
```

表示循环当 num 的值为 2 的时候，跳出循环体。它等价于：

```
#for(num:[1,2,3])
    #if(num==2)#break#end
#end
```

可以看出第一种写法更方便。

4.5.16　循环继续：# continue

语法：

```
#continue(expression)
#continue
```

循环继续#continue 语句，只能用在循环体内，表示不再执行下面的内容，而继续下一次循环。其中 expression 必须是一个合法的模板语言表达式。

示例：

```
#for(num:[1,2,3])
    #continue(num==2)
#end
```

表示当 num 的值为 2 的时候，执行下一次循环。它等价于：

```
#for(num:[1,2,3])
   #if(num==2)#continue#end
#end
```

可以看出上面的写法更方便。

4.5.17　while 循环

语法：

```
#while(expression)
...
#end
```

此指令表示对判断 expression 进行循环处理，当 expression 运算结果为 false 时结束循环。其中 expression 必须是一个合法的模板语言表达式。

示例：

```
#set(i=0)
#while(i<10)
  #set(i=i+1)
  ${i}
#end
```

Tiny 模板语言中的循环语句，expression 可以支持任意的表达式。

4.5.18　模板嵌套语句#include

语法：

```
#include(expression)
#include(expression,{key:value,key:value})
```

#include 内的这个表达式应该是一个字符串，用于指定要嵌套的子模板的路径。它后面可以跟参数，也可以不跟参数。如果跟参数的话，只能跟一个 map 类型的值。

示例：

```
#include("/a/b/aa.page")   ##表示绝对路径
#include("../a/b/aa.page") ##表示相对路径
#include(format("file%s-%s.page",1,2))
##表示采用格式化函数执行结果作为路径，这个例子中为：与当前访问路径相同路径中的"file1-2.page"文件
#include("/a/b/aa.page",{aa:user,bb:book})##表示带参数访问，会带过去两个参数：aa 和 bb
```

子模板可以访问所有父模板中的变量。出于封装性方面的考虑，在 Tiny 模板语言中子模板不能修改父模板中变量的值，从而避免不可预知的问题。

4.5.19 宏定义语句#macro

在 Tiny 模板语言中，宏是一个非常强大灵活的东西，使用它可以避免在模板中编写重复的代码，也可方便一些具体业务的开发。

语法：

```
#macro macroName([varName[=expression][,varName[=expression]]])
   #bodyContent
#end
```

宏的名字和变量的名字必须符合 Tiny 变量的定义规范，宏的参数的个数可以为 0～N 个。宏定义的参数可以设置默认值，参数分隔可以采用英文逗号或者空格。#bodyContent 表示中间可以包含任意的符合 Tiny 模板规范的内容，#bodyContent 也可以不存在，因此对应了不同的调用方式。

在 Tiny 模板语言中宏的调用方式有两种，一种是单行调用方式，格式如下：

```
#macroName([expression|varName=expression[,expression|varName=expression]*])
```

另外一种是带内容调用方式，格式如下：

```
#@macroName([expression|varName=expression[,expression|varName=expression]*])
......
#end
```

在模板中定义宏，示例如下：

```
#macro header(subTitle)
   <h1>Tiny 框架：${subTitle}</h1>
```

```
#end
```

宏的调用方式，即用“#”+宏的名字在页面调用。如下：

```
#header("homepage")
#header("about")
```

运行结果为：

```
<h1>Tiny 框架：homepage</h1>
<h1>Tiny 框架：about</h1>
```

可见，宏的调用十分简单。为了进一步说明宏的定义及访问，请看下面的进阶示例：

```
#macro div()
   <div>
      #bodyContent
   </div>
#end
#macro p()
   <p>
      #bodyContent
   </p>
#end
```

下面对上面两个宏进行简单的调用，如下：

```
#@div()
   #@p()
      <em>一些信息</em><b>一些内容</b>
   #end
#end
```

运行结果如下：

```
<div>
   <p>
      <em>一些信息</em><b>一些内容</b>
   </p>
</div>
```

自定义宏 macro 的访问有两种方式：一种是包含内容的，另一种是不包含内容的。如果参数变量与外部变量的名称完全相同，这个变量可以不在调用时传递，Tiny 模板语言会自动读取外部变量对应的值。通过命名传值可以避免复杂的传值指令及不必再费心考虑参数顺序。

在宏的定义中可以调用其他已经定义的宏，例如下面的例子：

```
#macro aa()
   aa 内容
#end
#macro dd()
```

```
    <a>#bodyContent</a>
#end
#macro ee()
  #@dd()
    dd 内容
  #end
  #aa()
#end
```

另外，在 Velocity 中定义宏的时候不可以调用带内容的宏。而在 Tiny 模板语言中，宏可以无限定义。

```
#macro macroName()
   #@subMacroName1()
       #@subMacroName1()
          #bodyContent
       #end
   #end
#end
```

4.5.20 宏引入语句#import

如果项目中存在同名宏，那么就会涉及加载的选择问题。#import 指令可以确定引入宏的执行顺序，从而解决宏冲突的问题。

语法：

```
#import(expression)
#import("/a/b/filename")    ##表示绝对路径，其中 filename 表示宏名称
#import("../a/b/filename")   ##表示相对路径，其中 filename 表示宏名称
```

这个表达式的执行结果应该是一个字符串，其标示了要引入的宏的路径。如下面的例子表示引入/aa/aa/aa.component：

```
#import("/aa/aa/aa.component")
```

4.5.21 布局重写语句#layout #@layout

在使用 Tiny 模板语言开发的 Web 项目中如果定义布局文件（*.layout）和页面文件（*.page）就会遇到如下需求，针对特定页面展示不同的布局样式。目前有如下两种实现方式。

（1）通过增加同名布局文件来实现。目前 Tiny 模板引擎查找布局文件的顺序是：先查找某一级目录跟渲染页面文件同名的布局文件，如果没找到再查找 default.layout，之后再往上递归查找。针对要展示特殊布局样式的页面文件，建立同名的布局文件，将特殊布局菜单在该文件里面实现即可。

（2）通过 layout 指令实现。如果不想增加布局文件，也可以采用 layout 指令。用户在

布局文件（*.layout）定义布局的样式和名称，然后在页面文件（*.page）里面调用。如果用户重写的布局不存在或未实现，则显示在布局文件（*.layout）定义布局的样式；如果在页面文件（*.page）通过#@layout 重写布局文件中存在的布局，则调用重写后的布局。采用这种方式，需要在编写页面文件（*.page）时清楚地知道布局文件的层次结构，保证能重写到指定的布局。

语法：

```
#layout(layoutName)......#end
#@layout(layoutName) ...... #end
```

#layout 指令用于布局文件（*.layout），定义布局文件的名称，制定通用的布局格式。#@layout 指令用于页面文件（*.page），如果 layoutName 的布局存在，则模板语言在渲染布局时，用户在#@layout 指令里定义的布局将覆盖原有布局。

layout 指令就是为实现布局文件的特殊渲染而设计的，以下是简单示例。

首先，创建布局文件 default.layout：

```
    布局文件首部
    #layout(weblayout)
   默认布局样式
   #pageContent
    #end
    布局文件尾部
```

上述例子中，定义了名为 weblayout 的布局样式。接下来就是定义页面文件 a.page：

```
#@layout(weblayout)
    weblayout 的布局样式
    #pageContent
#end
a.page 内容
```

在模板中 weblayout 的布局样式被用户自定义的样式所取代，模板渲染的结果如下：

```
布局文件首部
    weblayout 的布局样式
a.page 内容
布局文件尾部
```

再尝试修改 a.page，重写一个不存在的布局样式 weblayout2：

```
#@layout(weblayout2)
    weblayout 的布局样式 2
    #pageContent
#end
a.page 内容
```

渲染的效果如下：

```
布局文件首部
    默认布局样式
a.page 内容
布局文件尾部
```

4.5.22 停止执行#stop

语法：

```
#stop(expression)
#stop
```

#stop 指令用来指示在模板的某处直接结束当前处理，终止模板的渲染，引擎停止解析。

当模板中调用#stop 时无条件直接终止模板渲染。Tiny 模板语言还支持带条件执行终止模板渲染。

```
#for(num:[1,2,3])
    #stop(num==2)
#end
```

上述例子表示当 num==2 时执行#stop 终止模板渲染，它等价于：

```
#if(num==2)#stop#end
```

可以看出上面第一种写法更方便。

4.5.23 返回指令#return

返回指令，停止某个宏的后续逻辑的渲染，类似 Java 方法中的 return 指令；如果用户在 page 页面使用该指令，会影响整个页面的渲染。

示例：

```
#while(i<10)
    #set(i=i+1)
    #if(i>7)
        #return
    #end
    ${i}
#end
```

代码示例中，当循环至 i 为 8 时，退出当前执行场景。但注意在 page 页面中使用#return 指令，可能会导致以后页面停止渲染。#return 指令的作用与 stop 指令相似，部分场合可以相互替换，但是存在以下差异：

- #return 是指退出当前执行场景，如宏或模板。

- #stop 是直接终止模板语言的继续渲染，仅输出已经渲染的内容。

4.5.24　行结束指令

语法：

```
#eol
#{eol}
```

表示显式输出一个“\r\t”。在 Tiny 模板语言中，默认会把文本输出内容进行 trim 操作，因此，默认是没有回车换行符的。因此，如果想额外增加一个回车换行符，就需要增加行结束指令。但在 HTML 页面中并不是
。

4.5.25　读取文本资源函数 read 和 readContent

语法：

```
read("src/test.txt")
readContent("src/test.txt")
```

读取文本资源函数（read 和 readContent），是用于读取指定路径的文本资源，并返回指定结果。如果读取的是模板文件，得到的将是未经渲染的文本内容。因此，上述例子中函数调用后的返回值是加载文本资源的字符串。

4.5.26　解析模板 parser

语法：

```
parse(expression)
parse("/a/b/filename")    ##表示绝对路径，其中 filename 表示宏名称
```

解析模板可以用内置函数 parse 引入一个包含模板语言的模板文件，Tiny 模板语言把解析这个文件的结果作为函数返回值。

与#include 指令不同，引入的模板经过内置函数 parse 处理后可以得到一个变量引用，方便模板中其他地方再引用。

4.5.27　格式化函数 fmt、format 和 formatter

格式化函数（fmt、format 和 formatter），用于对数据进行格式化，并返回执行结果。该类函数的底层实现是调用了 java.util.Formatter 实现的。因此具体如何填写格式化串可以参考 java.util.Formatter 用法。如下简单地介绍了格式化函数的使用：

```
#set(result=format("hello,%s%s",name,city))
```

```
${format("hello,%s",name)}
```

4.5.28 宏调用方法 call 和 callMacro

宏调用方法（call 和 callMacro），用于执行一个宏，并把执行完成的结果作为字符串返回。call 函数的返回值为宏的运行结果。call 函数调用类似 macro 语法，也是支持单行调用和多行带内容调用。

单行调用：

```
#call("macroName")
#call("macroName",1,2)
#callMacro("macroName")
#callMacro("macroName",1,2)
```

多行带内容调用，需要结束标识：

```
#@call("macroName")
  ......
#end
```

因此，以下三种调用方式示例是等价的：

```
${call("macroName")}
#call("macroName")
#macroName()
```

4.5.29 实例判断函数 is、instanceOf 和 instance

语法：

```
is(object,classType...)
instanceOf(object,classType...)
instance(object,classType...)
```

实例判断函数会根据传入对象，判断是否为指定类的实例，返回值为 true 或者 false。

示例：

```
${instance("abc","java.lang.String","java.lang.Byte")}
${instanceOf("abc","java.lang.Integer")}
```

运行结果：

```
true
false
```

4.5.30 求值函数 eval 和 evaluate

语法：

```
eval("模板内容")
evaluate("模板内容")
```

求值函数（eval 和 evaluate），用于执行一段宏代码，执行后的结果为字符串。简单调用示例如下：

```
#set(result=eval("hello,${name}"))
${eval("hello,${name}")}
```

4.5.31　随机数函数 rand 和 random

语法：

```
rand("随机数类型")
rand()
random("随机数类型")
random()
```

随机数函数用于生成指定类型的随机数。目前支持 int、long、float、double 和 uuid 五种类型。返回值为随机数。如果不指定类型，默认返回 int 类型；如果指定类型，则返回指定类型的随机数。

示例：

```
${rand()}
${random()}
${rand("int")}
${random("long")}
${rand("float")}
${rand("double")}
${rand("uuid")}
```

4.5.32　类型转换函数

模板中有可能经常会遇到 String 类型的引用转成其他基本类型（Integer、Double、Float、Long 和 Bool）的引用，Tiny 模板语言提供了一系列函数。

示例：

```
${toInt("8")+toInt("2")}
${toDouble("2")}
${toFloat("20.4")+toFloat("20.8")}
${toBool("true")?1:2}
```

运行结果：

```
10
2.0
41.199997
```

```
1
```

4.5.33 日期格式转换 formatDate

语法：

```
formatDate(date,formatPatten)
```

日期格式转换 formatDate 系统函数的第一个参数是 Date 类型，第二参数是格式化模式。这样可使 Java 的 Date 类型在模板语言中按照指定的格式输出。另外 Tiny 模板语言还提供了一个获取当前系统时间 Date 对象的系统函数 now()。

示例：

```
${formatDate(now(),"yyyy年MM月dd日 HH:mm:ss")}
```

上面的例子模板语言解析得到当前系统时间，并按照格式“yyyy 年 MM 月 dd 日 HH:mm:ss”输出其结果。

4.6 模板语言扩展

模板语言的扩展与其配置息息相关，可以通过 application.xml 文件配置 template-config 节点完成对模板引擎的属性、自定义资源加载器、国际化资源访问器和模板函数的设置。如果用户不设置，则模板语言采用系统的默认设置。

4.6.1 资源加载器的使用

默认状态下，Tiny 模板语言不装载任何的资源加载器，也就是说无法获取任何资源。但是 Tiny 模板语言必须添加资源加载器后，才能正常的工作。

资源加载器（ResourceLoader）的使用分两种。

- ❑ 使用 Tiny 框架默认提供的资源加载器。
  - ➢ StringResourceLoader：用于进行字符串方式的模板加载。它的作用是把一段字符串构建成一个模板对象，从而可以用于测试或者动态生成执行一段指令。
  - ➢ FileObjectResourceLoader：用于对各种文件系统中的模板（比如：宏文件、模板文件、FTP、ZIP 包和 JAR 包等）进行加载。

因此，使用默认的资源加载器可以满足绝大部分的需求和应用场景。如果需要进行其他资源加载，请按着下面的使用方式。

- ❑ 使用自行扩展的资源加载器。

特殊场景下，可以添加扩展的资源加载器。比如：从数据库加载模板。Tiny 框架提供了资源加载器的接口，但为了降低开发人员扩展资源加载器的难度，Tiny 框架还提供了资源加载器抽象类 AbstractResourceLoader。因此，只需要继承 AbstractResourceLoader 资源加载器抽象类，实现特定的方法即可扩展资源加载器。

在演示模板语言 Hello,TinyTemplate 的时候，就使用了资源加载器 StringResourceLoader 来对字符串模板进行加载。下面演示一个文件资源加载器的 Hello,World，就是使用了资源加载器 FileObjectResourceLoader 从 resources 目录中加载 HTML 文件模板，然后进行渲染。代码如下：

```
public final class TinyTemplateHelloWorld {
    public static void main(String[] args) throws TemplateException {
        TemplateEngine engine = new TemplateEngineDefault();
        engine.addResourceLoader(new FileObjectResourceLoader("html", null,
        null, "src\\main\\resources"));
        engine.renderTemplate("/helloworld.html");
    }
}
```

4.6.2　宏的使用

在 Tiny 模板语言中，宏可以理解为一个方法，它有输入参数，但没有输出参数，是直接针对 Writer 对象进行内容输出。宏是通过上下文获取数据来传递参数的。自然扩展一个宏的实现，只要继承 AbstractMacro 或 AbstractBlockMacro 类，并实现几个必须的方法即可。

下面介绍几种常见的宏使用示例。

递归调用示例：

```
#macro printNumber(number)
    ${number}#eol
    #if(number<10)
        #printNumber(number+1)
    #end
#end
#printNumber(1)
```

运行结果：

```
1
2
3
4
5
6
7
8
9
10
```

多层宏调用示例：

```
#macro firstMacro()
<div>
    #bodyContent
</div>
#end
#macro secondMacro()
<b>
    #bodyContent
</b>
#end
#@firstMacro()
    #@secondMacro()
    Information
    #end
#end
#@secondMacro()
    #@firstMacro()
    Information
    #end
#end
```

运行结果：

```
<div><b>Information</b></div><b><div>Information</div></b>
```

宏定义中调用宏示例：

```
#macro firstMacro()
<div>
    #@secondMacro()
        #bodyContent
    #end
</div>
#end
#macro secondMacro()
<b>
    #bodyContent
</b>
#end
#@firstMacro()
    Information
#end
```

运行结果：

```
<div><b>Information</b></div>
```

4.6.3 函数的使用

在 Tiny 模板语言中，函数（也称模板函数）是有用的且易于扩展的。函数有两种：一种是表达式函数，一种是类型扩展函数。

- 表达式函数，就是可以在模块中使用的函数。使用方式：functionName()。
- 类型扩展函数，是可以为某种类型扩展出的成员函数。使用方式：object.functionName()。

几种常用的函数使用示例在 4.5.25～4.5.33 小节已经介绍。比如看一下已经实现的 format 函数：

```
public class FormatterTemplateFunction extends AbstractTemplateFunction {
   public FormatterTemplateFunction() {
      super("fmt,format,formatter");
   }
    public Object execute(Template template, TemplateContext context,
    Object... parameters) throws TemplateException {
      Formatter formatter = new Formatter();
      if (parameters.length == 0 || !(parameters[0] instanceof String)) {
         notSupported(parameters);
      }
      String formatString = parameters[0].toString();
      Object[] objects = Arrays.copyOfRange(parameters, 1, parame
       ters.length);
      return formatter.format(formatString, objects);
   }
}
```

从代码中可以看出，一共有两个方法，构造方法调用父类构造方法，传入要注册的函数名。如果要注册多个名字，可以用英文状态下的半角逗号进行分隔。execute 方法就是真正的执行方法了，它传入一个可变参数，需要实现者读取参数并进行处理，最终返回结果。

如上面的 format 函数，如果扩展函数也很简单，只需继承 AbstractTemplateFunction 实现必要的方法。

4.6.4　国际化的使用

Tiny 的模板国际化，考虑了两种国际化方式，一种是采用国际化资源进行替换的方式，这种方式适合于改动内容不大的方式，只要把一些标题内容进行替换即可；另外一种是整页替换的方式，也就是同一个页面用不同的语言写多次，不同的语种的人来的时候，用不同的页面进行渲染。

第一种方式，只需要设置了国际化接口的实现就可以通过$${key}方式获取国际化资源了。首先，工程引入国际化工程依赖：

```
<dependency>
    <groupId>org.tinygroup</groupId>
    <artifactId>org.tinygroup.templatei18n</artifactId>
    <version>${tiny_version}</version>
</dependency>
```

获取国际化资源的核心问题，就是取得适当的 Locale 对象进行渲染，开发人员可以根据自身项目和部署服务器环境之间的关系，在 template-config 节点设置 bean 信息。

系统默认提供了实现国际化接口 I18nVisitor bean，信息如表 4-8 所示。

表 4-8 国际化实现类的说明

类名	bean	说　明
ContextLocaleI18nVisitor	contextLocaleI18nVisitor	通过上下文获得 Locale 对象，默认的 bean 已经和 templateweblayer 集成，推荐使用
DefaultLocaleI18nVisitor	defaultLocaleI18nVisitor	获取 LocaleUtil 的默认作用域（在整个 JVM 中全局有效，默认值是 JVM 的系统环境，但是可被用户修改）
SystemLocaleI18nVisitor	systemLocaleI18nVisitor	获取 LocaleUtil 的系统作用域（由 JVM 所运行的操作系统环境决定，在 JVM 生命期内不改变）
ThreadLocaleI18nVisitor	threadLocaleI18nVisitor	获取 LocaleUtil 的线程作用域（每个线程都有自己的 Locale 对象，线程之间互不干扰）

第二种方式的国际化，是根据资源文件按一定命名规范，无需配置国际化接口 I18nVisitor。整页替换的方式，页面的命名规则如表 4-9 所示。

表 4-9 国际化命名规则说明

文件类型	扩展名	页面名	文　件　名	说　明
页面	page	about	about.page about_en_US.page about_zh_CN.page about_zh_TW.page	在访问时，如果检测到对应 Locale 的国际化模板页面，则使用对应的模板页面，如果没有对面的模板页面则访问默认的 about.page 页面
布局	layout	index	index.layout index_en_US.layout index_zh_CN.layout index_zh_TW.layout	在访问时，如果检测到对应 Locale 的国际化布局页面，则使用对应的布局页面，如果没有对面的布局页面则访问默认的 index.layout 页面

4.6.5 静态类和静态方法的使用

在 Web 开发中，经常在页面会调用工具类，达到某种方便的目的。因此模板语言支持静态类及静态方法的使用。在模板语言的配置章节中，标准配置默认配置了 StringUtil 工具类。如果想要调用其 isEmpty 方法，在页面中简单调用示例如下：

```
${stringUtil.isEmpty(str)}
```

4.6.6 Servlet 集成

前面章节介绍的开发示例都是基于 Tiny 框架的，通过 Tiny 框架可以将 Tiny 模板语言和 Web 开发无缝结合起来，无论是应用配置还是 Eclipse 插件，都能简化开发人员的工作。

但是，这不代表 Tiny 模板语言只能和 Tiny 框架绑定在一起。

Tiny 模板语言完全可以和其他框架使用，例如本小节展示了与 Servlet 集成的扩展工程。在搭建完 Servlet 环境的 Maven 工程中加入以下依赖：

```
<dependency>
  <groupId>org.tinygroup</groupId>
  <artifactId>org.tinygroup.templateengine</artifactId>
  <version>${tiny_version}</version>
</dependency>
```

其中${tiny_version}表示 Tiny 框架的版本号。

下面实现一个测试 Servlet，只需要继承上面依赖工程中 org.tinygroup.templateservletext 的 TinyServlet，并重写所要求的方法即可。测试 ServeltTemplateDemo.java 代码如下：

```
public class ServeltTemplateDemo extends TinyServlet{
    @Override
    protected String handleRequest(HttpServletRequest request, HttpServ
    letResponse response, TemplateContext ctx)
       throws Exception {
       request.setCharacterEncoding("UTF-8");
       response.setContentType("text/html;charset=utf-8");
       response.setCharacterEncoding("UTF-8");
       ctx.put("name","Tiny User");
       ctx.put("date",new Date());
       return "index.page";
    }
}
```

代码中，重写了 handleRequest 方法，并在方法块中实现相应的业务逻辑。最后 return 至视图路径即可。

在 web.xml 中配置如下：

```
<servlet>
    <servlet-name>ServeltTemplate</servlet-name>
    <servlet-class>quickstart.servlettemplate.ServeltTemplateDemo </serv
    let-class>
    <!-- 如果要配置则修改，不填的话，Tiny 默认配置如下
    <init-param>
        <param-name>resourceLoaderPath</param-name>
<param-value>resource:src/main/resources,templateextname:page,layoutext
name:layout,macrolibraryextname:component</param-value>
    </init-param>
     -->
</servlet>

    <servlet-mapping>
```

```
        <servlet-name>ServeltTemplate</servlet-name>
        <url-pattern>/index</url-pattern>
    </servlet-mapping>
```

配置参数详解：

- resourceLoaderPath：配置模板引擎资源加载器的对应参数。
- resource：资源路径。
- templateextname：模板文件后缀。
- layoutextname：布局文件后缀。
- macrolibraryextname：宏文件后缀。

最后在 index.page 添加如下代码，启动项目访问/index 路由即可。Index.page 代码如下：

```
${name},欢迎来到 Tiny 的世界！ 时间:${date}
```

这样基于 Servlet 的 Web 示例就算开发完成了。

4.6.7 SpringMVC 集成

本小节展示Tiny模板语言与SpringMVC集成的扩展示例。在基于Maven的SpringMVC工程中，加入模板语言的拓展包依赖：

```
<dependency>
    <groupId>org.tinygroup</groupId>
    <artifactId>org.tinygroup.templatespringext</artifactId>
    <version>${tiny_version}</version>
</dependency>
```

其中${tiny_version}表示 Tiny 框架的版本号。org.tinygroup.templatespringext 包中已经添加有 Spring 的依赖，因此不需自行添加 Spring 相关依赖。目前 Spring 的依赖版本为 Spring 4.2.1。

添加完依赖后，将 Tiny 模板引擎、文件扫描器和视图解析器的 bean 注册到 Spring Bean 容器中：

```
<!-- Tiny 模板引擎配置 -->
<bean  id="templateEngine"  class="org.tinygroup.template.impl.  Template
EngineDefault"></bean>
<!-- Jar 文件配置 -->
<bean    id="jarFileProcessor"    class="org.tinygroup.templatespringext.
processor.TinyJarFileProcessor">
    <property name="nameRule">
        <list>
            <value>org\.tinygroup\.(.)*\.jar</value>
        </list>
    </property>
```

```
</bean>

<!-- 文件扫描器配置 -->
<bean id="fileScanner" class="org.tinygroup.templatespringext. impl.File
ScannerImpl">
    <property name="jarFileProcessor" ref="jarFileProcessor"></property>
    <!-- 如果要配置则修改，不填的话，Tiny 默认配置如下-->
    <property name="classPathList">
        <list>
            <value>src\main\resources</value>
        </list>
    </property>

</bean>

<!-- 视图解析器配置 -->
<bean id="templateViewResolver" class="org.tinygroup.templatespringext.
springext. TinyTemplateLayoutViewResolver">
    <property name="templateEngine" ref="templateEngine"></property>
    <property name="fileScanner" ref="fileScanner"></property>
</bean>
```

其中文件扫描器的 classPathList 默认配置路径为“src/main/resources”。

接下来的是和普通操作 SpringMVC 一致，代码如下：

```
@RequestMapping(value="/index")
public String index(Model model){
model.addAttribute("name","Tiny User");
    model.addAttribute("date",new Date());
    return "index.page";
}
```

返回的视图路径没有后缀，默认也会被 Tiny 的视图解析器处理。虽然 Tiny 框架对原生 SpringMVC 做了模板引擎的拓展，但是 Tiny 框架本身就提供 SpringMVC 和 Tiny 框架的融合，如果没有特殊理由，还是建议用户直接使用 Tiny 框架。

4.7　本章总结

模板语言用途非常广泛，在 Java EE 领域可以作为展示层的解决方案。在 Tiny 框架的 Web 构建体系中，前端布局和页面渲染都是通过 Tiny 模板语言完成的。

本章先介绍了模板语言的基本概念和应用场景，让读者对模板语言有初步的了解。接下来介绍了常见的几种模板语言：Velocity 模板语言、FreeMarker 模板语言和 Tiny 模板语言，分析 Tiny 团队开发模板语言的原因，并不是重复造轮子，而是有其原因背景。在 Tiny 模板语言设计小节，笔者介绍了整个 Tiny 模板语言的 Java 架构，特别是重点讲解了模板引擎 TemplateEngine 的实现细节、语义树的语法词法解析过程以及页面布局的渲染机制。

在本章的最后，详细讲解了 Tiny 模板语言从依赖配置到 Eclipse 插件的配置使用过程，让初学者也能从零搭建一个可以运行的模板语言环境；笔者也考虑到学有余力读者的需求，还介绍了 Tiny 高级语法知识、二次开发 Tiny 模板语言以及 Servlet 和 SpringMVC 集成模板语言的实例。

希望读者能通过本章的学习，了解模板语言的设计思想和使用方法，对自己的工作和学习有所帮助、有所心得。

第 5 章　数据库访问层实践

本章我们开始讲解数据库访问层的知识，首先介绍数据库访问层的相关概念，为了加强理解数据库访问层，我们介绍了目前流行的几种 ORM 技术的数据库访问层框架：Hibernate、Ibatis、JPA 和 DSL 风格的数据库访问层 JEQUEL、JOOQ 和 Querydsl，比较它们的优缺点，分析 Tiny 团队开发 TinyDsl 的原因，然后详细说明 TinyDsl 的实践过程。最后通过具体的示例说明各个数据库访问层框架的开发过程。

5.1　数据访问层简介

在企业级应用中，很少有不与数据库打交道的。只要是用到数据库，就有把业务数据持久化到数据库的需求。

在项目实际开发过程，有的直接采用 JDBC 技术进行数据库持久化操作，有的采用目前很好用的 ORM 框架来进行数据库持久化操作。

抽取数据库访问层的主要作用是进行隔离，把与数据库打交道的事情都放在数据访问层解决，在服务层则只要调用数据访问层就可以了，不必和具体的 ORM 层实现相耦合。

数据库访问层：又称为 DAL 层，有时候也称为是持久层，其功能主要是负责数据库的访问。简单地说就是实现对数据表的 Select（查询）、Insert（插入）、Update（更新）、Delete（删除）等操作。如果要加入 ORM 的思想，就会包括对象和数据表之间的映射，以及对象实体的持久化操作。

讲到数据库访问层，不得不提下三层架构，通常会把应用系统划分为：表现层、业务逻辑层和数据库访问层。这样的设计目的是为了实现"高内聚，低耦合"的设计思想。数据库访问层在三层架构中只负责数据存储与读取。业务逻辑层作为数据库访问层的上层，内部调用数据库访问层提供的方法，来完成数据的存储与读取。数据库访问层与底层数据库应该是独立的，好的数据库访问层方案是能够在不修改程序代码功能的基础之上实现不同类型数据库的动态切换。我们比较熟悉的做法就是通过 XML 配置文件来完成底层数据库的切换。目前很多流行的数据库访问层框架都是采用这种方式来实现数据库的动态切换。数据访问层能够将应用程序中的数据持久化到存储介质中，通常我们使用的数据库都是关系型的数据库，采用的数据模型都是对象模型，这就需要数据库访问层实现对象模型与关系模型直接的、互相的转换。从上面的介绍可以知道，数据库访问层有如下基本需求功能，如图 5-1 所示。

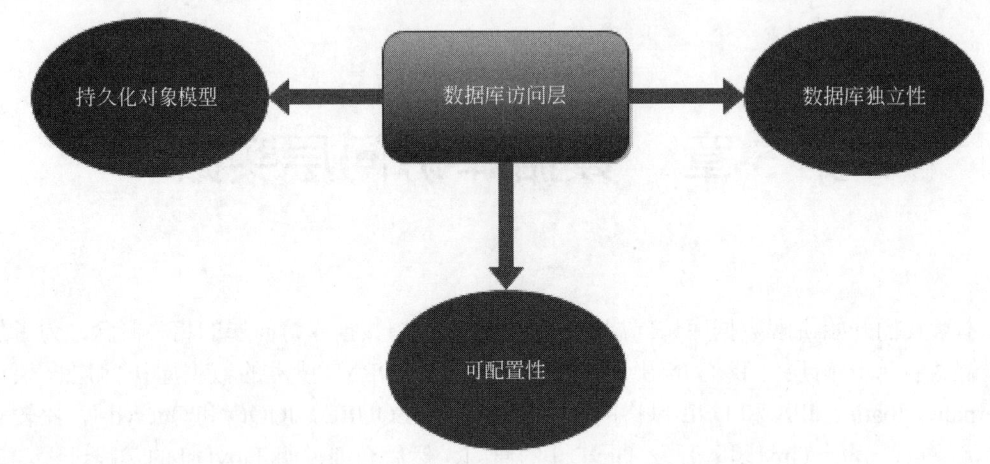

图 5-1　数据库访问层基本功能

目前流行的数据库访问层框架很多，它们有自己做的好的一方面，也存在各自不足的地方，下面章节将简单介绍这些数据库访问层框架。

5.2　常见数据库访问层介绍

目前流行的数据库访问层框架有 Hibernate、Ibatis 以及 JPA 等，下面分别简要介绍这些数据访问层框架。

5.2.1　Hibernate 简介

Hibernate 是一个基于 Java 的开源的持久化中间件，对 JDBC 做了轻量的封装。采用 ORM 映射机制，负责实现 Java 对象和关系数据库之间的映射，把 SQL 语句传给数据库，并且把数据库返回的结果封装成对象。内部封装了 JDBC 访问数据库的操作，向上层应用提供了面向对象的数据库访问 API。先来看看 Hibernate 的知识体系图，如图 5-2 所示。

从图中可以看出 Hibernate 主要功能是把普通的 POJO 对象与关系型数据库进行映射，对业务数据对象进行持久化操作，不再直接通过 JDBC 程序对 SQL 进行操作，内部提供持久化操作接口，通过操作 POJO 对象来完成数据的持久化。

Hibernate API 中的接口可以分为以下几类：

- 提供访问数据库的操作的接口，包括 Session、Transaction 和 Query 接口。
- 用于配置 Hibernate 的接口，Configuration。
- 间接接口，使应用程序接收 Hibernate 内部发生的事件，并做出相关的回应，包括：Interceptor、Lifecycle 和 Validatable。
- 用于扩展 Hibernate 功能的接口，如 UserType、CompositeUserType 和 IdentifierGenerator 接口。

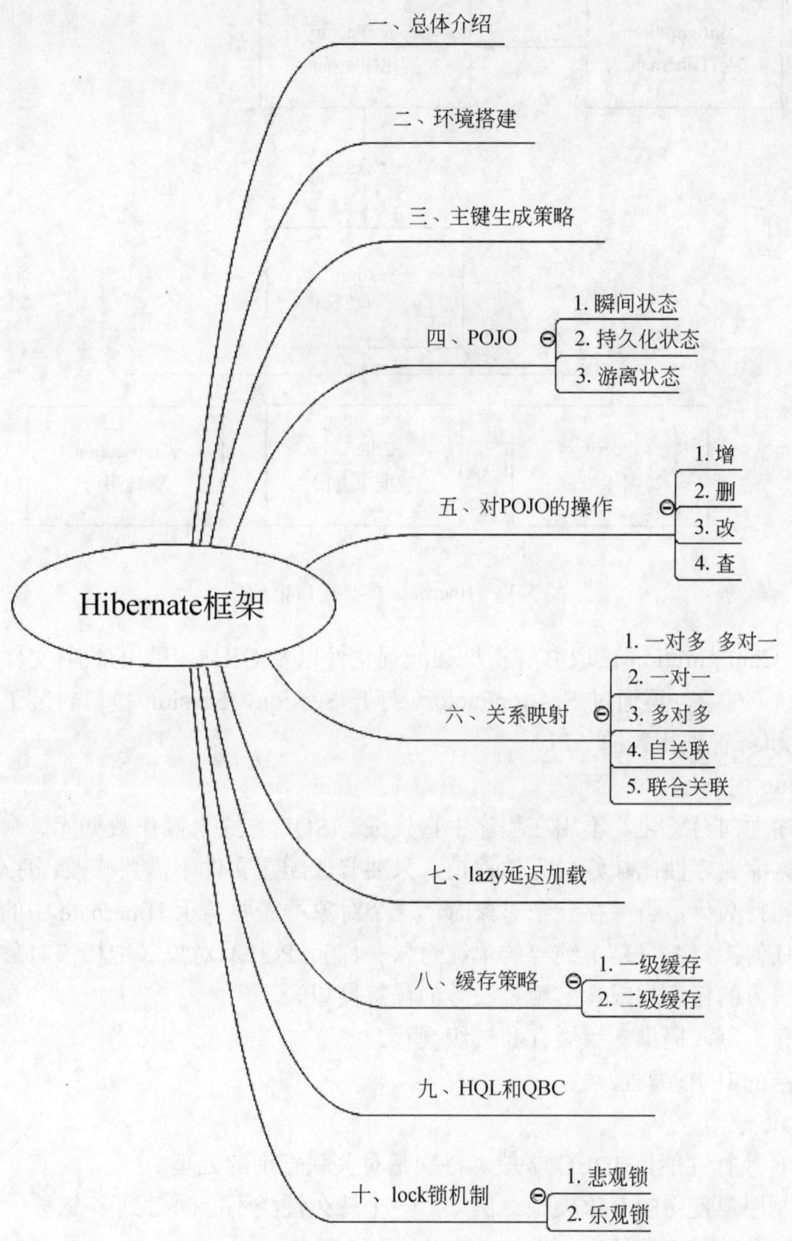

图 5-2 Hibernate 的知识体系图

Hibernate 内部还封装了 JDBC、JTA（Java Transaction API）和 JNDI（Java Naming And Directory Interface）。其中，JDBC 提供底层的数据访问操作，只要用户提供了相应的 JDBC 驱动程序，Hibernate 可以访问任何一个数据库系统。JTA 和 JNDI 使 Hibernate 能够和 Java EE 应用服务器集成。

下面是 Hibernate 的核心接口框架层次，如图 5-3 所示。

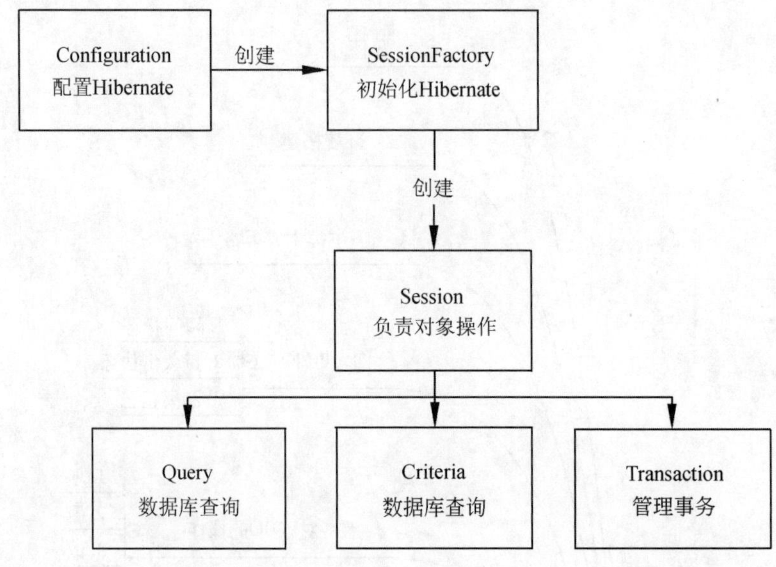

图 5-3　Hibernate 核心接口框架图

框架由 Configuration 读取并解析框架配置文件以及 ORM 相关的映射文件，然后创建 SessionFactory 对象，再通过 SessionFactory 打开 Session，Session 接口封装了数据库持久化操作以及事务管理相关的 API。

Hibernate 优点：

- 程序面向对象化，不用在程序中直接编写 SQL 方式来操作数据库。
- 数据库兼容性比较好，方便移植，只要修改配置文件不需要修改程序代码。
- 透明持久化，当保存一个对象时，这个对象不需要继承 Hibernate 中的任何类、实现任何接口，只是个纯粹的单纯对象—称为 POJO 对象（纯粹值对象，没有继承第三方的任意类或者实现第三方的任意接口）。
- 缓存机制，提供一级缓存和二级缓存。
- 简洁的 HQL 编程。

Hibernate 缺点：

- SQL 执行性能比 JDBC 略差，特别是对关联查询的处理。
- 限制用户使用的对象模型。例如，一个持久性类不能映射到多个表。
- 在大并发和集群环境中性能及同步性稍弱。
- 如果要使用数据库特定的优化机制，不适用于 Hibernate。
- 不支持很复杂的 SQL 操作。

5.2.2　Ibatis 简介

Ibatis 是以 SQL 为中心的持久化层框架。能支持懒加载、关联查询和继承等特性。不同于一般的 ORM 映射框架，相对 Hibernate 和 ApacheOJB 等“一站式”ORM 解决方案而言，Ibatis 是一种“半自动化”的 ORM 实现。ORM 映射框架，将数据库表、字段等映射到类和属性，那是一种元数据（meta-data）映射。Ibatis 则是将 SQL 查询的参数和结果集映射到类。因此可以说，Ibatis 做的是 SQL Mapping 的工作。它把 SQL 语句看成输入以及输出，结果集就是输出，而 where 后面的条件参数则是输入。Ibatis 能将输入的普通 POJO 对象、Map 和 XML 等映射到 SQL 的条件参数上，同时也可以将查询结果映射到普通 POJO 对象（集合）、Map 和 XML 等上面。Ibatis 的 SQL 都保存到单独的 xml 文件中，这有利于 DBA 对 SQL 的审核和优化。IBatis 最大的特点就是小巧，上手很快，可维护性较好。

Ibatis 框架的结构层次，如图 5-4 所示。

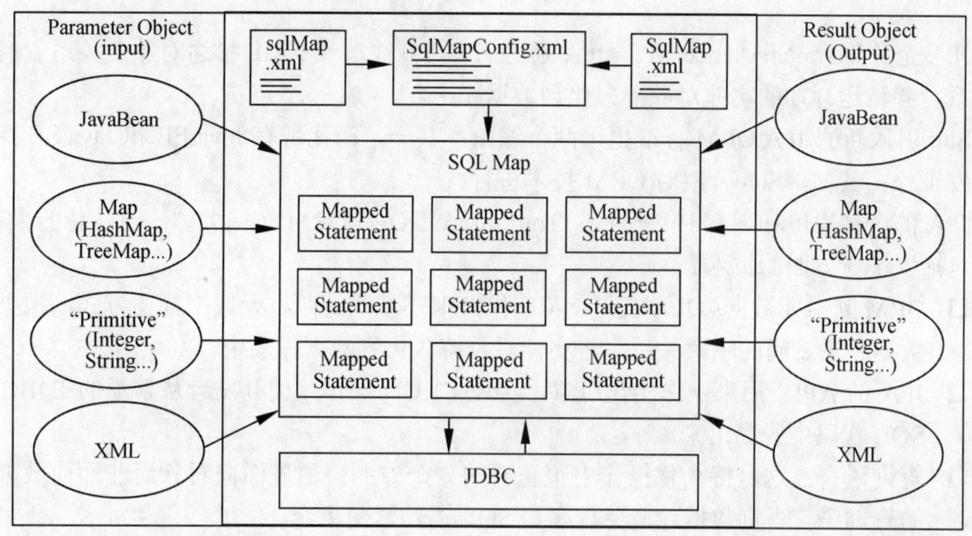

图 5-4　Ibatis 框架结构图

SqlMapConfig.xml 是 Ibatis 框架的配置文件，在配置文件中定义框架全局属性，例如 cacheModelsEnabled 是否启用缓存机制、lazyLoadingEnabled 是否启用延迟加载机制等，也可以在框架配置中定义 transactionManager 事务管理器，以及 dataSource 数据库连接池配置信息，最主要的是可以在框架配置文件关联多个 SQL Map 映射文件（SqlMap.xml）。SqlMap.xml 配置文件就是保存 SQL 语句的地方，Ibatis 的输入参数可以是普通的 POJO 对象、基本类型对象、Map 和 XML。同样 Ibatis 的输出结果集也可以是普通的 POJO 对象、基本类型对象、Map 和 XML。配置文件中的 SQL 语句映射成 Mapped Statement。Statement 类型有<statement>、<insert>、<update>、<delete>、<select>和<procedure>。

Ibatis 优点：

- 入门容易，学习成本小。用户会 SQL 就很容易上手。
- SQL 集中管理，代码中不会出现硬编码的 SQL 语句。
- 由于是直接操作 SQL 的，系统性能比较好。
- SQL 可以写在 XML 中，结构清晰，灵活配置。
- 改进了应用的设计方式以确保未来的可维护性，后期可维护性增加。

Ibatis 缺点：

- 参数传递采用占位符机制，没法在 SQL 生成过程中直接进行参数组装。
- 不支持嵌套 VO 对象，如果有同名字段，会覆盖。
- 要求对 SQL 语句比较熟悉，在书写 SQL 过程中没有代码提示功能。
- 入参单一，只有一个入参，如果有两个以上的参数，必须定义到一个对象中，感觉不灵活。

5.2.3 JPA 简介

JPA 全称 Java Persistence API，JPA 通过 JDK 5.0 注解或 XML 描述对象—关系表的映射关系，并将运行期的实体对象持久化到数据库中。

Sun 引入新的 JPA ORM 标准出于两个缘由：其一，简化现有 Java EE 和 Java SE 持久化开发工作；其二，Sun 希望对 ORM 技术进行统一。

JPA 的全体思维和现有 Hibernate、TopLink，JDO 等 ORM 布局大体一致。总的来说，JPA 包括以下 3 方面的技术。

- ORM 映射元数据：JPA 支持 XML 和 JDK 5.0 注解两种元数据描述方式，根据元数据和表之间的映射关系，将实体对象持久化到数据库表中。
- JPA 的 API：用来操作实体对象，实现 CRUD 操作，使开发者从繁琐的 JDBC 和 SQL 代码中脱离出来。
- 查询语言：这是持久化操作中很重要的一个方面，通过面向对象而非面向数据库的查询语言查询数据，避免程序与 SQL 语句紧密耦合。

JPA 优点：

- 标准化，JPA 是 JCP 组织发布的 Java EE 标准之一，因此任何声称符合 JPA 标准的框架都遵循同样的架构，提供相同的访问 API，这保证了基于 JPA 开发的企业应用能够经过少量的修改就能够在不同的 JPA 框架下运行。
- 容器级特性的支持，JPA 框架中支持大数据集、事务和并发等容器级事务，这使得 JPA 超越了简单持久化框架的局限，在企业应用中发挥更大的作用。
- 简单方便，JPA 的主要目标之一就是提供更加简单的编程模型，在 JPA 框架下创建实体和创建 Java 类一样简单，没有任何的约束和限制，只需要使用 javax.persistence.Entity 进行注释。JPA 的框架和接口也都非常简单，没有太多特别的规则和设计模式的要求，开发者可以很容易地掌握。JPA 基于非侵入式原则设计，因此可以很容易的和其他框架或者容器集成。
- 查询能力，JPA 的查询语言是面向对象而非面向数据库的，它以面向对象的自然语法构造查询语句，可以看成是 Hibernate HQL 的等价物。JPA 定义了独特的 JPQL（Java Persistence Query Language），JPQL 是 EJB QL 的一种扩展，它是针对实体的一种查询语言，操作对象是实体，而不是关系数据库的表，而且能够支持批量更新和修改、JOIN、GROUP BY、HAVING 等通常只有 SQL 才能够提供的高级查询特性，甚至还能够支持子查询。

- 高级特性，JPA 中能够支持面向对象的高级特性，如类之间的继承、多态和类之间的复杂关系，这样的支持能够让开发者最大限度地使用面向对象的模型设计企业应用，而不需要自行处理这些特性在关系数据库的持久化。

JPA 缺点：

- JPA 是一个规范而不是一个产品。您需要提供商提供一个规范，才能获得这些基于标准的 API 的优势。
- 将语言与数据库混在一起，导致数据改动以后，配置文件必须更新。
- 大数据量处理很容易产生性能问题。
- 过度封装，导致错误查找相对于 JDBC 等传统开发技术而言更加困难。

上面介绍了 3 种数据访问层框架，它们都有各自的优缺点，都是基于 ORM 映射技术的数据库访问层，最近比较流行用 DSL 风格的数据库访问层，下面就介绍一下 DSL 数据库访问层的相关知识。

5.2.4 DSL 数据库访问层简介

DSL（Domain Specific Language），比较官方的一个定义是：侧重特定领域的表达有限的计算机编程语言。我们日常接触的各个方面的编程语言就是 DSL，比如：SQL 语句就是数据库查询的 DSL，Shell 语言是与操作系统交互的 DSL，Java 使程序员在更高的抽象层面专注业务逻辑编码等等。

DSL 的特点是封装领域细节，屏蔽底层的复杂性，用更易于阅读和理解的语言，提供上层操作方法，方便用户理解和使用。

目前比较流行的 DSL 风格的数据库访问框架有：JEQUEL、JOOQ 和 Querydsl 等等。

1. JEQUEL简介

JEQUEL 是比较完整的一个开源的 SQL/DSL 实现，是 Java 的嵌入式 SQL DSL，使用表达式语法来创建 SQL。

- 优点：语法高亮、代码自动完成、在 IDE 有错误提示、在 CI 构建过程中自动生成 java schema 模型、所有不符合 schema 模型的代码将会编译失败、支持 SQL92 规范。
- 缺点：代码结构复杂混乱、不容易理解，并且与 Spring 的紧耦合。SQL 对象结构的访问采用 visitor 模式，这就要求 SQL 对象的结构不能变化，如果有新增的 SQL 对象，需要改变 visitor 对象的代码。缺少相关的中文文档。

2. JOOQ简介

JOOQ（Java Object Oriented Querying，即面向 Java 对象查询）是一个高效地合并了复杂 SQL、类型安全、源码生成、ActiveRecord、存储过程以及高级数据类型的 Java API 的类库。

- 优点：类型安全的 SQL、元数据代码自动生成、支持复杂 SQL 查询、CRUD 操作自动映射到 POJO、支持存储过程、多租户支持、查询的生命周期管理。

- 缺点：不是免费开源的，相关的中文文档也很少。因为做的事情比较多，导致过度封装、体系庞大。

3. Querydsl简介

Querydsl仅仅是一个通用的查询框架，专注于通过Java API构建类型安全的SQL查询。Querydsl 可以通过一组通用的查询 API 为用户构建出适合不同类型 ORM 框架或者是 SQL 的查询语句。也就是说 Querydsl 是基于各种 ORM 框架以及 SQL 之上的一个通用的查询框架。借助 Querydsl 可以在任何支持的 ORM 框架或者 SQL 平台上以一种通用的 API 方式来构建查询。目前 Querydsl 支持的平台包括 JPA、JDO、SQL、Java Collections、RDF、Lucene 和 Hibernate Search。

- 优点：支持代码自动完成、几乎可以避免所有的 SQL 语法错误、类型安全、可以更轻松地进行增量查询的定义。
- 缺点：不是免费开源的，相关的中文文档也很少。Querydsl 并不使用现有的任何 POJO 进行查询构建，而是根据现有的配置生成对应的 Domain Model 进行查询构建，因此对于使用 Hibernate 的朋友会多出一组 Model 来。

在了解这些 DSL 风格的数据库访问方式之后，相信用户能明白每个框架都有自己做的好的一方面，也有不令人满意的地方。一个好的 DSL 风格的数据库访问框架，应该是可扩展的，易扩展的，能支持各种复杂的 SQL 语句，比如多表关联查询、子查询和连接查询等。最好具有数据库独立特性，大部分操作在更换数据库后，不受很大的影响。当然要满足 DSL 风格，必须具有 API 链式调用方式，具有代码自动提示功能。前面介绍的 ORM 风格的数据访问层，还是 DSL 风格的数据访问层，SQL 语句生成过程与参数值传递是分开的，我们能不能设计一个数据访问层框架，在生成 SQL 的过程之中，自动进行参数组装，从而保证数据库操作的一体性。TinyDsl 就是为了解决这些问题而产生的，下面我们首先简要介绍下 TinyDsl，后面章节会详细介绍 TinyDsl 是如何设计的。

4. TinyDsl

TinyDsl 通过一组通用的 API 生成适合各种 ORM 框架执行的 SQL 语句，借助 TinyDsl 可以在任何支持的 ORM 框架或者 SQL 平台上以一种通用 API 方式构建查询。TinyDsl 也封装了一套数据库持久化操作 API，能根据 SQL 查询的结果集自动映射到 POJO 对象。

TinyDsl 有以下几个特点：

- 零配置，不需要框架级别的配置以及数据库映射配置。
- 生成 SQL 语句都采用链式方法 API 调用方式，具有代码自动提示功能。
- 数据库操作一体性，SQL 生成与参数组装同时进行。
- 框架可扩展性强，例如 SQL 执行器可扩展、Expression 对象可扩展等。
- 可以支持很复杂的 SQL，例如连接查询、集合运算、子查询和分页查询等。
- 数据库独立特性，可以支持各种数据库的 SQL 语句。

5.3　TinyDsl 设计方案

本节将详细地讲述 TinyDsl 是如何设计出的，会结合代码来说说 TinyDsl 数据库访问层的具体实现。我们知道 SQL 语句就是数据库查询的 DSL，要满足 SQL 语句的 DSL 风格，就需要对 SQL 语句相关概念进行抽象化。我们先来看看 TinyDsl 是如何对 SQL 进行抽象化的。

5.3.1　SQL 抽象化设计

常见的 SQL 操作语句是 Insert、Update、Delete 和 Select，对应数据库的增删改查操作，框架对增删改查数据库 SQL 语句进行抽象化，数据库增删改查 SQL 的抽象关系如图 5-5 所示。

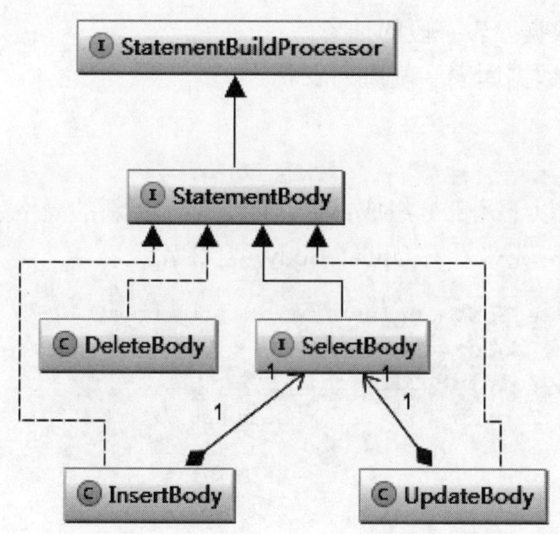

图 5-5　增删改查操作类关系图

从图 5-5 所示的类关系图可以知道，InsertBody 类是对数据库 insert 语句概念的抽象化，UpdateBody 类是对数据库 update 语句概念的抽象化，DeleteBody 类是对 delete 语句概念的抽象化，SelectBody 类是对 select 语句概念的抽象化。InsertBody、UpdateBody、DeleteBody 和 SelectBody 都是继承或者实现 StatementBody 接口。这些对象是数据库增删改查语句的抽象封装，那么是如何通过这些对象生成相关的 SQL 语句呢？下面章节将详细介绍这些对象是如何设计的。

1. InsertBody

一个 insert 语句，主要由以下几个部分组成：插入的表格、插入的表字段以及表字段对应的值。我们先来看看 InsertBody 类代码：

```
public class InsertBody implements StatementBody {
/**
 * 要插入的表
 */
private Table table;
/**
 * 要插入的字段列表
 */
private List<Column> columns;
/**
 * 要插入的值列表
 */
private ItemsList itemsList;
    ......
}
```

Table 对象就是数据库表的抽象。

Column 对象就是数据库表字段的抽象。

ItemsList 对象代表数据库表字段值列表。

2．UpdateBody

Update 语句主要由以下几部分组成：更新的表格、更新的表格字段、更新表格字段的值以及更新的查询条件。先来看看 UpdateBody 类代码：

```
public class UpdateBody implements StatementBody {
    private List<Table> tables;
    private List<Column> columns;
    private List<Expression> expressions;
    private Expression where;
    ......
}
```

- Tables：更新的表格集合。
- Columns：更新的表格字段集合。
- Expressions：更新字段对应的值表达式集合。
- Where：更新语句相关的查询条件。
- Expression 类：是 TinyDsl 框架的核心接口，它可以代表 SQL 语句的查询条件，也可以代表 SQL 中的子查询等，将会在下面进行详细介绍。

3．DeleteBody

Delete 语句主要由删除的表格和删除条件组成。

```
public class DeleteBody implements StatementBody {
    /**
```

```
     * 删除的表对象
     */
    private Table table;
    /**
     * 删除条件
     */
    private Expression where;
    ......
```

- ❑ Table：删除的表格。
- ❑ Where：删除条件。

4．SelectBody

在 SQL 语言中，查询语句是最复杂的，一般情况下由以下几个部分组成：查询显示信息（SelectItem）、查询主体（FromItem）、查询的条件（Expression）。复杂的 SQL 语句可能包含 GroupBy 子句、OrderBy 子句、Having 子句、连接查询和子查询等。先来看看 PlainSelect 类的代码：

```
public class PlainSelect implements SelectBody {
    private List<SelectItem> selectItems = new ArrayList<SelectItem>();
    private List<Table> intoTables = new ArrayList<Table>();
    private FromItem fromItem;
    private List<Join> joins;
    private Expression where;
    private List<Expression> groupByColumnReferences;
    private List<OrderByElement> orderByElements;
    private Expression having;
    ......
}
```

- ❑ SelectItem：数据库查询内容部分的抽象，例如查询表的字段、聚合操作等。
- ❑ FromItem：数据库查询主体部分的抽象，例如表、子查询等。
- ❑ Expression：数据库查询条件或者查询表达式的抽象，例如条件表达式、数据库函数表达式等。
- ❑ Join：数据库连接查询的抽象，例如内连接、外连接。
- ❑ OrderByElement：数据库排序语句的抽象。

（1）SelectItem 类体系介绍

首先来看看 SelectItem 接口继承体系，如 5-6 所示。

- ❑ Column：数据库表字段的抽象。
- ❑ AllColumns：代表“*”，查询所有字段。
- ❑ AllTableColumns：代表“table.*”，查询某张表的所有字段。
- ❑ Distinct：数据库 distinct 关键字，用于返回唯一不同的值。
- ❑ Function：数据库函数的抽象，例如 substr、abs 等。

❑ FragmentSelectItemSql：自定义任意查询内容，可以生成非常复杂的查询项。

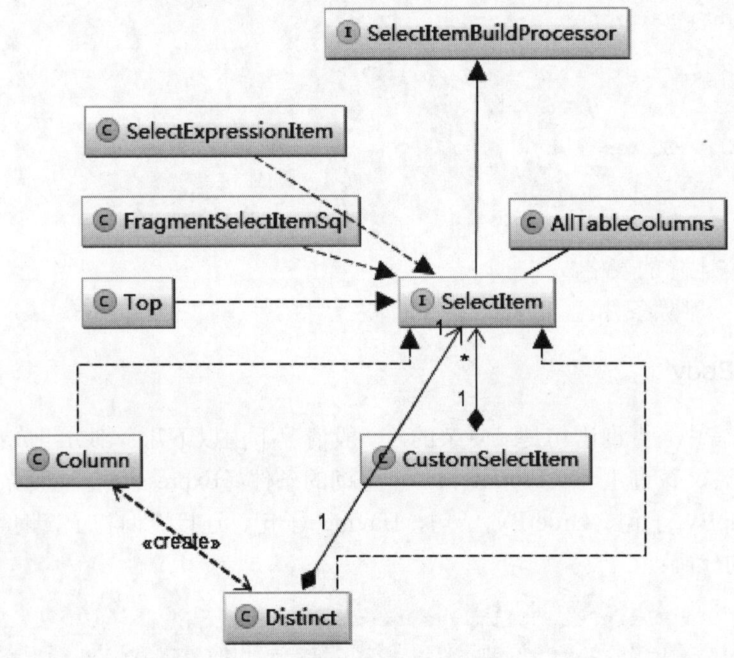

图 5-6　SelectItem 类体系结构图

（2）FromItem 类体系介绍

FromItem 类体系结构，如图 5-7 所示。

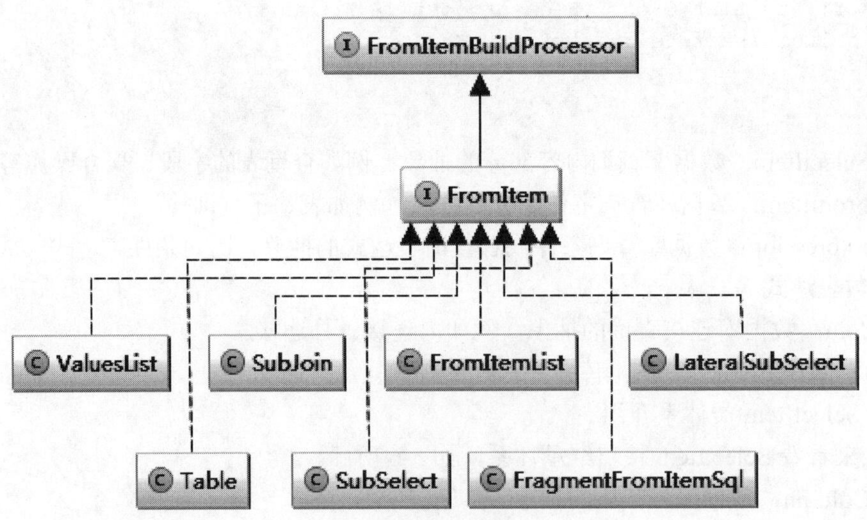

图 5-7　FromItem 类体系结构图

❑ Table：数据库表的抽象。
❑ SubSelect：数据库子查询的抽象。

- SubJoin：数据库子连接查询的抽象。
- ValuesList：数据库 values 子句的抽象。
- FromItemList：FromItem 复合对象，由多个 FromItem 对象组成。
- FragmentFromItemSql：自定义任意 FromItem SQL 片段，在非常复杂的情况下可以使用。

（3）Expression 类体系介绍

Expression 类体系的结构，如图 5-8 所示。

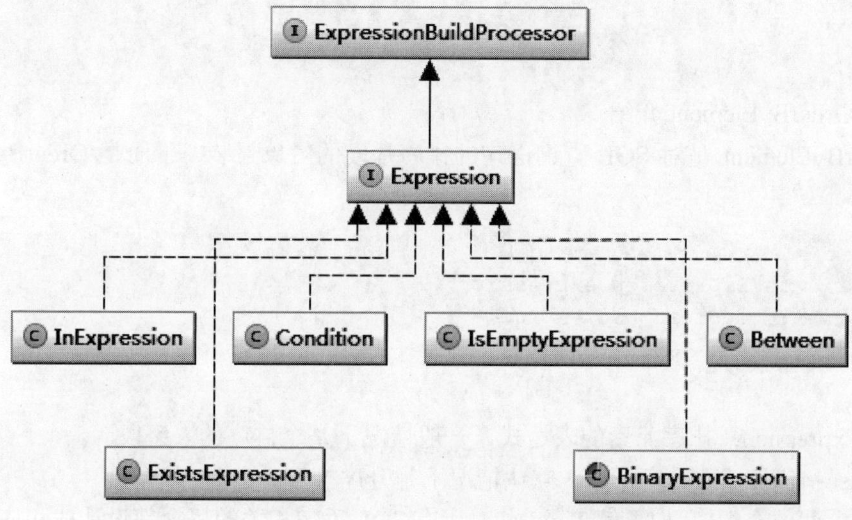

图 5-8　Expression 类体系结构图

- Condition：带条件值的表达式，数据库查询条件的抽象。
- BinaryExpression：数据库二元表达式的抽象，它的子类有 LikeExpression、AndExpression 和 OrExpression 等。
- AndExpression：SQL 语句中 and 条件的抽象。
- OrExpression：SQL 语句中 or 条件的抽象。
- LikeExpression：SQL 语句中 like 条件的抽象。
- Between：SQL 语句中 between and 条件的抽象。
- InExpression：SQL 语句中 in 表达式的抽象。
- FragmentExpressionSql：自定义任何表达式片段，用于生成非常复杂的条件表达式。

TinyDsl 中还有很多 Expression 接口的实现，它们都是数据库查询语句的条件表达式的抽象。框架是支持扩展的，支持自定义任何表达式实现。

（4）Join 介绍

连接查询是关系数据库中最主要的查询，主要包括内连接、外连接和交叉连接等。通过连接运算符可以实现多个表查询。下面是 Join 类代码：

```
public class Join {
    private boolean outer = false;
```

```
    private boolean right = false;
    private boolean left = false;
    private boolean natural = false;
    private boolean full = false;
    private boolean inner = false;
    private boolean simple = false;
    private boolean cross = false;
    private FromItem rightItem;
    private Expression onExpression;
    private List<Column> usingColumns;
    ……
}
```

（5）OrderByElement 介绍

OrderByElement 是对 SQL 查询语句的排序片段的对象封装，下面是 OrderByElement 类代码：

```
public class OrderByElement {
    private Expression expression;
    private boolean asc = true;
    ……
}
```

- Expression：排序元素的表达式，一般情况下是个排序的表字段。
- asc：代表按照升序排序，默认情况下是升序排序。

经过上面的介绍，我们了解 TinyDsl 对所有 SQL 语句相关的概念都设计成相应的对象。下面我们以生成 insert 语句为例，讲解通过 InsertBody 对象生成 insert 语句的过程。首先构建 InsertBody 实例，然后设置插入语句的表对象、插入的字段对象以及插入字段对应的值，最后调用 InsertBody 实例的 toString 方法。方法的返回值就是 InsertBody 实例关联的 insert 语句。通过 toString 方法返回的 SQL 存在两点不好的地方：

- 生成 SQL 语句的逻辑无法干预，已在 toString 方法内部写死。
- toString 方法内部生成 SQL 语句的过程中创建了许多 String 实例。

我们能不能设计一个接口来路由 SQL 对象的内部结构，在路由 SQL 对象内部结构的时候，把相关的 SQL 信息，组装到接口方法提供的参数对象中。StatementBuildProcessor 接口就是为满足这个功能而设计的，该接口只定义了一个接口方法，接口定义如下：

```
public interface StatementBuildProcessor {

    /**
     * 实现接口的 sql 片段通过 builder.appendSql(Stringsegment)进行拼接
     * 也可以 builder.getStringBuilder 方法获取 StringBuilder，然后进行 append
     * 实现的参数信息通过 builder.addParamValue(Object... values)进行参数组装
     *
     * @param builder
     */
    public void builderStatement(StatementSqlBuilder builder);
```

```
}
```

builderStatement 方法中有 StatementSqlBuilder 类型的参数对象，该参数对象内部提供了 SQL 拼接与参数组装的功能，在 StatementBuildProcessor 接口路由 SQL 对象的内部结构时，完成 SQL 信息的拼接与参数信息的组装。

我们已经可以通过对象的方式来生成 SQL 语句，下一步就是如何设计一套符合 DSL 风格的 API，像在书写 SQL 语句一样来创建出 TinyDsl SQL 对象。

5.3.2　DSL 风格 SQL 设计

要设计出 DSL 风格的 API，需要满足以下几点：

- ❑ 方法调用要符合链式方法调用的风格。
- ❑ 方法的名称要与书写的 SQL 语句关键字相同。

下面我们来讲讲 TinyDsl 是如何设计 DSL 风格的 API 的，常见的 SQL 语句有 Insert、Update、Delete 和 Select。我们以 Insert 为例子，详细说明整个设计思路，先来看看 insert 的 SQL 语句：

```
INSERT INTO custom (name, age) VALUES('zhangsan',32)
INSERT INTO custom (name, age) VALUES SELECT score.name,score.score FROM
score
```

看过上一章节，我们知道在 TinyDsl 框架内部"custom"会被抽象成 Table 对象，"name、age" 会被抽象成 Column 对象，"'zhangsan',32" 会被抽象成 ItemsList 对象，"score.name,score.score FROM score" 会被抽象成 SelectBody 对象。在 Insert 类内部设计了如下方法：

```
public static Insert insertInto(Table table)
public Insert values(Value... values)
public Insert columns(Column... columns)
public Insert selectBody(Select select)
```

先来看看 insertInto 方法，它是一个静态的方法，有一个 Table 类型的参数对象，返回值是 Insert 本身。设计成静态工厂方法的目的是为了更贴近直接书写 insert SQL 语句的方式，不再需要先通过 new 对象的方式实例化 Insert，然后再调用 Insert 类的其他实例方法。为了统一 Insert 实例的创建，Insert 类的构造函数变成了 private 范围，这样不允许外部直接通过 new 方式来创建对象的实例，统一通过 insertInto 方法来创建 Insert 实例。返回值是 Insert 本身，这样可以在调用 insertInto 方法之后继续调用 Insert 类中的其他实例方法，目的是满足链式 API 的调用风格。

通过 insertInto 方法设置了插入 SQL 语句相关的表格信息，接着就是插入 SQL 语句关联的字段与字段对应的值。上面例子提供了两种 insert 语句方式，Insert 类也相应提供了两种设置插入信息的 API 方法。

（1）通过 values 方法

values 方法的参数是一个 Value 类型的数组，它被设计成可变数组的方式，方便方法调用时，数组参数对象的构建。来看看 Value 对象的类代码：

```
public class Value {
    /**
     * 列信息
     */
    private Column column;
    private Expression expression;
    private Object value;
    ......
}
```

Value 类内部定义了表字段信息 Column 与表字段对应的值，表字段的值有两种表现方式：一种是 Object 类型，直接设置插入字段值；一种方式是 Expression 类型，通过 Expression 方式间接传递参数值。

（2）通过 columns 与 selectBody 方法

columns 方法的参数是一个 Column 类型的数组，它同样也是一个可变数组，通过该方法设置了 insert SQL 中相关的插入字段信息。selectBody 方法的参数是 Select 类型对象，Select 是查询语句的操作类，通过它可以生成一句查询 SQL 语句，用来查询插入字段列表对应的字段值。

Insert 类的 API 设计完毕，下面的例子就是通过调用 Insert 类的 API 方式来生成 insert SQL 语句的。

```
insertInto(CUSTOM).values(CUSTOM.NAME.value("zhangsan"),CUSTOM.AGE.valu
e(32));
insertInto(CUSTOM).columns(CUSTOM.NAME, CUSTOM.AGE).selectBody(select (TSCORE.
NAME, TSCORE.SCORE).from(TSCORE));
```

- CUSTOM：Table 对象的 static final 实例。
- CUSTOM.NAME、CUSTOM.AGE：Column 对象的 static final 实例。

这种方式是不是已经跟书写 insert SQL 语句很像呢？像书写 SQL 方式来进行 API 调用。同样 Update、Delete 和 Select 类的设计思路都是相似的。数据库操作类之间的关系图，如图 5-9 所示。

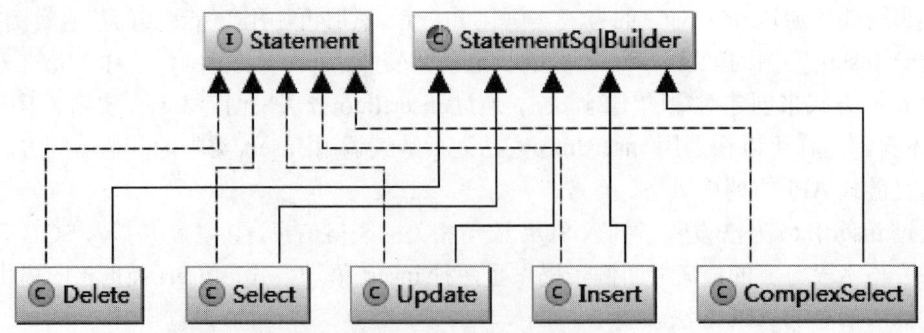

图 5-9　数据库操作类关系图

Statement 是数据库操作类的父接口，其中定义了 3 个方法。

```
public interface Statement {
   /**
    * 返回语句对应的 SQL
    *
    * @return
    */
   String sql();
   /**
    * 语句的标识，仅用于日志记录时更清晰
    * @param id
    */
   void id(String id);
   /**
    * 返回语句中值的列表（对应于?）
    *
    * @return
    */
   List<Object> getValues();
}
```

- sql 方法返回数据库操作的 SQL 语句。
- getValues 方法返回在生成 SQL 语句过程中设置的参数列表。
- id 方法设置此次操作的标识。

StatementSqlBuilder 是数据库操作类的父类，前面已经介绍过 StatementSqlBuilder 对象的职责是进行 SQL 语句拼接和参数信息组装。也就说明 Insert、Update、Delete、Select 和 ComplexSelect 同样具有 SQL 语句拼接与参数信息组装的功能。这些数据库操作类内部封装了 SQL 对象，外部通过操作类提供的 API 方法的调用过程就是生成 SQL 对象实例的过程。

- Insert：内部封装 InsertBody，生成数据库插入语句。
- Update：内部封装 UpdateBody，生成数据库更新语句。
- Delete：数据库删除操作的对象封装，内部封装 DeleteBody，生成数据库删除语句。
- Select：内部封装 SelectBody，生成数据库查询语句。
- ComplexSelect：支持集合查询运算的复杂查询，内部封装 SelectBody，生成数据库查询语句。

这些内部封装的 SQL 对象实现 StatementBuildProcessor 接口，前面介绍过该接口就是遍历 SQL 对象内部结构的，接口中 builderStatement 方法定义了 StatementSqlBuilder 类型的参数，数据库操作类都是 StatementSqlBuilder 类的子类，因此数据库操作类遍历 SQL 对象就是通过调用 SQL 对象的 builderStatement 方法，然后把自身实例作为 builderStatement 方法的参数。在遍历 SQL 对象内部结构时，StatementSqlBuilder 进行 SQL 拼接与参数组装。

TinyDsl 这种遍历对象结构的设计思想并非一蹴而就，其中也走过不少的弯路，这里向大家分享一下经历。

以笔者多年的开发经验，要遍历对象的内部结构，首先想到了访问者模式，花费了几天时间完成了第一版设计与编码实现，框架内部定义了很多访问者对象，如 StatementVisitor、ExpressionVisitor 等。随着需求的变化，需要在框架内部新增一个 Expression，却发现需要修改 ExpressionVisitor 的代码，秉着“对扩展开放、对修改关闭”的设计原则，这样做是极其不合理的。采用访问者模式，对象内部结构是固定的，这就不方便对框架进行扩展。最后舍弃了之前的设计，形成了现有的设计思想。框架中内部定义了多个 BuildProcessor 接口，例如 StatementBuildProcessor、ExpressionBuildProcessor 和 SelectItemBuildProcessor 等，这些 BuildProcessor 接口都提供了以 StatementSqlBuilder 类型为参数的接口方法。例如 ExpressionBuildProcessor 接口代码：

```
public interface ExpressionBuildProcessor {
    /**
     * 实现接口的 sql 片段通过 builder.appendSql(String
     * segment)进行拼接，也可以 builder.getStringBuilder 方法获取 StringBuilder
    * 然后进行 append
     * 实现的参数信息通过 builder.addParamValue(Object... values)进行参数组装
     *
     * @param builder
     */
    public void builderExpression (StatementSqlBuilder builder);
}
```

SQL 对象实现了这些 BuildProcessor 接口，也就是遍历 SQL 对象内部结构的逻辑由 SQL 对象自身实现。SQL 对象在遍历自身对象结构的时候，由 StatementSqlBuilder 对象完成 SQL 拼接与参数组装。这样的设计方案，大大增强了框架的可扩展性。比如想新增一个 Expression，可以通过实现 Expression 接口，自定义一个新的 Expression 实现类，Expression 接口是继承于 ExpressionBuildProcessor，关系如图 5-10 所示。

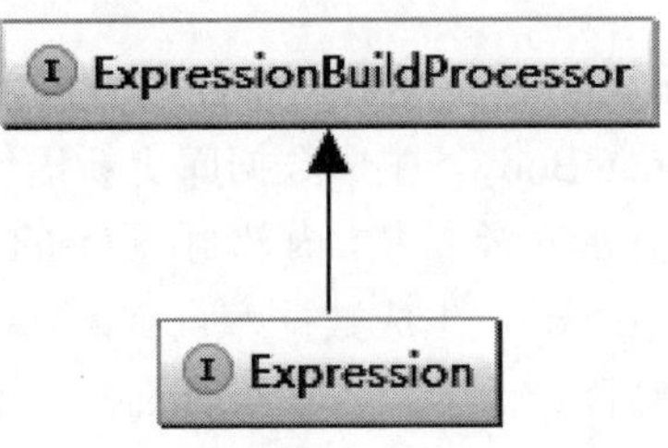

图 5-10　Expression 关系图

只要在自定义的 Expression 实现类中实现 builderExpression 方法，在 builderExpression 方法就可以把自定义 Expression 类代表的 SQL 信息拼接到 StatementSqlBuilder 中去。

正是这些 BuildProcessor 接口的存在，我们把拼接 SQL 语句与组装参数的工作交给了 BuildProcessor 的实现类，也就是那些被抽象的 SQL 对象。这样就可以在不用修改框架现有的代码基础上为 TinyDsl 扩展各种 SQL 对象。

5.3.3　SQL 执行接口设计

TinyDsl 作为满足 DSL 风格的数据库访问层，需要把数据库表中的信息映射成对象结构，这就是 TinyDsl SQL 执行接口所需要完成的事情。

DslSession 就是 SQL 执行接口，接口如图 5-11 所示。

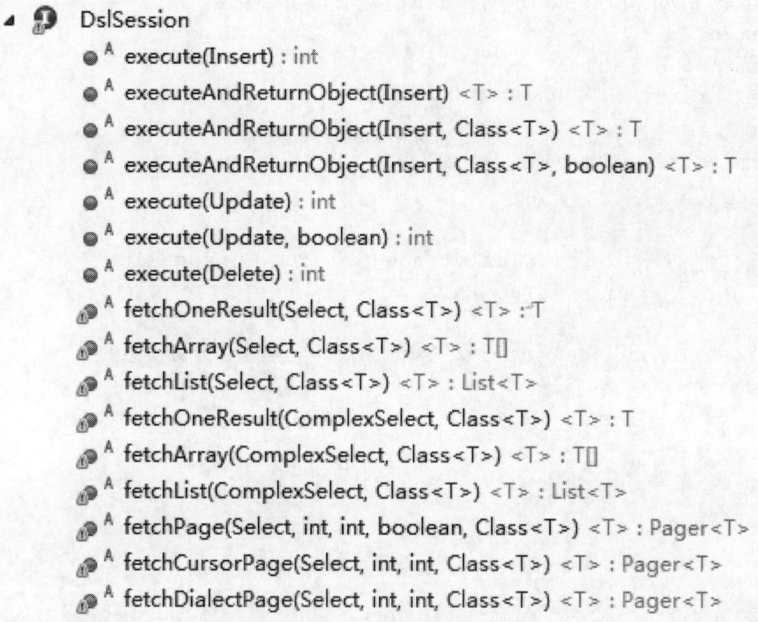

```
DslSession
  execute(Insert) : int
  executeAndReturnObject(Insert) <T> : T
  executeAndReturnObject(Insert, Class<T>) <T> : T
  executeAndReturnObject(Insert, Class<T>, boolean) <T> : T
  execute(Update) : int
  execute(Update, boolean) : int
  execute(Delete) : int
  fetchOneResult(Select, Class<T>) <T> : T
  fetchArray(Select, Class<T>) <T> : T[]
  fetchList(Select, Class<T>) <T> : List<T>
  fetchOneResult(ComplexSelect, Class<T>) <T> : T
  fetchArray(ComplexSelect, Class<T>) <T> : T[]
  fetchList(ComplexSelect, Class<T>) <T> : List<T>
  fetchPage(Select, int, int, boolean, Class<T>) <T> : Pager<T>
  fetchCursorPage(Select, int, int, Class<T>) <T> : Pager<T>
  fetchDialectPage(Select, int, int, Class<T>) <T> : Pager<T>
```

图 5-11　DslSession 类图

它的方法也比较简单，主要功能就是提供了数据库 CRUD 操作。由于把复杂的 SQL 都封装到了 Insert、Select、Update 和 Delete 当中，因此这个执行器的接口方法看起来非常简单。

executeAndReturnObject 方法说明：在执行数据库新增记录操作的时候，主键值可以由数据库来生成，也可以由应用系统产生，该方法执行完数据库记录插入操作以后，能自动组装成记录对应的 POJO 对象，并且 POJO 对象有对应的主键值。

TinyDsl 中还定义了一系列分页方法和批量操作方法。

1．分页方法

首先来看看分页接口方法，分页接口方法的定义如下：

```
/**
 * 分页处理
 * @param <T>
 * @param pageSelect
 * @param start
```

```
 * @param limit
 * @param isCursor
 * @param requiredType
 * @return
 */
<T> Pager<T> fetchPage(Select pageSelect,int start,int limit,boolean
isCursor,Class<T> requiredType);
/**
 * 基于游标的分页方式，select 对象生成的 sql 语句是不包含分页信息的
 * @param <T>
 * @param pageSelect
 * @param start
 * @param limit
 * @param requiredType
 * @return
 */
<T> Pager<T> fetchCursorPage(Select pageSelect,int start,int
limit,Class<T> requiredType);
/**
 * 基于方言的分页方式，select 对象生成的 sql 语句是包含分页信息的
 * @param <T>
 * @param pageSelect
 * @param start
 * @param limit
 * @param requiredType
 * @return
 */
<T> Pager<T> fetchDialectPage(Select pageSelect,int start,int
limit,Class<T> requiredType);
```

SQL 执行接口支持游标分页与方言分页两种分页方法。

- 游标分页：通过移动 ResultSet 结果集的指针方式来获取分页的记录。
- 方言分页：通过生成数据库分页 SQL 方式来查询分页的记录。

fetchCursorPage 方法是游标分页，fetchDialectPage 方法是方言分页。fetchPage 方法根据 isCursor 参数值来确定是按照游标分页还是方言分页。isCursor 为 true 将按照游标分页方式处理，值为 false 则按照方言分页方式来处理。

2. 批量操作

接下来看看 SQL 执行接口中定义的批量操作接口方法，接口方法定义如下：

```
public int[] batchUpdate(Update update,List<List<Object>> param

public int[] batchUpdate(Update update,Map<String, Object>[] params);

public <T> int[] batchUpdate(Update update,Class<T> requiredType,List<T>
params);
```

上面是以批量更新为例，参数方式支持传递集合、映射数组和类对象列表等多种方式。

5.3.4　执行接口实现介绍

TinyDsl 框架只是提供了 SQL 执行接口，那么其接口实现又是怎么样的呢？其实实现完全可以交给其他数据库访问框架，比如上面提到的 Hibernate、Ibatis 和 JPA。只要支持执行 SQL 语句的数据库访问框架都可以作为执行接口实现类的底层。当然 TinyDsl 中提供了基于 Spring jdbctemplate 的实现。DslSession 关系如图 5-12 所示。

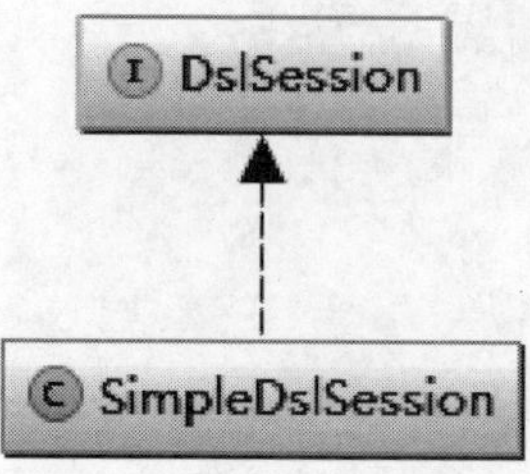

图 5-12　DslSession 类关系图

1. 数据库主键生成机制介绍

数据库主键是表中的一个或多个字段，它的值用于唯一标识表中的某一条记录，很多数据库访问层都有自动生成数据库主键值的机制，TinyDsl 也不例外，框架提供了主键生成接口，KeyGenerator 类代码如下：

```
public interface KeyGenerator {
    /**
     * 根据插入上下文生成主键值
     * @param <T>
     * @param insertContext
     * @return
     */
    <T> T generate(InsertContext insertContext);
}
```

框架提供了两种默认实现。

- 数据库自动生成主键机制：DatabaseKeyGenerator 就是数据库生成主键值的实现类，它利用了 JdbcTemplate 生成主键值的原理，接口定义如下。

```
public int update(final PreparedStatementCreator psc, final KeyHolder
generatedKeyHolder)
```

生成的主键值会存放到 KeyHolder 对象中，再通过该对象获取主键值。该方式获取主键值的原理还是利用了 JDBC 接口中 Statement 类的 getGeneratedKeys 方法来生成数据库主键值。

- Spring 生成主键机制：AppKeyGenerator 就是利用 Spring 生成主键值的实现类。其类代码如下。

```
public class AppKeyGenerator implements KeyGenerator {
    private DataFieldMaxValueIncrementer incrementer;
    public AppKeyGenerator(DataFieldMaxValueIncrementer incrementer) {
    super();
    this.incrementer = incrementer;
    }
    @SuppressWarnings("unchecked")
    public <T> T generate(InsertContext insertContext) {
    Assert.assertNotNull(incrementer, "AppKeyGenerator require increm
    enter can not be null");
    return (T) incrementer.nextStringValue();
    }
}
```

从类代码可以看出，其内部就是委派 DataFieldMaxValueIncrementer 接口来生成主键值的。DataFieldMaxValueIncrementer 接口是由 Spring 框架提供的，其接口定义如下：

```
public interface DataFieldMaxValueIncrementer {
    /**
     * Increment the data store field's max value as int.
     * @return int next data store value such as <b>max + 1</b>
     * @throws org.springframework.dao.DataAccessException in case of errors
     */
    int nextIntValue() throws DataAccessException;
    /**
     * Increment the data store field's max value as long.
     * @return int next data store value such as <b>max + 1</b>
     * @throws org.springframework.dao.DataAccessException in case of errors
     */
    long nextLongValue() throws DataAccessException;
    /**
     * Increment the data store field's max value as String.
     * @return next data store value such as <b>max + 1</b>
     * @throws org.springframework.dao.DataAccessException in case of errors
     */
    String nextStringValue() throws DataAccessException;
}
```

不同数据库其实现方式也不同，Spring 框架内部提供了很多种数据库的实现方式，如基于自增长生成主键方式的数据库实现：DerbyMaxValueIncrementer、MySQLMaxValueIncrementer、SqlServerMaxValueIncrementer 等，基于序列生成主键方式的数据库实现：OracleSequenceMaxValueIncrementer、DB2SequenceMaxValueIncrementer 和 HsqlSequenceMaxValueIncrementer 等。

如果这两种方式都不能满足应用程序生成主键的要求，我们可以直接实现

KeyGenerator 接口自定义生成主键策略。例如创建 CustomKeyGenerator，类代码如下：

```
public class CustomKeyGenerator implements KeyGenerator {

    public <T> T generate(InsertContext insertContext) {
        return (T) UUID.randomUUID().toString().replaceAll("-", "");
    }
}
```

CustomKeyGenerator 利用 UUID 随机生成一个字符串作为主键值。

2. SQL分页机制介绍

TinyDsl 是支持数据库分页操作的，各种数据库对应的分页语句都是不一样的，例如 MySQL 的分页 SQL：“select * from aaa limit 5,10”，利用 limit 语句来分页；Oracle 的分页 SQL：“select * from (select row_.*, rownum db_rownum from (SELECT * FROM custom ORDER BY custom.name DESC) row_ where rownum <=10) where db_rownum >=1”；SqlServer 的分页 SQL：“SELECT * FROM custom ORDER BY custom.name DESC OFFSET 1 ROW FETCH NEXT 10 ROW ONLY”。TinyDsl 提供了 PageSqlMatchProcess 接口来屏蔽各种数据库分页语句的差异，先来看看 PageSqlMatchProcess 的接口定义：

```
public interface PageSqlMatchProcess {

    public boolean isMatch(String dbType);

    public String sqlProcess(Select select,int start,int limit);

}
```

接口方法介绍如下。

- isMatch：参数是数据库类型名称，其参数值取自 DatabaseMeta Data.getDatabaseProductName()方法的返回值，例如 MYSQL 的值为 MySQL，Oracle 的值为 Oracle。该接口方法是为了获取与参数匹配的 PageSqlMatchProcess。
- sqlProcess：生成分页 SQL 的处理方法，该方法会根据不同数据库生成不同的数据库分页 SQL。Select 为未加分页信息的原生 SQL，start 为分页的起始记录，limit 为每页记录数。

框架内部已经提供了 MySQL、Oracle 和 SqlServer 的数据库分页 SQL 处理的实现，其类继承关系图如 5-13 所示。

MysqlPageSqlMatchProcess 类是生成 MySQL 数据库的分页 SQL 的实现类。

OraclePageSqlMatchProcess 类是生成 Oracle 数据库的分页 SQL 的实现类。

SqlServerPageSqlMatchProcess 类是生成 SqlServer 数据库的分页 SQL 的实现类。

现在已经存在各种数据库的分页处理接口，那么框架又是如何根据数据库类型名称来选择相对应的分页 SQL 处理器呢？框架定义了一个 PageSqlProcessSelector 接口，该接口就是用来选择分页 SQL 处理器用的。先来看看接口代码：

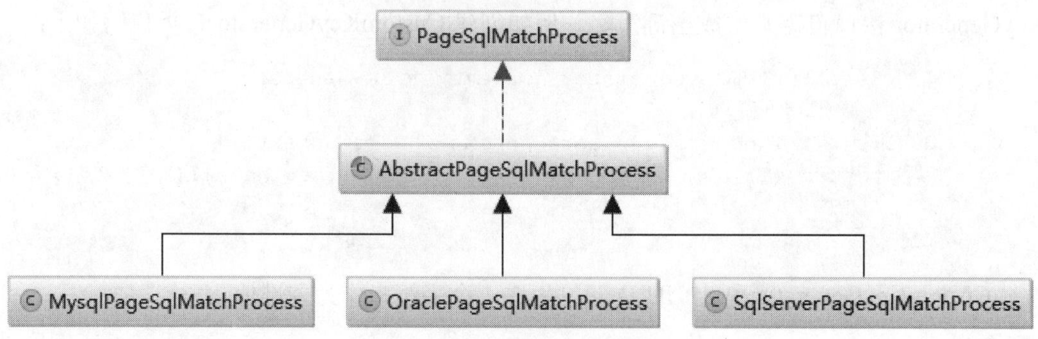

图 5-13　分页处理接口类关系图

```
public interface PageSqlProcessSelector {

/**
 * 根据数据库类型选择相应的分页处理器
 * @param dbType
 * @return
 */
PageSqlMatchProcess pageSqlProcessSelect(String dbType);

}
```

接口中只定义了一个方法 pageSqlProcessSelect，该方法参数类型就是数据库类型名称，根据该数据库类型选择匹配的分页 SQL 处理器。PageSqlProcessSelector 类关系图如图 5-14 所示。

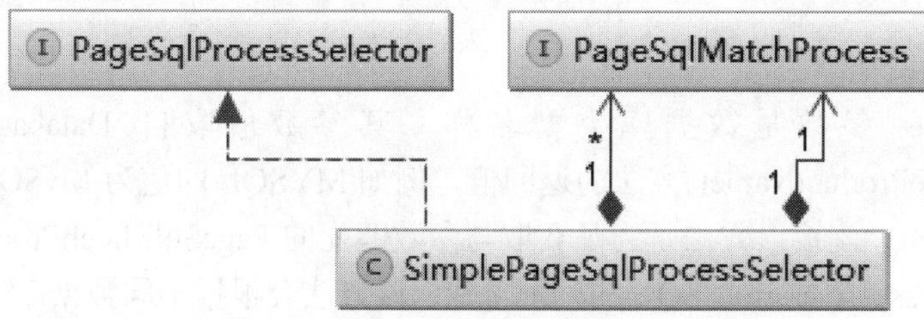

图 5-14　PageSqlProcessSelector 类关系图

SimplePageSqlProcessSelector 内部管理多个分页 SQL 处理器，pageSqlProcessSelect 方法会遍历分页 SQL 处理器列表，内部会调用分页 SQL 处理器的 isMatch 匹配方法，最后返回匹配的分页 SQL 处理器，具体代码如下所示。

```
public PageSqlMatchProcess pageSqlProcessSelect(String dbType) {
    for (PageSqlMatchProcess process : processes) {
        if (process.isMatch(dbType)) {
            return process;
        }
    }
```

```
    throw new RuntimeException(String.format(
        "根据数据库类型:%s,获取不到相应的 PageSqlMatchProcess 分页处理器",
        dbType));
}
```

3. 对象mapping机制介绍

一个好的数据库访问层框架，对象映射机制是必不可少的。SimpleDslSession 是在 Spring JdbcTemplate 基础上进行扩展的，JdbcTemplate 对象映射机制是基于 RowMapper 接口的，这个接口的实现类的功能是将结果集中的每一行数据封装成用户定义的结构。RowMapper 的接口定义如下：

```
public interface RowMapper {
    /**
     * Implementations must implement this method to map each row of data
     * in the ResultSet. This method should not call <code>next()</code> on
     * the ResultSet; it is only supposed to map values of the current row.
     * @param rs the ResultSet to map (pre-initialized for the current row)
     * @param rowNum the number of the current row
     * @return the result object for the current row
     * @throws SQLException if a SQLException is encountered getting
     * column values (that is, there's no need to catch SQLException)
     */
    Object mapRow(ResultSet rs, int rowNum) throws SQLException;
}
```

Spring 框架为我们提供了 BeanPropertyRowMapper、ColumnMapRowMapper 和 SingleColumnRowMapper 这三大便利类。

BeanPropertyRowMapper 类与 ParameterizedBeanPropertyRowMapper 类的功能完全相同，当 POJO 对象和数据库表字段完全对应或者符合驼峰式命名与下划线式命名规范时，该类会根据构造函数中传递的 class 来自动填充数据。只是 ParameterizedBeanPropertyRowMapper 类使用泛型需要 JDK5+支持。这里需要注意虽然这两个类提供了便利，但是由于使用反射导致性能下降，所以如果需要高性能则还是需要自己去实现 RowMapper 接口来包装数据。

ColumnMapRowMapper 类返回一个 List 对象，对象中的每一个元素都是一个以列名为 key 的 Map 对象。

SingleColumnRowMapper 类也返回一个 List 对象，对象中的每个元素是数据库中的某列的值。注意结果集必须是单列，不然会抛出 IncorrectResultSetColumnCountException 异常。

BeanPropertyRowMapper 在结果集数据映射成对象结构操作时，如果某个字段值 null，需要映射类的那个属性为基本类型，那么底层就会出错，不能把 null 值转换成基本类型。TinyDsl 为了解决这个问题，对 RowMapper 机制进行了扩展。TinyBeanPropertyRowMapper 继承 BeanPropertyRowMapper，类代码如下：

```
public class TinyBeanPropertyRowMapper extends BeanPropertyRowMapper {
    public TinyBeanPropertyRowMapper(Class requiredType) {
        super(requiredType);
    }
```

```
    @Override
    protected void initBeanWrapper(BeanWrapper bw) {
        bw.registerCustomEditor(byte.class, new AllowNullNumberEditor(
            Byte.class, true));
        bw.registerCustomEditor(short.class, new AllowNullNumberEditor(
            Short.class, true));
        bw.registerCustomEditor(int.class, new AllowNullNumberEditor(
            Integer.class, true));
        bw.registerCustomEditor(long.class, new AllowNullNumberEditor(
            Long.class, true));
        bw.registerCustomEditor(float.class, new AllowNullNumberEditor(
            Float.class, true));
        bw.registerCustomEditor(double.class, new AllowNullNumberEditor(
            Double.class, true));
    }
}
```

重写了 initBeanWrapper 方法，往 BeanWrapper 内部注册了基本类型的属性编辑器 AllowNullNumberEditor，覆盖 BeanWrapper 对象构造时注册的基本类型属性编辑器 CustomNumberEditor。AllowNullNumberEditor 继承 CustomNumberEditor，类代码如下：

```
public class AllowNullNumberEditor extends CustomNumberEditor {
    private boolean allowEmpty;
    private Class numberClass;
    private static Map<Class, Number> DEFAULT = new HashMap<Class, Number>();
    static {
        DEFAULT.put(Byte.class, new Byte("0"));
        DEFAULT.put(Short.class, new Short("0"));
        DEFAULT.put(Integer.class, new Integer("0"));
        DEFAULT.put(Long.class, new Long("0"));
        DEFAULT.put(Float.class, new Float("0.0"));
        DEFAULT.put(Double.class, new Double("0.0"));
    }
    public AllowNullNumberEditor(Class numberClass, boolean allowEmpty)
            throws IllegalArgumentException {
        super(numberClass, allowEmpty);
        this.allowEmpty = allowEmpty;
        this.numberClass = numberClass;
    }
    @Override
    public void setValue(Object value) {
        if (allowEmpty && value == null) {
            super.setValue(DEFAULT.get(numberClass));
        }else{
            super.setValue(value);
        }
    }
}
```

AllowNullNumberEditor 内部定义了基本类型的默认值，在类型转换时，如果允许空值并且值为 null 时，会给基本类型设置默认值，而不是把直接把 null 值赋值给基本类型。经过这层扩展，我们不需要规定转换类中定义的基本类型一定是其包装类型，可以直接定义基本类型。

查询方法都有定义 Class 类型参数，该参数指定了查询结果集要转换的对象类型。类型可能是对象类型，也可能是基本类型及其包装类型或者 String 类型。我们需要根据其参数类型来选择具体的 RowMapper，总不能在实现代码都加上 if...else...判断吧。TinyDsl 提供了 RowMapperSelector 接口优雅地解决了这个代码设计问题，RowMapperSelector 代码如下：

```
public interface RowMapperSelector {
    /**
     * 根据 class 类型，获取 RowMapper
     * @param requiredType
     * @return
     */
    RowMapper rowMapperSelector(Class requiredType);
}
```

该接口方法就是根据 Class 类型选择符合的 RowMapper。SimpleRowMapperSelector 实现 RowMapperSelector 接口，内部注册了多个 RowMapperHolder 实例，RowMapperHolder 接口定义如下：

```
public interface RowMapperHolder {
    /**
     * 根据类型进行匹配
     * @param requiredType
     * @return
     */
    public boolean isMatch(Class requiredType);

    /**
     * 返回该选择器对应的 RowMapper
     * @param requiredType
     * @return
     */
    public RowMapper getRowMapper(Class requiredType);
}
```

接口定义了两个方法：该接口主要作用是判断是否与 Class 匹配，如果匹配那么就返回类型对应的 RowMapper 实例。

- isMatch：每个 RowMapperHolder 实现内部都会定义需要处理的 Class 类型，参数类型与需要处理的类型匹配，那么就返回 true，否则就返回 false。设计这个接口就是为了简化复杂的 if...else...判断逻辑，这是“用 Strategy 替换条件逻辑”重构手法的应用。
- getRowMapper：返回与 Class 类型匹配的 RowMapper 实例。

4．TinyDsl模板回调机制介绍

Spring 为各种支持的数据访问层都提供了简化操作的模板和回调，在回调中编写具体的数据操作逻辑，使用模板执行数据操作，在 Spring 中，这是典型的数据操作模式。下面我们来了解一下 Spring 为不同的数据访问层提供的模板类，如表 5-1 所示。

表 5-1　不同数据访问层对应的模板类

ORM 数据访问层框架	模板类
JDBC	org.springframework.jdbc.core.JdbcTemplate
Hibernate	org.springframework.orm.hibernate3.HibernateTemplate
Ibatis	org.springframework.orm.ibatis.SqlMapClientTemplate
JPA	org.springframework.orm.jpa.JpaTemplate
JDO	org.springframework.orm.jdo.JdoTemplate
TopLink	org.springframework.orm.jpa.JpaTemplate

如果我们直接使用模板类，一般都需要在 DAO 中定义一个模板对象。TinyDsl 内部也提供了类似的实现机制。先来看看 DslTemplate 接口，方法定义如图 5-15 所示。

```
DslTemplate
  getDslSession() : DslSession
  setDslSession(DslSession) : void
  insert(T, InsertGenerateCallback<T>) <T> : T
  insertAndReturnKey(T, InsertGenerateCallback<T>) <T> : T
  insertAndReturnKey(boolean, T, InsertGenerateCallback<T>) <T> : T
  update(T, UpdateGenerateCallback<T>) <T> : int
  update(T, UpdateGenerateCallback<T>, boolean) <T> : int
  deleteByKey(Serializable, DeleteGenerateCallback<Serializable>) : int
  getByKey(Serializable, Class<T>, SelectGenerateCallback<Serializable>) <T> : T
  deleteByKeys(DeleteGenerateCallback<Serializable[]>, Serializable...) : int
  query(T, SelectGenerateCallback<T>) <T> : List<T>
  queryPager(int, int, T, boolean, SelectGenerateCallback<T>) <T> : Pager<T>
  batchInsert(List<T>, NoParamInsertGenerateCallback) <T> : int[]
  batchInsert(boolean, List<T>, NoParamInsertGenerateCallback) <T> : int[]
  batchUpdate(List<T>, NoParamUpdateGenerateCallback) <T> : int[]
  batchDelete(List<T>, NoParamDeleteGenerateCallback) <T> : int[]
```

图 5-15　DslTemplate 接口

DslTemplate 接口如表 5-2 所示。

表 5-2　DslTemplate接口方法说明

方 法 名 称	方 法 说 明
getDslSession	获取 DSL 执行操作类
setDslSession	设置 DSL 执行操作类
insert	插入记录，主键值需要传入
insertAndReturnKey	插入记录操作
update	更新操作。可以设置是否忽略值为 null 的字段，默认是忽略
deleteByKey	根据主键删除记录
getByKey	根据主键查询记录
deleteByKeys	根据主键数组删除记录
query	查询操作

续表

方 法 名 称	方 法 说 明
queryPager	分页查询
batchInsert	批量新增，主键值由框架生成或需要设置到参数对象中
batchUpdate	批量更改
batchDelete	批量删除

接口方法中定义了好多 CallBack 接口，定义这些接口的目的是通过回调方法生成执行 SQL 语句关联的操作对象。这是因为 SQL 执行操作每次变化的是 SQL 语句，需要对这部分代码进行外部化，由模板方法调用者来实现。下面以 SelectGenerateCallback 为例说明下回调接口，接口代码如下：

```
public interface SelectGenerateCallback<T> {

    public Select generate(T t);

}
```

该回调接口返回 Select 对象，调用方实现该接口，在方法中组装 Select 实例，生成任意复杂的查询 SQL。

5.4　数据库访问层示例

本节以客户信息管理为例，分别用 Hibernate、Ibatis、JPA 以及 TinyDsl 数据库访问层框架来完成客户信息持久化操作。通过具体示例来比较各个数据库访问层框架的开发过程，让读者更清楚地了解 TinyDsl 作为数据库访问层的实践过程。

本章应用示例工程代码，请参考附录 A 中的 org.tinygroup.dalpractice（数据库访问层实践示例工程）。

5.4.1　工程创建

创建 Maven 工程有很多方式，下面通过 Eclipse 开发工具来创建 Maven 工程，在创建 Maven 工程时，首先要安装 Maven 插件。插件如何安装这里就不再叙述了，网上有很多相关的资料。

1．选择建立Maven Project

选择 File->New->Other，在 New 窗口中选择 Maven->Maven Project。单击 next 按钮。如图 5-16 所示。

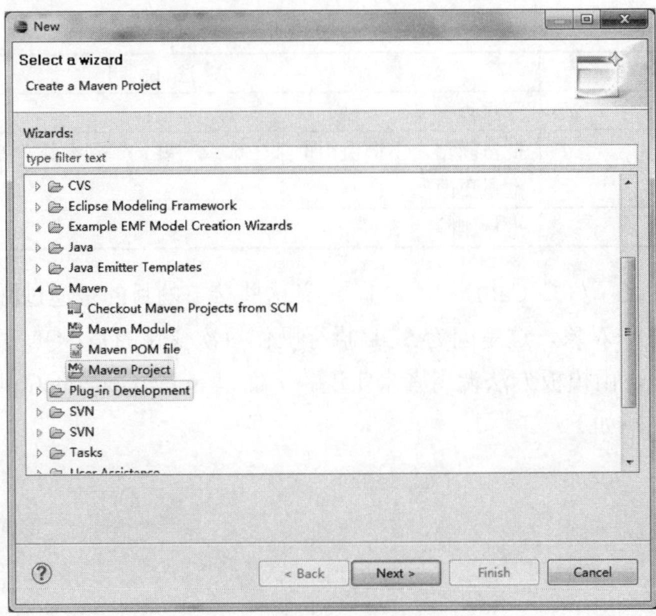

图 5-16　新建 maven 工程向导 1

2．选择项目路径

Use default Workspace location 默认工作空间。如图 5-17 所示。

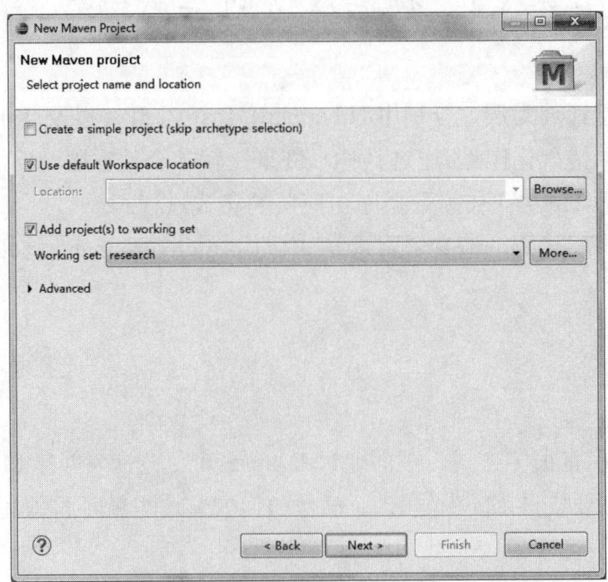

图 5-17　新建 maven 工程向导 2

3．选择项目类型

在 Artifact Id 中选择 maven-archetype-quickstart，如图 5-18 所示。

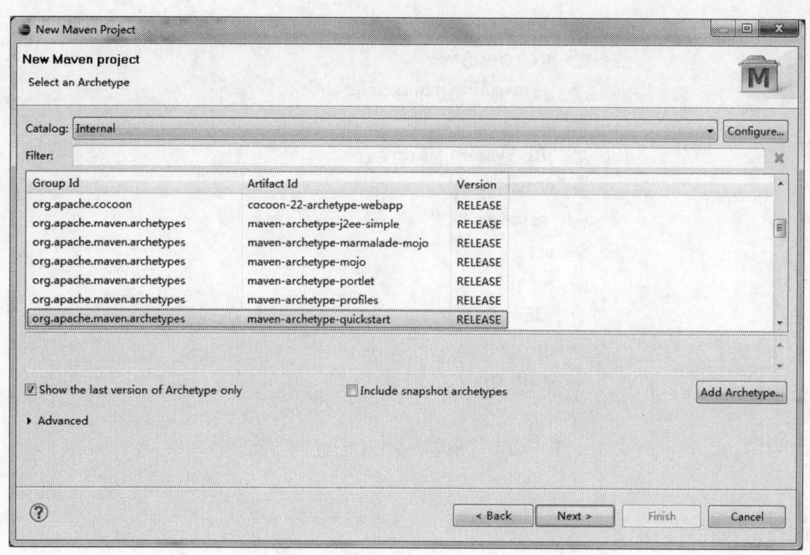

图 5-18　新建 maven 工程向导 3

4．输入Group ID和 Artifact ID，以及Package

Group Id 一般写大项目名称。Artifact Id 是子项目名称。

例如 Spring 的 Web 包，Group Id：org.springframework，Artifact Id：spring-Web。Package 是代码默认的包路径，不写也可以。如图 5-19 所示，输入相关信息。

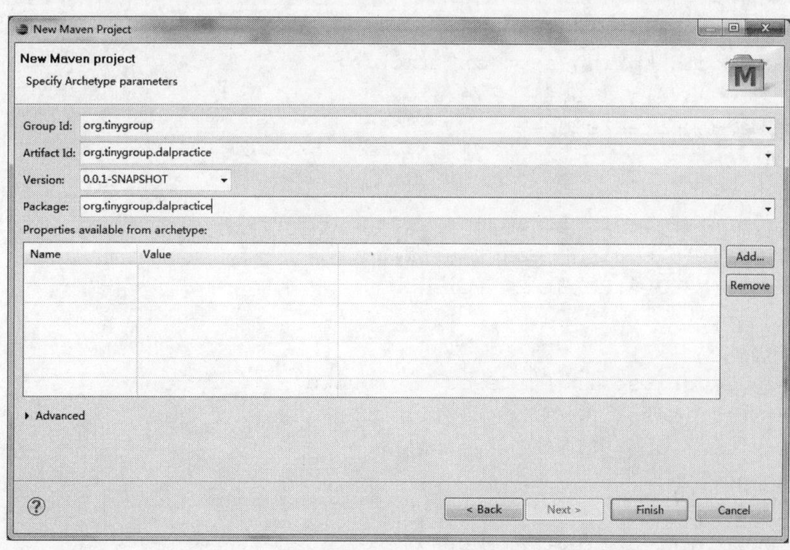

图 5-19　新建 maven 工程向导 4

5．新建工程结构

新建的 maven 工程结构，如图 5-20 所示。

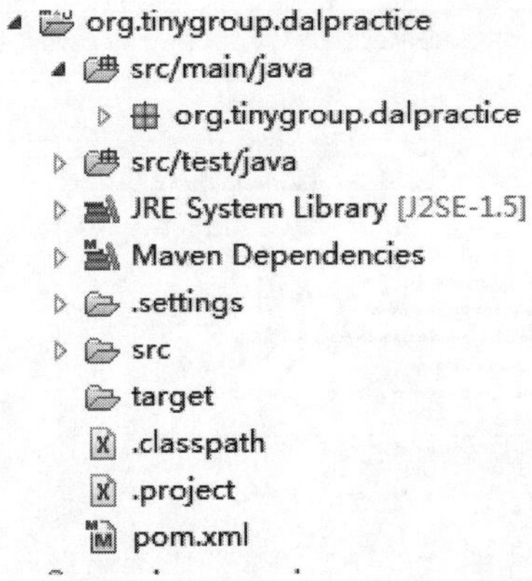

org.tinygroup.dalpractice
src/main/java
org.tinygroup.dalpractice
src/test/java
JRE System Library [J2SE-1.5]
Maven Dependencies
.settings
src
target
.classpath
.project
pom.xml

图 5-20　新建 maven 工程向导 5

6．添加pom依赖

Maven 工程创建好后，为 Maven 工程添加各种依赖的 jar。添加 Spring 框架的依赖：

```
<dependency>
    <groupId>org.springframework</groupId>
    <artifactId>spring-core</artifactId>
    <version>3.0.5.RELEASE</version>
    <scope>compile</scope>
</dependency>
<dependency>
    <groupId>org.springframework</groupId>
    <artifactId>spring-aop</artifactId>
    <version>3.0.5.RELEASE</version>
    <scope>compile</scope>
</dependency>
<dependency>
    <groupId>org.springframework</groupId>
    <artifactId>spring-beans</artifactId>
    <version>3.0.5.RELEASE</version>
</dependency>
<dependency>
    <groupId>org.springframework</groupId>
    <artifactId>spring-jdbc</artifactId>
    <version>3.0.5.RELEASE</version>
</dependency>
<dependency>
    <groupId>org.springframework</groupId>
    <artifactId>spring-context</artifactId>
    <version>3.0.5.RELEASE</version>
</dependency>
<dependency>
    <groupId>org.springframework</groupId>
    <artifactId>spring-orm</artifactId>
```

```
    <version>3.0.5.RELEASE</version>
</dependency>
```

添加 dbcp 数据源依赖：

```
<dependency>
    <groupId>commons-dbcp</groupId>
    <artifactId>commons-dbcp</artifactId>
    <version>1.2.2</version>
</dependency>
```

添加 derby 依赖：

```
<dependency>
    <groupId>org.apache.derby</groupId>
    <artifactId>derbyclient</artifactId>
    <version>10.6.1.0</version>
</dependency>
<dependency>
    <groupId>org.apache.derby</groupId>
    <artifactId>derby</artifactId>
    <version>10.6.1.0</version>
</dependency>
```

5.4.2　准备工作

1. 创建数据库设计表结构

这里使用 derby 数据库，创建一个名为 dalpractice 的数据库，在数据库中创建名称为 custom 的表，其表结构如下：

```
drop table CUSTOM;
--prompt Creating CUSTOM...
create table CUSTOM
(
  id int NOT NULL GENERATED ALWAYS AS IDENTITY PRIMARY KEY,
  name   VARCHAR(32),
  age    int
);
```

2. 创建数据库表结构映射的数据对象CustomDo

CustomDo 代码如下所示。

```
public class CustomDo implements Serializable {

    private static final long serialVersionUID = 886948672975717261 7L;
    @Id
    @GeneratedValue(strategy = GenerationType.IDENTITY)
    private int id;
```

```
    private String name;
    private int age;
    public int getId() {
        return id;
    }
    public void setId(int id) {
        this.id = id;
    }
    public String getName() {
        return name;
    }
    public void setName(String name) {
        this.name = name;
    }
    public int getAge() {
        return age;
    }
    public void setAge(int age) {
        this.age = age;
    }
}
```

3. 设计各种数据库访问层crud功能的公共接口

CustomDao 的代码如下所示。主要定义了数据库表 custom 相关的增删改查数据库操作。

```
public interface CustomDao {
    /**
     * 插入客户
     */
    public CustomDo insertCustom(CustomDo customDo);
    /**
     * 更新客户
     */
    public int updateCustom(CustomDo customDo);
    /**
     * 根据客户 id 删除客户
     */
    public int deleteCustomById(int id);
    /**
     * 根据客户 id 查询客户信息
     */
    public CustomDo getCustomById(int id);
    /**
     * 返回所有客户信息
     */
```

```
    public List<CustomDo> getAllCustoms();
}
```

4．配置数据源

采用 Spring 框架进行对象管理，各种数据库访问层都需要跟数据源打交道，因此需要在 Spring 配置文件中添加数据库连接池的 bean 配置，如下所示。

```
<bean id="dataSource" class="org.apache.commons.dbcp.BasicDataSource">
    <property name="driverClassName">
        <value>org.apache.derby.jdbc.EmbeddedDriver</value>
    </property>
    <property name="url">
        <value>jdbc:derby:dalpractice;create=true</value>
    </property>
    <property name="username">
        <value>opensource</value>
    </property>
    <property name="password">
        <value>opensource</value>
        </property>
</bean>
```

5．测试基类

为了测试各种数据库访问层的正确性，设计了一个测试基类 BaseTest，其主要职责就是创建 Spring 上下文并加载所需要的 bean 配置，内容如下：

```
public abstract class BaseTest extends TestCase {
    protected static AbstractRefreshableConfigApplicationContext  appli
    cationContext;
    protected CustomDao customDao;
    private static final String DEFAULT_CONFIG_LOCATION = "classpath*:
    *.beans.xml";
    private static boolean inited;

    @Override
    protected void setUp() throws Exception {
        if(!inited){
            applicationContext=new FileSystemXmlApplicationContext();
            applicationContext.setConfigLocation(DEFAULT_CONFIG_LOCATION);
            applicationContext.refresh();
            inited=true;
        }
    }
}
```

下面详细介绍各种数据访问层框架的示例。

5.4.3 Hibernate 示例

1．添加Hibernate的依赖配置

在 pom.xml 中添加 Hibernate 依赖：

```
<dependency>
        <groupId>org.hibernate</groupId>
        <artifactId>hibernate-core</artifactId>
        <version>3.3.1.GA</version>
        <exclusions>
            <exclusion>
                <groupId>org.slf4j</groupId>
                <artifactId>slf4j-api</artifactId>
            </exclusion>
        </exclusions>
</dependency>
```

2．配置SessionFactory

SessionFactory 是 Hibernate 的核心类，通过工厂类获取 Session，需要在 bean 配置文件中增加 SessionFactory 的配置信息：

```
<bean id="sessionFactory"
    class="org.springframework.orm.hibernate3.LocalSessionFactoryBean">
    <property name="dataSource" ref="dataSource" />
    <property name="mappingResources">
        <list>
            <value>hbm/Custom.hbm.xml</value>
        </list>
    </property>
    <property name="hibernateProperties">
        <props>
            <prop key="hibernate.dialect">
                org.hibernate.dialect.DerbyDialect
              </prop>
            <prop key="hibernate.show_sql">true</prop>
            <prop key="hibernate.jdbc.use_get_generated_keys">true</prop>
        </props>
    </property>
</bean>
```

3．创建数据对象的映射文件

创建表 Custom 与数据对象 CustomDo 的映射配置文件：

```
<?xml version="1.0"?>
```

```
<!DOCTYPE hibernate-mapping PUBLIC
   "-//Hibernate/Hibernate Mapping DTD 3.0//EN"
   "http://hibernate.sourceforge.net/hibernate-mapping-3.0.dtd">
    <hibernate-mapping package="org.tinygroup.dalpractice.dataobject"
      auto-import="false">
   <class name="CustomDo" table="custom" entity-name="custom" >
      <id name="id" >
         <generator class="identity" />
      </id>
      <property name="name" />
      <property name="age" />
   </class>
</hibernate-mapping>
```

注意：entity-name= “custom”，如果没有设置这个属性，那么 entity-name 的值默认为 POJO 的类名 “CustomDo”，在使用 HQL 语句对应的表名就是 entity-name 属性指定的内容。

4．基于Hibernate的CustomDao接口实现

```
public class HibernateCustomDao extends HibernateDaoSupport implements
      CustomDao {
   public CustomDo insertCustom(CustomDo customDo) {
      Integer id = (Integer) getHibernateTemplate().save("custom",customDo);
      customDo.setId(id);
      return customDo;
   }
   public int updateCustom(CustomDo customDo) {
      try {
         getHibernateTemplate().update("custom",customDo);
      } catch (DataAccessException e) {
         return 0;
      }
      return 1;
   }
   public int deleteCustomById(final int id) {
      return getHibernateTemplate().execute(new HibernateCallback<
      Integer>() {
         public Integer doInHibernate(Session session)
               throws HibernateException, SQLException {
            return session.createQuery("delete from custom where id=?")
                  .setInteger(0, id).executeUpdate();
         }
      });

   }
   public CustomDo getCustomById(int id) {
      return (CustomDo) getHibernateTemplate().get("custom", id);
   }
```

```
    public List<CustomDo> getAllCustoms() {
        return getHibernateTemplate().loadAll(CustomDo.class);
    }
}
```

代码还是比较简单的，HibernateCustomDao 继承于 HibernateDaoSupport 并且实现了 CustomDao 接口。HibernateDaoSupport 类是 Spring 框架提供的。Spring 框架整合了各种数据库访问层框架，HibernateDaoSupport 是基于 Hibernate 框架而实现的，其中成员 HibernateTemplate 封装了 Hibernate 框架 Session 类的各种操作 API。所以对客户对象的持久化操作都可以委托于 HibernateTemplate 的 API 来完成。

由于对象都交由 Spring 框架来管理，还需要在 Spring 容器中注册 HibernateCustomDao 的 Bean 实例。Bean 配置如下：

```
<bean
    id="hibernateCustomDao"
    class="org.tinygroup.dalpractice.hibernate.HibernateCustomDao">
    <property name="sessionFactory" ref="sessionFactory" />
</bean>
```

5. 测试用例

测试 HibernateCustomDao 类方法的测试用例：

```
public class HibernateTest extends BaseTest {
    public void testCrud() {

        CustomDo customDo = new CustomDo();
        customDo.setAge(11);
        customDo.setName("hibernate");
            //实例化数据库操作接口 HibernateCustomDao
        customDao = applicationContext.getBean("hibernateCustomDao",
                HibernateCustomDao.class);
            //执行插入操作
        customDo = customDao.insertCustom(customDo);

        assertNotNull(customDo.getId());

        customDo.setName("hibernate1");
        customDo.setAge(12);
    //执行更新操作
        int affect = customDao.updateCustom(customDo);
        assertEquals(1, affect);
            //查询单条记录
        CustomDo customDo2 = customDao.getCustomById(customDo.getId());
        assertEquals(12, customDo2.getAge());
        assertEquals("hibernate1", customDo2.getName());
            //查询多条记录
        List<CustomDo> customs = customDao.getAllCustoms();
```

```
        assertEquals(1, customs.size());
        //执行删除操作
        affect=customDao.deleteCustomById(customDo.getId());
        assertEquals(1, affect);
    }
}
```

5.4.4　Ibatis 示例

1．添加Ibatis依赖配置

在 pom.xml 中添加如下依赖：

```
<dependency>
        <groupId>org.apache.ibatis</groupId>
        <artifactId>ibatis-sqlmap</artifactId>
        <version>2.3.4.726</version>
</dependency>
```

2．添加Ibatis配置文件sqlmap.xml

文件内容如下：

```
<?xml version="1.0" encoding="UTF-8"?>
<!DOCTYPE sqlMapConfig PUBLIC "-//iBATIS.com//DTD SQL Map Config 2.0//EN"
 "http://www.ibatis.com/dtd/sql-map-config-2.dtd">
<sqlMapConfig>
<settings cacheModelsEnabled="true" enhancementEnabled="false"
    lazyLoadingEnabled="false" maxRequests="3000" maxSessions="3000"
    maxTransactions="3000" useStatementNamespaces="true" />
<sqlMap resource="sqlmap/Custom.xml" />
</sqlMapConfig>
```

3．添加SQL映射配置文件custom.xml

文件内容如下：

```
<?xml version="1.0" encoding="UTF-8" ?>
<!DOCTYPE  sqlMap  PUBLIC  "-//ibatis.apache.org//DTD  SQL  Map  2.0//EN"
"http://ibatis.apache.org/dtd/sql-map-2.dtd" >
<sqlMap>
    <typeAlias type="org.tinygroup.dalpractice.dataobject.CustomDo"
    alias="custom" />
    <resultMap id="customResult" class="custom">
        <result column="id" property="id" jdbcType="INT" />
        <result column="name" property="name" jdbcType="VARCHAR" />
        <result column="age" property="age" jdbcType="INT" />
    </resultMap>
    <!-- 获得全查询列表 -->
    <select id="queryAllCustoms" resultMap="customResult">
```

```
        select * from custom
        </select>
    <!-- 根据 id 获得客户对象 -->
    <select id="queryCustomById" resultMap="customResult">
        select * from custom where
        id=#value#
        </select>
    <!-- 新增客户对象 -->
    <insert id="insertCustom" parameterClass="custom">
        insert into custom (name,age) values (#name#,#age#)
        <selectKey resultClass="int" keyProperty="id">
            values identity_val_local()
    </selectKey>
    </insert>
    <!-- 根据主键 id 删除客户对象 -->
    <delete id="deleteCustomById">
        delete from custom where id=#value#
      </delete>
    <!-- 更新客户对象 -->
    <update id="updateCustom" parameterClass="custom">
        update custom set
        name=#name#,age=#age# where id=#id#
      </update>
</sqlMap>
```

4．基于Ibatis的CustomDao接口实现

CustomDao 类代码如下：

```
public class IbatisCustomDao extends SqlMapClientDaoSupport implements
    CustomDao {

    public CustomDo insertCustom(CustomDo customDo) {
        int id=(Integer)
    getSqlMapClientTemplate().insert("insertCustom", customDo);
        customDo.setId(id);
        return customDo;
    }

    public int updateCustom(CustomDo customDo) {
        return getSqlMapClientTemplate().update("updateCustom", customDo);
    }

    public int deleteCustomById(int id) {
        return getSqlMapClientTemplate().delete("deleteCustomById", id);
    }

    public CustomDo getCustomById(int id) {
        return (CustomDo) getSqlMapClientTemplate().
    queryForObject("queryCustomById", id);
```

```
    }

    public List<CustomDo> getAllCustoms() {
        return getSqlMapClientTemplate().queryForList("queryAllCustoms");
    }
}
```

5．sqlMapClient和ibatisCustomDao的bean配置

相关的 bean 配置如下：

```
<bean
    id="sqlMapClient"
    class="org.springframework.orm.ibatis.SqlMapClientFactoryBean">
        <!-- 此处应注入 ibatis 配置文件，而非 sqlMap 文件，否则会出现"there is no
    statement.....异常" -->
        <property name="configLocation">
            <value>classpath:sqlmap/sqlmap.xml</value>
        </property>
</bean>
<bean
    id="ibatisCustomDao"
    class="org.tinygroup.dalpractice.ibatis.IbatisCustomDao">
        <property name="sqlMapClient" ref="sqlMapClient" />
</bean>
```

6．测试用例

测试 IbatisCustomDao 类方法的测试用例：

```
public class IbatisTest extends BaseTest {
    public void testCrud(){
        CustomDo customDo = new CustomDo();
        customDo.setAge(13);
        customDo.setName("ibatis");

        customDao = applicationContext.getBean("ibatisCustomDao",
                IbatisCustomDao.class);

        customDo = customDao.insertCustom(customDo);

        assertNotNull(customDo.getId());

        customDo.setName("ibatis1");
        customDo.setAge(14);
        int affect = customDao.updateCustom(customDo);
        assertEquals(1, affect);
        CustomDo customDo2 = customDao.getCustomById(customDo.getId());
        assertEquals(14, customDo2.getAge());
        assertEquals("ibatis1", customDo2.getName());
```

```
        List<CustomDo> customs = customDao.getAllCustoms();
        assertEquals(1, customs.size());

        affect=customDao.deleteCustomById(customDo.getId());
        assertEquals(1, affect);
    }
}
```

5.4.5 JPA 示例

1. 添加JPA依赖配置

添加 JPA 所依赖的包，这里使用 Hibernate 的 JPA 实现。

```
<dependency>
        <groupId>org.hibernate</groupId>
        <artifactId>hibernate-annotations</artifactId>
        <version>3.3.1.GA</version>
</dependency>
<dependency>
        <groupId>hibernate</groupId>
        <artifactId>hibernate-entitymanager</artifactId>
        <version>3.4.0.GA</version>
        <exclusions>
            <exclusion>
                <groupId>org.slf4j</groupId>
                <artifactId>slf4j-api</artifactId>
            </exclusion>
        </exclusions>
</dependency>
```

2. 修改CustomDo

CustomDo 类增加 JPA 注解，代码如下：

```
@Entity(name="org.tinygroup.dalpractice.dataobject.CustomDo")
@Table(name="custom")
public class CustomDo implements Serializable {

    private static final long serialVersionUID = 8869486729757172617L;
    @Id
    @GeneratedValue(strategy = GenerationType.IDENTITY)
    private int id;
    private String name;
    private int age;
    public int getId() {
        return id;
    }
    public void setId(int id) {
```

```
        this.id = id;
    }
    public String getName() {
        return name;
    }
    public void setName(String name) {
        this.name = name;
    }
    public int getAge() {
        return age;
    }
    public void setAge(int age) {
        this.age = age;
    }
}
```

3．配置persistence.xml文件

在工程的 src/main/resources 目录下创建 META-INF 目录，并在 META-INF 下创建 persistence.xml 文件，内容如下：

```
<?xml version="1.0" encoding="UTF-8"?>
<persistence version="1.0"
   xmlns="http://java.sun.com/xml/ns/persistence"
   xmlns:xsi="http://www.w3.org/2001/XMLSchema-instance"
   xsi:schemaLocation="http://java.sun.com/xml/ns/persistence
   http://java.sun.com/xml/ns/persistence/persistence_1_0.xsd">
   <persistence-unit name="spring" transaction-type="RESOURCE_LOCAL">
      <class>org.tinygroup.dalpractice.dataobject.CustomDo</class>
   </persistence-unit>
</persistence>
```

4．基于JPA的CustomDao接口实现

JpaCustomDao 类代码如下：

```
public class JpaCustomDao extends JpaDaoSupport implements CustomDao {

    public CustomDo insertCustom(CustomDo customDo) {
        getJpaTemplate().persist(customDo);
        return getJpaTemplate().find(CustomDo.class, customDo.getId());
    }
    public int updateCustom(CustomDo customDo) {
        try {
            getJpaTemplate().merge(customDo);
        } catch (DataAccessException e) {
            return 0;
        }
        return 1;
    }
```

```
    public int deleteCustomById(int id) {
        try {
            CustomDo customDo=getJpaTemplate().find(CustomDo.class, id);
            getJpaTemplate().remove(customDo);
        } catch (Exception e) {
              return 0;
        }
        return 1;
    }
    public CustomDo getCustomById(int id) {
        return getJpaTemplate().find(CustomDo.class, id);
    }
    public List<CustomDo> getAllCustoms() {
        return getJpaTemplate().find("select c from custom c");
    }
}
```

5. JPA相关的bean配置

paTransactionManager 的 bean 配置：

```
<bean
   id="transactionManager"
   class="org.springframework.orm.jpa.JpaTransactionManager">
      <property name="entityManagerFactory" ref="entityManagerFactory" />
      <property name="dataSource" ref="dataSource" />
</bean>
```

EntityManagerFactory 的 bean 配置：

```
<bean id="entityManagerFactory"
    class="org.springframework.orm.jpa.LocalContainerEntityManager
    FactoryBean">
        <property name="persistenceUnitName" value="spring" />
        <property name="dataSource" ref="dataSource" />
        <property name="jpaVendorAdapter">
           <bean
    class="org.springframework.orm.jpa.vendor.HibernateJpaVendorAdapter">
                <property name="showSql" value="false" />
                <property name="generateDdl" value="true" />
                <property name="databasePlatform"
    value="org.hibernate.dialect.DerbyDialect" />
           </bean>
        </property>
        <property name="loadTimeWeaver">
           <bean
    class="org.springframework.instrument.classloading.Instrumentation
    LoadTim
    eWeaver" />
        </property>
</bean>
```

JpaCustomDao 的 bean 配置：

```
<bean    id="jpaCustomDaoTarget"    class="org.tinygroup.dalpractice.jpa.
JpaCustomDao">
    <property name="entityManagerFactory" ref="entityManagerFactory" />
</bean>
<bean  id="jpaCustomDao"
class="org.springframework.transaction.interceptor.TransactionProxyFact
oryBean">
       <property name="transactionManager" ref="transactionManager" />
       <property name="target" ref="jpaCustomDaoTarget" />
       <property name="transactionAttributes">
          <props>
             <prop key="save*">PROPAGATION_REQUIRED</prop>
             <prop key="del*">PROPAGATION_REQUIRED</prop>
             <prop key="update*">PROPAGATION_REQUIRED</prop>
             <prop key="create*">PROPAGATION_REQUIRED</prop>
             <prop key="add*">PROPAGATION_REQUIRED</prop>
             <prop key="find*">PROPAGATION_REQUIRED,readOnly</prop>
             <prop key="get*">PROPAGATION_REQUIRED,readOnly</prop>
             <prop key="*">PROPAGATION_REQUIRED</prop>
          </props>
       </property>
</bean>
```

6．测试用例

测试 JpaCustomDao 类方法的测试用例：

```
public class JpaTest extends BaseTest {

    public void testCrud(){
        CustomDo customDo = new CustomDo();
        customDo.setAge(11);
        customDo.setName("jpa");
        customDao = (CustomDao) applicationContext.getBean("jpaCustomDao");
        customDo = customDao.insertCustom(customDo);
        assertNotNull(customDo.getId());
        customDo.setName("jpa1");
        customDo.setAge(12);
        int affect = customDao.updateCustom(customDo);
        assertEquals(1, affect);
        CustomDo customDo2 = customDao.getCustomById(customDo.getId());
        assertEquals(12, customDo2.getAge());
        assertEquals("jpa1", customDo2.getName());
        List<CustomDo> customs = customDao.getAllCustoms();
        assertEquals(1, customs.size());
        affect=customDao.deleteCustomById(customDo.getId());
        assertEquals(1, affect);
    }
```

```
}
```

5.4.6 TinyDsl 示例

1. 添加TinyDsl依赖配置

```
<dependency>
        <groupId>org.tinygroup</groupId>
        <artifactId>org.tinygroup.jdbctemplatedslsession</artifactId>
        <version>${tiny_version}</version>
</dependency>
```

Jdbctemplatedslsession 工程是在 spring jdbctemplate 基础上实现的 dsl 执行器。

2. 创建与CustomDo对应的表格对象

```
public class CustomTable extends Table {
   public static final CustomTable CUSTOM = new CustomTable();
   public final Column ID = new Column(this, "id");
   public final Column NAME = new Column(this, "name");
   public final Column AGE = new Column(this, "age");

   public CustomTable() {
      super("custom");
   }

   public CustomTable(String schemaName,String alias) {
      super(schemaName, "custom", alias);
   }

   public CustomTable(String schemaName,String alias,boolean withAs) {
      super(schemaName, "custom", alias, withAs);
   }
}
```

3. 基于TinyDsl的CustomDao接口实现

DslCustomDao 类代码如下：

```
public class DslCustomDao extends TinyDslDaoSupport implements CustomDao
{

    public CustomDo insertCustom(final CustomDo customDo) {
        return getDslTemplate().insertAndReturnKey(customDo,
                new InsertGenerateCallback<CustomDo>() {
                    public Insert generate(CustomDo t) {
                        Insert insert = insertInto(CUSTOM).values(
                                CUSTOM.NAME.value(customDo.getName()),
                                CUSTOM.AGE.value(customDo.getAge()));
                        return insert;
```

```
                }

            });
    }
    public int updateCustom(CustomDo customDo) {
        return getDslTemplate().update(customDo,
                new UpdateGenerateCallback<CustomDo>() {
                    public Update generate(CustomDo customDo) {
                        Update update = update(CUSTOM).set(
                                CUSTOM.NAME.value(customDo.getName()),
                                CUSTOM.AGE.value(customDo.getAge())).where(
                                CUSTOM.ID.eq(customDo.getId()));
                            return update;
                    }
                });
    }
    public int deleteCustomById(int id) {
        return getDslTemplate().deleteByKey(id,
                new DeleteGenerateCallback<Serializable>() {
                    public Delete generate(Serializable id) {
                        Delete delete = delete(CUSTOM).where(CUSTOM.
                        ID.eq(id));
                        return delete;
                    }
                });
    }
    public CustomDo getCustomById(int id) {
        return getDslTemplate().getByKey(id, CustomDo.class,
                new SelectGenerateCallback<Serializable>() {
                    public Select generate(Serializable id) {
                        return selectFrom(CUSTOM).where(CUSTOM.ID.eq(id));
                    }
                });
    }
    public List<CustomDo> getAllCustoms() {
        return getDslTemplate().query(new CustomDo(),
                new SelectGenerateCallback<CustomDo>() {
                    public Select generate(CustomDo t) {
                        return selectFrom(CUSTOM);
                    }
                });
    }
}
```

代码还是比较简洁的，主要是运用了 Java 静态导入的功能，上面的 CustomDao 的静态导入代码块如下：

```
import static org.tinygroup.dalpractice.tinydsl.CustomTable.CUSTOM;
import static org.tinygroup.tinysqldsl.Delete.delete;
import static org.tinygroup.tinysqldsl.Insert.insertInto;
```

```
import static org.tinygroup.tinysqldsl.Select.selectFrom;
import static org.tinygroup.tinysqldsl.Update.update;
```

4. TinyDsl相关的bean配置

配置 TinyDsl 的 SQL 执行器：

```
<bean
    id="dslSession" class="org.tinygroup.jdbctemplatedslsession. SimpleDsl
    Session">
    <constructor-arg index="0" ref="dataSource"></constructor-arg>
</bean>
```

配置 DslCustomDao：

```
<bean id="dslCustomDao" class="org.tinygroup.dalpractice.tinydsl. DslCus
tomDao">
    <property name="dslSession" ref="dslSession" />
</bean>
```

5. 测试用例

测试 DslCustomDao 类方法的测试用例：

```
public void testCrud2() {
    CustomDo customDo = new CustomDo();
    customDo.setAge(11);
    customDo.setName("tinydsl");
    customDao = applicationContext.getBean("dslCustomDao",
           DslCustomDao.class);
    customDo = customDao.insertCustom(customDo);
    assertNotNull(customDo.getId());
    customDo.setName("tinydsl1");
    customDo.setAge(12);
    int affect = customDao.updateCustom(customDo);
    assertEquals(1, affect);
    CustomDo customDo2 = customDao.getCustomById(customDo.getId());
    assertEquals(12, customDo2.getAge());
    assertEquals("tinydsl1", customDo2.getName());
    List<CustomDo> customs = customDao.getAllCustoms();
    assertEquals(1, customs.size());
    affect = customDao.deleteCustomById(customDo.getId());
    assertEquals(1, affect);
}
```

5.5 本 章 总 结

在 Java EE 领域数据库访问层作为数据持久化解决方案被广泛使用，本章一开始介绍了什么是数据库访问层，让读者了解数据库访问层的基本功能：

- ❑ 业务数据持久性；
- ❑ 数据库独立性；
- ❑ 可配置性。

然后介绍了目前流行的几种 ORM 技术的数据库访问层框架 Hibernate、Ibatis、JPA 和 DSL 风格的数据库访问层 JEQUEL、JOOQ、Querydsl，比较了它们的优缺点。分析了 Tiny 团队开发 TinyDsl 的原因，就是要设计一种符合 DSL 风格的、可扩展的、支持各种复杂 SQL 并且保持数据库操作一体性的数据库访问层方案。在 TinyDsl 设计方案这一小节，笔者详细介绍了 TinyDsl 的设计思想，包括 SQL 抽象化设计、DSL 风格的 API 设计以及 SQL 执行接口设计。最后在数据库访问层示例小节用 Hibernate、Ibatis、JPA 以及 TinyDsl 四种数据库访问层来完成客户信息的持久化操作实践。

希望读者能通过本章学习，了解 TinyDsl 数据库访问层的设计思想，对于自己要构建相关的框架和处理，提供一定的借鉴。

第 6 章　数据库扩展实践

随着互联网应用的广泛普及，海量数据的存储和访问成为了系统设计的瓶颈问题。对于一个大型的互联网应用或者金融领域项目，日益增长的业务数据，无疑对数据库造成了相当大的负载，同时对系统的稳定性和扩展性提出很高的要求。随着时间和业务的发展，库中的表会越来越多，表中的数据量也会越来越大，相应地，数据操作的开销也会越来越大；另外，无论怎样升级硬件资源，单台服务器的资源（CPU、磁盘、内存、网络 IO、事务数和连接数）总是有限的，最终数据库所能承载的数据量和数据处理能力都将遭遇瓶颈。

现实的生产压力迫切需要一个分布式数据访问方案。一般而言，分布式数据访问方案主要通过数据切分、负载均衡、集群方案和读写分离等技术手段解决上述需求。目前 Tiny 已经全部实现这些技术。

6.1　数据库扩展简介

数据库水平扩展，也有叫做分库分表的。按字面解释，分库是把原本存储于一个库的数据分块存储到多个库上，分表是把原本存储于一个表的数据分块存储到多个表上。合理的分库可以降低单台服务器的负载压力，合理的分表可以降低单个数据表中的记录数，但是最终都用于提升数据操作的效率。

数据库水平扩展方案可以分为垂直切分和水平切分两种方式。

- 垂直切分是将系统中的数据表按照功能模块及表之间关系密切程度为划分依据，划分到不同的库中。
- 水平切分是将表的数据按某种特定规则进行划分，存储到多个结构相同的表上。水平切分又可以分成同库分表和不同库分表。

6.2　常见数据库扩展方案

实施数据库分库分表不仅仅是一个技术方案，还需要开发人员充分了解系统业务逻辑和数据关系；既要考虑业务逻辑的维护成本和可扩展性，也要兼顾数据库的性能及瓶颈。所以我们经常说，数据库水平扩展不仅仅是个技术问题，同时也是个业务问题和管理问题。一般而言，用户需要遵循以下原则：

- 如果数据库是因为表太多而造成单个数据库上数据量太大，并且项目的各项业务逻辑划分清晰、低耦合，那么采用垂直切分是首选。

- 如果数据库中的表并不多，但单表的数据量很大或数据热度很高，这种情况之下就应该选择水平切分。
- 在现实项目中，往往是这两种情况兼而有之，这就需要做出权衡，甚至同时需要垂直和水平切分。

凡事都有利有弊，分库分表也不是万能方案，与单库相比会带来如下问题：

- 分布式事务问题。如果用数据库分布式事务管理，会付出高昂的性能代价；用程序逻辑控制，会造成开发上的额外负担及风险。
- 跨库之间表的 JOIN 问题。程序无法 JOIN 位于不同分库的表（实际上选择分库方案时需要 JOIN 的表一般会分到一个分库中）。
- 额外的数据库运维成本。

在 Java EE 项目的设计开发过程中，根据业务自身情况，合理假设业务增长规模，选择适合的数据库扩展方案，才是设计人员的正确选择。

数据库扩展方案有很多选择，按实现层面而言，可以按表 6-1 分成四种。

表 6-1　扩展方案

层 面 名 称	说　明
Dao 层	直接在数据库层实现
DataSource 层	DAO 与 JDBC 间的 Spring 数据访问封装层
JDBC 层	在 JDBC 层进行二次开发或包装
Proxy 层	位于应用服务器与数据库间的代理层

每种扩展方案各有优劣，用户需要根据自身业务的实际情况进行选择。

6.2.1　DAO 层

直接在 DAO 层进行数据库水平扩展，这是数据库水平扩展技术的早期做法。它的好处是：

- 实现相对容易。DAO 层是数据库底层，数据库信息以及配置参数信息都容易获得，无需 SQL 解析和路由规则匹配就能定位分区分片，直接通过代码进行规则编写。
- 定制比较灵活。DAO 层实现数据库水平扩展，不受 ORM 框架制约，易于根据系统特点进行灵活的定制。
- 性能上没有额外的解析匹配，这是性能上的优点。

DAO 层进行扩展是很直接的做法，缺点和优势同样明显：

- 技术门槛高。由于需要自行实现分库分表相关功能和特性，特别是直接操作数据库底层，需要开发人员了解数据库细节和分库分表方案，否则很容易造成性能上的瓶颈。
- 水平扩展代码和业务代码耦合。由于缺少框架支持，代码工作量会额外增加许多，同时业务代码和水平扩展的实现紧密结合。一旦项目或者应用产生逻辑变动，相关数据库扩展的逻辑也要进行修改。特别是项目后期，重构而引入 BUG 的可能性非常大。

- 难以形成通用框架。因为业务代码和技术框架紧紧耦合在一起，代码只能在特定项目里工作，基本上没有复用的可能。当然，在 DAO 层同样可以通过 XML 配置或是注解将分片逻辑抽离到“外部”，形成一定程度上的配置逻辑的可复用，但是这种做法往往治标不治本。

小结：

只有非常小的、业务逻辑非常简单的小型项目才可能会采用 DAO 层进行扩展的技术选型，大、中型项目会带来巨大的维护成本和风险，一般不推荐采用在 DAO 层进行水平扩展。

6.2.2 DataSource 层

在数据源层进行数据库扩展，Spring 通过 DataSource 对象来完成这个工作，通过使用 DataSource、Container 或 Framework 可以将连接池以及事务管理的细节从应用代码中分离出来。

分库分表的逻辑在 DataSource 层实现的优势如下：

- 可以对上层代码透明。可以通过 Spring 的各种 Template 来管理资源的创建与释放以及与事务的同步，可以达到和 JDBC 驱动层实现基本一致的效果，但实现就容易多了。
- 不受 ORM 框架制约。
- 可以和 Spring 无缝集成。

缺陷：

- 需要依赖 DataSource 接口及相关实现。如果现有代码没有这一层，必须对业务代码进行改造。增加了工作量，同时也强行改变了原有架构。
- DataSource 层具有一定的局限性。它更加接近于动态数据源，可以根据分片规则路由到不同的数据源，但是最终连接还是交给 Connection。所以光靠 DataSource 层很难实现数据集的合并，还需要结合 JDBC 层实现 Connection、ResultSet 和 MetaData 等接口。

小结：

DataSource 层虽然有一定的局限性，但是作为一种应用层的水平扩展方案还是可行的，较 DAO 层的方案有非常大的进步。

6.2.3 JDBC 层

JDBC 驱动层是很多人都会想到的一个实现分库分表的绝佳场所，如果能做到此点，那么分库分表方案对于整个应用程序来说就是完全透明的。但是涉及各种平台的数据库，这种方案的技术门槛和工作量就提高了许多，因此很少有团队会在这一层面上实现分库分表。代表产品：DbShards 以及 TinyDbRouter。

由于 DbShards 在国内应用比较少，得到的资料也非常稀缺，因此在这里不做详细的介绍。

TinyDbRouter 从 JDBC 驱动层解决分库分表这个核心问题，支持数据切分及路由规则、负载均衡、读写分离和集群方案等多种技术和场景，是一款优秀的国产数据库扩展方案。它支持以下功能：

- 分布式主键生成器；
- 自增长主键完美支持；
- 集群事务统一；
- 读写分离；
- 单库分表；
- 多库分表；
- 聚合统计函数完美支持；
- 排序；
- 游标分页；
- 良好的扩展能力（分区规则扩展、分表规则扩展和主键生成扩展）；
- MetaData 支持能力，也就是说程序员可以继续通过 MetaData 来获取相关元数据；
- DML 支持（CREATE、ALTER、DROP 和 DECLARE）；
- DDL 支持（SELECT、DELETE、UPDATE 和 INSERT）。

TinyDbRouter 的局限在于以下几点。

（1）不支持跨分区关联（Join）查询。

原因分析：由于不同分区的数据库进行 Join，只能通过内存 Join 或临时表 Join 的方案，但是不管采用哪一种都会带来大量的网络开销、内存开销、CPU 开销和数据一致性等问题，尤其是在数据量非常大的时候，会带来灾难性后果。

实际上在分库分表前，就需要根据业务场景和需要对分库分表方案进行充分分析，合理分区，把需要 Join 的表放在不同的分区中本身就是不合理的，应该杜绝。

解决方案：从表跟随主表方案，小表复制方案，避免数据跨分区关联。

（2）分表时支持游标分页，支持部分 SQL 分页。

原因分析：不同的数据库采用 SQL 分页的语法不完全一致，会带来处理的复杂性；因此我们推荐采用游标分页的方式进行分页，不过我们经过扩展已经支持了 MySQL 和 SQL Server 的 SQL 分页，后续也会陆续支持其他常见数据库的 SQL 分页。

解决方案：对于不支持的 SQL 分页，会导致返回错误结果的问题，后续我们会持续扩展其他方式，这只是个工作量的问题。

（3）分表规则字段的值不允许修改。

原因分析：分表规则字段决定了一个数据的流向，当分表规则字段的值被修改之后，就会导致分表规则无法定位此数据，把此数据进行 Shard 迁移表面上来看是可以解决问题的，但是由于与这条记录相关的还会有其从表数据，TinyDbRouter 不能感知到其从表数据，即使迁移了被修改的数据，也不能同步调整其从表数据，同样会导致数据被破坏而返回错误的结果。

实际上这也不算个问题，几乎所有的数据库水平扩展框架，都不支持修改分表键中的值。

解决方案：在业务逻辑实现上，凡是被用来做分表的字段，其值不允许被修改；如果确实需要修改，需要手工编写迁移逻辑，即：把源 Shard 迁移所有相关数据到目标 Shard。

（4）不支持存储过程。

原因分析：跟不支持 SQL 语句分页的原因类似，不同数据库之间，存储过程的定义关键字和格式之间存在语法差异，TinyDbRouter 遵循的是 JDBC 3.0 规范和 JDBC 4.0 规范，因此有些特性无法实现，只能选择不支持。

解决方案：采用事务机制替换复杂的存储过程，避免使用存储过程。

6.2.4 Proxy 层

在应用服务和数据库之间架设中间层，以代理的方式完成数据库水平扩展，这也是常见的技术方案。通过 Proxy 层实现数据库扩展的优势如下：

- 对应用程序完全透明，通用性好。这种方案在应用服务器与数据库之间加入一个代理，应用程序向数据发出的数据请求会先通过代理，代理会根据配置的路由规则，对 SQL 进行解析后路由到目标分片。业务层完全不知道这些操作，因此这也成了很多中间件产品的选择方案。
- 可靠性高，不依赖任何框架。
- 对于连接的使用共享性更好，可用以较少的数据库连接满足应用需要。

代理方式的不足在于性能：

- 因为增加了代理，增加了额外的消息通信，对性能有稍许影响，尤其是执行时间非常短的数据库处理。
- 另外由于数据集的合并是在代理层进行的，因此在遍历数据的时候，也会对性能有较大的影响，我们测试了部分框架，实测下来在有排序和分组的时候，性能影响稍大。
- 由于 Proxy 方式，导致了出现单点现象，因经在并发性非常大的时候，单台 Proxy 不能满足应用需要，需要进行 Proxy 集群，导致需要增加较多的服务器，影响一定的经济性，同时也导致应用集群部署方案复杂化。
- 跨数据库支持能力较弱，由于其要模仿原生数据库的通信方式，因此往往是针对某个数据库来实现的；某些商用数据库的通信协议没有开源，实现起来有难度。

代表产品：MyCat、MySQLProxy 和 Amoeba。

1. MyCat简介

MyCat 是一款开源的分布式数据库软件。它可以实现数据库的读写分离和分区分片。号称“能支持 1000 亿大数据”。

Mycat 是在阿里 Cobar 基础上改良而成的，支持 SQL 92 标准，支持 MySQl 集群，支持独有的 E-R 关系分片策略，实现高效的跨平台表关联查询。实际上，MyCat 实现了 MySQL 协议的一个服务，可以把它看成是 MySQL 的代理。对于业务开发者而言是透明的，只需修改 jdbc 的 URL 属性即可。但是它也存在下限制：

- 由于 MyCat 服务器本身会占用很大的资源，为了提升性能，需要额外提供一台服务器单独部署。
- MyCat 是个独立的服务，因此它必须把数据从数据库服务器取到 MyCat 服务器上再进行合并运算后返回给用户，增加了数据传输中的性能损耗。
- 在使用聚合函数（group by），当查询返回数据量较大而且需要对这些结果集数据进行合并时，性能损耗比较严重，虽然 MyCat 提供了 sqlMaxLimit 属性来限制返回的记录数，但是对用户体验还是有一定的影响。

2. MysqlProxy简介

它是 MySQL 的官方代理工具，处于客户端和 MySQL 服务端之间的中间层程序，它可以监测、分析或改变它们的通信。它使用灵活，没有限制，常见的用途包括：负载平衡，故障、查询分析，查询过滤和修改等等，它的局限很明显：

- 只支持 MySQL 数据库，并不是一种通用技术解决方案。
- 使用 lua 脚本，可以实现复杂的连接控制和过滤。这一点技术团队必须考虑额外的学习成本。

3. Amoeba简介

Amoeba 是一个以 MySQL 为底层数据存储，并对应用提供 MySQL 协议接口的 proxy。它集中地响应应用的请求，依据用户事先设置的规则，将 SQL 请求发送到特定的数据库上执行。基于此可以实现负载均衡、读写分离和高可用性等需求。它使用非常简单，不使用任何编程语言，只需要通过 xml 进行配置。它的局限如下：

- 只支持 MySQL 数据库，并不是一种通用技术解决方案。
- 不支持事务。
- 只支持主从模式，不支持分库分表。

6.3 读 写 分 离

当单表数据量到一定数量之后，数据库性能会显著下降。主要原因是数据多了之后，对数据库的读、写就会更多，而且做查询时，可能会导致锁的冲突问题，磁盘 IO、网络和 CPU 等出现瓶颈。分表可以有效减少单台数据库的压力，避免上面的问题和瓶颈，从而缩短数据库的处理时间，提升数据库的并发能力。

6.3.1 读写分离

读写分离源自双机热备。数据库产品的热备功能通常这样做：主服务器是对外提供增删改查业务的生产服务器；从机服务器，仅仅接收来自主服务器的备份数据（不同的数据库产品主从服务器之间的同步机制和方式是不一样的）。当主机数据库崩溃后，从机数据库服务器可以立即上线来代替，并且数据可以做到不丢失或者极少量丢失。

在现实运行环境中，主机服务器的压力远大于从机服务器，如果规划不合理，容易出现从机服务器的性能空闲甚至浪费。因此，很多人希望合理充分利用从机服务器的空闲资源，想法很现实，但是具体应该怎么操作呢？

从数据库的常见业务来看，基本操作无非就是增删改查这四个操作。其中造成主机压力的原因中："增删改"写操作是必须的，为了保证数据库 ACID 特性，主从之间的数据同步也是不可避免的；但是"查"这个读操作就没必要一定由主机完成，完全可以交给从机服务器来做。

到这一步，就实现了读写分离的雏形（主机服务器负责写操作，从机服务器负责读操作）。从效果上实现了降低主机服务器压力的功能，但是这部分压力由从机服务器承担，某种意义上增加了从机服务器宕机的风险。读写分离实质上是一个在资金或资源比较匮乏，但又需要保证数据安全的需求下，在双机热备方案基础上，做出的一种折中的扩展方案。

读写分离，基本的原理是让主数据库处理事务性增、改、删操作（INSERT、UPDATE、DELETE），而从数据库处理 SELECT 查询操作。数据库复制被用来把事务性操作导致的变更同步到集群中的从数据库。

以 Oracle 为例，主数据库负责写数据和读数据。读库仅负责读数据。每次有写库操作，同步更新Cache，每次读取先读Cache再读DB。写库就一个，读库可以有多个，采用dataguard来负责主库和多个读库的数据同步，见图 6-1 所示。

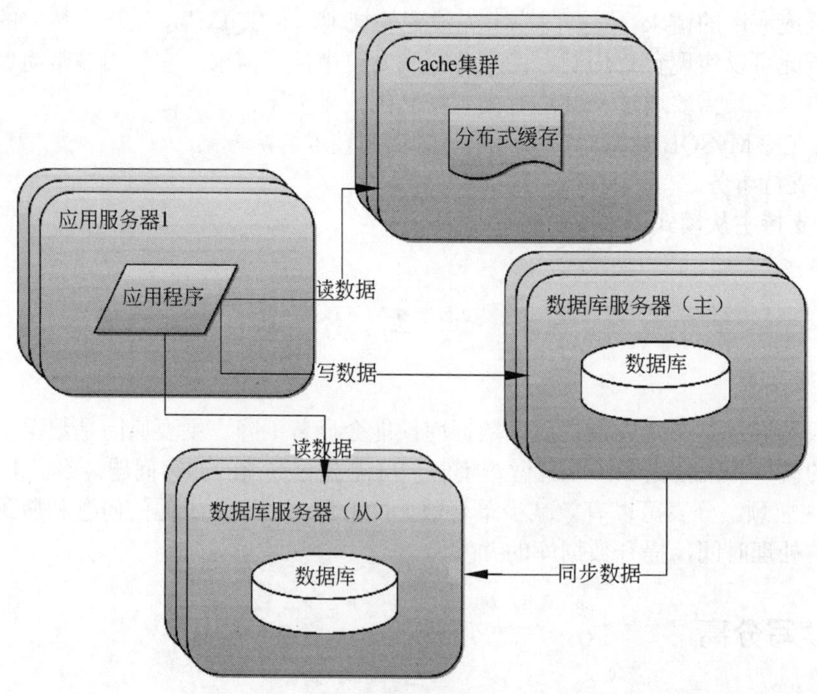

图 6-1 Oracle 数据同步

6.3.2　负载均衡

负载均衡是衡量网络结构的核心参数。在现有网络结构之上，如何通过负载均衡算法扩展网络设备和服务器的带宽、增加吞吐量、加强网络数据处理能力、提高网络的灵活性和可用性，是一个关键课题。

负载均衡最主要是找到一种算法能实现请求分散到各个处理节点，实现负载均衡的算法有很多，常见的有以下几种。

- 随机算法：最简单的负载均衡算法，通过随机数生成算法选择某个处理节点，并将请求发送给它。
- 轮询算法：按顺序把新的请求分配给下一个处理节点，最终达到负载均衡的目的。轮询算法在大多数情况下都工作得不错，但是如果节点发生变化，例如某台节点发生故障或者增加某个节点，就难以解决了。
- 加权轮询算法：是对轮询算法的改进，每个节点可以根据性能的差异设置不同的权重比例。比如用户可以设定节点 1 权重 100，节点 2 权重 50，那么在相同条件下，节点 1 的处理请求是节点 2 的两倍。
- 动态轮询算法：类似于加权轮询，但是，权重值是动态更新的，通过动态负载均衡算法，按一定的时间刷新各个节点的权重。这样节点发生变化，也不会影响整体的负载均衡。
- 最快算法：将请求分配给节点请求耗时最短的节点。该算法在应用架构跨不同网络的环境中非常有用。
- 最小负载算法：将请求分配给节点性能最佳的节点。该算法在各个节点运算能力基本相似的环境中非常有效。
- 综合算法：该算法同时利用最小负载算法和最快算法来实施负载均衡。节点根据当前的连接数和响应时间等参数计算一个分数，分数较高代表性能较好，会得到更多的请求。

还是以 Oracle 数据库为例，通过 RAC 技术可以有效地实现节点间的负载均衡，如图 6-2 所示。

在数据库层面，通过负载均衡算法，可以实现如下优势：

- 高可靠性。通过负载均衡，可以将用户对数据库的请求均匀分散到不同的节点，避免单节点故障导致整体的不可用。
- 性能的动态提升。负载均衡算法有多种，对性能的水平扩展都有一定提升，也可以说数据库扩展离不开负载均衡算法。
- 高吞吐能力。选择合理的负载均衡方案，数据库可以随着节点的增加，增加自身的业务处理能力，提高 TPS。

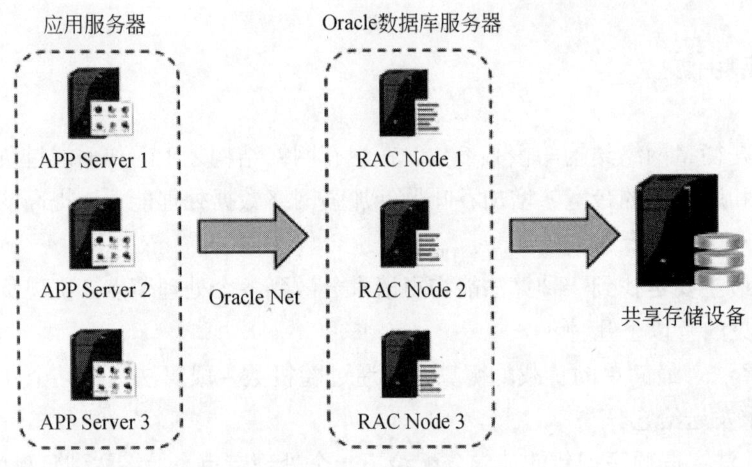

图 6-2　Oracle 负载均衡

6.3.3　数据同步

数据同步，是指不同单元节点间，通过各种数据传输接口，保证各节点间的信息同步和共享，保证数据的完整性与一致性。

数据同步的存在原因：是因为计算机在存储数据的时候，不同的存储介质读写效率有较大差别，所以缓存的设计被大多数计算机系统采用。存在缓存机制的计算机，在写入数据的时候，系统不会立即将数据写入读写速度慢的存储介质中（如外存），而是保存在读写速度快的存储介质中（如内存）；在读取数据的时候，系统会查看读写速度快的存储介质中是否有该数据的备份，如果有则可以直接读取这个备份。这样系统可以减少对外存的访问，大大提高系统性能。

数据同步是单纯的同步，意为同时执行同样的操作，而数据同步将对象定位为数据，大多数时候对其的理解为不同存储设备或终端与终端、终端与服务器之间的备份操作。但完整的数据同步应为实时的，即当前操作双方应是互为镜像的，例如备份的过程直至结束即为数据同步，但这个操作样例则应该属于备份。

对于数据库扩展而言，读写分离意味着各节点间存在冗余数据，这点和分库分表是有所区别的。如果不能进行数据库同步，那么读库和写库间就会存在数据的不一致，导致脏读、幻像读等情况的发生。

按同步策略可以分为：

- 全量同步。适合小规模数据同步。
- 增量同步。适合大规模数据同步。

按数据库同步手段可以分为：

- 时间戳方式。
- 触发器方式。
- 操作日志方式。

当然，不同的数据库往往有专有工具或者技术方案提升同步的性能，合理规划数据同步的实现方案，可以大幅提升读写分离的性能。

6.4　分 库 分 表

分库分表也是数据库扩展的一种技术方案，与读写分离的最大差异是：分库分表没有数据冗余，各分库分表的数据总和才是完整的业务数据；而读写分离，写库与读库都是完整的业务数据，存在数据冗余的情况。

如果按分库分表的位置差异，可分为同库分表和不同库分表。

6.4.1　同库分表

同库分表，是将完整的业务表拆分成多张不同名称的业务子表，但是表的位置都是位于同一个数据库，因为同一个库不能存在相同名称的表，所以同库分表方式业务表和真实的子表无法同名。

示例如图 6-3 所示。

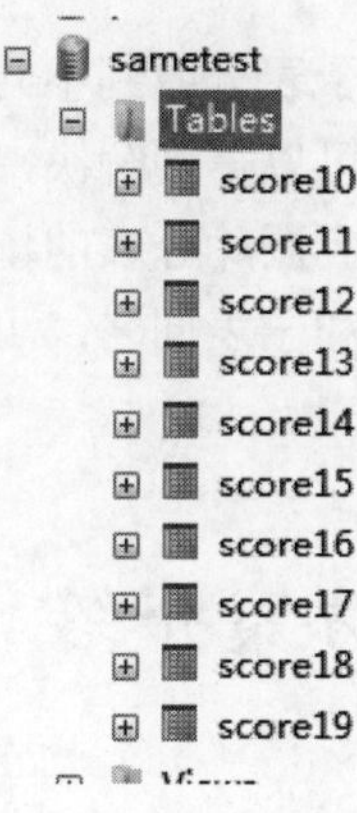

图 6-3　同库分表物理层次

以上例子展示将用户评分表（score）拆分成 10 张子表（score10～score19）。同库分表可以解决单表记录数过多的问题，但是无法解决 IO 瓶颈，因为所有的子表还是处于一个物理库；其次由于表名冲突，业务表和子表间必须定义映射关系，配置起来相对异库分表就比较繁琐。因此具体实践时，同库分表的场景比较少。

6.4.2　不同库分表

不同库分表，也称异库分表。是将完整的业务表拆分成多张不同名称的业务子表，但是表的物理位置完全不同。用户通过路由规则对各子表进行增删改查操作。

如图 6-4 示例，展示将用户评分表（score）拆分成 10 张子表（score），每张表都位于不同的数据库。

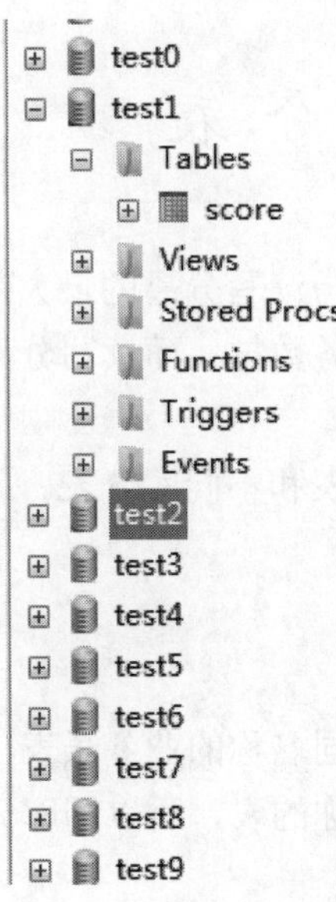

图 6-4　不同库分表物理层次

与同库分表相比，异库分表更进一步，把子表分散到不同位置的数据库。如果数据库位于不同的主机，那么单机的 IO 瓶颈问题就可以得到解决，当然极端情况下，所有的业务库部署到一台主机，那么问题就相当于退化到同库分表的场景；其次，如果不同库分表的子表都是分布到不同的库，那么业务表可以和子表同名，可以省略表之间的映射关系。

分库分表实际应用时，推荐使用不同库分表。

6.5　开源方案介绍

前面几节介绍了在不同层面实现数据库水平扩展，比较了在 DAO 层、DataSource 层、JDBC 层和 Proxy 层实现的优缺点。然后从水平扩展到模式出发，详细介绍了读写分离和分库分表这两种模式。那么目前这些层面各自的实现方案有哪些，它们是如何实现读写分离和分库分表的呢？下面将做着重介绍。

开源的数据库扩展方案很多，这里重点介绍 TDDL、Routing4DB 和 TinyDbRouter 三种开源的软件技术方案。

6.5.1　TDDL

TDDL（Taobao Distributed Data Layer），是淘宝根据自己的业务开发的数据库框架。

TDDL 基于集中式配置的 JDBC 数据源实现，主要解决分库分表下的路由和异构数据库间的数据复制。它位于数据库和持久层之间，直接与数据库打交道。

应用层连接多个数据库时，可以使用 TDDL 的 DBRoute 路由对数据进行统一访问。DBRoute 可对数据进行多库操作和数据整合等。这样，应用层操作多个数据源就和操作一个数据源一样。例如，面对电商平台中数以百万计的商品时，我们就可以将数据库分成几个、几十个、甚至几百几千个。然后使用 TDDL 作为查询的中间件，这样能大大提高查询效率，而且使用起来和一个数据库一样方便。

TDDL 具备 Master/Slave、分库分表和动态数据库配置等功能。但是它也存在一些限制：

- 仅支持 MySQL 和 Oracle 数据库，支持的数据库种类比较少。
- 未全面开源。目前只开源动态数据源，分表分库部分还未开源。
- 必须要依赖 diamond 配置中心（diamond 是淘宝内部使用的一套分布式配置管理系统，目前已开源）。
- 当前公布的文档较少，复杂度相对较高。

6.5.2 Routing4DB

Routing4DB 是基于接口代理策略实现的数据源路由框架。它对 datasource 进行了封装，实现了读写分离和分库路由，能自定义数据源路由策略，支持单数据源事务，而且对 Mybatis 也有增强功能。

它是数据库读写分离及水平分表方面的一个良好实践。当然也存在一些限制：

- 必须依赖 Spring。
- 其读写分离中数据同步不支持框架同步。
- 路由权重配置过于简单。

6.5.3 TinyDbRouter

TinyDbRouter 是由 Tiny 团队开发的一款数据库水平扩展的框架。它是在 JDBC 层实现，可以和各种数据库无缝结合，目前支持 JDBC 3.0 规范和 JDBC 4.0 规范。它支持读写分离、单库分表和多库分表等模式，完美支持自增长主键，也提供了分布式主键增长器，对聚合函数、排序、游标分页、SQL 分页和 MetaData 等提供了很好的支持。同时，它还具备强大的扩展能力，比如分区规则扩展、分表规则扩展和主键生成扩展等。

6.5.4 开源方案的对比

上面介绍了几款开源软件的数据库扩展方案，TinyDbRouter 的技术优势是很明显的。

- 支持各种数据库平台：TinyDbRouter 是在 JDBC 驱动层实现的，因此只要能提供 JDBC 驱动的数据库，全部都能支持。相对先前介绍的一些产品、方案，TinyDbRouter 支持的数据库范围广泛多了。
- 性能优秀，接近原生数据库：TinyDbRouter 经过大量性能测试，在原有数据库上增加一层 TinyDBRouter，无论是多库分表、单库分表还是读写分离，插入 TPS、更新 TPS、查询 TPS 都接近原生数据库，大致是未加 TinyDBRouter 时的 90%～98%之间。

- 对开发人员完全透明：TinyDbRouter 不依赖 Spring 等框架，对开发人员透明，操作跟普通 JDBC 一致，无需关心方案实现细节。
- 开源软件，有活跃的技术团队做支持。

为了进一步理解，我们把 TinyDbRouter 和开源软件 Routing4DB 做一些对比。

- 分库分表差异：两者都支持分库分表处理，都支持事务一致性。不同之处在于 TinyDbRouter 内部集成 JTOM 实现事务一致，而 Routing4DB 采用 Spring 实现事务一致。
- 集群部署差异：TinyDbRouter 通过集群-分区-分片的三层组织，而且支持 JDBC 嵌套，理论上支持任意复杂度的集群结构，因此 Routing4DB 支持集群部署方式，TinyDbRouter 也都支持。

TinyDbRouter 还有一点优势，即支持主从模式和分表模式混用的方式。也就是说可以将读写分离及分区分表混合使用。

读写分离差异如下所示。

- 数据同步：TinyDbRouter 支持框架同步和数据库同步两种方式；而 Routing4DB 只支持数据库同步。
- 路由算法：TinyDbRouter 的路由规则是如果事务操作或写指令则在写库进行，如果是无事务读指令则在读库进行。虽然加重了写库的负担，但是可以保证数据逻辑是永远正确的。Routing4DB 则是读指令在读库，写指令在写库。如果采用数据库同步的方案中，同步是有延迟的，此时可能有逻辑错误。
- 路由权重：TinyDbRouter 支持设定不同的权限，从而根据机器配置情况调整负载能力。Routing4DB 只是平均分配。

底层实现差异如下所示。

- 实现层次：TinyDbRouter 在 JDBC 驱动层实现，不依赖 Spring 等上层应用框架，对开发人员透明；而 Routing4DB 是通过在应用层封装 datasource，需要依赖 Spring，在特殊场景下，需要开发人员遵守一定要求。
- 适用场景：TinyDbRouter 适用于任意场景，第三方工具只要指定 JDBC 驱动就可以支持；Routing4DB 只适合上层应用，不支持第三方工具。
- 路由处理：TinyDbRouter 采用 SQL 解析方式进行路由，Routing4DB 采用正则表达式进行方法路由；从单次效率上来说，SQL 解析方式效率比正则要慢一些的，但是由于 TinyDbRouter 内部采用了缓冲方式，同样的 SQL 语句不会解析第二次，因此效率也不会存在问题。
- 负载均衡：TinyDbRouter 只要是检测到数据库有错误，在进行负载的时候，就会把失效的去掉。保证只要有可用的，就不会出现访问错误。Routing4DB 没有发现相关逻辑。

对比小结：

Routing4DB 是国人实现的数据库读写分离及水平分表方面的一个良好实践，TinyDbRouter 在实现过程中，对于 Routing4DB 支持的部署方式等方面进行了参考，学习到了相当多的内容。

TinyDbRouter 有一定的后发优势，另外由于在实现层次上的差异，确实提供了比 Routing4DB 更多的功能特性，对于开发人员也更友好。以上内容比较，是笔者个人的理解，不一定完全正确，如果有失偏颇，欢迎各位指正。

6.6 TinyDbRouter 的设计和实现

通过上一节的内容，我们知道了通常数据库分区分表的实现方案，及它们的优缺点的比较。同时通过这些比较，了解了 TinyDbRouter 与其他框架之间的区别和优势。接下来将介绍 Tiny 框架对分库分表的设计目标和思路以及 TinyDbRouter 针对这些目标的具体实现方案。

6.6.1 设计目标

- 支持各种常见数据库。
- 支持自增长主键。
- 支持除使用限制之外的所有 SQL 语句。
- 在性能方面最大程度接近原生数据库系统。
- 有良好的扩展性，数据库设计者可方便地进行定制扩展。
- 支持读写分离，支持权重负载均衡方案。

6.6.2 设计原理之接入层设计

TinyDbRouter 通过标准的 JDBC 接口，提供整体的 OLTP 数据层接入方案，内部提供了一种通过 Driver 获取数据库连接的方式。TinyDriver 实现了 java.sql.Driver 接口，通过 TinyDriver 返回逻辑数据库连接 TinyConnection。TinyConnection 内部会管理多个真正的物理数据库连接。

获取 Connection 的代码如下：

```
Class.forName("org.tinygroup.dbrouterjdbc4.jdbc.TinyDriver");
Connection  conn  =  DriverManager.getConnection("jdbc:dbrouter:  //table
Shard", "tester", "123456");
```

从上面代码可以看出跟普通 JDBC 驱动器获取 Connection 的代码是一样的。下面看看 TinyDbRouter 驱动器是如何设计的。驱动器获取连接的接口如下：

```
Connection connect(String url, java.util.Properties info) throws SQLException;
```

其实现代码如下：

```
public Connection connect(String url, Properties info) throws SQLException
{
        if (!acceptsURL(url)) {
           return null;
        }
        //获得用户名和密码等配置信息
        String routerName = url.substring("jdbc:dbrouter://".length());
        Router router = manager.getRouter(routerName);
        String user = info.getProperty("user");
        String password = info.getProperty("password");
        if (!user.equals(router.getUserName())) {//判断用户名
           logger.logMessage(LogLevel.ERROR,
                  "username {0} and {1} not equals", user,
                  router.getUserName());
           throw new SQLException("username not equals");
        }
        if (!password.equals(router.getPassword())) {//判断密码
           logger.logMessage(LogLevel.ERROR,
                  "password {0} and {1} not equals", password,
                  router.getPassword());
           throw new SQLException("password not equals");
  }
```

TinyDbRouter 要求传递的 url 参数是以“jdbc:dbrouter://”开头的，去除前缀部分就是集群配置名称，根据集群配置名称获取相关的路由集群配置信息 Router。Router 设置了逻辑数据库的用户名与密码，然后进行数据库用户名与密码验证，验证通过后才返回逻辑数据库连接 TinyConnection。下面来看看集群配置是如何设计的。

1．集群配置Router

TinyDbRouter 对集群配置的层次设计，请见图 6-5。

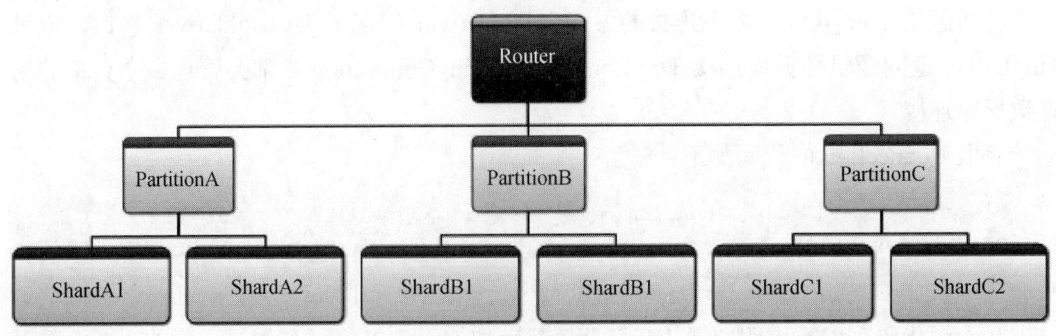

图 6-5　TinyDbRouter 层次设计

TinyDbRouter 的对象层次设计请见表 6-2。

表 6-2　TinyDbRouter对象设计

对　象　名	说　　明
Router	集群，每个集群对象可以包含多个分区
Partition	分区，每个分区对象可以包含多个分片
Shard	分片，最小的数据库路由匹配的单元

集群（Router）由多个分区（Partition）组成；分区由多个分片（Shard）组成。

分区可以定义成主从模式或分片模式。主从模式，分区下各分片的数据完全一致，也就是通常说的读写分离场景；分片模式，分区下各分片的数据是不一致的，各分片的数据合集才是一张完整的记录表。简单讲，主从模式适合读写分离的业务场景，而分片模式适合分库分表的业务场景。

下面是集群配置示例：

```
<routers>
  <router id="scoreDiffMachinePerformance" user-name="tester"
     password="123456" time-out="1800" thread-size="10" >
  <key-generator
class="org.tinygroup.dbrouter.impl.keygenerator.RouterKeyGeneratorLong"
increment="1" data-source-id="ds0"/>
  <data-source-configs>
   <data-source-config id="ds0" driver="com.mysql.jdbc.Driver"
   user-name="root"                                password="123456"
url="jdbc:mysql://192.168.51.29:3306/tps"
   test-sql="" />
   <data-source-config id="ds1" driver="com.mysql.jdbc.Driver"
   user-name="root" password="" url="jdbc:mysql://192.168.84.137: 3306/
    tps"
   test-sql="" />
  </data-source-configs>
  <partitions>
   <partition id="abc" mode="2">
    <partition-rules>
     <partition-rule
      class="org.tinygroup.dbrouter.impl.partionrule.PartionRuleByTableName"
      table-name="score" />
    </partition-rules>
    <shards>
     <shard id="shard0" data-source-id="ds0">
      <shard-rules>
       <shard-rule
        class="org.tinygroup.dbrouter.impl.shardrule.ShardRuleByIdDifferent
        Schema"
```

```
      table-name="score" primary-key-field-name="id" remainder="0" />
    </shard-rules>
   </shard>
     <shard id="shard1" data-source-id="ds1">
    <shard-rules>
     <shard-rule
      class="org.tinygroup.dbrouter.impl.shardrule.ShardRuleById   Differen
       tSchema"
      table-name="score" primary-key-field-name="id" remainder="1" />
    </shard-rules>
   </shard>
  </shards>
 </partition>
 </partitions>
 </router>
</routers>
```

下面看看配置说明。

- 数据源（data-source-config）：每个数据源片段对应一个数据库，包含驱动、URL、用户名、密码和数据源 ID，TinyDbRouter 以数据源 ID 作为唯一标识，不可重复。
- 分区（partition）及分区规则（partition-rule）：每个分区配置包含分区模式和分区 ID。分区模式有两种，1 表示主从模式，适用于读写分离，表示分库分表。分区 ID 唯一，不可重复。分区规则定义了规则实现类和表名，PartionRuleByTableName 这个类就表示按表名进行分区路由，所有包含 score 的 SQL 语句都会路由到本分区。
- 分片（shard）及分片规则（shard-rule）：分片配置定义该分片绑定的数据源 ID，本例中定义了两个分片，每个分片对应一个独立数据库。分片规则定义了规则实现类，ShardRuleByIdDifferentSchema 这个类表示按字段取余数进行数据拆分，id 除 2 余数为 0 的记录进入 ds0，余数是 1 的记录进入 ds1。

2. 集群配置管理器RouterManager

RouterManager 是集群配置的管理接口，管理集群配置的接口方法定义如下：

```
public interface RouterManager {
    ......
    /**
     * 添加集群
     *
     * @param router
     */
    void addRouter(Router router);
    /**
     * 添加一组集群
```

```
     *
     * @param routers
     */
    void addRouters(Routers routers);
    /**
     * 获取集群
     *
     * @param routerId
     * @return
     */
    Router getRouter(String routerId);
    /**
     * 获取集群配置 Map
     *
     * @return
     */
    Map<String, Router> getRouterMap();
    ……
}
```

RouterManagerImpl 是集群管理器接口的实现。其类关系图如图 6-6 所示。

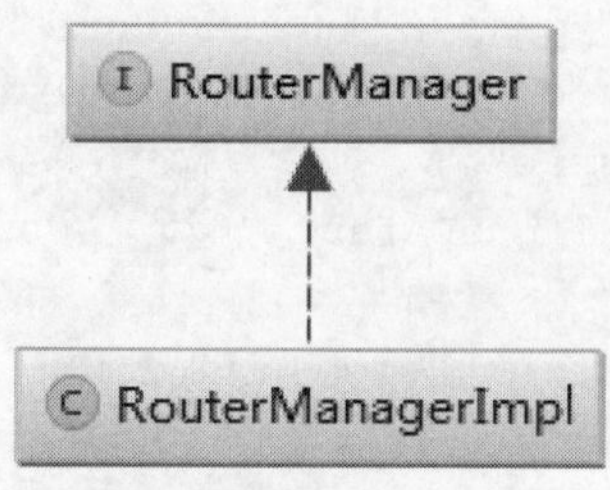

图 6-6　集群管理器类关系图

3．集群管理器工厂

RouterManagerBeanFactory 是获取集群管理器实例的工厂类，内部提供静态工厂方法 getManager 来获取 RouterManager 实例。RouterManager 实例通过 factory 容器来管理，此 factory 是简化版的 Spring 容器，目前只提供了依赖注入功能，采用 factory 容器而不是直接采用 Spring 容器来管理对象实例，是为了不直接依赖 Spring 框架，可以在非 Spring 环境下也能使用。RouterManagerBeanFactory 类在静态代码块进行 factory 容器初始化。初始化代码如下：

```
static {
    factory = BeanFactory.getFactory();
    XStream xStream = XStreamFactory.getXStream();
    String beansFile = CUSTOM_ROUTER_BEANS_XML;
    InputStream inputStream = RouterManagerBeanFactory.class
            .getResourceAsStream(CUSTOM_ROUTER_BEANS_XML);
    if (inputStream == null) {
```

```
        inputStream = RouterManagerBeanFactory.class
                .getResourceAsStream(DEFAULT_ROUTER_BEANS_XML);
        beansFile = DEFAULT_ROUTER_BEANS_XML;
    }
    logger.logMessage(LogLevel.INFO, "加载 Bean 配置文件{}开始...", beans
    File);
    try {
        Beans beans = (Beans) xStream.fromXML(inputStream);
        factory.addBeans(beans);
        factory.init();
        logger.logMessage(LogLevel.INFO, "加载 Bean 配置文件{}结束。",
        beansFile);
    } catch (Exception e) {
        logger.errorMessage("加载 Bean 配置文件{}时发生错误", e, beansFile);
    }
}
```

factory 容器启动的时候会加载相关 bean 配置文件，首先会在应用程序的根目录下查找 custombeans.xml 配置文件，如果查找不到该文件会默认加载框架提供的 defaultbeans.xml 配置文件。defaultbeans.xml 配置文件内容如下：

```
<bean id="routerManager" name="routerManager" scope="singleton"
    class="org.tinygroup.dbrouter.impl.RouterManagerImpl">
    <property name="balance">
        <ref id="shardBalanceDefault" />
    </property>
    <property name="statementProcessorList">
        <list>
            <ref id="sqlProcessorFunction" />
            <ref id="limitSqlProcessor" />
        </list>
    </property>
</bean>
<bean id="shardBalanceDefault" scope="singleton"
    class="org.tinygroup.dbrouter.balance.ShardBalanceDefault" />
<bean id="sqlProcessorFunction" scope="singleton"
    class="org.tinygroup.dbrouterjdbc4.sqlprocessor.SqlProcessorFunction" />
<bean id="limitSqlProcessor" scope="singleton"
    class="org.tinygroup.dbrouterjdbc4.sqlprocessor.LimitSqlProcessor" />
```

内部注册了 RouterManager 实例。

4．负载均衡的算法扩展

通过接口实现扩展，用户可以自行定义负载均衡算法，返回指定分区的读写分片的结果集。如果用户不扩展，默认的负载均衡算法是加权轮询。

ShardBalanceDefault 的实现代码如下：

```
public Shard getReadableShard(Partition partition) {
      int allWeight = 0;
      Shard selectedShard = partition.getReadShardList().get(0);
      for (Shard shard : partition.getReadShardList()) {
         allWeight += shard.getReadWeight();
      }
      int weightValue = (randomInt() % allWeight);
      for (Shard shard : partition.getReadShardList()) {
         weightValue -= shard.getReadWeight();
         if (weightValue < 0) {
            return shard;
         }
      }
      return selectedShard;
  }
```

算法的伪代码如下：

（1）遍历所有可读分片，计算出可读权重和 allWeight。

（2）通过 Random 取得随机 int 值，并对 allWeight 取模，得到 weightValue。

（3）遍历所有可读分片，将 weightValue 减去当前分片的读权重。

（4）返回 weightValue 小于 0 时，对应的分片；如果没有合适的分片，则返回可读分片第一个元素。

6.6.3　设计原理之 SQL 解析层设计

JDBC 程序直接操作的 SQL 语句是一个字符串，我们需要对 SQL 语句进行概念抽象化，对象化设计，把 SQL 语句解析成对象，从而可以从 SQL 对象中得到表信息、字段信息以及查询条件等。TinyDbRouter 内部采用 jsqlparser 组件进行 SQL 解析。目前只支持 CRUD 操作，jsqlparser 会把增删改查的 SQL 语句解析成 Insert、Delete、Update 和 Select 对象。

Insert：对数据插入语句的封装，代表“insert into”语句。

Delete：对数据删除语句的封装，代表“delete from”语句。

Update：对数据更新语句的封装，代表“update set”语句。

Select：对数据查询语句的封装，代表“select from”语句。

在集群管理器中设计了 SQL 解析成对象的接口，其接口定义如下：

```
Statement getSqlStatement(String sql);
```

该接口用意已经很明确，那就是根据传入的 SQL 语句解析成 Statement，Statement 是 CRUD 对象的父接口类型，其类关系图如图 6-7 所示。

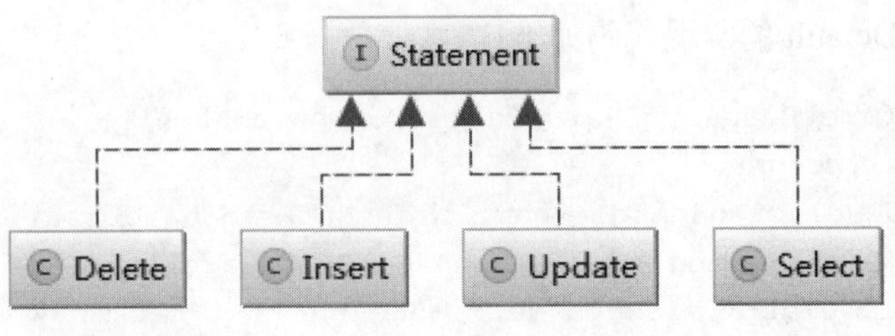

图 6-7　类关系图

6.6.4　设计原理之路由决策层设计

现在已经可以把 SQL 语句解析成对象了，那么该如何把执行的 SQL 语句路由到真正要执行 SQL 的物理数据库呢？这就是路由决策层需要解决的问题。

TinyDbRouter 支持两种模式：读写分离与分库分片模式，下面看看这两种模式下是如何进行路由决策的。

1. 读写分离模式

在读写分离模式下，TinyDbRouter 是通过 ShardBalance 接口进行路由决策的。先来看看 ShardBalance 接口定义，如图 6-8 所示。

ShardBalance
- getWritableShard(Partition) : List<Shard>
- getReadableShard(Partition) : Shard
- getReadShardWithTransaction(Partition) : Shard

图 6-8　ShardBalance 接口

ShardBalance 接口说明如表 6-3 所示。

表 6-3　ShardBalance接口方法说明

方 法 名 称	方 法 说 明
isModified	判断虚拟文件是否被修改，一般根据文件的修改时间判断
getWritableShard	获取 Partition 分区下所有可写的 Shard
getReadableShard	在 Partition 分区所有可读 Shard 列表中，根据 Shard 的读权重，获取 Shard
getReadShardWithTransaction	在开启事务的情况下，从可写 Shard 列表中随机获取一个 Shard

- 读操作处理方式：在开启事务的情况下，TinyDbRouter 内部根据 ShardBalance 接口的 getReadShardWithTransaction 方法获取 Shard；没有开启事务的情况下，根据 ShardBalance 接口的 getReadableShard 方法获取 Shard，读操作只会匹配一个 Shard，然后在此 Shard 关联的物理数据库去执行读操作相关的 SQL 语句。
- 写操作处理方式：在执行写操作时，TinyDbRouter 内部根据 ShardBalance 接口的 getWritableShard 方法获取所有可写的 Shard，然后在分片关联的物理数据库中去

执行写操作相关的 SQL 语句。

2．分库分片模式

在上面的集群配置信息中可以看到内部定义了多个 partition-rule、shard-rule 节点，这些节点配置是用来描述分区规则和分片规则对象信息的。TinyDbRouter 就是根据这些分区规则和分片规则来进行路由决策的。下面分别介绍下分区规则与分片规则。

（1）PartitionRule

PartitionRule 就是分区规则接口，其接口定义如下：

```
@XStreamAlias("partition-rule")
public interface PartitionRule {
    /**
     * 返回是否命中
     * 如果有多个命中，则只用第一个进行处理，有多个命中是不合理的配置，应该杜绝
     *
     * @param sql
     * @return
     */
    boolean isMatch(String sql);
}
```

该接口只定义了一个方法：isMatch(String sql)；根据传递的 SQL 语句选择匹配的分区。TinyDbRouter 内部定义的 PartionRuleByTableName 类就是 PartitionRule 接口的实现类，该类的代码如下：

```
public class PartionRuleByTableName implements PartitionRule {
    /**
     * 分区的表名
     */
     @XStreamAlias("table-name")
     @XStreamAsAttribute
    private String tableName;
    public PartionRuleByTableName() {
    }
    /**
     * 构造函数
     *
     * @param tableName
     */
    public PartionRuleByTableName(String tableName) {
        this.tableName = tableName;
    }
    public String getTableName() {
        return tableName;
    }
    public void setTableName(String tableName) {
        this.tableName = tableName;
```

```
    }
    ……
}
```

与 PartionRuleByTableName 相关的配置信息如下：

```
<partition-rule
class="org.tinygroup.dbrouter.impl.partionrule.PartionRuleByTableName"
                      table-name="score"/>
```

内部定义的变量 tableName，会映射成 partition-rule 节点的 table-name 属性，class 属性对应的值就是 PartionRuleByTableName 类的全路径。该分区规则会根据表名这个属性与 SQL 语句解析出来的表名信息进行比较，如果两者相同，那么该分区规则匹配，否则就不匹配。

PartitionRule 支持扩展，首先根据需求实现自定义的分区规则，然后按照与 PartionRuleByTableName 分区规则相同的做法，把自定义的分区规则映射成 partition-rule 配置信息。

（2）ShardRule

ShardRule 是分片规则接口，接口代码如下：

```
@XStreamAlias("shard-rule")
public interface ShardRule {
    /**
     * 返回是否属于当前分片处理
     *
     * @param partition  所属的分区
     * @param shard      分片信息
     * @param sql        要判断的 SQL
     * @param preparedParams Prepared Statement 的参数
     * @return
     */
    boolean isMatch(Partition partition, Shard shard, String sql, Object...
    preparedParams);
    /**
     * 返回替换好的 SQL 语句，对于在同一个 schema 中的用多个分片进行分表的话，就需要替
    换 SQL 脚本
     * @param partition
     * @param shard
     * @param sql
     *
     * @return
     */
    String getReplacedSql(Partition partition, Shard shard, String sql);
}
```

isMatch 方法验证该分片规则是否匹配执行的 SQL 语句，返回 true 则认为匹配，返回 false 则认为不匹配。

getReplacedSql 方法在 isMatch 方法之后执行，只有 isMatch 方法返回 true，该方法才会被调用，该方法执行结果可能会对原生传递过来的 SQL 进行变更，例如在单库分片模式下，作为参数传递过来的 SQL 语句，它关联的表名是逻辑表名，需要通过该方法转换成物理数据库下真正的表名。

TinyDbRouter 内部提供了多个 ShardRule 实现，例如 ShardRuleByIdDifferentSchema、ShardRuleByIdSameSchema 等。

（3）ShardRuleByIdDifferentSchema 介绍

该分片规则用于不同库分表场景下，下面是分片规则的配置信息：

```
<shard-rule
class="org.tinygroup.dbrouter.impl.shardrule.ShardRuleByIdDifferentSche
ma"
  table-name="score" primary-key-field-name="id" remainder="0">
</shard-rule>
```

需要在配置中指定的属性如下所示。

- table-name：分片的表名，会与执行 SQL 中的表名信息进行匹配。
- primary-key-field-name：分片的表字段，会与 SQL 中解析出来的表字段进行匹配。
- remainder：余数，设置的值==分片字段的值%总分片数，那么该分片规则匹配。

该分片规则匹配逻辑是：首先从 SQL 语句中解析出表名信息与 table-name 属性指定的值进行匹配，如果相同，然后从 SQL 语句中获取分片表字段的值，该值与总分片数进行取余，结果值与 remainder 属性设置的值相同，那么认为该分片规则与执行的 SQL 匹配。

在不同库分表模式下，逻辑表名与物理表名是相同的，就不需要对原生的 SQL 进行变更。getReplacedSql 方法直接返回原生的 SQL。

（4）ShardRuleByIdSameSchema 介绍

该分片规则用于同库分表场景下，下面是分片规则的配置信息：

```
<shard-rule
class="org.tinygroup.dbrouter.impl.shardrule.ShardRuleByIdSameSchema"
    table-name="aaa" primary-key-field-name="id" remainder="0">
</shard-rule>
```

属性与 ShardRuleByIdDifferentSchema 相同，匹配逻辑也一样，唯一区分的是同库分表模式下，逻辑表名与物理表名不相同，需要对原生的 SQL 进行表名替换。同库分表模式需要增加表名映射配置信息。

```
<table-mappings>
      <table-mapping table-name="aaa" shard-table-name="aaa0"/>
</table-mappings>
```

在配置信息中指定逻辑表名与物理表名的映射关系。getReplacedSql 方法返回表名替换后的 SQL 语句。

6.6.5 设计原理之执行层设计

TinyDbRouter 首先对执行的 SQL 语句进行解析和路由决策分析后，然后将此分析后的 SQL 语句发给后端的真实数据库去执行。执行层需要把执行的结果进行适当的处理，然后把处理的结果返回给用户。

对于增删改的 SQL 操作，执行层处理比较简单，把需要执行的 SQL 语句转发给匹配的物理数据库去执行。然后把操作的结果值（增删改受影响的条数）进行累加，最后返回。

而对于查询操作，需要合并查询的结果集 Resultset，执行层处理逻辑就稍微复杂些。如果查询 SQL 只匹配一个物理数据库，那么返回的结果集对象 TinyResultSetWrapper，只是对物理数据库执行结果 Resultset 的包装。代码如下所示。

```
public class TinyResultSetWrapper implements ResultSet {
    private String sql;
    private ResultSet resultSet;

    public TinyResultSetWrapper(String sql, ResultSet resultSet) {
        this.sql = sql;
        this.resultSet = resultSet;
    }
    public boolean next() throws SQLException {
        return resultSet.next();
    }
    public void close() throws SQLException {
        resultSet.close();
    }
    public boolean wasNull() throws SQLException {
        return resultSet.wasNull();
    }
        ……
}
```

TinyResultSetWrapper 实现 Resultset 接口，内部包含了 Resultset 变量，所有接口方法都是简单的调用内部 Resultset 的相同接口方法。

如果查询的 SQL 匹配多个物理数据库，这就需要把多个数据库查询出来的结果集进行合并，TinyDbRouter 支持两种方式来合并结果集，下面分别介绍这两种合并结果集方式。

1. StatementProcessor接口合并结果集

StatementProcessor 的接口定义如图 6-9 所示。

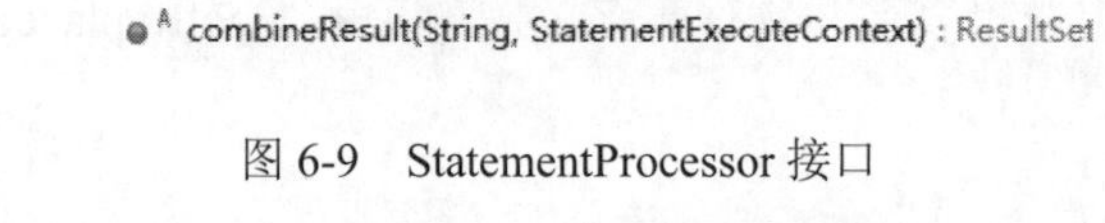

StatementProcessor
- isMatch(String, Object[]) : boolean
- getSql(String, StatementExecuteContext) : String
- combineResult(String, StatementExecuteContext) : ResultSet

图 6-9 StatementProcessor 接口

StatementProcessor 接口如表 6-4 所示。

表 6-4　StatementProcessor接口方法说明

方 法 名 称	方 法 说 明
isMatch	返回是否由此 SQL 处理器进行处理
getSql	返回处理器转换过之后的 SQL
combineResult	对结果进行合并

StatementProcessor 接口详细解释如下。

- isMatch：用于验证执行的 SQL 是否可以被此 StatementProcessor 实例处理，返回值为 true 可以被处理，返回值为 false 则不能进行处理。
- getSql：isMatch 返回值为 true，StatementProcessor 可能要对执行的 SQL 进行变更，例如在同库分表模式下，需要对 SQL 语句中的表名进行替换，方法返回值就是返回可以被真正物理数据库可以执行的 SQL 语句。
- combineResult：StatementProcessor 接口提供的合并结果集方法。多个物理数据库执行的结果集保存在 StatementExecuteContext 上下文对象中。

TinyDbRouter 内部已经默认提供了两个 StatementProcessor 实现类：LimitSqlProcessor 和 SqlProcessorFunction。

- LimitSqlProcessor：分页查询结果集合并处理。目前支持 MySQl 的 limit 分页查询语句与 SqlServer 的 fetch offset 分页查询语句。
- SqlProcessorFunction：聚合函数查询结果集合并处理。支持 max、min、count、avg 和 sum 聚合函数。

TinyDbRouter 支持 StatementProcessor 扩展，自定义类实现 StatementProcessor 接口，然后在创建 RouterManager 实例的时候把自定义的 StatementProcessor 实例注册进去。

2．TinyResultSetMultiple合并结果集

TinyResultSetMultiple 类是 ResultSet 接口的实现类，内部管理多个匹配的 ResultSet，它是逻辑上的结果集，真正的记录都在内部匹配的多个 ResultSet 中，它的总记录数应该是多个匹配结果集记录数之和。下面来讲讲 TinyResultSetMultiple 的实现原理。

首先要获取结果集的总记录数，我们知道 ResultSet 的结果集类型有以下 3 种。

- TYPE_FORWARD_ONLY：指针只能向前移动的 ResultSet 对象的类型。
- TYPE_SCROLL_INSENSITIVE：可滚动但通常不受其他的更改影响的 ResultSet 对象的类型。
- TYPE_SCROLL_SENSITIVE：可滚动并且通常受其他的更改影响的 ResultSet 对象的类型。

TYPE_FORWARD_ONLY 只支持向前滚动，这样就不能在获取总记录数的时候通过移动指针方式到最后来获取总记录数，否则在使用 next 方法的时候，由于指针已经在最后了，此时就获取不到需要的结果集。TinyResultSetMultiple 是通过组装 count 语句来查询总记录数，原生 SQL 语句作为 count 语句的子查询语句。

对于可滚动的结果集类型，TinyResultSetMultiple 内部循环匹配的结果集列表，调用结果集列表中 ResultSet 对象的 last 方法把游标定位到最后，然后通过 getRow 方法获取结果集的记录数，总记录数就是多个匹配结果集记录数之和。

ResultSet 接口定义了多个指针移动的方法，例如 next、previous、last 和 first 等，这些指针移动的方法都是基于 ResultSet 结果集总记录数实现的。下面以 next 和 previous 方法为例，介绍 TinyResultSetMultiple 内部实现原理。

这两个方法是通过指针方式遍历结果集的，判断结果集是否有下一条或上一条记录存在，在方法调用的过程中会记录当前记录的行数，当前行数会与总记录数进行比较。比如 next 方法的调用过程，如果当前行数大于总记录数，那么 next 方法返回 false，认为结果集的指针已经到最后，此时 next 方法返回 false，如果当前行数小于总记录数，然后调用内部管理结果集的 next 方法，如果 ResultSet 的 next 方法返回 false，则调用下一个 ResultSet 的 next 方法，直到 next 方法返回 true 时，此时调用 next 方法的 ResultSet 就认为是当前记录结果集。previous 方法内部逻辑恰恰与 next 方法相反，next 方法是顺序遍历结果集，而 previous 方法是逆序遍历结果集。

对于排序语句的查询结果集，每个匹配的 ResultSet 内部是存在顺序的，但是多个 ResultSet 的记录合并在一起，其内部的顺序很可能已经打乱了，已经不可以像上面那样简简单单地按顺序遍历结果集了。TinyResultSetMultiple 内部又是如何处理的呢？下面也以 next 方法为例，首先会调用每个匹配 ResultSet 的 next 方法，获取所有排序字段的值，组装 OrderByValues 对象，OrderByValues 对象的类代码如下：

```
public class OrderByValues {
    private Object[] values;
    private ResultSet resultSet;
    public OrderByValues(Object[] values) {
        this.values=new Object[values.length];
        System.arraycopy(values, 0, this.values, 0, values.length);
    }
    public OrderByValues(ResultSet resultSet) throws SQLException {
        this.resultSet = resultSet;
        if (orderByList.size() > 0) {
          values = new Object[orderByList.size()];
          for (int i = 0; i < orderByList.size(); i++) {
                OrderByColumn orderBy = orderByList.get(i);
                Object value = resultSet.getObject(orderBy.getColumnName());
                values[i] = value;
          }
        }
    }
    public Object[] getValues() {
        return values;
    }
```

```
    public void setValues(Object[] values) {
        this.values=new Object[values.length];
        System.arraycopy(values, 0, this.values, 0, values.length);
    }
    public ResultSet getResultSet() {
        return resultSet;
    }
    public void clearValueCache() {
        values = null;
    }
    public boolean isCurrentResult(ResultSet rs){
        return rs.equals(resultSet);
    }
}
```

values 是排序字段组成的数组，resultset 是内部管理的结果集对象。

然后对 OrderByValues 的集合对象进行排序，获取集合中第一个 OrderByValues 实例。通过 OrderByValues 对象的 getResultSet 方法获取的 ResultSet 实例，该 ResultSet 实例就是 TinyResultSetMultiple 内部定义的当前记录结果集。

6.6.6 实现

1. 负载均衡的算法扩展

上一节中讲到 ShardBalance 接口的设计，通过该接口实现扩展，用户可以自行定义负载均衡算法，返回指定分区的读写分片的结果集。如果用户不扩展，默认的负载均衡算法是加权轮询。

ShardBalanceDefault 的实现代码如下：

```
public Shard getReadableShard(Partition partition) {
        int allWeight = 0;
        Shard selectedShard = partition.getReadShardList().get(0);
        for (Shard shard : partition.getReadShardList()) {
            allWeight += shard.getReadWeight();
        }
        int weightValue = (randomInt() % allWeight);
        for (Shard shard : partition.getReadShardList()) {
            weightValue -= shard.getReadWeight();
            if (weightValue < 0) {
                return shard;
            }
        }
        return selectedShard;
```

```
}
```

由以上代码可知，算法实现步骤如下：

（1）遍历所有可读分片，计算出可读权重和 allWeight。

（2）通过 Random 取得随机 int 值，并对 allWeight 取模，得到 weightValue。

（3）遍历所有可读分片，将 weightValue 减去当前分片的读权重。

（4）返回 weightValue 小于 0 时对应的分片；如果没有合适分片，则返回可读分片的第一个元素。

2. 查询结果的合并

StatementProcessor 合并接口定义如下：

```
/**
 * 用于对 SQL 进行特殊处理并进行结果合并等<br>
 * <p/>
 * 例如 sql 语句是 select count(*) from abc<br>
 * 则会到所有的 shard 执行，并对结果相加后返回
 *
 * @author luoguo
 */
public interface StatementProcessor {
    /**
     * 返回是否由此 SQL 处理器进行处理
     *
     * @param sql
     * @param values TODO
     * @return
     */
    boolean isMatch(String sql, Object[] values);

    /**
     * 返回处理器转换过之后的 SQL
     *
     * @param sql
     * @param context 执行上下文
     * @return
     */
    String getSql(String sql, StatementExecuteContext context);

    /**
     * 对结果进行合并
     * @param sql
     * @param context
     * @return
     * @throws SQLException
```

```
    */
    ResultSet combineResult(String sql, StatementExecuteContext context)
    throws SQLException;
}
```

核心实现的结果集合并的逻辑如下：

```
/**
 * 存在多个分片，创建合并多个分片的结果集
 *
 * @param sql
 * @param statements
 * @param statementSize
 * @return
 * @throws SQLException
 */
private ResultSet createMultiResultSet(String sql,
        StatementExecuteContext context) throws SQLException {
    List<RealStatementExecutor> statements = context.getRealStatements();
    int statementSize = statements.size();
    boolean existIdleThread = existIdleThread(statementSize);
    List<ResultSetExecutor> resultSetExecutors = new ArrayList<ResultSet
    Executor>();
    if (existIdleThread) {
        resultSetExecutors = createResultsInMultiThread(sql, statements,
                statementSize);
    } else {
        resultSetExecutors = createResultsWithStatements(statements);
    }
    context.setResultSetExecutors(resultSetExecutors);
    StatementProcessor statementProcessor = context.getStatement
    Processor();
    if (statementProcessor != null) {
        return statementProcessor.combineResult(statements.get(0)
                .getExecuteSql(), context);
    } else {
        return new TinyResultSetMultiple(context);
    }
}
```

在多个线程的情况下，TinyDbRouter 框架会调用异步任务 Future 进行归并处理。

3．元数据的支持

TinyDbRouter 本身和元数据并没有强制关系，用户完全可以使用 SQL 语句完成所有的业务功能。只不过，TinyDbRouter 对元数据有比较好的支持，元数据也是 Tiny 应用架构的数据库组成要素之一，使用元数据可以更便捷地完成功能的开发。

6.7 应 用 实 践

前面几个章节主要介绍了数据库扩展方案，对不同的开源框架实现做了介绍，也详细阐述了 TinyDbRouter 是如何设计并实现的。相信大家对 TinyDbRouter 有了一定的认识，本节将以读写分离、分库分表、集群事务和元数据等为例，介绍它的使用步骤以及相关配置。通过这一节的实践，让读者快速入门，同时也能加深对 TinyDbRouter 的理解。

这里采用 TinyDbRouter 作为实践方案，数据库扩展采用内存数据库 Derby 作为选择，如果使用其他数据库，请用对应数据库的语法及数据类型作为建表语句。

TinyDbRouter 使用很简单，只需要以下操作。

（1）配置 dbrouterbeans.xml。

dbrouterbeans.xml 定义了集群管理器实例化的 Bean 配置，如果没有定义或配置不正确，会导致集群管理器初始化失败。如果项目是使用 Maven 管理的，直接把样例中的 dbrouterbeans.xml 放到 src\main\resources 目录就可以了；非 Maven 管理的项目，就要保证 dbrouterbeans.xml 能发布到 classes 目录。

dbrouterbeans.xml 的配置信息如下：

```
<beans>
 <bean id="routerManager" name="routerManager" scope="singleton"
  class="org.tinygroup.dbrouter.impl.RouterManagerImpl">
  <property name="balance">
   <ref id="shardBalanceDefault" />
  </property>
  <property name="statementProcessorList">
   <list>
    <ref id="sqlProcessorFunction" />
   </list>
  </property>
 </bean>
 <bean id="shardBalanceDefault" scope="singleton" class="org.tinygroup.
dbrouter.balance.ShardBalanceDefault" />
 <bean id="sqlProcessorFunction" scope="singleton" class="org.tinygroup
.dbrouterjdbc3.sqlprocessor.SqlProcessorFunction" />
</beans>
```

（2）配置 pom 文件，引入相关依赖资源。

除了 dbrouter 和 dbrouterjdbc3，还要把数据库 JDBC 的依赖包也引入。例如笔者工程用的数据库是 Derby，pom 文件里就要把 Derby 的 JDBC 加入；如果工程用了多种数据库，那么每种数据库的 JDBC 依赖包都要引入。如果项目是使用 Maven 管理的，pom.xml 改好更新就 ok 了；非 Maven 管理的，就要把依赖的 jar 包手工放到 lib 目录或者加入 classpath 中。

pom.xml 配置片段：

```
<dependency>
    <groupId>org.tinygroup</groupId>
    <artifactId>org.tinygroup.dbrouterjdbc4</artifactId>
    <version>${tiny_version}</version>
</dependency>
 <dependency>
    <groupId>org.apache.geronimo.specs</groupId>
    <artifactId>geronimo-j2ee-connector_1.5_spec</artifactId>
    <version>2.0.0</version>
</dependency>
<dependency>
        <groupId>org.apache.derby</groupId>
        <artifactId>derby</artifactId>
        <version>10.6.1.0</version>
</dependency>
```

（3）配置路由文件，定义数据库扩展的路由结构。

TinyDbRotuer 自身的配置很简单，只需要把路由配置放到项目工程里，集群管理器会自动管理。假设路由文件是 abc.xml，如果项目是使用 Maven 管理的，直接把样例中的 abc.xml 放到 resources 目录就可以了；非 Maven 管理的项目，只要保证 abc.xml 能发布到 classes 目录。

初始化集群片段（初始化只需要一次）：

```
RouterManager routerManager = RouterManagerBeanFactory.getManager();
routerManager.addRouters("/abc.xml");  //对应的路由文件
Class.forName("org.tinygroup.dbrouterjdbc4.jdbc.TinyDriver");
```

获得连接对象：

```
Connection conn = DriverManager.getConnection("jdbc:dbrouter: //diffSchema
Shard", "tester", "123456");
```

这里的 URL、用户名和密码对应路由配置文件中集群 Router 的 id、user-name 和 password 属性。

剩下的数据库 SQL 操作和原来一样，对业务代码影响非常小。

本章应用示例工程代码，请参考附录 A 中的 org.tinygroup.dbrouter.demo（分库分表实践示例工程）。

6.7.1　读写分离示例

本次实验利用两个数据库，一个是 TPS0，另一个是 TPS1；在两个库中依次把表 score 创建好，当然这部分初始化的代码我们已经做好。读写分离需要在主从模式下进行，配置一台主机和多台从机，只有主机能进行增改删等写操作，而从机只能查询；本次实验配置 TPS0 为主机，TPS1 为从机。

示例中用的是 Derby 数据库，所以是同一台服务器，如果要使用 MySQL 或者其他数据库，可在不同服务器上搭建，相关的 sql 也请做对应调整。

Derby 建表语句如下：

```
create table score
(
  id  bigint primary key not null,
  name   VARCHAR(32),
  score   int,
  course  VARCHAR(32)
);
```

接下来定义 Router 规则配置文件，注意格式要遵守 XML 规范。

```
<routers>
    <router id="scoreDiffMachinePerformance" user-name="tester"
        password="123456" time-out="1800" thread-size="10" >
        <key-generator  class="org.tinygroup.dbrouter.impl.keygenerator.
        RouterKeyGeneratorLong" increment="1" data-source-id="ds0"/>
        <data-source-configs>
            <data-source-config id="ds0"  driver="org.apache.derby.jdbc.
            EmbeddedDriver" user-name="" password="" url="jdbc:derby:
            DERBY/TPS0;create=true" test-sql="" />
            <data-source-config id="ds1" driver="org.apache.derby.jdbc.
            EmbeddedDriver" user-name="" password="" url="jdbc:derby:
            DERBY/TPS1;create=true" test-sql="" />
        </data-source-configs>
        <partitions>
            <partition id="abc" mode="1">
                <partition-rules>
                    <partition-rule class="org.tinygroup.dbrouter.impl.
                    partionrule.PartionRuleByTableName"
                    table-name="score" />
                </partition-rules>
                <shards>
                    <shard id="shard0" data-source-id="ds0"
                    read-weight="10" writable="true">
                    </shard>
                    <shard id="shard1" data-source-id="ds1"
                    read-weight="10" writable="false">
                    </shard>
                </shards>
            </partition>
        </partitions>
    </router>
</routers>
```

配置文件说明如下所示。

- 数据源（data-source-config）：每个数据源片段对应一个数据库，包含驱动、URL、用户名、密码和数据源 ID，TinyDbRouter 以数据源 ID 作为唯一标识，不可重复。

- 分区（partition）及分区规则（partition-rule）：每个分区配置包含分区模式和分区 ID。分区模式有两种：1 表示主从模式，适用于读写分离，2 表示分库分表。分区 ID 唯一，不可重复。主从模式下，数据是一致的，所以不用配置分区规则。
- 分片（shard）及分片规则（shard-rule）：分片配置定义该分片绑定的数据源 ID。对于读写分离，read-weight 表示读权重，数值越大表示被分配的读取任务量越大；writable 表示是否可写，主机要设置 true，从机全部设置 false。主从模式下，数据是一致的，所以不用配置分片规则。

循环插入 20 条记录，插入代码片段如下：

```
//测试长连接(1 个线程生命周期只创建一次连接)
   conn = DriverManager.getConnection(
"jdbc:dbrouter://scoreDiffMachinePerformance ", "tester", "123456");
   conn.setAutoCommit(false);
   pStmt = conn.prepareStatement(
"insert into score(id,name,score,course) values(?,?,?,?)");
   pStmt.setQueryTimeout(0);
   int r=0;
   while ((r=insertCount.getAndIncrement()) < INSERT_SQL_NUM) {
    long id = startId+r;
    count++;
    pStmt.setLong(1, id);
    pStmt.setString(2, "yc"+count);
    pStmt.setInt(3, 60);
    pStmt.setString(4, "english");
    pStmt.addBatch();
    if(count%1000==0){
     pStmt.executeBatch();
    }
   }
   pStmt.executeBatch();
   conn.commit();
```

先前介绍过，读写分离有两种数据同步方式：框架同步和数据库同步。前者需要将主库和从库的 writable 属性全部设置 true，通过 TinyDbRouter 自身保证数据的一致性；后者需要设置数据库间的数据同步机制，TinyDbRouter 不负责主库和从库的数据同步。

接着执行查询，会发现主库和从库都有 20 条记录。

6.7.2 分库分表示例

本次实验利用两个数据库，一个是 TPS0，另一个是 TPS1；目的是把 score 的数据平均分配到这两个库；在两台服务器依次把数据库 tps 和表 score 创建好。分库分表方式就不会存在冗余数据。

建表语句与读写分离示例相同，这里不再赘述。

接下来定义分库分表的路由配置，如下示例：

```
<router id="scoreDiffSchemaShard" user-name="tester"
      password="123456" time-out="1800" thread-size="10" >
    <key-generator
class="org.tinygroup.dbrouter.impl.keygenerator.RouterKeyGeneratorLong"
          increment="1" data-source-id="ds0"/>
    <data-source-configs>
        <data-source-config id="ds0" driver="org.apache.derby.jdbc.
        EmbeddedDriver" user-name="" password=""
            url="jdbc:derby:DERBY/TPS0;create=true" test-sql="" />
        <data-source-config id="ds1" driver="org.apache.derby.jdbc.
        EmbeddedDriver" user-name="" password=""
    url="jdbc:derby:DERBY/TPS1;create=true" test-sql="" />
    </data-source-configs>
    <partitions>
        <partition id="abc" mode="2">
            <partition-rules>
                <partition-rule class="org.tinygroup.dbrouter. impl.
                partionrule.PartionRuleByTableName"
                        table-name="score" />
            </partition-rules>
            <shards>
                <shard id="shard0" data-source-id="ds0">
                    <shard-rules>
                        <shard-rule
class="org.tinygroup.dbrouter.impl.shardrule.ShardRuleByIdDifferentSche
ma" table-name="score" primary-key-field-name="id" remainder="0" />
                    </shard-rules>
                </shard>
                <shard id="shard1" data-source-id="ds1">
                    <shard-rules>
                        <shard-rule
class="org.tinygroup.dbrouter.impl.shardrule.ShardRuleByIdDifferentSche
ma"table-name="score" primary-key-field-name="id" remainder="1" />
                    </shard-rules>
                </shard>
            </shards>
        </partition>
    </partitions>
</router>
```

下面介绍一下配置说明。

- 数据源（data-source-config）：每个数据源片段对应一个数据库，包含驱动、URL、用户名、密码和数据源 ID，TinyDbRouter 以数据源 ID 作为唯一标识，不可重复。

- 分区（partition）及分区规则（partition-rule）：每个分区配置包含分区模式和分区 ID。分区模式有两种，1 表示主从模式，适用于读写分离，2 表示分库分表。分区 ID 唯一，不可重复。分区规则定义了规则实现类和表名，PartionRuleByTableName 这个类就表示按表名进行分区路由，所有包含 score 的 SQL 语句都会路由到本分区。
- 分片（shard）及分片规则（shard-rule）：分片配置定义该分片绑定的数据源 ID，本例中定义了两个分片，每个分片对应一个独立数据库。分片规则定义了规则实现类，ShardRuleByIdDifferentSchema 这个类表示按字段取余数进行数据拆分，id 除 2 余数为 0 的记录进入 ds0，余数是 1 的记录进入 ds1。循环插入 SQL 的代码也与读写分离的示例相同，只不过数据均匀分散到两个数据库，奇数记录进入 TPS1，而偶数记录进入 TPS0。

TPS1 查询结果如图 6-10 所示。

	id	name	score	course
☐	10121	yc1	60	english
☐	10123	yc3	60	english
☐	10125	yc5	60	english
☐	10127	yc7	60	english
☐	10129	yc9	60	english
☐	10131	yc11	60	english
☐	10133	yc13	60	english
☐	10135	yc15	60	english
☐	10137	yc17	60	english
☐	10139	yc19	60	english

图 6-10　查询结果 1

TPS0 查询结果如图 6-11 所示。

	id	name	score	course
☐	10120	yc0	60	english
☐	10122	yc2	60	english
☐	10124	yc4	60	english
☐	10126	yc6	60	english
☐	10128	yc8	60	english
☐	10130	yc10	60	english
☐	10132	yc12	60	english
☐	10134	yc14	60	english
☐	10136	yc16	60	english
☐	10138	yc18	60	english

图 6-11　查询结果 2

很明显，数据库记录达到了水平均分的目的，从而扩展了数据库的性能。

6.7.3　集群事务示例

本示例使用 Derby 数据库，共有 TEST0、TEST1 和 TEST2 三个 Schema，然后三个数据库中分别创建表结构 aaa。当然这部分初始化工作示例工程中已实现。

建表语句如下：

```
create table aaa
(
  id int NOT NULL PRIMARY KEY,
  aaa varchar(50) DEFAULT NULL
);
```

集群事务的路由配置：

```
<routers>
    <router
    id="diffSchemaShard" user-name="tester" password="123456"
    thread-size="10">
        <key-generator  class="org.tinygroup.dbrouter.impl. keygenerator.
        RouterKeyGeneratorLong"increment="1" data-source-id="ds0" />
        <data-source-configs>
            <data-source-config
            id="ds0" driver="org.apache.derby.jdbc.EmbeddedDriver"
                      user-name="" password=""
            url="jdbc:derby:DERBY/TEST0;create=true" test-sql="" />
            <data-source-config
            id="ds1" driver="org.apache.derby.jdbc.EmbeddedDriver"
                user-name="" password=""
            url="jdbc:derby:DERBY/TEST1;create=true" test-sql="" />
            <data-source-config
            id="ds2" driver="org.apache.derby.jdbc.EmbeddedDriver"
                user-name="" password=""
             url="jdbc:derby:DERBY/TEST2;create=true" test-sql="" />
        </data-source-configs>
        <partitions>
            <partition id="abc" mode="2">
                <partition-rules>
                    <partition-rule
    class="org.tinygroup.dbrouter.impl.partionrule.PartionRuleByTableName"
                        table-name="aaa" />
                </partition-rules>
                <shards>
                    <shard id="shard0" data-source-id="ds0">
                        <shard-rules>
                            <shard-rule class="org.tinygroup.dbrouter.
                            impl.shardrule.ShardRuleByIdDifferentSchema"
        table-name="aaa" primary-key-field-name="id" remainder="0" />
                        </shard-rules>
```

```
                    </shard>
                    <shard id="shard1" data-source-id="ds1">
                        <shard-rules>
                            <shard-rule class="org.tinygroup. dbrouter.
                            impl.shardrule.ShardRuleByIdDif  ferentSchema"
            table-name="aaa" primary-key-field-name="id" remainder="1" />
                        </shard-rules>
                    </shard>
                    <shard id="shard2" data-source-id="ds2">
                        <shard-rules>
                            <shard-rule class="org.tinygroup.dbrouter.
                            impl.shardrule.ShardRuleByIdDifferentSchema"
                table-name="aaa" primary-key-field-name="id" remainder="2" />
                        </shard-rules>
                    </shard>
                </shards>
            </partition>
        </partitions>
    </router>
</routers>
```

下面的测试用例演示了集群事务，TinyDbRouter 的事务机制：启用自动提交，分布式事务关闭，数据完整性由数据库自身维护；关闭自动提交，分布式事务启用，数据完整性由 TinyDbRouter 框架统一维护。

集群事务成功：

```
public void testTransactionSuccess() throws Exception {
  conn.setAutoCommit(false);//开启事务
  Statement stmt = conn.createStatement();
  try {
   String sql;
   stmt.execute("delete from aaa");
   //插入 10 条数据
   for (int i = 0; i < 10; i++) {
    sql = "insert into aaa(id,aaa) values ("
      + (routerManager.getPrimaryKey(router, "aaa"))
      + ",'ppp')";
    stmt.execute(sql);
   }
   conn.commit();
  } catch (Exception e) {
   conn.rollback();
   throw e;
  }
 ResultSet resultSet = stmt.executeQuery("select count(*) from aaa");
```

```
  if (resultSet.next()) {
   assertEquals(10, resultSet.getInt(1));
  } else {
   Assert.fail("事务测试错误，数据未提交");
  }
 }
```

插入前表 aaa 中没有记录，插入后表 aaa 中有 10 条记录。

集群事务失败：

```
public void testTransactionFailure() throws Exception {
 Statement stmt = conn.createStatement();
 try {
  stmt.execute("delete from aaa");//删除完数据
  String sql;
  stmt.execute("insert into aaa(id,aaa) values (7,'ppp')");//先插入一条数据
  conn.setAutoCommit(false);//开启事务
  //插入 10 条数据
  for (int i = 0; i < 10; i++) {
   sql = "insert into aaa(id,aaa) values ("
     + (i+1)
     + ",'ppp')";
   stmt.execute(sql);
  }
  conn.commit();
 } catch (Exception e) {
  conn.rollback();
 }
 ResultSet resultSet = stmt.executeQuery("select count(*) from aaa ");
 if (resultSet.next()) {
  assertEquals(1, resultSet.getInt(1));
 } else {
  Assert.fail("事务测试错误，数据未提交");
 }
}
```

插入操作因为有重复记录 id，导致异常触发事务回滚，结果只有 1 条记录。

6.7.4 元数据示例

数据库的元数据（MetaData），是描述表结构信息和建立方法的数据。本示例演示如何获取 MetaData 对象。

本示例环境同上一小节集群事务，建表语句和配置都一样，这里不再赘述。下面演示如何使用 TinyDbRouter 获取元数据，以及测试元数据的有效性。

```
Connection connection=null;
try {
  connection = getConnectionWithDiffSchema();
```

```
    Statement stmt = connection.createStatement();
    for (int i = 0; i < 100; i++) {
        String sql = "select * from aaa where id=" + (i + 1) + " order by id";
        ResultSet rs = stmt.executeQuery(sql);
        assertEquals("aaa", rs.getMetaData().getTableName(1));
        assertEquals(2, rs.getMetaData().getColumnCount());
        assertEquals("ID", rs.getMetaData().getColumnName(1));
        assertEquals("AAA", rs.getMetaData().getColumnName(2));
    }
}finally {
    close(connection);
}
```

SQL 语句经过 TinyDbRouter 查询获取结果集，再通过结果集获取 MetaData。通过这种方式能从结果集获取元数据而且和之前 aaa 的表结构相符。

6.7.5 自定义扩展

分区规则扩展如下所述。

分片规则，定义了 SQL 匹配具体数据表的路由规则。TinyDbRouter 提供了如表 6-5 所示的规则。

表 6-5　分区规则

规 则 名	说　明
org.tinygroup.dbrouter.impl.partionrule.PartionRuleByTableName	按表名进行分区匹配，表名可以是虚拟的

分区规则的接口方法，只有一个，就是对 SQL 语句进行判定，如果是当前分区处理的，则返回 true，否则返回 false。

对于分区规则来说，一般来说是写一个类实现分区规则接口，同时还要实现用户定义的扩展参数，以便于根据用户需求情况配置不同的参数进行扩展。这些参数和标准的 POJO 属性完全相同。值得注意的是上面有一些注解，这个是因为 Tiny 框架集成了 XStream 框架来进行 OXM，具体如何使用这些注解，请参考 XStream 相关文档。

在上面的类实现之后，就可以像下面的方式使用了：

```
<partition-ruleclass="org.tinygroup.dbrouter.impl.partionrule.PartionRu
leByTableName"table-name="employee"/>
```

标签名称必须是 partition-rule，class 属性是指具体的实现类，table-name 就是实现类自行定义的属性。当然，客户自己实现的分区规则扩展类，完全可以定义其他必要的属性。

分片规则扩展如下所述。

分片规则的核心有两个方法。

isMatch 方法返回请求 SQL 是否属于当前分片处理；getReplacedSql 方法返回替换好的

SQL 语句，对于在同一个 schema 中的用多个表进行分表的话，就需要替换 SQL 脚本。

第二个方法在大多数的情况下是不必处理的，但是在同库分表的时候，由于表名会做一定的变换，因此需要返回正确的 SQL。

代码示例片段：

```
public class ShardRuleByIdSameSchema extends ShardRuleByIdAbstract {
    public ShardRuleByIdSameSchema() {
    }
    public ShardRuleByIdSameSchema(String tableName,
            String primaryKeyFieldName, int remainder) {
        super(tableName, primaryKeyFieldName, remainder);
    }

    public String getReplacedSql(String sql) {
        Map<String, String> tableMapping = new HashMap<String, String>();
        tableMapping.put(getTableName(), getTableName() + getRemainder());
        return DbRouterUtil.transformSqlWithTableName(sql, tableMapping);
    }
}
```

6.7.6 常见 FAQ

问题 1：TinyDbRouter 作为数据库水平扩展方案，有哪些限制约束？

答：TinyDbRouter 是一种分布式数据访问的技术方案，对各种数据库操作有着良好的支持，但还是有不支持的事项。

- 自动创建数据库表或者自动调整表结构，需要人工执行。
- 自动同步多台数据库之间的数据，需要数据库自身配置，必要时人工切分数据、迁移记录。
- 不支持跨分区关联（Join）查询。
- 分表时只支持游标分页，不支持 SQL 分页。
- 分表规则字段不允许修改。

特别说明一下：TinyDbRouter 支持 JDBC 3.0 和 JDBC 4.0 规范，开发人员实行业务逻辑时，尽量使用标准规范 SQL 代替某些数据库的特性 SQL。

问题 2：TinyDbRouter 可以用于中小型项目吗？

答：当然可以。TinyDbRouter 拥有支持海量数据的分布式数据访问的框架结构，这种架构本身是透明的，不依赖其他框架，无论是大型项目，还是一般的中小型项目，都不会增加开发成本，可以自由选择。而且对于中小型项目来说，采用 TinyDbRouter，将来项目发展成大型项目或者大数据项目，代码重构的工作量和相关风险都可以大幅度降低。

问题 3：TinyDbRouter 支持 JNDI 方式吗？

答：支持。配置方式类似一般 JNDI，需要设置 Web.xml 文件和服务器容器的配置文件，当然也要设置好 TinyDbRouter 自身的路由配置文件。

问题 4：TinyDbRouter 支持哪些数据库？

答：TinyDbRouter 是在 JDBC 驱动层实现的，理论上只要支持 JDBC 3.0 或者 JDBC 4.0 规范的数据库都是支持的，因此常见的 MySQL、Oracle 这些数据库都是没有问题的。

问题 5：TinyDbRouter 支持事务吗？

答：支持。TinyDbRouter 内部采用 Jtom 作为分布式事务统一管理。如果不开启分布式事务的话，默认委托数据库自身管理事务。启用分布式事务管理很简单，Connect 对象关闭自动提交就可以了。

问题 6：分表有哪几种实现方案？

答：分表就物理实现方式而言，可以分为多库分表和单库分表，这两种方案 TinyDbRouter 都是支持的。

- 多库分表：是将一张数据表拆分成几张表分布到不同的库，数据库可以位于同一台服务器也可以位于不同的服务器。
- 单库分表：单库分表是将一张数据表拆分成几张表分布到同一的库，并按一定命名规则定义子表，例如 score 表拆分之后，可以按 score1、score2...等方式来起名。

总结：建议用户使用多库分表方式，因为这种方案可以将 IO 分散在不同的物理设备，可以随服务器数的增加提升集群性能；而单库分表始终存在单台设备的瓶颈压力。

问题 7：如何配置分区分片规则？

答：建议优先使用 TinyDbRouter 内置的几种分区分片规则，如果无法满足要求，再按分区规则扩展、分片规则扩展的说明进行二次开发。

分区规则：TinyDbRouter 内置的分区规则只有一种 PartionRuleByTableName，按 SQL 语句涉及的表名进行路由匹配，一般而言足够使用了。

分片规则：TinyDbRouter 内置的分片规则有以下三种。

- org.tinygroup.dbrouter.impl.shardrule.ShardRuleByFieldValue：此分片规则是按 SQL 语句的参数值进行分片匹配，较少使用。
- org.tinygroup.dbrouter.impl.shardrule.ShardRuleByIdSameSchema：单库分表下根据主键字段按余数散列进行分片匹配。
- org.tinygroup.dbrouter.impl.shardrule.ShardRuleByIdDifferentSchema：多库分表下根据主键字段按余数散列进行分片匹配。

如果用户的需求场景包含一定业务逻辑，例如按主键字段进行分块的匹配规则，Id：1-10000 匹配到分片 1，Id：10001-20000 匹配到分片 2。很可惜，目前 TinyDbRouter 内置的分片规则不包含这种场景，需要用户自行扩展。

6.8　本 章 总 结

随着应用系统的不断发展，单机数据库已经无法满足应用需求。升级服务器只能短时间内解决问题，增加的性能有限。数据库的水平扩展是一种有效的解决方案。

本章首先介绍了常见数据库的扩展方案，通过对比 DAO 层、DataSource 层、JDBC 层和 Proxy 层四种不同方式实现数据库的水平扩展，分析各种实现的利弊，然后详细介绍水平扩展中涉及到的读写分离和分库分表两种模式。目前 TDDL、Routing4DB 和 MyCat 等开源框架都有良好实现，但也存在一些限制。TinyDbRouter 集各家之所长，在 JDBC 层实现数据库的水平扩展。TinyDbRouter 是 Tiny 框架中非常重要也是非常独立的一个模块，它完全可以独立使用。也可以通过简单扩展，针对业务开发强有力的分库分表支持。本章重点介绍了该框架的设计和实现以及相关应用实例。通过使用 TinyDbRouter，可以对数据库实现很好的扩展，解决海量数据访问瓶颈，并且具有良好的普适性和兼容性，是数据库水平扩展的不错选择。

第 7 章　服务层实践

什么是服务层？简单地理解，服务层介于表现层访问和业务逻辑层之间，业务层暴露服务，供表现层调用，而具体业务逻辑实现，则完全透明。

Tiny 服务要做的也是这个事情，只是对传统服务开发提出了一些改进，缩减了开发和维护的周期，增强了稳定性和可控性。

7.1　服务层简介

服务层一般用于衔接两个需要进行交互的层，其典型场景就是连接表现层和业务逻辑层。通过服务层，表现层不需要了解业务逻辑层的流转及实现细节，服务层声明了其能做什么，表现层则通过服务层的声明，根据自己的需要进行调用。服务和面向服务的出现，使得整个解决方案更有价值、更有层次。与表现层相比，服务层提供了松散的耦合，可以按商定的协议，提供可重用、跨平台服务的部署。

7.1.1　传统服务层

传统实践中，服务层一般都通过定义一系列的接口方法，来进行服务声明。通过接口方法的方式，当发生跨模块调用时，只需要为调用方提供接口包，接口就可以轻松完成调用。

7.1.2　Tiny 服务层

通过接口方法对外提供服务固然简单，但是一旦发生服务变更，例如方法名的变更、参数个数的调整、类名或者包名的重构等，哪怕仅仅是新增一个接口方法，若调用方需要使用新增的接口方法，均需要再度为对方提供新的接口包。

试想如果不需要为调用方提供接口包，对于调用方来说，进行服务调用的时候，要如何调用呢。稍做分析，作为一个服务，无外乎两个关键元素：服务标识和服务参数。服务标识确定了服务的唯一性，配合服务参数即可发起一次服务调用。Tiny 框架基于以上的思路，对自己的服务层进行了定义。

Tiny 服务调用由 CEPCore 进行，因此可以非常方便地进行扩展，对接提供任意的调用方式，达到一次开发到处使用的效果。例如，框架本身提供了将服务直接发布为 webservice 的功能，开发者只需要引入对应依赖，进行少量的全局参数配置即可。

7.2 Tiny 服务层介绍

服务标识确定了服务的唯一性，配合服务参数即可发起一次服务调用，一次服务调用可以表示为:process（serviceId，parameters）。

结合前面的实践，即可得接口 process（String serviceId,Context paramters），通过该接口即可完成服务调用。但实际服务调用可能还需要一些额外信息，于是再进一步将服务 id 和参数进行融合，得出接口方法。

```
public interface CEPCore {
/**
 * 处理事件
 */
void process(Event event);
}
```

Event 描述了一个请求事件。其结构层次如图 7-1 所示。

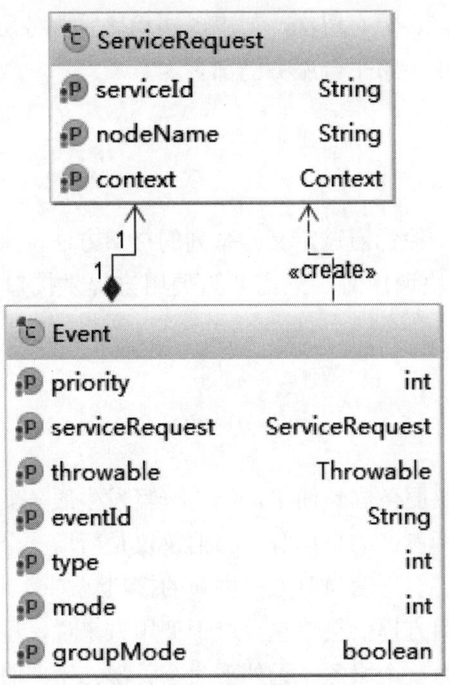

图 7-1　Event 对象

类图中属性含义如表 7-1 所示。

表 7-1　Event相关类属性及说明

类	属　性	说　明
Event	type	类型，请求/响应，默认为请求，取值为 EVENT_TYPE_REQUEST 或者 EVENT_TYPE_RESPONSE
	eventId	事件的唯一标识，无意义
	serviceRequest	请求对象
	throwable	当远程调用在执行方执行时发生异常时，执行方的异常信息会通过此属性传递回调用方
	proiority	保留属性，暂时无用
	mode	模式，同步/异步，默认为同步，取值为 EVENT_MODE_SYNCHRONOUS 或者 EVENT_MODE_ASYNCHRONOUS
	groupMode	分组模式，保留属性
ServiceRequest	nodeName	请求的目标节点，指定时，该请求只会在该节点执行，若该节点不存在，则抛出异常。数据格式为目标节点的 ip:port:node-name 或者 node-name。一般情况下，无需为其指定值，远程请求会被 cepcore 随机分配到提供该服务的节点
	serviceId	所调用服务的唯一标识
	context	上下文，类 map 结构，用于传递参数

7.2.1　服务声明

作为一个明确的服务，至少需要以下几个元素：入参、结果集和服务标志。由此，Tiny 服务层定义了一个统一的服务接口，如图 7-2 所示。

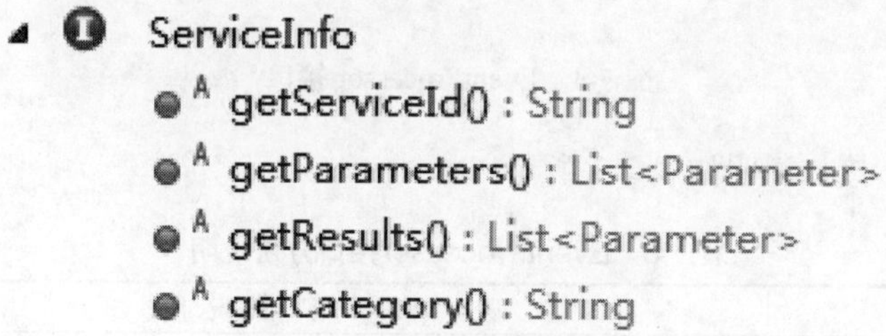

ServiceInfo

- getServiceId() : String
- getParameters() : List<Parameter>
- getResults() : List<Parameter>
- getCategory() : String

图 7-2　服务接口

服务信息接口如表 7-2 所示。

表 7-2　服务信息方法说明

方 法 名 称	方 法 说 明
getServiceId	返回服务 ID
getParameters	返回参数列表。若参数为空，则需要返回一个空列表
getResults	返回结果集列表。若结果集为空，则需要返回一个空列表
getCategory	返回服务分类

如表中说明，此服务接口定义了服务的基本信息，通过此接口，后续会衍生不同的

实现。

7.2.2 服务注册

完成服务的声明接口设计后，需要进行服务注册，将声明的服务注册到 CEPCore 中，再由上一小节中的 Process 接口进行调用执行。

考虑到服务可能有不同的实现，而不同实现方式的服务在执行时经过的处理不一样，于是需要为不同的服务实现设计自己的服务处理器。再由服务处理器 EventProcessor 向 CEPCore 注册服务。

EventProcessor 接口定义如图 7-3 所示。

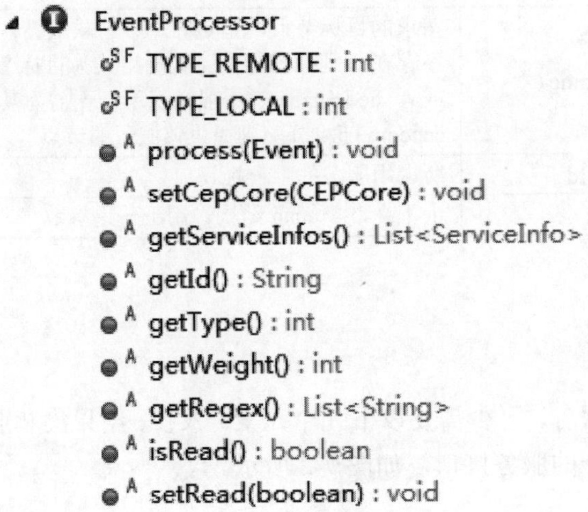

EventProcessor
TYPE_REMOTE : int
TYPE_LOCAL : int
process(Event) : void
setCepCore(CEPCore) : void
getServiceInfos() : List<ServiceInfo>
getId() : String
getType() : int
getWeight() : int
getRegex() : List<String>
isRead() : boolean
setRead(boolean) : void

图 7-3　EventProcessor 接口

EventProcessor 接口说明如表 7-3 所示。

表 7-3　EventProcessor接口方法说明

方 法 名 称	方 法 说 明
process	处理请求事件
setCepCore	设置 CEPCore
getServiceInfos	返回当前处理器中的所有服务
getId	返回处理器 ID。其中 ID 必须唯一
getType	返回处理器类型 远程（EventProcessor.TYPE_REMOTE） 本地（EventProcessor.TYPE_LOCAL）
getWeight	返回处理器权重。只有处理器类型为远程处理器时才起作用
getRegex	返回正则。符合正则的请求会通过此 EventProcessor 进行处理，不推荐使用。建议返回 null 或者空列表
isRead	返回是否已被读取状态
setRead	设置读取状态

EventProcessor 从类型上有 TYPE_REMOTE 及 TYPE_LOCAL 两种。

CEPCore 会为自己创建一个版本号，默认为 0。每当有 EventProcessor 注册或者注销时，CEPCore 就会变更自己的版本号（目前是+1）。注册 EventProcessor 时，如果该 EventProcessor 已存在，则会删除已有的 EventProcessor 信息，再重新注册该 EventProcessor。

```
public void registerEventProcessor(EventProcessor eventProcessor) {
    logger.logMessage(LogLevel.INFO, "开始 注册 EventProcessor:{}",
            eventProcessor.getId());
    changeVersion(eventProcessor);
    if (processorMap.containsKey(eventProcessor.getId())) {
        removeEventProcessorInfo(eventProcessor);
    }
    addEventProcessorInfo(eventProcessor);
    logger.logMessage(LogLevel.INFO, "注册 EventProcessor:{}完成",
            eventProcessor.getId());
}
```

CEPCore 通过 EventProcessor 的 getServiceInfos()接口获取其中的所有服务，将服务信息与服务 id 一一映射存放。并存放为服务 id 储存其对应的 EventProcessor 信息。当 EventProcessor 注销时，会删除注册时存储的信息。

```
public void unregisterEventProcessor(EventProcessor eventProcessor) {
    logger.logMessage(LogLevel.INFO, "开始 注销 EventProcessor:{}",
            eventProcessor.getId());
    changeVersion(eventProcessor);
    processorMap.remove(eventProcessor.getId());
    removeEventProcessorInfo(eventProcessor);
    logger.logMessage(LogLevel.INFO, "注销 EventProcessor:{}完成",
            eventProcessor.getId());
}
```

当发生服务调用时，CEPCore 根据服务 id 获取 EventProcessor，再调用 EventProcessor 的 process（Event event）接口，由 EventProcessor 去执行真正的服务逻辑。

服务 id 理论上不允许重复。

服务调用时，若根据服务 id 获得多个 EventProcessor，则优先执行 TYPE_LOCAL 的 EventProcessor。若 TYPE_LOCAL 的 EventProcessor 也不止一个，则执行获取的 EventProcessor 列表中靠前的一个（即先注册的 EventProcessor）。若获得的 EventProcessor 都是 TYPE_REMOTE，则根据 EventProcessor 的权重进行执行。例：CEPCore 根据服务 ID 查询得到 A、B、C 三个 EventProcessor，均为 TYPE_REMOTE 的 EventProcessor，三者的权重分别为 20、20、10，则执行三个 EventProcessor 的概率分别为 40%、40%、20%。

7.2.3　小结

本节讲述了一种新的服务层模式，使得开发者可通过 process（event）的方式进行服务调用，而无需关心服务提供者真正的实现。服务被设定为由服务标识、入参和结果集等关键信息组成。定义服务接口 ServiceInfo 和事件处理器接口 EventProcessor，事件处理器负责将服务信息 ServiceInfo 注册至 CEPCore，流程如图 7-4 所示。

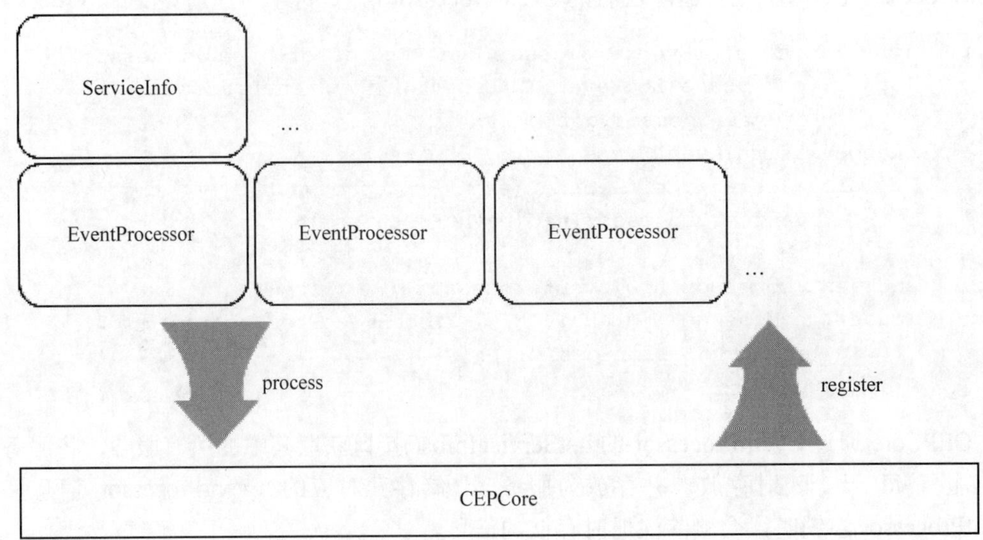

图 7-4　CEPCore 层次图

7.3　本地服务层实践

本节提供一种服务层实践，该实践允许将任意的 Java 方法发布为一个服务。由于本实践支持远程调用，因此发布为服务的方法所涉及的参数对象需要实现可序列化接口，在代码中会进行序列化接口检查。

7.3.1　服务描述

由于是将一个 Java 方法发布为服务，那么就需要为服务和 Java 方法建立起一个映射关系。首先需要描述需要发布的 Java 方法，此处不做赘述。

如图 7-5 所示，完整地描述了服务涉及的对象关系。

ServiceComponent 对应一个 Java 类或者接口，type 为该类的类型全路径，不支持泛型。

ServiceMethod 对应该类中的一个方法。methodName 为方法名，serviceId 为服务标识。serviceParameters 对应方法的参数列表，顺序为从左到右，若无参，则该列表为一个长度为 0 的 list，serviceResult 为方法返回值，若无返回值，则该返回值类型为 void。

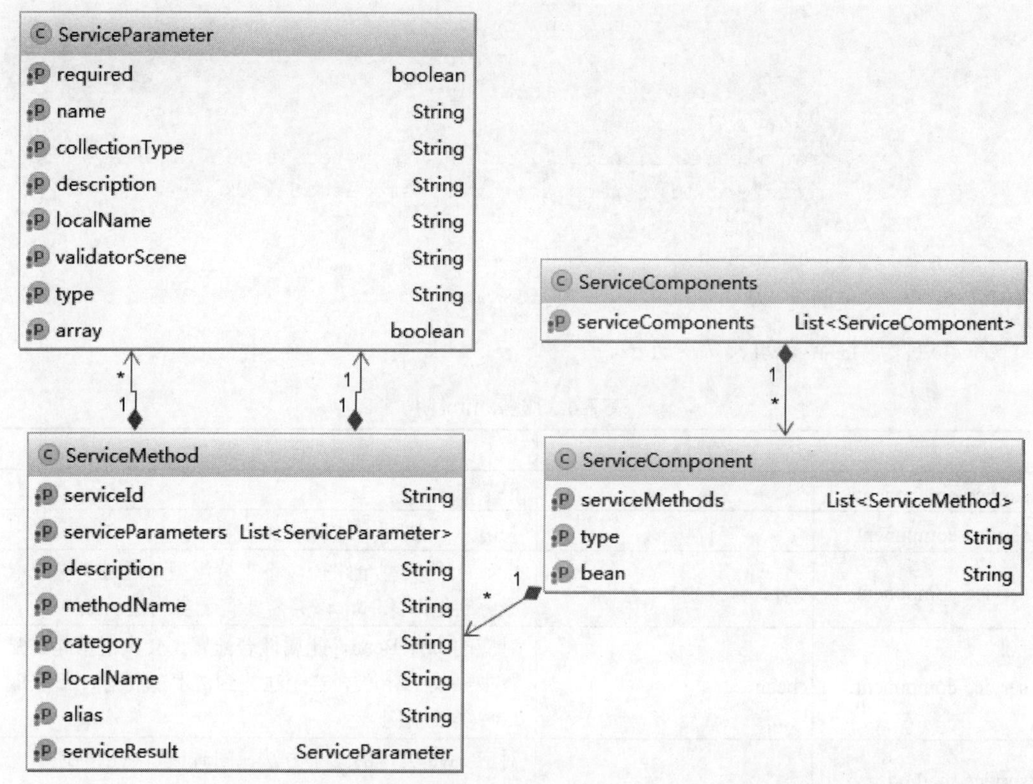

图 7-5　服务对象类图

ServiceParameter 描述了方法参数及返回值。name 为该参数或者返回值在上下文 context 中的 key 值，type 为其类型全路径，isArray 描述了该参数或者返回值是否是数组类型。如果类型是数组类型，则 type 为数组内元素的类型，isArray 为 true。collectionType 描述了该参数是否是集合类型，若参数是集合类型，则 type 为集合内元素的类型，collectionType 为集合类型。

服务通过*.service.xml 文件进行描述，通过 xstream 进行反序列化，如下所示为其 xml 文件格式。

```
<service-components>
   <service-component bean="GeneratorService"
        type="org.tinygroup.service.test.service.GeneratorService">
        <service-method name="serviceUserList" local-name=
        "serviceUserList"
            service-id="serviceUserList" version="" description=
            "用户(List)"
            method-name="userList">
         <service-parameters>
          <service-parameter name="user"
                type="org.tinygroup.service.test.base.ServiceUser"
                required="true" is-array="false" />
                <service-parameter name="users"
```

```
            type="org.tinygroup.service.test.base.ServiceUser"
        collection-type="java.util.List"
        required="true" is-array="false" />
    </service-parameters>
    <service-result name="userList" required="true" is-array="true"
    type="org.tinygroup.service.test.base.ServiceUser" />
  </service-method>
 </service-component>
</service-components>
```

各节点及属性含义如表 7-4 所示。

表 7-4　服务xml说明

节　　点	属　　性	含　　义
service-components		根节点
service-component		类节点，对应一个 Java 类
service-component	type	Java 类的类型全路径，不支持泛型。通过类型获取服务实例对象时，该类需要有无参构造函数
service-component	bean	对应的 Java Bean，此属性若配置，会先根据此处配置去寻找 Java 类，若无法找到，才会根据 type 获取 Java 类及实例
service-method		对应 Java 类中的一个方法，同时该节点也描述了一个要发布的服务
service-method	name	标志名，一般设置为 service-id 同值
service-method	local-name	预留属性，暂无意义
service-method	service-id	服务标志，全局唯一
service-method	method—name	对应的要发布为服务的方法名
service-method	description	服务描述
service-parameters		对应 Java 方法的参数列表，描述了服务的入参列表
service-parameter	name	服务入参在上下文中的 key 值
service-parameter	type	服务入参类型全路径。当入参是集合或者数组时，此类型为集合或者数组的元素类型
service-parameter	collection-type	当参数是集合类型时，此处填写集合的类型
service-parameter	is-array	当参数是数组类型时，此处为 true
service-parameter	required	参数是否是必需
service-result		对应 Java 方法的返回值，描述了服务结果
service-result	name	服务结果在上下文中的 key 值
service-result	type	服务结果类型全路径。集合或者数组时，此类型为集合或者数组的元素类型。当方法返回值为 void 时，此处为 void
service-result	collection-type	当服务结果是集合类型时，此处填写集合的类型
service-result	is-array	当服务结果是数组类型时，此处为 true

7.3.2　服务定义

根据前几节的描述，服务定义需要实现接口 ServiceInfo，便于注册到 CEPCore 进行统一管理。因此定义一个 ServiceInfo 的实现类 ServiceRegistryItem，如图 7-6 所示。

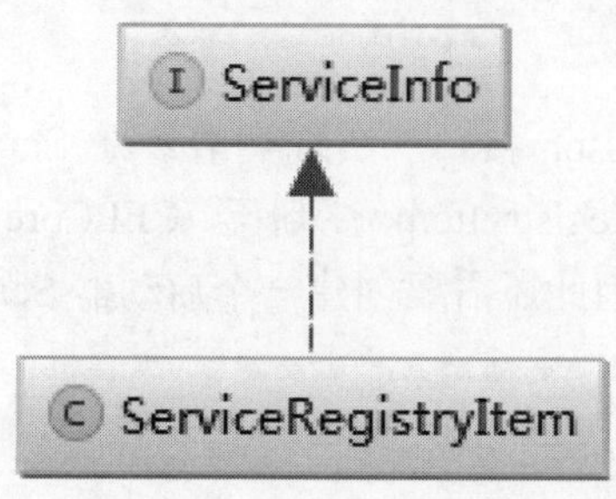

图 7-6　服务定义

其中属性 service 接口是该实现中，服务的真正执行主体，该接口仅有一个 execute 方法。

```
public interface Service {
 /**
   * 执行服务
   */
  void execute(Context context);
}
```

在此实现中，service 的实现类会根据前面 xml 中配置的类、方法名以及方法参数列表，获得发布为服务的方法。当执行该 execute 方法时，从上下文的 Context 中获取方法所需的参数，再反射执行该方法，具体参见实现类 ServiceProxy。

7.3.3　服务收集与注册

前两小节完成了服务描述与定义，接下来需要做的事情就是配置服务描述，然后将服务描述信息转换为标准的服务定义，注册到 CEPCore 之中。完成这个步骤后，就可以通过 CEPCore 的 process（Event event）方法进行统一的服务调用。

根据前面章节介绍的配置方式，定义*.service.xml 为服务描述文件，通过 xstream 进行反序列化，此处不做赘述，参见 XmlServiceFileProcessor。

通过 XmlServiceFileProcessor 收集*.service.xml 并将其转换为 ServiceRegistryItem，存入 ServiceRegistryItem 的管理器 ServiceProvider。因此需要在前面章节中提到的文件扫描器中添加该文件处理器。

```
<bean id="fileResolver" scope="singleton"
    class="org.tinygroup.fileresolver.impl.FileResolverImpl">
```

```
    <property name="fileProcessorList">
        <list>
            <ref bean="i18nFileProcessor" />
            <ref bean="xStreamFileProcessor" />
            <ref bean="xmlServiceFileProcessor" />
        </list>
    </property>
</bean>
```

然后通过实现 EventProcessor 接口（实现类请参见 ServiceEventProcessorImpl），将 ServiceProvider 中的 ServiceRegistryItem 注册至 CEPCore 之中，该过程通过启动器 ApplicationProcessor 来进行，因此还需要创建一个启动器 ServiceApplicationProcessor。

```
<application-processors>
    <application-processor bean="fileResolverProcessor"></application-
    processor>
    <application-processor bean="serviceApplicationProcessor">
    </application-processor>
</application-processors>
```

7.3.4 服务执行

CEPCore 根据服务标识调用 process 方法时，CEPCore 会根据服务标识，查找已注册的所有 EventProcessor，找到 ServiceEventProcessorImpl 后，调用 ServiceEventProcessorImpl 的 process 方法，该方法会执行 ServiceProvider 的 execute 方法，从而最终执行 service 接口的 execute 方法，该接口的实现类为 ServiceProxy。本小节主要对 ServiceProxy 进行讲解。

ServiceProxy 类存储了服务所对应的 Java 方法的所有信息，包括该 Java 类实例、方法对象、参数列表、返回值以及方法名。

```
private Object objectInstance;
    private Method method;
    private List<Parameter> inputParameters;
    private Parameter outputParameter;
    private String methodName;
```

ServiceProxy 类的核心方法是 execute 方法。

```
public void execute(Context context) {
    if (method == null) {
        method = findMethod();
    }
    //获取所有参数的值
    Object[] args = getArguments(context);
    try {
        if (outputParameter != null
                && !outputParameter.getType().equals("void")
```

```
                && !outputParameter.getType().equals("")) {
            //反射执行 Java 方法
            Object result = MethodUtils.invokeMethod(objectInstance,
                    methodName, args, method.getParameterTypes());
            context.put(outputParameter.getName(), result);
        } else {
            MethodUtils.invokeMethod(objectInstance, methodName, args,
                    method.getParameterTypes());
        }
    } catch (Exception e) {
        //dealException(e);
        throw new ServiceRunException(e);
    }
}
```

该方法首先会判断方法对象是否存在，如果不存在，则会根据参数列表、方法名和返回值信息从 Java 类实例对应的 class 中查找真正方法。如果方法不存在，则直接抛出运行时异常。

```
private Method findMethod() {
    Class<?>[] argsType = null;//参数类型列表
    if (inputParameters != null) {
        argsType = new Class<?>[inputParameters.size()];
        for (int i = 0; i < argsType.length; i++) {
            argsType[i] = getClassByName(inputParameters.get(i));
        }
    }
    try {
        //根据方法名和参数类型获取 Java 方法
        return objectInstance.getClass().getMethod(methodName, argsType);
    } catch (Exception e) {
    logger.errorMessage("获取方法时出现异常,方法名:{methodName}",
      e, methodName);
    throw new RuntimeException("获取方法时出现异常,
    方法名:{" + methodName + "}", e);
    }
}
```

查找到服务对应的方法后，会根据配置的参数列表信息，从上下文 context 中获取参数的实际值。若参数为必输参数，但取值为空，则抛出参数为空异常。

```
private Object[] getArguments(Context context) {
    Object args[] = null;
    if (inputParameters != null && inputParameters.size() > 0) {
        args = new Object[inputParameters.size()];
        for (int i = 0; i < inputParameters.size(); i++) {
            args[i] = getArgument(context, i);
        }
```

```
    }
    return args;
}

private Object getArgument(Context context, int i) {
    Parameter des = inputParameters.get(i);
    String paramName = des.getName();
    //通过工具类获取对应参数在上下文中的值
    Object obj = Context2ObjectUtil.getObject(des, context, loader);
        if (obj == null) {
        if (des.isRequired()) { //如果输入参数是必需的，则抛出异常
    logger.logMessage(LogLevel.ERROR, "参数{paramName}未传递", paramName);
            throw new ParamIsNullException(paramName);
        } else { //如果输出参数非必需，直接返回 null
            return null;
        }
    }
    if (!(obj instanceof String)) {
        return obj;
    }
    return ValueUtil.getValue((String) obj, des.getType());
}
```

完成以上步骤后，execute（Context）会根据参数列表反射执行真正的对象方法，如果服务配置了返回值，则将方法反射的执行结果根据配置的 key 放入上下文，否则仅反射执行不做任何处理。

```
try {
        if (outputParameter != null
                && !outputParameter.getType().equals("void")
                && !outputParameter.getType().equals("")) {
            //反射执行 java 方法
            Object result = MethodUtils.invokeMethod(objectInstance,
                    methodName, args, method.getParameterTypes());
            context.put(outputParameter.getName(), result);
        } else {
            MethodUtils.invokeMethod(objectInstance, methodName, args,
                    method.getParameterTypes());
        }
} catch (Exception e) {
        throw new ServiceRunException(e);
}
```

7.3.5 小结

本节讲述了 Tiny 服务定义、发布以及调用。首先将需要发布为服务的 Java 方法依照

规范描述为*.service.xml，然后通过文件扫描处理器 XmlServiceFileProcessor 收集*.service.xml 的服务信息，通过 xstream 对文件进行反序列化，得到 ServiceComponent，再将 ServiceComponent 及其下的 ServiceMethod 转换为 ServiceRegistryItem，将 ServiceRegistryItem 注册至 ServiceProvider 之中。然后再通过 EventProcessor 接口的实现类 ServiceEventProcessorImpl 将 ServiceProvider 之中的 ServiceRegistryItem 注册至 CEPCore。至此，整个开发配置服务注册过程完毕。服务扫描注册的类关系如图 7-7 所示。

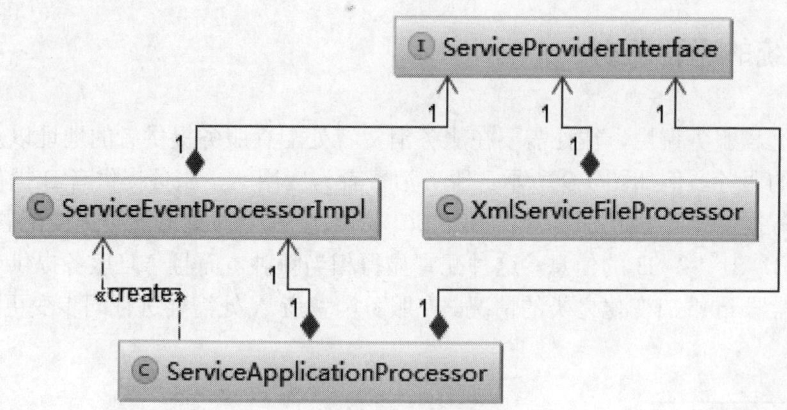

图 7-7　服务实现扫描注册

进行服务调用时，CEPCore 的 process 方法会根据服务标识找到 ServiceEventProcessorImpl，再通过该类的 process 方法调用 ServiceProvider 的 execute 方法，在该方法中会执行 ServiceProxy 的方法，对服务对应的 Java 方法进行反射执行，从而完成这个服务的调用过程。实现层次如图 7-8 所示。

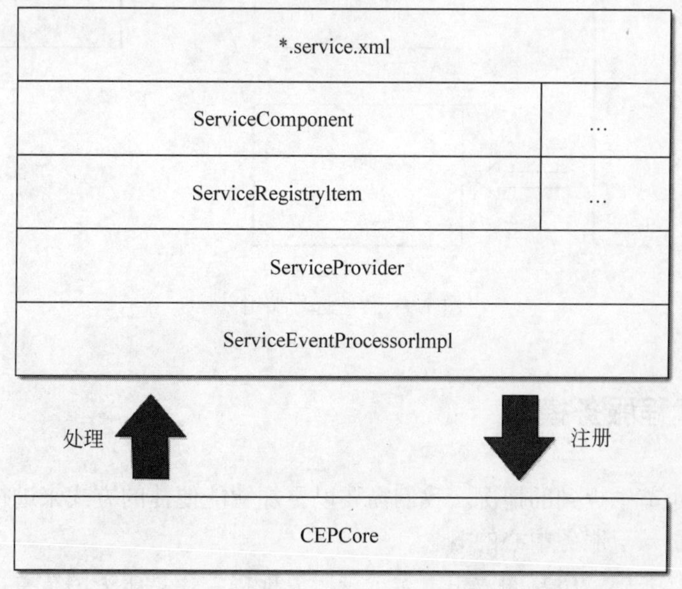

图 7-8　服务实践层次图

7.4 远程服务实践

目前远程服务调用的实践很多，方案也很多，本节我们介绍 Tiny 远程服务的实现原理，拿传统的远程服务实现和 Tiny 做对比，以此说明 Tiny 在传统方案上的总结和改进。

7.4.1 传统的远程服务

传统的远程服务调用，往往需要在服务消费者处配置服务提供者的地址以及服务提供者所能提供的服务。例如图 7-9 所示。服务消费者为应用 A，服务提供者 B 提供服务 S1、S2、S3，服务提供者 C 提供服务 S4、S5、S6。那么在应用 A 处必然会需要配置类似于 C：S4_S5_S6，B：S1_S2_S3 的信息，这种配置显得相当臃肿。而且一旦服务提供者发生了变化，如服务器器 ip 端口变化之类的情况。在服务消费者 A 处需要进行同步变更，显得相当麻烦。

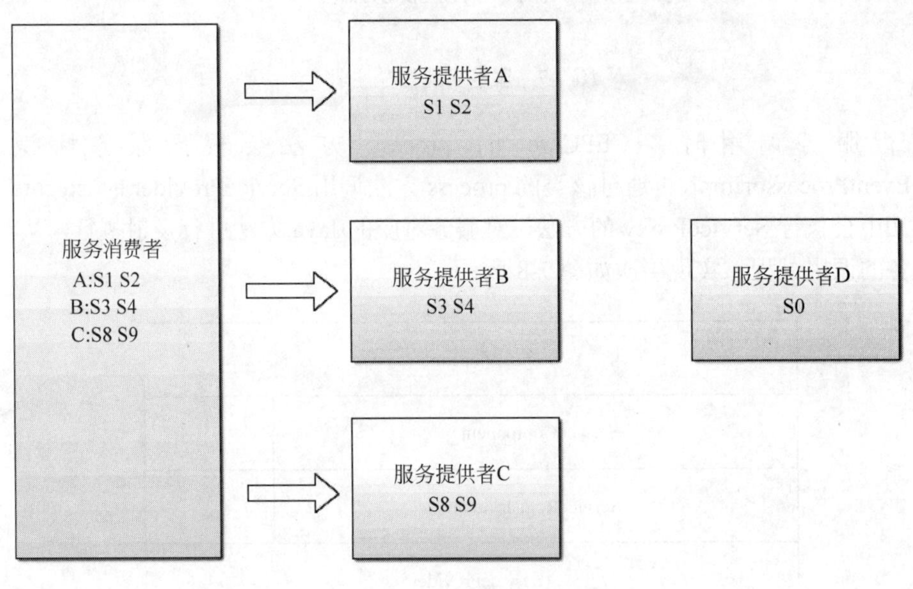

图 7-9 传统远程调用

7.4.2 新的远程服务模式

面对 7.4.1 小节中提到的情况，我们需要以更加智能便捷的方式来进行远程服务提供及调用。由此，引入了服务中心的概念。

在服务中心体系中，所有的应用，无论是服务提供者还是服务消费者，均不再需要知晓对方的地址信息。应用只需要知晓服务中心（ServiceCenter，SC）的地址信息即可。

所有的应用在加入网络时只需要向 SC 发起注册信息，告知当前应用的地址信息以及服务信息即可，SC 会将该信息推送至当前网内已有的其他应用上，同时也会将其他应用的信息返回至当前应用。

由于 SC 的推送，网内所有应用都有其他应用的地址信息以及所能提供的服务信息。当服务消费者发起服务调用时，即能从获得的推送信息中获取该服务的服务提供者，从而直接向该服务提供者发起调用执行。

由前面的描述可以将普通应用与服务中心之间的关系以及启动、注册和调用的整个过程，如图 7-10 所示，归纳为以下几步：

（1）应用 A 加入，将自身地址以及服务信息注册至 SC。

（2）应用 B 加入，将自身地址以及服务信息注册至 SC，SC 将应用 A 的信息回传给应用 B，同时将应用 B 的信息推送给应用 A。

（3）应用 C 加入，将自身地址及服务信息注册至 SC，SC 将应用 A、B 的信息回传给应用 C，同时将应用 C 的信息分别推送给应用 A、B。

（4）应用 A 发起服务 S0 调用，查找 SC 推送的 BC 的信息，发现服务 S0 存在于 B 中，向应用 B 发起 S0 调用并返回。

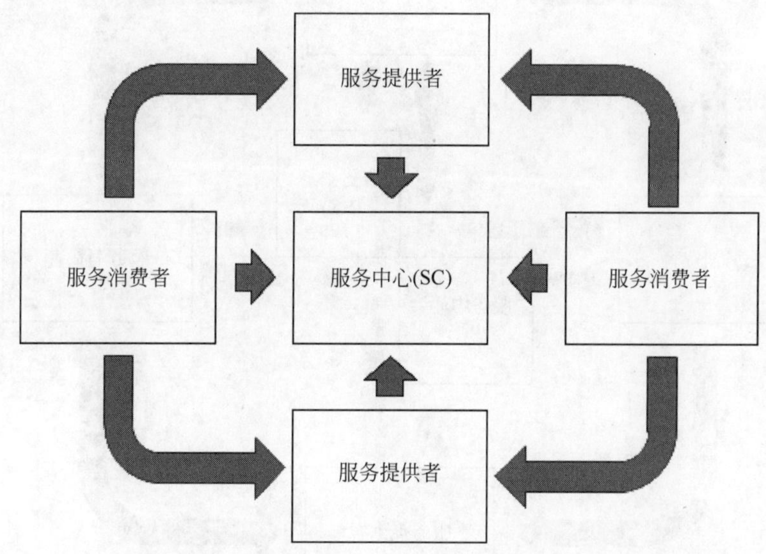

图 7-10　服务中心体系

实际上，此种远程服务调用方式与前面提到的本地服务调用方式完全一样，均是通过 CEPCore 的 process（Event event）方法进行。对于开发者来说，当他发起一个服务调用时，并不知道该服务调用究竟是本地调用还是远程调用。这种调用方式的优点显而易见，开发者在进行服务调用时根本无须关心服务究竟是部署在本地还是部署在远程。

在项目初期，服务数量少，访问量不大、服务器压力小的情况下，服务可能是全部部署在本地。随着项目的发展，用户数不断扩大，访问量越来越大，服务器压力开始显现，后台需要对服务进行拆分部署，服务开始被部署到不同的服务器上，开发者需要做的事情仅仅是拆分服务，重新部署，无需再进行任何其他的变更。当有新的业务模块上线时，也只需要将其加入 SC 网络之中即可。采用这种模式，可以轻松地实现服务器的水平扩展。

7.4.3 多服务中心支持

前一小节对服务中心模式进行了初步的介绍，服务中心是整个远程调用模式中的核心。开发者不禁要担心，如果服务中心挂掉会发生什么情况？

如图 7-11 所示，假设目前已有 3 台应用 A、B、C 以及服务中心 SC，且应用 A、B、C 均向 SC 完成了注册，当前 A、B、C 3 台应用均已两两相知。此时若 SC 挂掉，由于请求的调用是应用之间直接调用，无须经过 SC，即可发现 SC 挂掉不会对已有的应用网络中的服务调用产生影响。但此时，假设应用 C 也挂掉，A、B 发现 C 不可用时，会将其从自身移除。当 C 再次重启时，由于 SC 已挂掉，C 将无法完整注册，于是 C 便无法再次加入 AB 的应用网络之中。

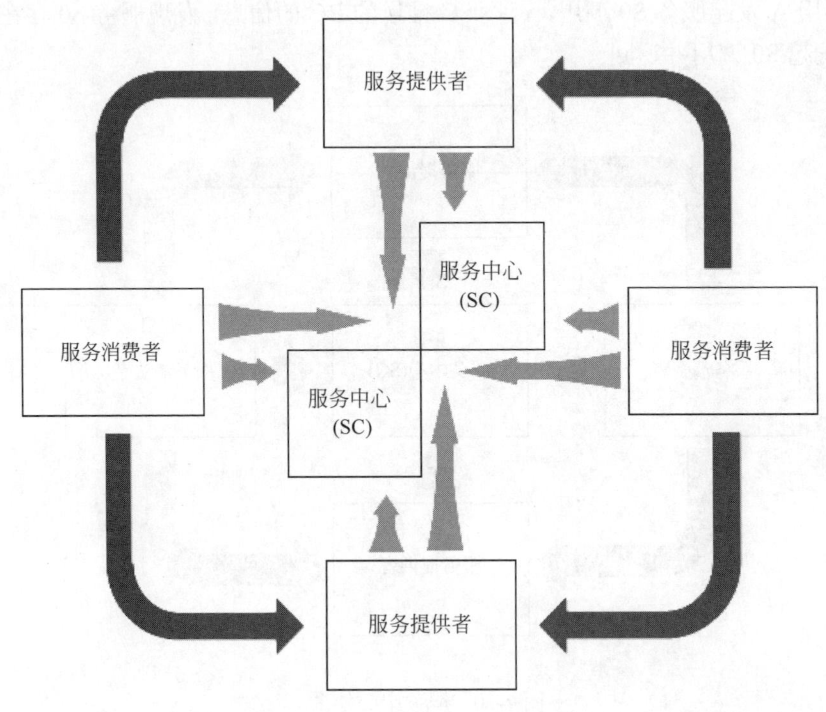

图 7-11 多服务中心体系

于是，为了保证 SC 体系应用网络的健壮性，需要进行以下改进。

需要支持多服务中心，当一个服务中心挂掉时，还有其他服务中心可用，使得应用网络可以加入新的应用。服务中心挂掉，完成重启后，需要能再次加入应用网络，即对于挂掉的服务中心，应用需要对其进行重连。改进后的多服务中心模式已能应对大部分的场景。

（1）当只有一个服务中心时：

服务中心挂掉，应用 ABC 之间调用不受影响。ABC 开始重连 SC。

应用 C 挂掉，AB 将其移除，AB 调用 C 提供的服务时，将无法成功。

应用 C 启动，无法再次加入 AB 的网络之中，AB 依旧无法调用 C 的服务，C 重连 SC。

SC 启动，ABC 再次重连上 SC，并重新注册，ABC 再次处于同一应用网络，服务可以相互调用。

（2）服务中心不止一个时：

服务中心 SC1 挂掉，SC2 正常，应用 ABC 之间调用不受影响。ABC 开始重连 SC1。

应用 C 挂掉，AB 将其移除，AB 调用 C 提供的服务时，将无法成功。

应用 C 启动，连接 SC1 失败，连接 SC2 成功，注册成功，再次加入 AB 网络之中，ABC 再次处于同一应用网络，服务可以相互调用。C 重连 SC1。

SC1 启动，ABC 重连成功。

多服务中心不仅仅解决了单点故障的问题，还可以用于进行服务器隔离。

当只有一个服务中心时，只要是连接到服务中心的服务器均会被推送到网内的其他服务器上，因此连接到同一个服务中心的服务器是两两相知的，如图 7-12 所示。

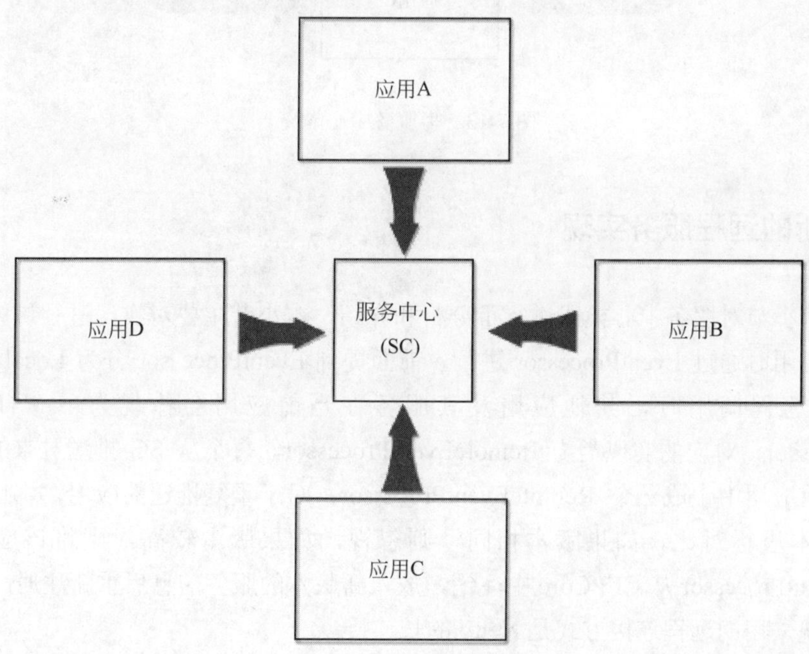

图 7-12　单服务中心体系

但在实际应用中，所有服务器两两相连是完全无必要的，如图 7-12 所示的网络中。也许应用场景 D 和 AB 没有任何交互，或者出于安全考虑，不允许 D 与 AB 之间发生调用，虽然可能通过权限控制等方式进行处理，但从物理上进行隔离也许才是最好的方案。而多服务中心正好能解决这种需求，如图 7-13 所示。

图中 CD 通过服务中心相互连接，ABC 通过服务中心相互连接，而 D 与 AB 由于连接的服务中心不同，并不知道对方的存在，从物理上被隔离。

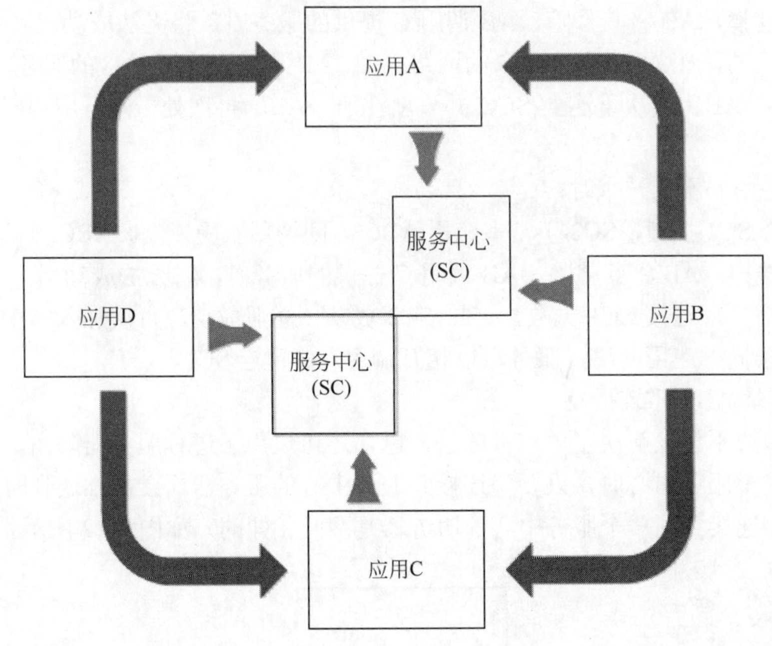

图 7-13　多服务中心隔离

7.4.4　新的远程服务实现

前面两小节对服务中心模式进行了分析和介绍，本小节主要对实现进行讲解。

服务调用时通过 EventProcessor 进行，前面提到 EventProcessor 分为 Local 和 Remote 两种。在远程调用时，其他应用及其服务在当前应用会体现为一个 Remote 的 EventProcessor，对应的实现类为 RemoteEventProcessor。每个从 SC 推送过来的外部应用都会在当前应用中生成一个 RemoteEventProcessor，对于重复推送的应用，本地代码会对其服务版本进行对比，如果版本相同，则忽视。如果版本较高，则将该应用已有的 RemoteEventProcessor 从 CEPCore 中注销，放入新版本的服务信息后重新注册。

本实现采用的远程连接方式是 Netty 的长连接。

在应用网络之中，应用被分为两种：一种是服务中心（SC），另一种是普通应用。因此，定义了接口 CEPCoreOperator，分别为两者提供实现。SC 的实现为 ScOperator，普通应用的实现为 NodeOperator。接口定义如表 7-5 所示。

```
public interface CEPCoreOperator {
void startCEPCore(CEPCore cep);
void stopCEPCore(CEPCore cep);
void setCEPCore(CEPCore cep);
void setParam(XmlNode node);
}
```

表7-5 CEPCoreOperator接口说明

方　法	说　明
startCEPCore	在CEPCore启动时调用该方法启动Operator
stopCEPCore	在CEPCore停止时调用该方法停止Operator
setCEPCore	设置CEPCore
setParam	设置Operator所需的参数

ScOperator会启动一个CEPCoreServerImpl，该类会开启一个监听端口，用于监听普通应用发来的注册消息。

```
public void startCEPCore(CEPCore cep) {
server = new CEPCoreServerImpl(port);
server.start();
}
```

ScHandler会读到各种应用发来的各种消息，进行分类后交与ScEventHandler处理。

```
public void channelRead(ChannelHandlerContext ctx, Object msg)
        throws Exception {
    Event event = (Event) msg;
    String serviceId = event.getServiceRequest().getServiceId();
    logger.logMessage(LogLevel.INFO, "接收到请求,id:{},type:", serviceId,
            event.getType());
    if (CEPCoreEventHandler.NODE_RE_REG_TO_SC_REQUEST.equals
    (serviceId)) {
        //Node向SC发起的重新注册请求
        scEventHandler.dealNodeRegToSc(event, ctx);
    }
    else if (CEPCoreEventHandler.NODE_REG_TO_SC_REQUEST.equals(serviceId)){
        //Node向SC发起的注册请求
        scEventHandler.dealNodeRegToSc(event, ctx);
    } else if (CEPCoreEventHandler.NODE_UNREG_TO_SC_REQUEST
            .equals(serviceId)) {
        //Node向SC发起的注销请求
        scEventHandler.dealNodeUnregToSc(event, ctx);
    } else {
        //处理Node发来的远程请求
        logger.errorMessage("服务中心无法处理该请求" + serviceId);
    }
}
```

由于SC仅接受普通应用的注册和注销请求，因此ScHandler仅能处理该两类请求，对于其他类别的请求，无法做出处理。实际上，ScHandler 并不会收到除注册和注销以外的请求。

ScOperator及其相关处理类关系如图7-14所示。

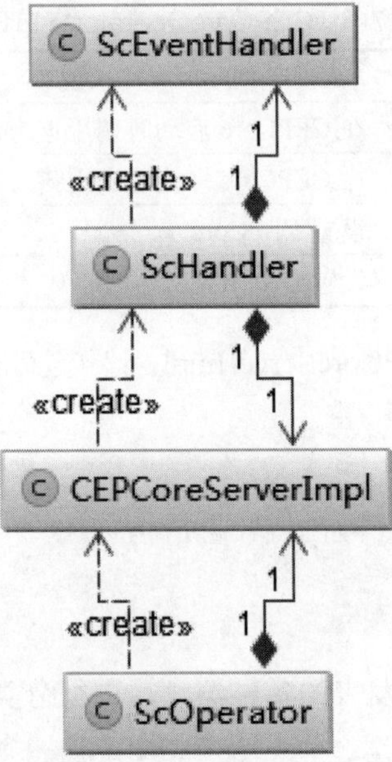

图 7-14　ScOperator 类图

NodeOperator 会启动 CEPCoreClientImpl 和 NodeServerImpl。

```
public void startCEPCore(CEPCore cep) {
    server = new NodeServerImpl(localPort, cep);
    server.start();
    startClient(cep);
}
public void startClient(CEPCore cep) {
    //连接各个 SC
    for (String remoteString : RemoteCepCoreUtil.getScs()) {
        String[] remoteInfo = remoteString
                .split(RemoteCepCoreUtil.SEPARATOR);
        CEPCoreClientImpl client = new CEPCoreClientImpl(
                Integer.parseInt(remoteInfo[1]), remoteInfo[0],
                getNode(cep), cep);
        client.start();
        clients.add(client);
    }
}
```

CEPCoreClientImpl 会向 CEPCoreServerImpl 发起注册，注册的返回信息由 NodeHandler 交与 NodeEventHandler 处理。

NodeServerImpl 会开启一个监听端口，用于监听其他应用向自己发起的连接。NodeServceImpl 收到的请求只会是其他应用发来的服务调用请求，请求处理交与 NodeServerHandler，NodeServerHandler 会调用 CEPCore 的 process 方法进行真正的服务调用。

```
public void channelRead(ChannelHandlerContext ctx, Object msg)
        throws Exception {
    Event event = (Event) msg;
    String serviceId = event.getServiceRequest().getServiceId();
    logger.logMessage(LogLevel.INFO, "接收到请求,id:{},type:{}",
    serviceId,
            event.getType());
    dealRemoteRequest(event, ctx);
}
```

NodeOperator 及其相关类如图 7-15 所示。

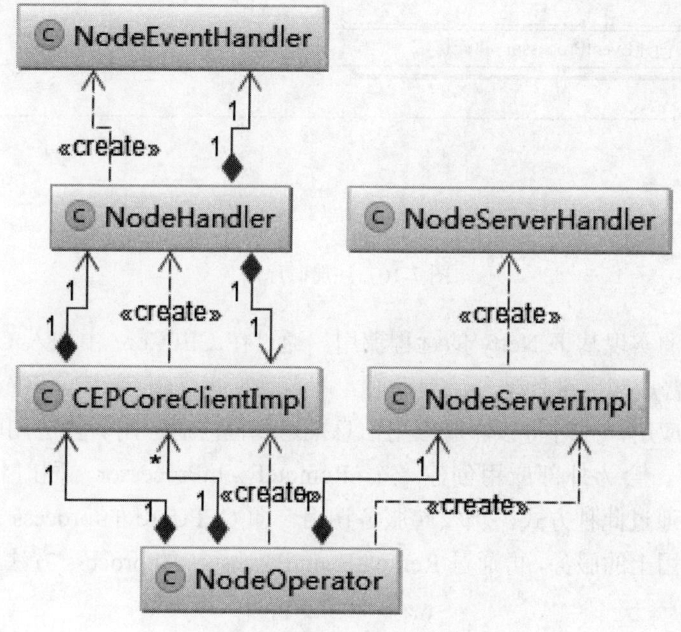

图 7-15　NodeOperator 类图

当前已有 SC，并且应用 BC 均已向 SC 发起注册，图 7-16 描述了此时 A 发起注册的全过程。同样，当 BC 收到 A 的信息后，各自均会为 A 创建 EventProcessor 并发起连接。在整个应用网络中，除 SC 以外，其他应用之间均是平等关系。

7.4.5　小结

本节提出了服务中心（SC）的概念，通过服务中心，将网络中的不同应用串联起来，服务消费者不再需要将服务提供者显式定义在配置文件中，此方式解决了配置信息随着集群中机器数量以及服务提供者类别的增长而产生的问题。通过此种方式可以平滑地进行集群机器的添加及移除。

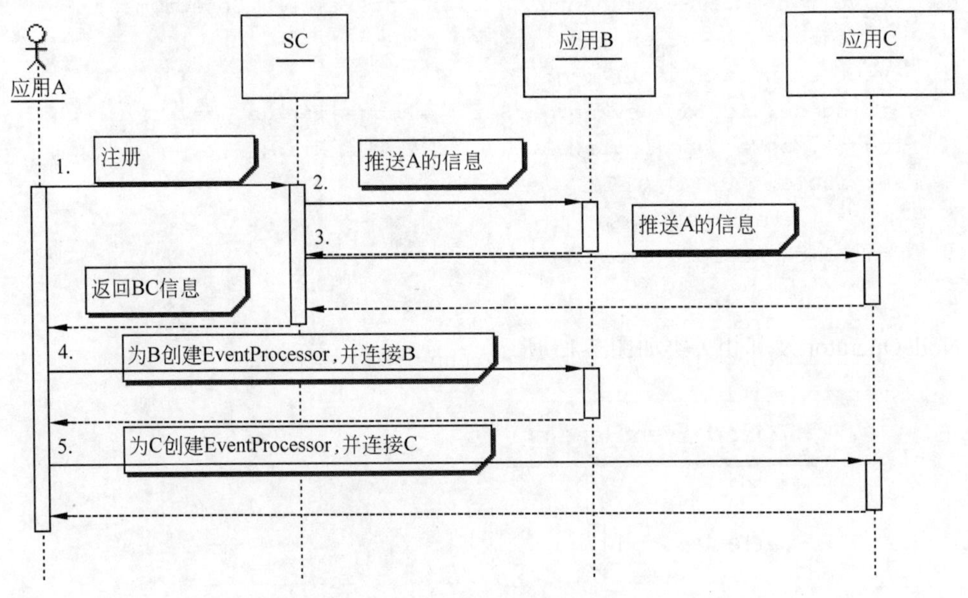

图 7-16　注册时序图

该服务中心的实现基于 Netty 的远程调用。通过在 CEPCore 中加入 CEPCoreOperator 接口，将 SC 和普通应用进行区分。启动时，将普通应用注册至 SC，SC 会将已注册的应用返回给该注册应用，同时将该注册应用信息推送到已注册应用。当应用收到 SC 发来的其他应用信息时，会为外部应用创建一个 RemoteEventProcessor，同时将其注册到本地 CEPCore 之中。通过此种方式，当发起服务调用，即 CEPCore 的 process 方法时，能够轻松地找到远程应用上的服务，再通过 RemoteEventProcessor 的 process 方法进行真正的远程调用。

此种方式的远程调用与本地服务调用方式毫无差别，对于开发者来说，无须知晓该服务是否是本地服务，只需要了解，该服务肯定存在于应用网络中即可。

7.5　本地服务调用示例

本节将介绍如何进行本地服务调用，分别展示如何进行代码调用和浏览器方式访问。本章应用示例工程代码，请参考附录 A 中的 org.tinygroup.service.demo（服务层实践示例工程）。

7.5.1　非 Tiny 框架调用示例

本小节描述了非 Tiny 框架如何通过代码进行服务调用。

（1）在 Web 工程的 Maven 的依赖文件中加入本地服务相关依赖，如以下配置所示。如果是业务工程，可以不做任何依赖，直接编写 Java 代码和服务 xml 即可。

```
<dependency>
    <groupId>org.tinygroup</groupId>
    <artifactId>org.tinygroup.cepcoreimpl</artifactId>
    <version>${tiny_version}</version>
</dependency>
<dependency>
    <groupId>org.tinygroup</groupId>
    <artifactId>org.tinygroup.tinyrunner</artifactId>
    <version>${tiny_version}</version>
</dependency>
<dependency>
    <groupId>org.tinygroup</groupId>
    <artifactId>org.tinygroup.serviceprocessor</artifactId>
    <version>${tiny_version}</version>
</dependency>
```

一共有 3 个工程依赖，具体含义如表 7-6 所示。

表 7-6　依赖工程说明

工　程	说　明
org.tinygroup.cepcoreimpl	服务调用核心工程，CEPCore 接口的实现即在该工程内
org.tinygroup.serviceprocessor	服务实现启动器工程，该工程依赖了前面几节提到的服务实现 org.tinygroup.service，其还负责将服务实现注册到 CEPCore 之中
org.tinygroup.tinyrunner	框架工具工程，该工程提供工具方法，负责启动框架的基础工程，如文件扫描、xstream 反序列化等。如果项目采用本书介绍的整套框架，使用本书涉及的框架的weblisenter 启动，则不需要依赖此工程

（2）配置启动服务框架所需的配置文件。框架配置文件分为两种：application.xml 与 Application.beans.xml，如下所示。

application.xml

```
<?xml version="1.0" encoding="UTF-8"?>
<application>
    <application-processors>
        <application-processor bean="fileResolverProcessor">
        </application-processor>
        <application-processor bean="serviceApplicationProcessor">
        </application-processor>
    </application-processors>
</application>
```

Application.beans.xml

```
<?xml version="1.0" encoding="UTF-8"?>
<beans xmlns="http://www.springframework.org/schema/beans"
    xmlns:xsi="http://www.w3.org/2001/XMLSchema-instance"
    xmlns:context="http://www.springframework.org/schema/context"
    xsi:schemaLocation="http://www.springframework.org/schema/beans
    http://www.springframework.org/schema/beans/spring-beans.xsd
    http://www.springframework.org/schema/context
    http://www.springframework.org/schema/context/spring-context.xsd">
    <bean id="fileResolver" scope="singleton"
       class="org.tinygroup.fileresolver.impl.FileResolverImpl">
       <property name="fileProcessorList">
          <list>
                <ref bean="i18nFileProcessor" />
                <ref bean="xStreamFileProcessor" />
                <ref bean="xmlServiceFileProcessor" />
            </list>
       </property>
    </bean>
    <bean id="fileResolverProcessor" scope="singleton"
    class="org.tinygroup.fileresolver.applicationprocessor.FileResolverP
    rocessor">
    <property name="fileResolver" ref="fileResolver"></property>
    </bean>
</beans>
```

（3）完成以上工作后，即可在代码中启动框架了。启动框架的代码非常简单。在应用启动的时候执行方法，该方法只需要执行一次即可。

```
Runner.init(null, new ArrayList<String>());
```

（4）接下来开始调用服务。服务调用需要有 CEPCore，首先需要获取 CEPCore 的实现。获取实现有两种方式。

第 1 种，通过代码方式获取，如下所示。

```
CEPCore core;
public CEPCore getCore() {
   if (core == null) {
        core = BeanContainerFactory.getBeanContainer(
                this.getClass().getClassLoader()).getBean(
                CEPCore.CEP_CORE_BEAN);
   }
   return core;
}
```

第 2 种，通过 Srping 注入的方式获取，CEPCore 实现类的 bean name 为 cepcore，如下所示。

```
<bean id="bizOperator"
    class="org.tinygroup.sample.BizOperator">
    <property name="core" value="cepcore"></property>
</bean>
```

调用 CEPCore 的 process 方法，需要组装一个 Event 对象。假设现在调用服务的服务标识为 addUser，参数为两个 User 对象，对应的 key 分别为 user 和 user2，返回结果集为 addResult，类型为 User，则代码如下：

```
public void callService(){
    //假设目前调用的服务为 addUser
    //该服务有两个参数
    //参数 1 的 name 为 user，类型为 User
    //参数 2 的 name 为 user2，类型为 User
    //结果集为 addResult，类型为 User
    User u = getUser();
    User u2 = getUser2();
    Context context = ContextFactory.getContext();
    context.put("user", u);//此处的 key 为服务发布方发布出来的服务的参数 name 值
    context.put("user2", u2);
    //此处的 key 为服务发布方发布出来的服务的参数 name 值
    //参数 1 为所调用服务的服务 id
    Event event = Event.createEvent("addUser", context);
    //服务的返回值为 addResult，真实类型为 User
    User result = event.getServiceRequest().getContext().get
    ("addResult");
}
```

（5）开发服务，编写 Java 类及服务 xml，服务 xml 规范参见 7.3.1 小节，此处不再赘述。

7.5.2　Tiny 框架应用调用

为 Tiny 框架应用添加服务调用功能，与非 Tiny 工程相比，简单许多，不再需要自行启动框架，该任务已由 org.tinygroup.weblayer.ApplicationStartupListener 完成了。

（1）为标准的 Tiny 框架 Web 工程添加依赖

```
<dependency>
    <groupId>org.tinygroup</groupId>
    <artifactId>org.tinygroup.cepcoreimpl</artifactId>
```

```
    <version>${tiny_version}</version>
</dependency>
<dependency>
    <groupId>org.tinygroup</groupId>
    <artifactId>org.tinygroup.serviceprocessor</artifactId>
    <version>${tiny_version}</version>
</dependency>
```

（2）配置服务启动器及扫描器

服务启动器顺序要在文件扫描器之后。下面配置中 serviceApplicationProcessor 为服务启动器。xmlServiceFileProcessor 为服务扫描器，此处仅说明两者的配置方式。在 Tiny 框架的标准 Web 工程中，实际的启动器和扫描器远不止这几个，请勿删除原有配置。

application.xml 中添加服务启动器

```
<application-processors>
    <application-processor bean="fileResolverProcessor">
    </application-processor>
    <application-processor bean="serviceApplicationProcessor">
    </application-processor>
</application-processors>
```

Application.beans.xml 中添加服务扫描器。

```
<bean id="fileResolver" scope="singleton"
class="org.tinygroup.fileresolver.impl.FileResolverImpl">
<property name="fileProcessorList">
   <list>
        <ref bean="i18nFileProcessor" />
        <ref bean="xStreamFileProcessor" />
        <ref bean="xmlServiceFileProcessor" />
   </list>
</property>
</bean>
```

（3）增加服务请求的映射信息

此种方式需要通过 tinyprocessor 实现。需要保证 application.xml 中存在以下节点信息。标准 Tiny 框架 Web 工程已有此配置。

```
<tiny-processor id="serviceTinyProcessor" class="serviceTinyProcessor">
    <servlet-mapping url-pattern=".*\.servicexml"></servlet-mapping>
    <servlet-mapping url-pattern=".*\.servicejson"></servlet-mapping>
    <servlet-mapping url-pattern=".*\.servicepage"></servlet-mapping>
    <servlet-mapping url-pattern=".*\.servicepagelet"></servlet-mapping>
</tiny-processor>
```

（4）通过 http 方式调用服务

服务默认的访问 URL 为：http://ip:port/应用名/服务标志.服务后缀，参数可以以 GET 方式在 URL 后添加。

服务后缀有两种：servicejson 及 servicexml。

servicejson 后缀时，服务返回值格式为 json 格式。

servicexml 后缀时，服务返回值格式为 xml 格式。

（5）开发服务

编写 Java 类及服务 xml，服务 xml 规范参见前面章节，此处不再赘述。

7.6　远程服务配置示例

本小节将介绍如何进行远程服务调用，分别展示如何进行代码调用和浏览器方式访问。

远程服务调用配置基于本地调用，相对本地调用来说，只需要在本地调用依赖的基础上再引入一个远程调用功能的依赖即可。同样，对于 Tiny 框架的 Web 工程，可以不用依赖 tinyrunner。由于服务中心并不提供服务，因此不需要依赖服务实现相关工程，具体内容在后面叙述。对于开发者来说，远程调用方式与本地调用方式完全相同，因此本节只介绍如何配置 Tiny 的远程服务。

7.6.1　非 Tiny 框架配置示例

1．服务中心配置

首先引入以下依赖：

```
<dependency>
    <groupId>org.tinygroup</groupId>
    <artifactId>org.tinygroup.cepcoremutiremoteimpl</artifactId>
    <version>${tiny_version}</version>
</dependency>
<dependency>
    <groupId>org.tinygroup</groupId>
    <artifactId>org.tinygroup.tinyrunner</artifactId>
    <version>${tiny_version}</version>
</dependency>
```

其次配置 Application.beans.xml，如下面配置所示。port 为 SC 监听普通应用发来的注册消息的端口。

```
<?xml version="1.0" encoding="UTF-8"?>
<beans xmlns="http://www.springframework.org/schema/beans"
xmlns:xsi="http://www.w3.org/2001/XMLSchema-instance"
xmlns:context="http://www.springframework.org/schema/context"
xsi:schemaLocation="http://www.springframework.org/schema/beans
http://www.springframework.org/schema/beans/spring-beans.xsd
http://www.springframework.org/schema/context
http://www.springframework.org/schema/context/spring-context.xsd">
    <bean id="fileResolver" scope="singleton"
    class="org.tinygroup.fileresolver.impl.FileResolverImpl" >
    </bean>
    <bean id="sc" scope="singleton"
        class="org.tinygroup.cepcoremutiremoteimpl.sc.ScOperator">
        <property name="port" value="9191"></property>
    </bean>
</beans>
```

接下来配置 application.xml，如下所示。cepCoreProcessor 为远程调用框架启动器，node-name 是当前节点名，operator 节点的属性 name 是对应的 ScOperator 的 bean 的 name，即在 Application.beans.xml 中所配置。

```
<?xml version="1.0" encoding="UTF-8"?>
<application>
    <application-properties>
    </application-properties>
    <application-processors>
        <application-processor bean="cepCoreProcessor">
        </application-processor>
    </application-processors>
    <cep-configuration node-name="scNode">
        <operator name="sc"></operator>
    </cep-configuration>
</application>
```

完成以上配置后，在应用启动时调用以下方法启动 Tiny 框架即可完成 SC 的启动。对于普通应用的启动也是如此，后面不再赘述。

```
Runner.init(null, new ArrayList<String>());
```

2. 普通应用配置（对外提供服务）

首先引入以下依赖：

```
<dependency>
```

```
    <groupId>org.tinygroup</groupId>
    <artifactId>org.tinygroup.cepcoremutiremoteimpl</artifactId>
    <version>${tiny_version}</version>
</dependency>
<dependency>
    <groupId>org.tinygroup</groupId>
    <artifactId>org.tinygroup.tinyrunner</artifactId>
    <version>${tiny_version}</version>
</dependency>
<dependency>
    <groupId>org.tinygroup</groupId>
    <artifactId>org.tinygroup.serviceprocessor</artifactId>
    <version>${tiny_version}</version>
</dependency>
```

其次配置 Application.beans.xml，相对于 SC 配置，对外提供服务的应用配置多了服务扫描器相关的配置，如以下代码所示。此外，配置了一个 NodeOperator 的 bean。

```
<?xml version="1.0" encoding="UTF-8"?>
<beans xmlns="http://www.springframework.org/schema/beans"
xmlns:xsi="http://www.w3.org/2001/XMLSchema-instance"
xmlns:context="http://www.springframework.org/schema/context"
xsi:schemaLocation="http://www.springframework.org/schema/beans
http://www.springframework.org/schema/beans/spring-beans.xsd
    http://www.springframework.org/schema/context http://www.
    springframework.org/schema/context/spring-context.xsd">
<bean id="fileResolver" scope="singleton"
    class="org.tinygroup.fileresolver.impl.FileResolverImpl">
    <property name="fileProcessorList">
        <list>
            <ref bean="i18nFileProcessor" />
            <ref bean="xStreamFileProcessor" />
            <ref bean="xmlServiceFileProcessor" />
        </list>
    </property>
    <property name="changeListeners">
        <list>
            <ref bean="eventProcessorChangeLisenter"/>
        </list>
    </property>
</bean>
<bean id="fileResolverProcessor" scope="singleton"
class="org.tinygroup.fileresolver.applicationprocessor.FileResolverProc
```

```
essor">
    <property name="fileResolver" ref="fileResolver"></property>
</bean>
<bean id="nodea" scope="singleton"
    class="org.tinygroup.cepcoremutiremoteimpl.node.NodeOperator">
    <property name="localHost" value="127.0.0.1"></property>
    <property name="localPort" value="7171"></property>
    <property name="weight" value="20"></property>
</bean>
</beans>
```

NodeOperator 的各属性含义如表 7-7 所示。

表 7-7　NodeOperator属性及说明

属　性	说　明
localHost	当前应用所在的 ip
localPort	当前应用用于监听其他应用向此应用发起的远程连接的端口
weight	当不同应用提供相同服务时，默认负载均衡时的权重

配置 application.xml。在其中添加 SC 相关信息，用于普通应用启动时向其注册。

```
<?xml version="1.0" encoding="UTF-8"?>
<application>
    <application-processors>
        <application-processor bean="fileResolverProcessor">
    </application-processor>
        <application-processor bean="serviceApplicationProcessor">
    </application-processor>
        <application-processor bean="cepCoreProcessor">
    </application-processor>
    </application-processors>
    <cep-configuration node-name="as">
        <operator name="nodea"></operator>
        <scs>
            <sc host="127.0.0.1" port="9191"></sc>
        </scs>
        <params>
            <param name="request-time-out" value="15000" />
        </params>
    </cep-configuration>
</application>
```

xml 中各配置项含义如表 7-8 所示。

表 7-8　远程调用配置属性及说明

节点/属性	说　明
cep-configuration/node-name	当前应用的节点名，不同应用建议采用不同节点名
operator/name	对应的 application.xml 中 NodeOperator 的 bean name
scs	SC 列表
sc/host	SC 的 ip
sc/port	SC 开发的注册端口
param	节点配置的参数键值对。 request-time-out 为请求超时时间，单位为毫秒

3．普通应用配置（对外不提供服务）

此种应用配置与前一种情况大致相同，少了与服务注册相关的配置。

工程将依赖 org.tinygroup.serviceprocessor 去掉，替换为 org.tinygroup.service。

Application.beans.xml 中去掉服务扫描器（xmlServiceFileProcessor），application.xml 中去掉服务注册启动器（serviceApplicationProcessor）即可。

7.6.2　Tiny 框架应用配置

本小节主要讲解如何在标准的 Tiny 框架 Web 工程配置远程服务调用相关信息。

1．服务中心配置

对于 Tiny 框架应用，一般采用一个最简单的 Web 应用作为服务中心。为应用添加以下依赖：

```
<dependency>
    <groupId>org.tinygroup</groupId>
    <artifactId>org.tinygroup.weblayer</artifactId>
    <version>${tiny_version}</version>
</dependency>
<dependency>
    <groupId>org.tinygroup</groupId>
    <artifactId>org.tinygroup.cepcoremutiremoteimpl</artifactId>
    <version>${tiny_version}</version>
</dependency>
```

添加 Application.beans.xml 文件，port 为用于监听普通应用注册请求的端口。

```
<?xml version="1.0" encoding="UTF-8"?>
<beans xmlns="http://www.springframework.org/schema/beans"
    xmlns:xsi="http://www.w3.org/2001/XMLSchema-instance"
```

```
    xmlns:context="http://www.springframework.org/schema/context"
    xsi:schemaLocation="http://www.springframework.org/schema/beans
    http://www.springframework.org/schema/beans/spring-beans.xsd
    http://www.springframework.org/schema/context
http://www.springframework.org/schema/context/spring-context.xsd">

    <bean id="sc" scope="singleton"
        class="org.tinygroup.cepcoremutiremoteimpl.sc.ScOperator">
        <property name="port" value="9191"></property>
    </bean>
</beans>
```

添加 application.xml，cepCoreProcessor 为远程调用框架启动器，node-name 是当前节点名称，operator 的属性 name 对应 Application.bean.xml 中配置 ScOperator 的 bean name。

```
<?xml version="1.0" encoding="UTF-8"?>
<application>
    <application-processors>
        <application-processor bean="cepCoreProcessor">
</application-processor>
    </application-processors>
    <cep-configuration node-name="scNode">
        <operator name="sc"></operator>
    </cep-configuration>
</application>
```

2. 普通应用配置（对外提供服务）

为工程添加以下依赖：

```
<dependency>
    <groupId>org.tinygroup</groupId>
    <artifactId>org.tinygroup.serviceprocessor</artifactId>
    <version>${tiny_version}</version>
</dependency>
<dependency>
    <groupId>org.tinygroup</groupId>
    <artifactId>org.tinygroup.cepcoremutiremoteimpl</artifactId>
    <version>${tiny_version}</version>
</dependency>
```

在 Application.bean.xml 中扫描器列表中添加 xmlFileProcessor。同时创建 NodeOperator 的 bean。

```
<bean id="ar" scope="singleton"
```

```
    class="org.tinygroup.cepcoremutiremoteimpl.node.NodeOperator">
    <property name="localHost" value="127.0.0.1"></property>
    <property name="localPort" value="8282"></property>
    <property name="weight" value="20"></property>
</bean>
```

NodeOperator 的各属性含义如表 7-9 所示。

表 7-9　NodeOperator属性及说明

属　性	说　明
localHost	当前应用所在的 ip
localPort	当前应用用于监听其他应用向此应用发起的远程连接的端口
weight	当不同应用提供相同服务时，默认负载均衡时的权重

配置 application.xml。在其中添加 SC 相关信息，用于普通应用启动时向其注册。

在启动期间，框架添加服务注册启动器 serviceApplicationProcessor 和远程调用启动器 cepCoreProcessor，其中 cepCoreProcessor 位于 serviceApplicationProcessor 之后。

```
<application-processors>
      <application-processor bean="fileResolverProcessor"/>
       <application-processor bean="serviceApplicationProcessor"/>
       <application-processor bean="tinyListenerProcessor"/>
       <application-processor bean="cepCoreProcessor"/>
</application-processors>
<cep-configuration node-name="ar">
    <operator name="ar"></operator>
    <scs>
        <sc host="127.0.0.1" port="9191"></sc>
    </scs>
</cep-configuration>
```

xml 中各配置项含义如表 7-10 所示。

表 7-10　远程调用配置属性及说明

节点/属性	说　明
cep-configuration/node-name	当前应用的节点名，不同应用建议采用不同节点名
operator/name	对应的 application.xml 中 NodeOperator 的 bean name
scs	SC 列表
sc/host	SC 的 ip
sc/port	SC 开发的注册端口
param	节点配置的参数键值对。 request-time-out 为请求超时时间，单位为毫秒

3. 普通应用配置（对外不提供服务）

此种应用配置与前一种情况大致相同，少了与服务注册相关的配置。

工程将依赖 org.tinygroup.serviceprocessor 去掉，替换为 org.tinygroup.service。

Application.beans.xml 中去掉服务扫描器（xmlServiceFileProcessor），application.xml 中去掉服务注册启动器（serviceApplicationProcessor）即可。

7.7 本章总结

本章主要描述了框架的服务层实践模式。

介绍了介于服务中心的远程调用体系，基于该体系，应用可以不必关心服务提供方的具体信息，只需要关注服务调用即可。同时，由于远程调用与本地调用在代码层面并没有区别，所以系统根据不同场景进行多机部署或者单机部署时，无需对代码进行调整。远程调用体系由核心服务中心来组织整个调用网络，水平扩展极为容易。同时，对多服务中心的支持又避免了单点故障，还可以达到隔离应用的效果。

第 8 章　流程引擎实践

软件开发时，面对中小规模的项目或者应用，一般而言，对象和对象之间的协作关系就能够满足需要。但是当软件规模扩大，复杂度上升的时候，面向对象技术强调的协作却表现出另一个极端的特点——耦合度太高导致的复杂度。这时候就需要有一种新的方法来弥补面向对象技术的弱点：面向组件编程。

8.1　流程引擎简介

流程引擎框架（后文亦称 Flow），是一款基于面向组件开发的组件流程执行框架，目前 Flow 支持两种流程：逻辑流程和页面流程。

8.1.1　流程引擎的来历

面向组件编程的缩写是 COP。COP 是面向对象编程（OOP）的有力补充，帮助程序员实现更加优秀的软件结构。组件的粒度可大可小，取决于具体的应用。其实，组件并不是一个新概念，Java 中的 JavaBean 规范和 EJB 规范都是典型的组件。组件的特点在于它定义了一种通用的处理方式。而 EJB 规范定义了企业服务中的一些特性，使得 EJB 容器能够为符合 EJB 规范的代码增添企业计算所需要的能力，例如事务、持久化、池等。

但是在项目开发中，常遇到如下一些场景，导致 COP 的优势难以发挥，这也是专门设计 Flow 流程引擎的原因之一。

- 前期项目设计服务和组件不规范，开发人员需要编写大量重复、功能相近的代码，同类的业务场景难以通过组件的复用或者继承来解决，无论项目开发还是升级，都带来巨大的人工浪费。
- 技术框架不合理，服务粒度划分不当，难以适合不同场合的业务开发；层次间参数传递困难，严重不符合传统 Java 程序员的编程思想，即使能够传递参数，也往往存在性能隐患或者调试跟踪困难等问题。
- 定义流程、组件扩展不方便。一般而言，面向组件开发需要提供相关图形化工具，工具的优劣程度直接影响开发人员的开发效率。例如：有些框架配置流程时，没有相关工具，开发人员需要人工编写配置文件，不仅效率低而且容易出错；有些框架不支持流程的继承、重入等。

通过上述场景，我们可以了解到框架的优劣足以影响项目成败，那么一款比较理想的组件流程开发框架，应该能满足以下需求。

- 组件、流程等可以继承；流程控制可以重入、转出甚至调用其他流程。尽可能提升组件复用率，减少重复工作。
- 优化技术架构，从框架层面考虑到不同维度的设计、开发需求，方便开发和测试人员的调试跟踪。
- 人性的可视化工具，真正提供一些可以帮助设计人员和开发人员工作的辅助工具，让他们觉得好用、爱用，而不是“鸡肋”的实验室产品。

Flow 其核心任务就是解决流程开发框架对流程的需求。

8.1.2 解决方案

Flow 流程引擎结合开发实际，针对项目的流程开发，给开发人员定义了两类角色：流程设计者和普通开发者。

在流程设计者的眼中，组件就是一个个的可用元素，无需关心它是页面组件、业务组件还是工作流组件，他的任务是将这些元素合理地组织起来，定义流程跳转，考虑异常分支，完成流程的组装。Flow 提供流程设计工具：流程设计者可以通过鼠标拖拽完成流程节点定义、EL 表达式定义、流转定义和异常定义等操作，并将结果生成流程配置文件。

普通开发者不参与流程设计，他只是负责将流程配置文件涉及的功能具体实现。Tiny 框架同样提供了代码生成工具，既可以规范代码，又可以减少普通开发者工作量。

Flow 流程引擎另一个特点就是：流程定义、执行灵活。

- 流程可以继承。重复的节点信息可以放到父流程，以后升级维护只需要修改父流程即可。
- 流程执行灵活。从方式上，本流程引擎即支持通过服务方式调用，也可以直接通过执行器 API 调用。从功能上，流程引擎支持可重入、可调用等特性。

无疑，Flow 流程引擎功能很强大，这样在项目开发上会带来极大的便利，但是副作用就是导致业务流程看起来比较复杂，这也是框架为什么要把流程设计者从开发人员中独立出来的原因。控制方面由流程设计者来编写，普通开发人员只开发具体的业务点即可。

8.1.3 特性简介

- 流程可继承性：流程只能继承一个父流程，但是支持多层继承，也就是支持 C 流程继承 B，B 流程继承 A，这么设计的好处是可以简化继承关系。如果流程继承另一个流程，会继承那个流程的属性以及节点信息，简单说两个流程共有的东西，以子流程为准；否则就以父流程为准。通过这种机制，可以在父流程中定义流程逻辑，而在子流程中实现具体的节点处理逻辑。

- 流程节点可重写：子流程可以重写父流程的流程节点，类似于 Java 子类方法覆盖父类方法。例如，父流程有 A、B、C 三个流程节点，子流程中 A、B 两个流程节点和父流程中一致，那么子流程只需要继承父流程，并重写 C 流程节点，无须再次定义 A、B 两个节点。通过这种方式可以在子流程中改写或者实现父流程中某个节点处理逻辑。
- 灵活的 EL 表达式：目前 Tiny 流程引擎可通过 EL 表达式来定义各种流转条件。
- 流程可重入：一般而言，常见的流程引擎是不可重入的，也就是流程一定是从开始节点起执行，执行到结束节点终止。有的业务场景期望可以从中间某个节点开始，Flow 增加可重入这个特性，就可以把一个完整的业务处理流程，变成单人或多人协作的综合业务处理流程，进而可以完成向导型处理和类似工作流形式的处理。
- 流程可转出：Tiny 流程引擎不仅可以在当前流程中进行切换与转接，还可以流转到其他流程的节点当中。
- 流程调用灵活：本流程引擎既支持通过服务方式调用，也可以通过 API 方式进行调用。
- 强大异常处理：本流程引擎不仅支持 EL 表达式定义正常流转，还支持按异常类型定义异常流转。流程处理器在处理节点发生异常时，会调用三重异常处理机制，保证异常能够得到处理，细节请参考流程异常处理。

8.2　流程引擎实现

前面提到流程分为逻辑流程和页面流程两种，尽管如此，两者实现方式实质是一样，区别仅仅是由于调用方式的不同，导致其作用范围不同。逻辑流程会被转换为 ServiceInfo 注册到 CEPCore 上，以服务调用的方式进行调用。而页面流程则是直接通过流程执行器进行调用的，可以应用于控制层。

8.2.1　流程组件

流程组件是流程引擎的基本元素。流程由流程节点组成，而流程节点的实质就是调用流程组件。流程组件的定义类图如图 8-1 所示。

其中 ComponentDefine 定义了流程组件，各属性含义如表 8-1 所示。

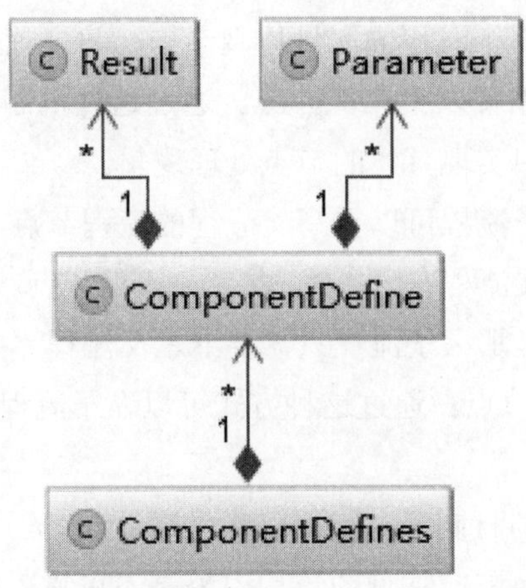

图 8-1　流程组件类图

表 8-1　ComponentDefine属性及说明

属　　性	说　　明
category	保留字段，暂无含义
name	组件英文名，组件 key
bean	获取组件实例时的 Spring bean，该 bean 需要是无状态的
title	组件中文名
icon	组件在 eclipse 插件工具中所显示的组件图标
shortDescription	短描述
longDescription	长描述
parameters	入参列表
results	结果集列表

流程引擎提供流程组件接口定义，由开发者自行实现该接口。流程组件接口定义如下，该接口仅包含一个 execute 方法，组件参数需要定义为流程组件实现类的属性，并提供 set/get 方法，组件结果集则由实现类自行放入上下文 context 中，key 需要与 ComponentDefine 中 Result 对象的 name 保持一致。

```
public interface ComponentInterface {
    /**
     * 组件执行方法
     * @param context 组件执行的环境
     */
    void execute(Context context);
}
```

流程引擎框架本身不提供组件，但 Tiny 框架会提供一些基础的系统组件。在实际项目开发中，还需要开发者根据自身需求扩展组件。

8.2.2　流程组件配置

开发者实现流程组件接口类后，根据实现类，配置流程组件定义文件、组件对象 bean 定义文件，即完成了组件开发。逻辑流程组件和页面流程组件定义文件一致，仅仅是后缀名存在差异。逻辑流程组件定义文件名为*.fc.xml，页面流程组件定义文件名为*.pagefc.xml。

流程组件定义文件格式如表 8-2 所示，components 节点是整个定义文件的根节点，component 节点是流程组件定义节点，components 节点下可以有多个 component 节点。

```
<components>
    <component name="sumComponent" bean="sumComponent"
        title="求和组件"  icon="">
        <short-description>求 a+b 的和</short-description>
        <long-description>求 a+b 的和，返回值为 sum</long-description>
        <parameter name="a" title="求和参数 a" type="int"></parameter>
        <parameter name="b" title="求和参数 b" type="int"></parameter>
        <result  name="sum" title="求和结果" type="int"></result>
    </component>
</components>
```

表 8-2　组件配置xml属性及说明

节　点	属　性	说　明
component	name	组件的 name，是流程组件唯一标志，组件通过此 name 被引用
	title	组件的中文名
	bean	组件的实例 bean，引擎根据此属性获取组件的实例，由于组件是无状态的，所以该 bean 的 scope 应该是 prototype
	icon	组件的图标路径，用于 eclipse 插件工具显示
short-description		组件的短描述
long-description		组件的长描述
parameter	name	参数对应在上下文中的 key 值
	title	参数中文名
	type	参数类型。如果参数类型是数组或者集合，此处类型为数组和集合的元素类型
	required	参数是否是必须
	array	参数是否是数组，如果是数组，则为 true
	collection-type	参数如果是集合，此处填写集合的类型
result	name	结果在上下文中对应的 key 值
	title	结果中文名
	type	结果类型。如果结果类型是数组或者集合，此处类型为数组和集合的元素类型
	array	结果是否是数组，如果是数组，则为 true
	collection-type	结果如果是集合，此处填写集合的类型

8.2.3 流程组件管理

流程执行器 FlowExecutor 提供了流程组件管理接口。

```
void addComponents(ComponentDefines components);
void addComponent(ComponentDefine component);
void removeComponents(ComponentDefines components);
void removeComponent(ComponentDefine component);
ComponentInterface getComponentInstance(String componentName)
        throws Exception;
ComponentDefine getComponentDefine(String componentName);
List<ComponentDefine> getComponentDefines();
```

组件扫描器查找到组件配置 xml 后，通过 xstream 转换为对应的 ComponentDefines 对象，再将其添加至流程执行器之中。逻辑流程组件的扫描器为 FlowComponentProcessor，页面流程组件的扫描器是 PageFlowComponentProcessor。

8.2.4 流程配置

流程由三部分组成：流程主体、参数声明及流程节点列表。

流程主体描述了流程的基本信息。

流程运转所用到的所有参数都需要在参数声明处声明，此种方式便于流程调用者明了需要向流程传递何种参数，便于流程的调用、维护以及升级。

流程节点列表则定义了整个流程的执行逻辑，是流程的核心部分。流程节点通过引用流程组件、传入参数完成各种不同的任务。

流程节点由下一节点跳转条件（NextNode）及节点基本信息组成，一个流程节点可以由多个下一节点跳转条件组成，流程节点在实际运行过程中，会根据开发者所填写的 EL 表达式或者发生的异常类型进行下一节点判定，从而驱动流程前进。流程主体的类图如图 8-2 所示。

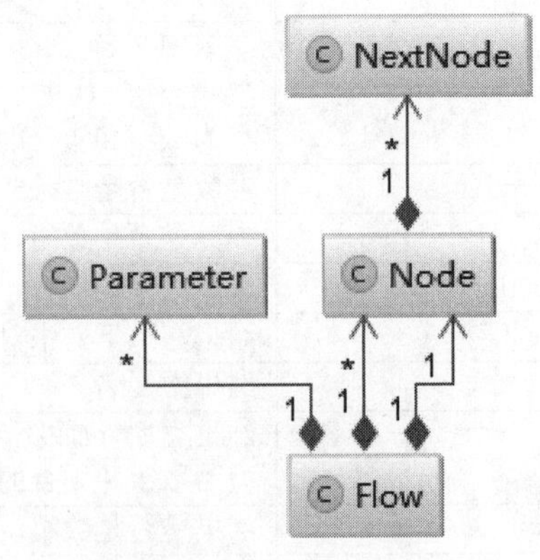

图 8-2　流程对象类图

类图中各个 Java 类的属性含义在后面开发示例中会做讲解。

以下是一个简单的流程示例：

```
<flow id="testSumFlow" enable="true" private-context="false">
  <parameters>
    <parameter array="false" required="true" name="a" type="int" scope=
    "in"/>
    <parameter array="false" required="true" name="b" type="int" scope=
    "in"/>
    <parameter array="false" required="true" name="sum" type="int" scope=
    "out"/>
  </parameters>
  <nodes>
    <node id="begin" name="begin" title="开始">
      <next-nodes>
        <next-node next-node-id="sumComponent"/>
      </next-nodes>
    </node>
    <node id="sumComponent" name="sumComponent" title="求和组件">
      <component name="sumComponent" title="求和组件">
        <description>求 a+b 的和</description>
        <properties>
          <flow-property name="a" value="${a}" required="true" type="int"/>
          <flow-property name="b" value="${b}" required="true" type="int"/>
        </properties>
      </component>
      <next-nodes>
        <next-node next-node-id="sumComponent_1"/>
      </next-nodes>
    </node>
    <node id="sumComponent_1" name="sumComponent" title="求和组件">
      <component name="sumComponent" title="求和组件">
        <description>求 a+b 的和</description>
        <properties>
          <flow-property name="a" value="${a}" required="true" type="int"/>
          <flow-property name="b" value="${sum}" required="true"
          type="int"/>
        </properties>
      </component>
      <next-nodes>
        <next-node next-node-id="end"/>
      </next-nodes>
    </node>
  </nodes>
</flow>
```

流程主体信息由节点 Flow 描述，其各属性说明如表 8-3 所示。

表 8-3　flow节点属性及说明

属　　性	中 文 名	说　　明
id	标识	流程 id，为流程的唯一标识符，流程执行器通过 id 对流程进行调用
name	英文名	流程英文名，与 id 一样可以作为流程唯一标识符使用
title	中文名	流程中文名
enable	是否有效	流程是否启用，保留属性，目前尚未实现
extend-flow-id	继承流程标识	流程的父流程标识，无父流则无需填写
private-context	上下文是否私有	流程执行时，是否为流程节点创建私有上下文
description（子节点）	说明	流程描述

parameters 节点是流程的参数声明节点。其节点 parameter 描述了流程参数的具体信息，parameter 节点各属性说明如表 8-4 所示。

表 8-4　parameters节点属性及说明

属　　性	中 文 名	说　　明
name	参数名	参数在上下文中的 key 值
type	类型	参数的数据类型，需要使用类型全路径，如：java.lang.String。如果参数类型是集合或者数组，该 type 为集合或者数组元素的类型，如参数类型是 String[]，则 type 为 java.lang.String
array	是否数组	该参数是否是 type 所对应类型的数组
collection-type	集合类型	该参数如果是 type 所对应类型的集合，此处填写集合类型，如果不是，无需填写
scope	参数域	是入参（in）或者出参（out）
required	是否必须	该参数是否是必须传递
description	描述	参数描述

流程节点 node 由 component 及 next-nodes 组成。component 节点定义了当前节点所调用的流程组件以及组件参数的取值。next-nodes 定义了当前节点执行完毕后的后续逻辑。

node 节点相关属性说明如表 8-5 所示。

表 8-5　node节点属性及说明

属　　性	中 文 名	说　　明
id	标识	节点 id
name	英文名	节点英文名
title	中文名	节点中文名
default-node-id	默认下一节点	默认下一节点的 id
name（component 节点属性）	组件标识	节点所引用的组件标识，即组件定义时的 name
title（component 节点属性）	组件名	组件中文名
description（子节点）	说明	说明

node 的子节点 component 有子节点 properties，properties 节点有一个 flow-property 子节点的列表，该 flow-property 节点各属性的说明如表 8-6 所示。

表 8-6　flow-property属性及说明

属　　性	中 文 名	说　　明
name	参数名	对应 component 所定义的参数的 name
value	参数值	该参数的值，可为常量。用${key}，则 key 为该参数在上下文中的 key
required	参数是否必须	该参数是否是必输参数，由 component 定义时决定
type	参数数据类型	该参数的数据类型，由 component 定义时决定

node 的子节点 next-nodes 有一个 next-node 的子节点列表，next-node 节点各属性的说明如表 8-7 所示。

表 8-7　next-node属性及说明

属　　性	中 文 名	说　　明
name	英文名	英文名
title	中文名	中文名
el（子节点）	el 表达式	流程流转的 el 表达式，若该表达式为 true，则前往 next-node-id 对应的 node。 如果为空，则认为表达式为 true
exception-type	异常类型	若非空，则表示，若节点发生此处异常类型对应的异常，将会前往 next-node-id 对应的 node
next-node-id	下个节点标识	需要前往的节点的标识
description（子节点）	说明	说明

与流程组件同样，流程定义文件也分为逻辑流程和页面流程两种，两者的区别也仅是定义文件后缀不同。逻辑流程为*.flow，页面流程为*.pageflow。

逻辑流程仅可调用逻辑流程组件，页面流程仅可调用页面流程组件。两者虽然共用同一套体系，但作用域却是严格分离的。

8.2.5　流程管理

流程执行器 FlowExecutor 提供了流程管理接口。

```
Map<String, Flow> getFlowIdMap();
Flow getFlow(String flowId);
void addFlow(Flow flow);
void removeFlow(Flow flow);
void removeFlow(String flowId);
void execute(String flowId, String nodeId, Context context);
```

流程扫描器收集 Flow 配置文件，通过 xstream 将其转换为 Flow 对象后，存入 FlowExecutor。逻辑流程的扫描器为 FlowFileProcessor，页面流程的扫描器为 PageFlowFileProcessor。

FlowEventProcessor 会读取 FlowExecutor 中的 Flow 信息，将其转换为 FlowServiceInfo，

再注册至 CEPCore，其流程如图 8-3 所示。

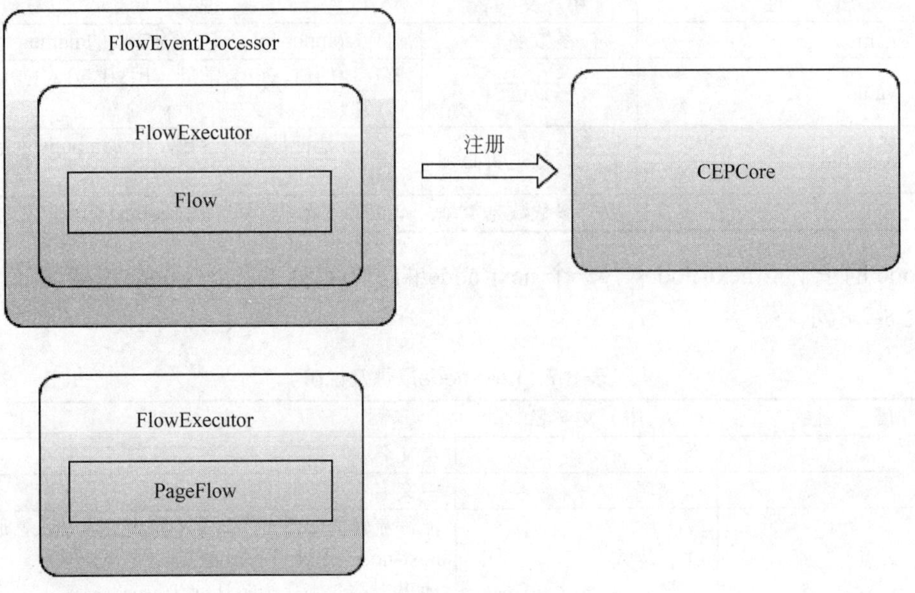

图 8-3　流程层次图

8.2.6　流程执行

流程执行器提供了流程执行接口。

```
void execute(String flowId, String nodeId, Context context);
void execute(String flowId, Context context);
```

开发者可通过流程 id 执行流程，此种方式流程将从 begin 节点开始执行，若该节点不存在，则从节点列表中的第一个节点开始执行。以 8.2.4 小节中的流程为例，以下两种执行方式是等价的。最终执行结果都是 sum 等于 4。

```
Context context = new ContextImpl();
context.put("a", 1);
context.put("b", 2);
flowExecutor.execute("testSumFlow", context);
//flowExecutor.execute("testSumFlow", "begin", context);  与前一行代码执行效果一样
assertEquals(4, context.get("sum"));
```

开发者亦可从流程的某个特定节点执行，该种方式下，流程将直接查找该节点，继续往下执行。由于节点列表中，后执行的节点可能会利用前面的节点结果作为参数，因此通过此种方式调用需要保证执行参数完整。如下所示，必然会执行失败，因为 sumComponent_1 节点使用前一节点的输出 sum 作为参数。

```
context.put("a", 1);
context.put("b", 2);
flowExecutor.execute("testSumFlow", "sumComponent_1", context);
```

正确的调用需要传入 sum 的值，如下所示。

```
context.put("a", 1);
context.put("b", 2);
context.put("sum", 5);
flowExecutor.execute("testSumFlow", "sumComponent_1", context);
assertEquals(6, context.get("sum"));
```

8.3　流程引擎特性

Tiny 流程非常灵活，流程内组件可以任意搭配，可以继承、重写、重入、转出及异常处理，如果组件设计合理、管理得当，开发流程会是一件很愉快的事情。

8.3.1　流程可继承性

流程可通过配置 extend-flow-id 来指定父流程。

子流程会默认继承父流程所有节点。如果子流程与父流程中有节点 id 相同，则以子流程节点为主，合并父流程节点到子流程节点之中。合并规则为：子节点若配置了该属性，则以子节点为准，若未曾配置，则采用父节点该属性的值。子节点若未配置流程组件，则使用父节点的流程组件。若子节点配置的组件与父节点相同，则以子节点流程组件配置的 flow-property 为准合并父节点流程组件的 flow-property。

```
<flow id="testSumFlowChild" extend-flow-id="testSumFlow"
    enable="true" private-context="false">
  <nodes>
  </nodes>
</flow>
```

流程 testSumFlowChild 继承了流程 testSumFlow，该流程本身无任何信息，会将父流程节点信息全部复制过来。testSumFlowChild 执行结果与 testSumFlow 执行结果相同。

```
Context context = new ContextImpl();
context.put("a", 1);
context.put("b", 2);
flowExecutor.execute("testSumFlowChild", "begin", context);
assertEquals(4, context.get("sum"));
```

通过流程继承可以实现流程节点的重写。此种方式，对于一些固定模式的业务逻辑，可以由高级开发人员开发父流程，由普通的开发人员继承该流程，对流程中部分节点进行重写。

```
<flow id="testSumFlowChild3" extend-flow-id="testSumFlow"
  enable="true" private-context="false">
  <parameters/>
  <nodes>
    <node id="sumComponent_1" name="sumComponent" title="求和组件">
      <component name="sumComponent" title="求和组件">
        <description>求 a+b 的和</description>
        <properties>
          <flow-property name="a" value="${b}" required="true" type="int"/>
          <flow-property name="b" value="${sum}" required="true" type=
          "int"/>
        </properties>
      </component>
      <next-nodes>
        <next-node next-node-id="sumComponent3"/>
      </next-nodes>
    </node>
    <node id="sumComponent3" name="sumComponent" title="求和组件">
      <component name="sumComponent" title="求和组件">
        <description>求 a+b 的和</description>
        <properties>
          <flow-property name="a" value="${sum}" required="true" type=
          "int"/>
          <flow-property name="b" value="${sum}" required="true" type=
          "int"/>
        </properties>
      </component>
      <next-nodes/>
    </node>
  </nodes>
</flow>
```

流程 testSumFlowChild3 继承了 testSumFlow 流程，重写 sumComponent_1 为 sum = b + sum，并且添加后续节点 sumComponent3，该节点逻辑为 sum = sum + sum。

```
Context context = new ContextImpl();
context.put("a", 1);
context.put("b", 2);
flowExecutor.execute("testSumFlowChild3",  context);
assertEquals(10, context.get("sum"));
```

流程支持多级继承，每级继承规则一样，子流程会逐级合并父流程信息。

```
<flow id="testSumFlowGrandson" extend-flow-id="testSumFlowChild3"
  enable="true" private-context="false">
  <parameters/>
  <nodes>
```

```
    <node id="sumComponent3" name="sumComponent3" title="求和组件">
      <component name="sumComponent" title="求和组件">
        <description>求 a+b 的和</description>
        <properties>
          <flow-property name="a" value="100" required="true" type="int"/>
          <flow-property name="b" value="${sum}" required="true" type=
          "int"/>
        </properties>
      </component>
      <next-nodes/>
    </node>
  </nodes>
</flow>
```

流程 testSumFlowGrandson 继承了 testSunFlowChild3，并重写了节点 sumComponent3，将其逻辑变更为 sum = 100 + sum。

```
public void testSumFlowGrandson() {
    Context context = new ContextImpl();
    context.put("a", 1);
    context.put("b", 2);
    flowExecutor.execute("testSumFlowGrandson", context);
    assertEquals(105, context.get("sum"));
}
```

8.3.2　灵活的 EL 表达式

流程节点跳转条件通过 EL 表达式进行描述。通过 EL 表达式可以创建 if-else、while 和 for 等条件场景。

```
<flow id="testSumFlowEl" enable="true" private-context="false">
  <parameters/>
  <nodes>
    <node id="begin" name="begin" title="开始">
      <next-nodes>
        <next-node next-node-id="sumComponent"/>
      </next-nodes>
    </node>
    <node id="sumComponent" name="sumComponent" title="求和组件">
      <component name="sumComponent" title="求和组件">
        <description>求 a+b 的和</description>
        <properties>
          <flow-property name="a" value="${a}" required="true" type="int"/>
          <flow-property name="b" value="${b}" required="true" type="int"/>
```

```
      </properties>
    </component>
    <next-nodes>
      <next-node next-node-id="sumComponent_1">
        <el>sum&gt;(2*a)</el>
      </next-node>
      <next-node next-node-id="sumComponent_2">
        <el>sum&lt;=(2*a)</el>
      </next-node>
    </next-nodes>
  </node>
  <node id="sumComponent_1" name="sumComponent" title="求和组件">
    <component name="sumComponent" title="求和组件">
      <description>求 a+b 的和</description>
      <properties>
        <flow-property name="a" value="${b}" required="true" type="int"/>
        <flow-property name="b" value="${sum}" required="true" type=
        "int"/>
      </properties>
    </component>
    <next-nodes>
      <next-node next-node-id="end"/>
    </next-nodes>
  </node>
  <node id="sumComponent_2" name="sumComponent" title="求和组件">
    <component name="sumComponent" title="求和组件">
      <description>求 a+b 的和</description>
      <properties>
        <flow-property name="a" value="${a}" required="true" type="int"/>
        <flow-property name="b" value="${sum}" required="true" type=
        "int"/>
      </properties>
    </component>
    <next-nodes>
      <next-node next-node-id="end"/>
    </next-nodes>
  </node>
 </nodes>
</flow>
```

流程 testSumFlowEl 通过 EL 表达式描述了 if-else。流程首先计算 sum=a+b，然后判断，如果 sum>2a，则 sum=sum+b，如果 sum<=2a，则 sum=sum+a。

```
Context context = new ContextImpl();
context.put("a", 2);
context.put("b", 12);
```

```
flowExecutor.execute("testSumFlowEl", context);
assertEquals(26, context.get("sum"));
```

8.3.3 流程可重入

开发者可以选择直接从流程的某个节点开始执行流程，而不必每次都从开始节点执行。

```
Context context = new ContextImpl();
context.put("a", 1);
context.put("b", 2);
context.put("sum", 5);
flowExecutor.execute("testSumFlow", "sumComponent_1", context);
assertEquals(6, context.get("sum"));
```

8.3.4 流程可转出

流程可以在流程流转的过程中流转至其他流程的节点去，通过此种方式可以完成流程间的调用。外部流程节点在当前流程中间被引用时，对应的节点 id 为外部流程 id：节点 id。

```
<flow id="testSumFlow2" enable="true" private-context="false">
  <parameters>
    <parameter array="false" required="true" name="a" type="int" scope=
    "out"/>
    <parameter array="false" required="true" name="b" type="int" scope=
    "out"/>
    <parameter array="false" required="true" name="c" type="int" scope=
    "out"/>
  </parameters>
  <nodes>
    <node id="begin" name="begin" title="开始">
      <next-nodes>
        <next-node next-node-id="sumComponent"/>
      </next-nodes>
    </node>
    <node id="sumComponent" name="sumComponent" title="求和组件">
      <component name="sumComponent" title="求和组件">
        <description>求 a+b 的和</description>
        <properties>
          <flow-property name="a" value="${b}" required="true" type="int"/>
          <flow-property name="b" value="${c}" required="true" type="int"/>
        </properties>
```

```
    </component>
    <next-nodes>
      <next-node next-node-id="testSumFlow:sumComponent_1"/>
    </next-nodes>
  </node>
  <node id="testSumFlow:sumComponent_1" name="sumComponent" title="求和
组件">
    <component name="sumComponent" title="求和组件">
      <description>求 a+b 的和</description>
      <properties>
      </properties>
    </component>
    <next-nodes/>
  </node>
 </nodes>
</flow>
```

流程 testSumFlow2 在自身节点 sumComponent 执行完成后，转出至 testSumFlow 的 sumComponent_1 节点继续执行，执行结果如下：

```
Context context = new ContextImpl();
context.put("a", 1);
context.put("b", 2);
context.put("c", 5);
flowExecutor.execute("testSumFlow2",  context);
assertEquals(8, context.get("sum"));
```

8.3.5 强大异常处理

流程引擎提供多种异常处理方式。当流程执行时发生异常，会经过以下处理逻辑。

（1）首先判断当前节点的后续跳转条件是否存在对应类型异常的跳转，如果存在，则执行该后续节点。

（2）如果后续跳转条件不存在对应类型异常，则查找当前流程中是否存在 exception 节点，若存在，则读取 exception 的后续条件中的异常类型，若匹配当前异常，则执行。

（3）如果 exception 节点的后续节点也不包含该类型异常，则查找当前执行器中是否存在流程 exceptionProcessFlow，如果存在，则去该流程中查找 exception 节点，执行步骤（2）的操作。

（4）如果不存在 exceptionProcessFlow 或者该流程的 exception 节点也无法处理该异常，则将异常抛出。

如图 8-4 所示的流程 testExceptionNew，演示了流程内异常处理逻辑，由调用者传入异常号，由异常生成节点抛出异常。对于 Exception1 会跳转到 Exception1 节点，执行完后结束。抛出 Exception3 时，由于异常生成节点不存在 Exception3 的后续跳转，引擎会去查找 Exception 节点，由于该节点有对应 Exception3 的后续节点，Exception3 节点会被执行。

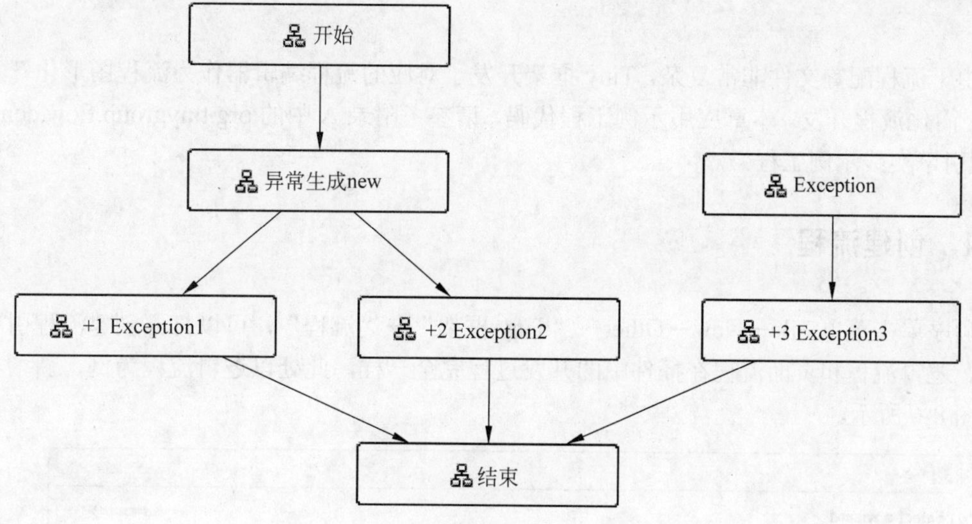

图 8-4　异常处理示例 1

如图 8-5 所示的流程是 exceptionProcessFlow，当 testExceptionNew 抛出 Exception4 时，由于该流程内部无法处理该异常，则会查找到 exceptionProcessoFlow 的 exception 节点，对 Exception4 进行处理。

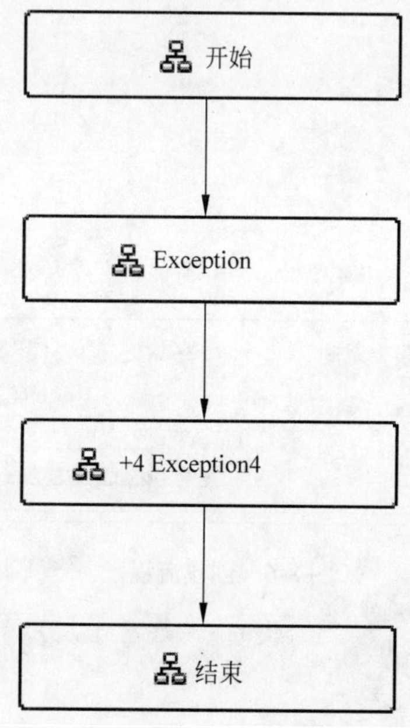

图 8-5　异常处理示例 2

8.4 流程编辑器

由于流程配置文件非常复杂，Tiny 框架开发了对应的流程编辑器作为流程图形化开发工具，简化流程开发。本章应用示例工程代码，请参考附录 A 中的 org.tinygroup.flow.demo（流程引擎实践示例工程）。

8.4.1 创建流程

顺序单击菜单 File→New→Other→“Tiny 框架”→“流程”，可以打开创建流程引导界面。逻辑流程和页面流程在插件中的开发过程完全一样，此处以逻辑流程为例，新增界面如图 8-6 所示。

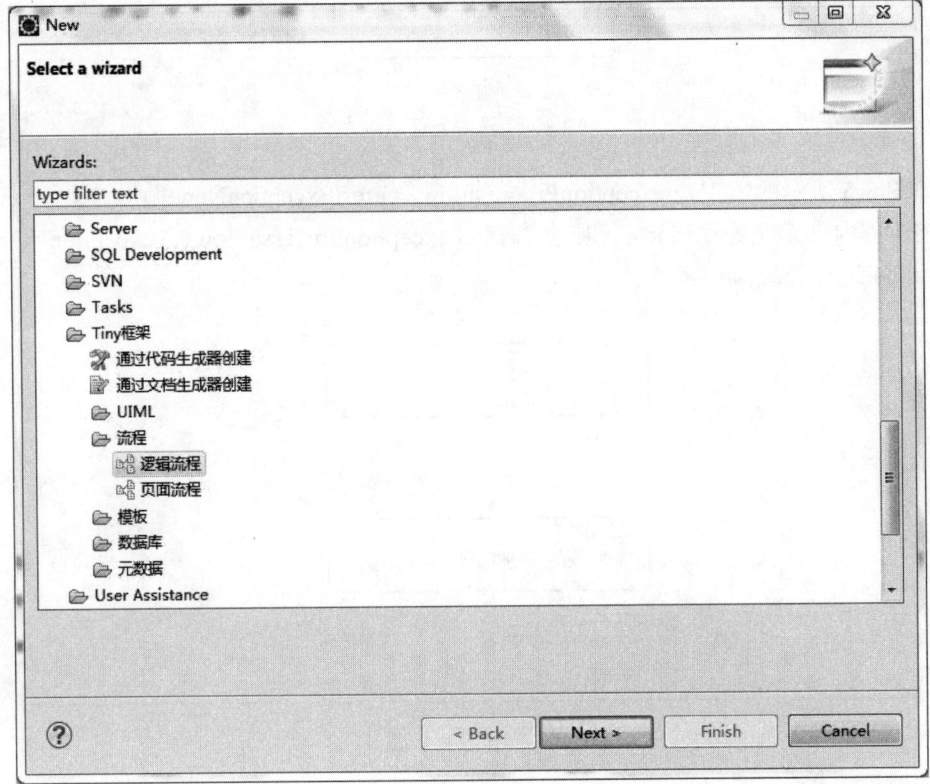

图 8-6　创建流程

8.4.2 界面说明

流程创建完毕后，会默认打开界面如图 8-7 所示。

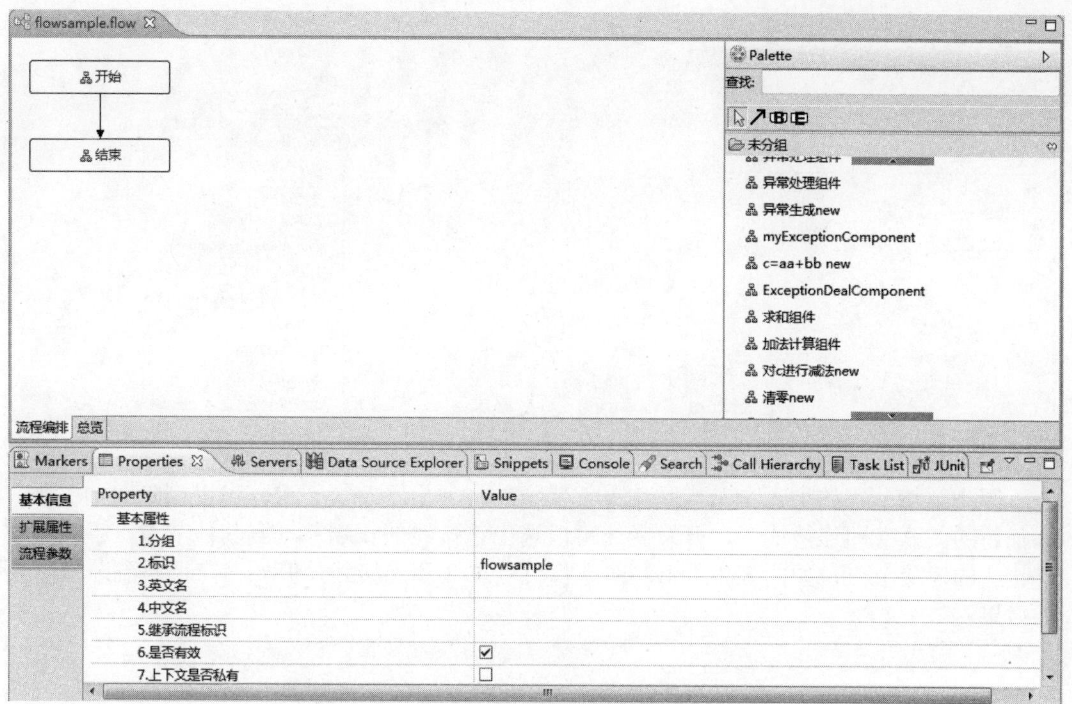

图 8-7　流程编辑器界面 1

面板中央是“流程编排”的展现面板。对流程、流程节点、节点关系的增加、删除、编辑全部在这里完成。默认有“开始”和“结束”两个节点。

面板右侧上方是控件栏：最上方是查询框，在组件很多时，可以通过该输入框对组件列表进行筛选。下方两个按钮依次是选择模式和节点连线，节点连线用于描述流程节点之前的流转。

面板右侧下方是组件列表。Tiny 框架支持 XML 配置和类注释两种方式读取组件信息，逻辑流程加载的页面组件对应的配置名称是*.fc.xml，在项目开发中，组件设计者把设计好的组件类及相关配置打包，流程开发者只要在工程引入这些 jar 包，就可以在图形化工具自动找到相关组件。

面板下方是 Properties，用户可以在这里查看及编辑流程、节点和流转的属性。选中空白部分，Properties 显示流程相关属性。选中节点，将显示节点相关配置。选中连接线，显示节点跳转逻辑的配置。各属性含义请参见 8.2.4 小节的流程配置。

8.4.3　操作说明

开发者通过鼠标选中某个组件，然后拖曳到画板上，放开鼠标，即可添加一个引用该组件的节点，如图 8-8 所示。

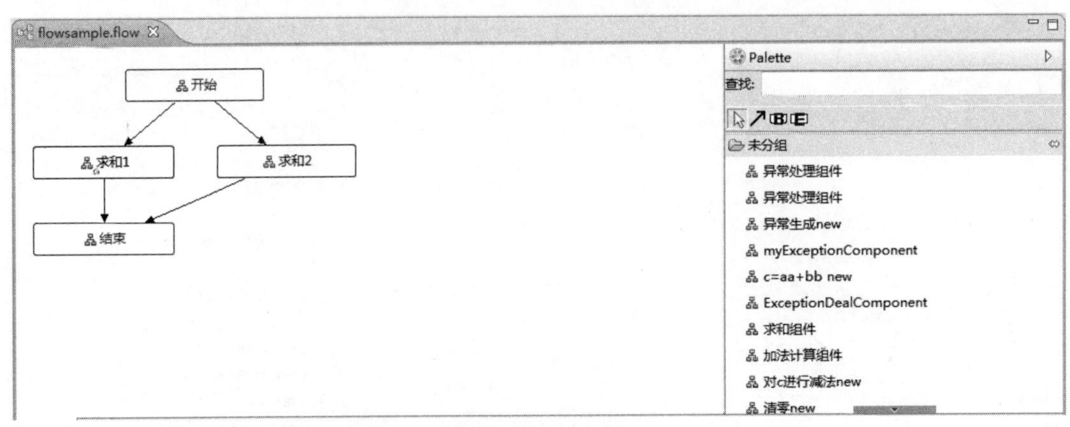

图 8-8　编辑器界面 2

因为新增节点的上下游节点是由框架决定的，如果不符合要求，可以删除旧的关联，添加新的关联（即连接线），开发者还可以选中连接线的一端移动到其他节点，手动调整连接线的连接节点，如图 8-9 所示，即是将节点求 2 和连接线从开始节点调整到节点 1 后的效果。

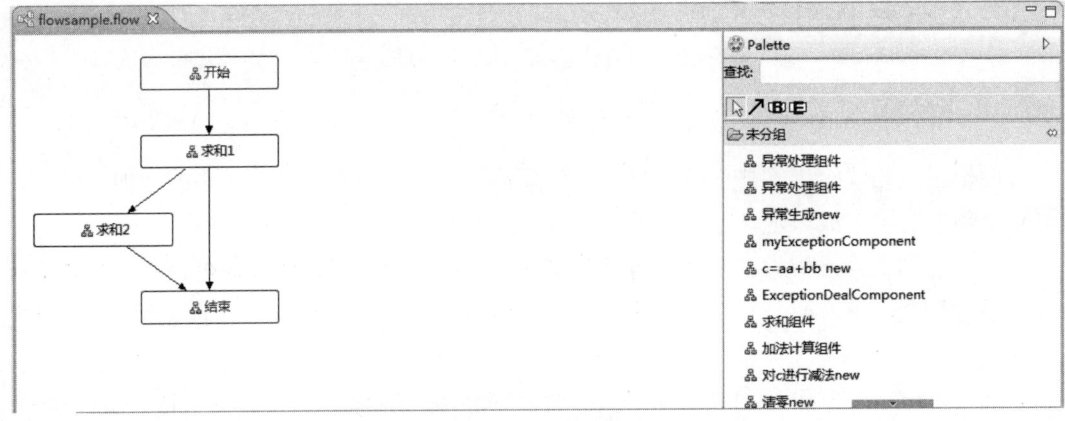

图 8-9　编辑器界面 3

在 eclipse 左侧项目树中选中其他流程的节点，然后拖曳到画板上，放开鼠标，即可添加一个引用外部流程节点的节点。可选的组件列表如图 8-10 所示。

- testOtherFlowNode.flow
- testSumFlow.flow
  - 开始
  - 求和组件
  - 求和组件
- testSumFlow2.flow
- testSumFlowChild.flow
- testSumFlowChild2.flow
- testSumFlowChild3.flow
- testSumFlowEl.flow
- testSumFlowGrandson.flow

图 8-10　左侧流程列表

如选中 testSumFlow 的开始节点，拖曳至画板，效果如图 8-11 所示。

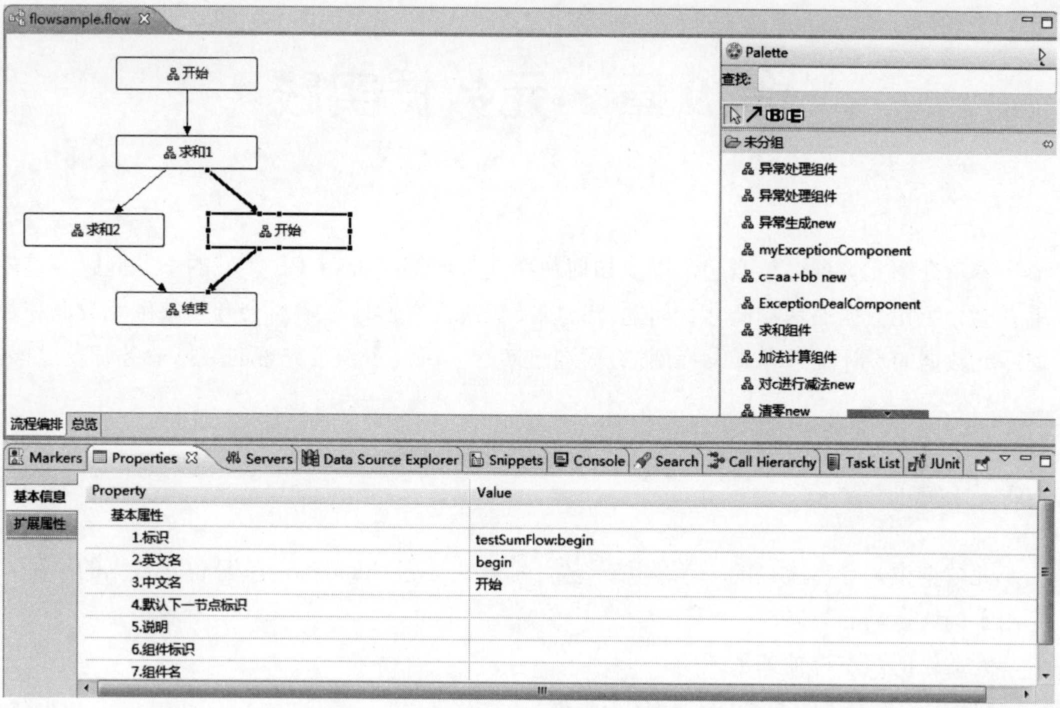

图 8-11　编辑器界面 4

8.5　本 章 总 结

本章描述了 Tiny 流程引擎的实践。Tiny 流程分为逻辑流程与页面流程。两种流程采用同一套实现，用不同实例进行管理、维护和执行。流程引擎通过定义流程组件，将流程组件按一定逻辑进行组装来完成指定业务逻辑处理。Tiny 框架还提供了流程的 eclipse 插件，便于开发者进行开发和维护。

第 9 章　元数据实践

本章介绍元数据这一概念，以及如何使用元数据解决 Java EE 领域的一些问题。首先笔者会介绍元数据的基本概念、问题背景以及解决方案设计。随后会介绍基础元数据和数据库元数据的设计细节和开发指南，最后通过实际示例演示一个完整的数据业务开发过程。

9.1　元数据简介

元数据也是业界流行的一个术语，它的英文单词是 Metadata，本身也是数据的一种，是用于描述数据的数据。

元数据的基本特征如下:

- 元数据是关于数据的结构化的数据。
- 元数据可以对信息对象进行描述。
- 元数据支持标准化，可以统一信息资源的定义模式和规范。
- 元数据支持可扩展性。一是建立最基本、最简单的元数据公共核心集；二是在核心集的基础上建立可扩展机制。
- 元数据可以跨语言。用户可以采用各种形式的语言形式描述、表现元数据，而非局限于特定语言。这点也便于异构系统之间的数据交互。

元数据最核心的概念是它能描述数据本身，可以说是定义数据的数据。举例来说，Java 类是对实例的抽象，而接口就是对类的抽象，元数据和一般数据的关系和上述关系很类似。当然元数据的抽象程度和具体的业务相关，通过对元数据的定义也能衡量一个系统的设计和模型的合理性、准确性以及扩展程度。

当然在不同的领域，元数据的定义和应用也有所差异，如图 9-1 展示了常见的一些元数据的使用场景。

对于本书而言，讨论元数据范围仅限于数据库这一领域。期望通过元数据的探讨研究能够帮助读者进一步了解和掌握对数据库的设计，从而提升对 Java EE 应用的性能及扩展能力。

在数据库领域，元数据可以描述数据库系统的设计、开发和实现，还可以描述数据的流动及操作。例如，下面的数据被认为是元数据：

- 数据库的方言类型；

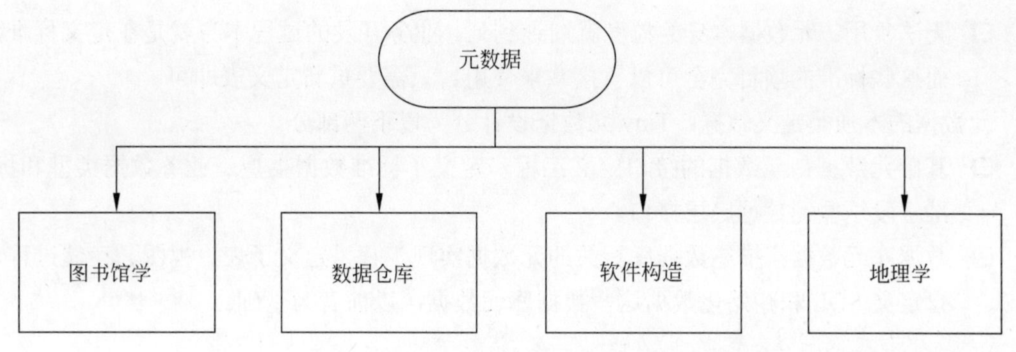

图 9-1　元数据分类

- ❑ 数据库的标准类型；
- ❑ 数据库的业务类型；
- ❑ 表的列类型；
- ❑ 表或视图。

9.1.1　问题背景

- ❑ 数据库定义不统一：开发业务系统难免要和其他业务系统打交道，同样的业务字段可能会设计为不同的字段名和结构，比如基本的 ID 字段，在业务系统 A 叫 userId，长度 12；而在业务系统 B 叫 user_id，长度 20，那么这两个系统的数据转换就很麻烦。
- ❑ 数据重复：由于定义不统一，造成业务系统存在大量冗余字段，造成数据库存储空间的浪费；同时也增加不少不必要的字段关联，增加开发设计人员的理解难度。
- ❑ 数据库平台差异：不同数据库之间的 SQL 特性有所差异，如果项目开发过程涉及数据库的变更，就有可能造成代码无法复用，加重程序员的负担。
- ❑ 无法复用：业务开发定义的表和字段通常难以复用，如果采用整体复制的方式，又会造成大量的无用表和无用字段。

9.1.2　解决途径

上述这些问题，都可以通过元数据的设计得到解决。

- ❑ 数据库定义不统一：采用元数据的话，同一业务字段只会有唯一的定义，自然不存在上述转换问题。
- ❑ 数据重复：元数据可以统一标准，不会出现上述场景的数据重复。
- ❑ 数据库平台差异：通过元数据可以屏蔽数据库的差异，配合相关辅助工程，开发人员可以忽略数据库平台差异进行开发，无需关心程序是采用 Oracle 数据库还是 MySQL 数据库。

- 无法复用：元数据本身的粒度就细致到列，业务开发的过程本身就是在定义标准，而这些标准的项目完全可以直接拿来使用，只需要重新定义表即可。

元数据的本质是定义数据，Tiny 元数据设计分为以下两部分。

- 基础元数据：元数据的接口定义工程，定义了标准数据类型、业务数据类型和标准字段这些元数据底层接口。
- 数据库元数据：描述数据库相关的元数据实现工程，定义了表、视图、存储过程、自定义 SQL 和初始化数据这些数据库元数据，以前者为基础。

9.2 基础元数据设计

本节介绍的是基本的元数据元素，包含方言模板、标准数据类型、业务数据类型和标准字段这几类基础元数据。同时演示使用 Eclipse 插件设计元数据。

9.2.1 支持语言类型

支持语言类型，也可以称为方言模板，用于定义不同类型方言支持的语言类型，是基础元数据的一种。

方言模板的类图设计如图 9-2 所示。

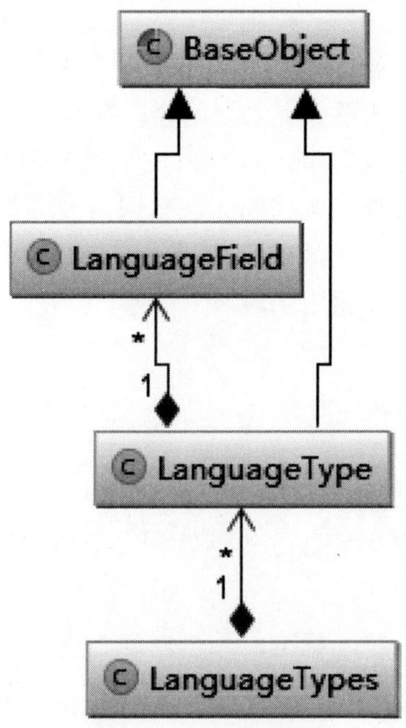

图 9-2 方言模板类图

通过类图，用户可以了解 LanguageTypes 对应一组方言，至于存储方式可以是配置文件也可以是数据库的记录。Tiny 框架默认是采用 XML 进行配置。

如果采用配置文件，那么方言模板的片段可以采用如下格式：

```
<language-type id="derby" name="derby">
   <language-field id="SMALLINT" name="SMALLINT"></language-field>
   <language-field id="INT" name="INT"></language-field>
   <language-field id="BIGINT" name="BIGINT"></language-field>
   <language-field id="REAL" name="REAL"></language-field>
   <language-field id="DOUBLE" name="DOUBLE"></language-field>
   <language-field id="DECIMAL" name="DECIMAL"></language-field>
   <language-field id="CHAR" name="CHAR"></language-field>
   <language-field id="VARCHAR" name="VARCHAR"></language-field>
   <language-field id="TIME" name="TIME"></language-field>
   <language-field id="DATE" name="DATE"></language-field>
   <language-field id="TIMESTAMP" name="TIMESTAMP"></language-field>
</language-type>
```

language-type 代表元数据支持的某种语言类型，language-field 则代表这种语言具体的类型，方言模板这种只是定义大纲，不涉及具体实现细节。

为了便于读者理解，这里打个比方：数据库的实现正如人类社会一样，离不开法律法规，当然各个国家的法律法规是不一样的，比如中国有中国的法律，美国有美国的法律。就数据库实现而言，可能就是 Oracle/MySQL 等数据库 SQL 标准的实现，这就是相当于法律的概念。法律是由一个个法律条款所组成，换而言之，不同 SQL 标准的实现也是有各自的差异，比如 Oracle 和 MySQL 的 SQL 标准实现都存在 INT 类型，但是 Oracle 有 NCHAR 和 NCHAR2 类型，这都是 MySQL 所没有的。

其实方言模板还可以定义非数据库的语言，比如 Java 语言，通过合理的设计，方言模板可以很容易扩展用途，下面便是 Java 编程语言的方言模板：

```
<language-type id="java" name="java">
  <language-field id="String" name="String"></language-field>
  <language-field id="Date" name="Date"></language-field>
  <language-field id="Boolean" name="Boolean"></language-field>
  <language-field id="Short" name="Short"></language-field>
  <language-field id="Integer" name="Integer"></language-field>
  <language-field id="Long" name="Long"></language-field>
  <language-field id="Float" name="Float"></language-field>
  <language-field id="Double1" name="Double"></language-field>
  <language-field id="Character" name="Character"></language-field>
  <language-field id="Byte" name="Byte"></language-field>
  <language-field id="BigDecimal" name="BigDecimal"></language-field>
  <language-field id="BigInteger" name="BigInteger"></language-field>
```

```
</language-type>
```

目前，默认的方言模板支持以下几种数据库语言，如表 9-1 所示。

表 9-1　Tiny默认的数据库方言列表

语　言　名	说　　明
oracle	Oracle 数据库方言
mysql	MySQL 数据库方言
db2	db2 数据库方言
derby	derby 数据库方言
informix	informix 数据库方言
sybase	Sybase 数据库方言
sqlserver	SQL Server 数据库方言
java	Java 语言

9.2.2　标准数据类型

标准数据类型，也称标准类型。支持以占位符方式定义不同方言，通过标准数据类型可以屏蔽因为不同方言造成的 SQL 差异。标准类型也是技术元数据的一类。

标准类型的类图设计如图 9-3 所示。

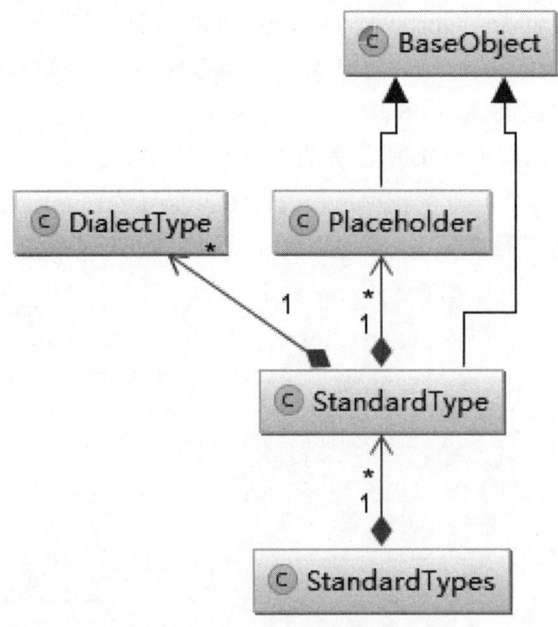

图 9-3　标准数据类型类图

标准数据类型包含基本信息、占位符和方言。可以说标准数据类型是方言模板的进一步细化。前文提到方言模板定义了系统可以支持的语言种类，以及每一种语言可以包含的语言类型，但是并没有定义语言的实现细节。这点并不是设计上的疏漏，通过方言模板和标准数据类型的拆分，可以方便以后的语言扩展。

以 MySQL 数据库语言为例，存在 VARCHAR 可变字符类型；而在 Java 编程语言范围，类似的语言类型就是 java.lang.String。在定义 MySQL 的数据库字段时，除了指定字段类型，通常还要指定字符的构造参数，比如 VARCHAR 可变字符类型，定义 VARCHAR()肯定是要出错了，还必须定义长度，如 VARCHAR(10)或者 VARCHAR(20)。

占位符的作用就是解决上述问题的，每一种占位符可以认为是某种具体方言的构造参数，如上个例子中可变字符类型 VARCHAR，只需要定义一个 length 的占位符，然后在定义方言的扩展类型时，输入这个占位符即可。如果有多个不同的构造参数，就需要定义多个占位符。

9.2.3　业务数据类型

业务数据类型，也称业务类型，是标准数据类型的具体实现。每种标准数据类型可以定义多个业务数据类型。打个比方，标准数据类型是接口，而业务数据类型就是具体的实现。

业务数据类型的类图设计如图 9-4 所示。

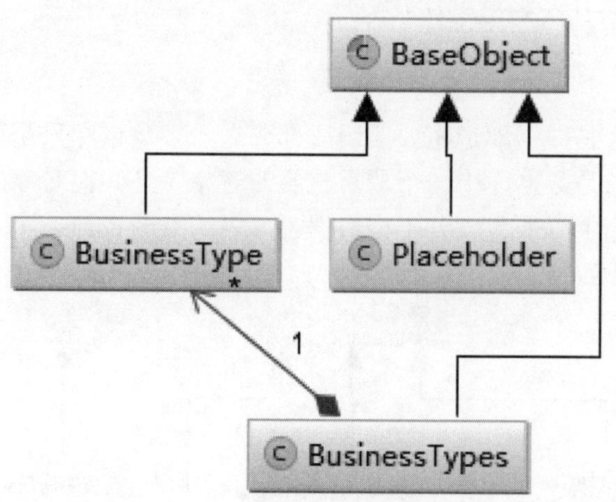

图 9-4　业务数据类型的类图

业务数据类型包含基本信息和占位符，而且需要对应一种标准数据类型。

9.2.4　标准字段

标准字段的类图设计如图 9-5 所示。标准字段相当于数据库表或者视图的字段，具有业务概念。一个标准字段包含基本信息和别名。

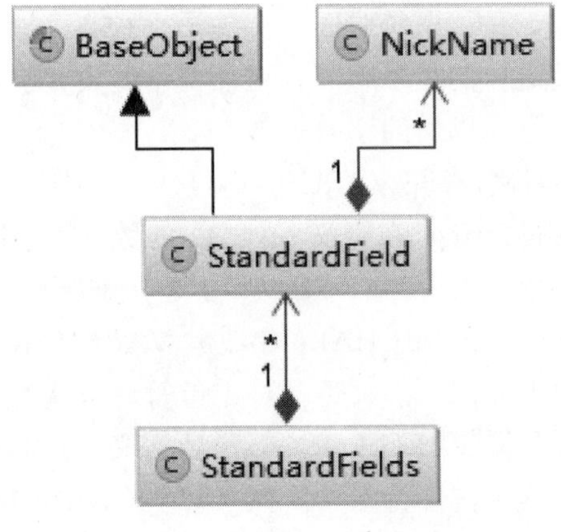

图 9-5　标准字段的类图

9.3　数据库元数据设计

前一节介绍的是基本的元数据元素，可以说是数据库元数据定义的基石，本节介绍具体的数据库结构设计和演示使用 Eclipse 插件设计元数据。

9.3.1　表及索引

数据表（或称表）是数据库最重要的组成部分之一。数据库只是一个框架，数据表才是其实质内容。数据表是数据库中一个非常重要的对象，是其他对象的基础。根据信息的分类情况，一个数据库中可能包含若干个数据表。表的类图设计如图 9-6 所示。

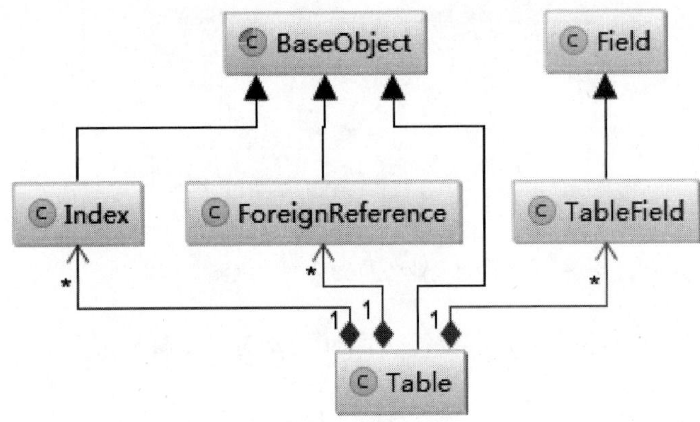

图 9-6　表的类图

表的元数据定义包含基本信息、字段、外键和索引这几部分。表的字段都是由用户先前定义的标准字段绑定而来。

9.3.2　视图

视图看上去非常像数据库的物理表，不同之处在于视图是虚表，是从一个或几个基本表（或视图）中导出的表，在系统的数据字典中仅存放了视图的定义，不存放视图对应的数据。

视图的类设计如图 9-7 所示。

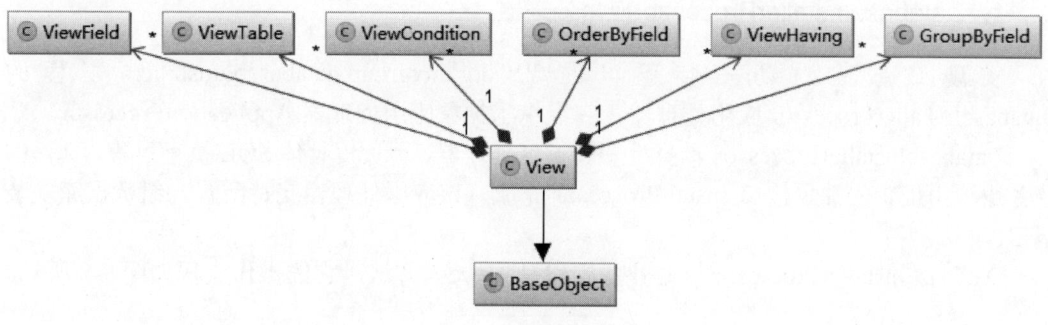

图 9-7　视图的类图

视图的元数据定义包含：基本信息、视图表定义、视图字段定义、关联条件定义、排序定义和查询条件定义。

9.4　元数据开发指南

通过元数据方式定义数据库结构，使得应用程序结构设计分层更容易，开发过程更加规范，特别是数据库结构升级更加便捷，因为元数据本身就是数据的一种，调整元数据仅仅相当于修改配置文件，对代码的影响很小。

元数据定义数据库结构，分层结构是必要的，一是设计粒度更细致，减少了不必要的设计冗余，如果结构发生变动，一般只需要修改某一种元数据定义，而不涉及整个配置文件的变化；二是方便人员分工，众所周知，多人同时修改相同配置，最容易发生冲突和问题，而元数据的分层，各人只需要处理好各自模块，自然发生问题的概率就降低了。

像支持语言类型、标准数据类型适合架构师来设计定义；而业务数据类型、标准字段可以由项目经理来设计规划；一般的开发人员只需定义表或者视图即可。

9.4.1　元数据加载机制

采用元数据定义数据库结构，当数据库结构发生变动时，框架会按以下步骤进行调整：

（1）加载标准数据类型到内存，并实例化模型对象。

（2）加载业务数据类型到内存，并实例化模型对象。

（3）加载标准字段到内存，并实例化模型对象。

（4）加载表到内存，并实例化模型对象。

（5）加载视图到内存，并实例化模型对象。

（6）加载数据源的配置信息。

（7）实例化数据源，并获得数据库的元数据结构。

（8）对比内存模型与元数据结构的差异，如果缺少表，则执行新增操作；如果缺少字段或者字段变动，则执行修改逻辑。

1．DatabaseInstallerProcessor应用处理器

实现数据库自动安装逻辑的是 org.tinygroup.databasebuinstaller 工程的 DatabaseInstallerProcessor 应用处理器，它继承了抽象应用处理器 ApplicationProcessor。

DatabaseInstallerProcessor 本身是安装调度处理器，不负责具体 SQL 执行过程，真正的业务逻辑由配置的抽象接口 InstallProcessor 完成，该应用处理器支持配置一组数据库安装接口。

DatabaseInstallerProcessor 核心业务操作是 process 方法，它的操作流程如图 9-8 所示。

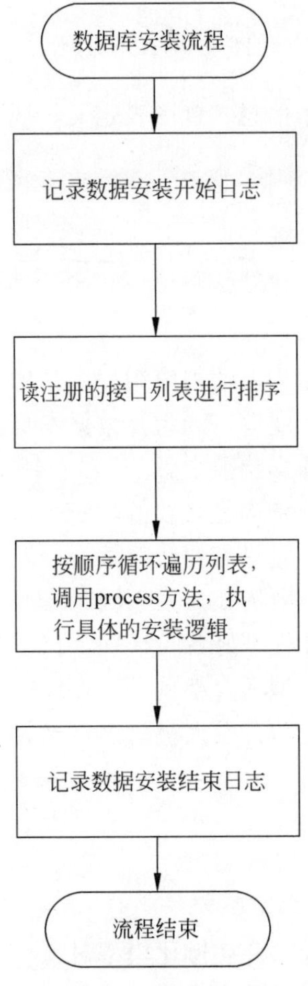

图 9-8　数据库安装处理器的流程

DatabaseInstallerProcessor 的核心代码片段如下：

```
public void process() {
logger.logMessage(LogLevel.INFO, "开始进行{0}数据库安装处理", dbLanguage);
installSort(); //对安装处理器进行排序
installProcess(); //按顺序执行各个处理器的逻辑
logger.logMessage(LogLevel.INFO, "{0}数据库安装处理结束", dbLanguage);
}
```

对安装接口 InstallProcessor 本身继承 Order 接口，排序是按从小到大的顺序，返回最终的有序安装接口队列。

```
private void installSort() {
     //按从小到大的顺序进行排序
Collections.sort(installProcessors, new Comparator<InstallProcessor>() {
        public int compare(InstallProcessor o1, InstallProcessor o2) {
            if (o1 != null && o2 != null) {
                return o1.getOrder() > o2.getOrder() ? 1
                        : (o1.getOrder() == o2.getOrder() ? 0 : -1);
            }
            return 0;
        }
    });
}
```

如果用户在定义安装接口时没有指定顺序 order，默认是返回 0。

DatabaseInstallerProcessor 执行数据库安装的逻辑如下：

```
private void installProcess() {
   //循环安装处理器列表，并执行处理器接口的process 方法
    for (InstallProcessor installProcessor : installProcessors) {
        if (installProcessor != null) {
            try {
                installProcessor.process(dbLanguage);
            } catch (Exception e) {
            logger.errorMessage(
              "执行installProcessor时出现异常,processor:{0},language:{1}",
              e, installProcessor.getClass(), dbLanguage);
            }


        }
    }
}
```

需要注意，安装接口 InstallProcessor 除了需要元数据之外，还需要用户指定当前安装

的数据库方言 dbLanguage。这点也很好理解，不同的数据库之间存在各种语法差异。可以通过 Application.xml 配置该数据库方言信息。

配置文件片段如下：

```
<!-- 数据库安装处理器 -->
    <database-install-processor>
        <database-installer>
            <database type="mysql"/>
        </database-installer>
    </database-install-processor>
```

2. InstallProcessor接口

介绍了数据库安装处理器之后，再来说明一下具体的各种数据库元数据的安装接口。首先是 InstallProcessor 的定义，如图 9-9 所示。

```
InstallProcessor
    TABLE_INSTALL_PROCESSOR : String
    INITDATA_INSTALL_PROCESSOR : String
    PROCEDURE_INSTALL_PROCESSOR : String
    VIEW_INSTALL_PROCESSOR : String
    DATABASE_INSTALL_PROCESSOR : String
    TRIGGER_INSTALL_PROCESSOR : String
    SEQUENCE_INSTALL_PROCESSOR : String
    process(String) : void
    getDealSqls(String, Connection) : List<String>
    getFullSqls(String, Connection) : List<String>
    getUpdateSqls(String, Connection) : List<String>
```

图 9-9　InstallProcessor 接口

InstallProcessor 接口如表 9-2 所示。

表 9-2　InstallProcessor方法说明

方 法 名 称	方 法 说 明
process	对某种数据库语言进行处理
getDealSqls	获取此次处理器相关的 SQL 语句列表
getFullSqls	获取全量 SQL
getUpdateSqls	获取增量 SQL

目前 InstallProcessor 接口定义了 7 类静态常量，对应了数据库七类数据库元素的具体安装处理器的实现，详细的分类如表 9-3 所示。

表 9-3　7 类处理器

名　　称	说　　明
CustomSqlInstallProcessor	自定义 SQL 安装处理器，负责安装用户自定义的 SQL
InitDataInstallProcessor	数据库初始化脚本安装处理器，仅仅在数据库初始化数据时使用
ProcedureInstallProcessor	存储过程安装处理器，负责加载和更新不同数据库方言下的存储过程
SequenceInstallProcessor	流水安装处理器，负责定义和实现 Sequence 流水
TableInstallProcessor	数据库表安装处理器，可以执行表的新建、字段的更新和删除操作
TriggerInstallProcessor	触发器的安装处理器，负责定义和实现触发器
ViewInstallProcessor	数据库视图安装处理器，可以执行视图的新建以及更新操作

以上安装处理器都继承了 AbstractInstallProcessor 抽象类。安装处理器都内置具体数据库元素的处理器，由处理器实现自身的元素的加载和卸载；而安装处理器更主要的是实现与数据库的操作，完成不同方言下的数据库安装和更新逻辑。

```
public abstract class AbstractInstallProcessor implements InstallProcessor
{

protected Logger logger = LoggerFactory
        .getLogger(AbstractInstallProcessor.class);

public int getOrder() {
    return 0;
}

public void process(String language) {
    DataSource dataSource = DataSourceHolder.getDataSource();
    Connection con = null;
    try {
        con = dataSource.getConnection();
        processWithConn(language,con);
    } catch (SQLException ex) {
        throw new BaseRuntimeException(ex);
    } finally {
        if (con != null) {
            try {
                con.close();
            } catch (SQLException e) {
            }
        }
    }
}

protected void processWithConn(String language,Connection con)
    throws SQLException {
    List<String> sqls = getDealSqls(language, con);
    execute(sqls, con);
```

```
}

private void execute(List<String> sqls, Connection con)
    throws SQLException {
    Statement statement = null;
    try {
        statement = con.createStatement();
        logger.logMessage(LogLevel.INFO,
        "开始执行 sql,共{0}句 sql", sqls.size());
        for (String sql : sqls) {
            logger.logMessage(LogLevel.INFO, "执行 sql:{0}", sql);
            statement.execute(sql);
        }
        logger.logMessage(LogLevel.INFO, "执行 sql 处理完成");
    } catch (SQLException ex) {
        throw ex;
    } finally {
        if (statement != null) {
            statement.close();
        }

    }
}
}
```

AbstractInstallProcessor 抽象类已经实现绝大部分的安装处理器的逻辑，通常具体的安装处理器只需要重写 getDealSqls 方法体。

3. CustomSqlInstallProcessor处理器

CustomSqlInstallProcessor 的核心代码如下：

```
public List<String> getDealSqls(String language, Connection con)
throws SQLException {
 List<String> customSqls = new ArrayList<String>();

      //根据顺序加载自定义 sql
customSqls.addAll(customSqlProcessor.getCustomSqls(
CustomSqlProcessor.BEFORE, CustomSqlProcessor.STANDARD_SQL_TYPE));

customSqls.addAll(customSqlProcessor.getCustomSqls(
CustomSqlProcessor.BEFORE, language));

customSqls.addAll(customSqlProcessor.getCustomSqls(
CustomSqlProcessor.AFTER, CustomSqlProcessor.STANDARD_SQL_TYPE));

customSqls.addAll(customSqlProcessor.getCustomSqls(
```

```
CustomSqlProcessor.AFTER, language));

return customSqls;
}
```

CustomSqlInstallProcessor 内置了 CustomSqlProcessor，通过这个 SQL 加载器，开发人员可以很方便地根据配置文件或者其他方式，动态地往自定义 SQL 安装处理器增加新的 SQL 语句。关系图如图 9-10 所示。

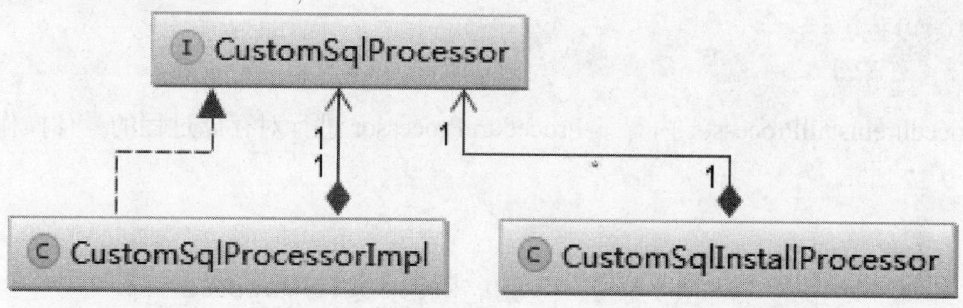

图 9-10　CustomSqlInstallProcessor 的类图

4. InitDataInstallProcessor处理器

InitDataInstallProcessor 的核心代码如下：

```
public List<String> getDealSqls(String language, Connection con)
throws SQLException {
    List<String> sqls=new ArrayList<String>();
    sqls.addAll(initDataProcessor.getDeinitSql(language));
    sqls.addAll(initDataProcessor.getInitSql(language));
    return sqls;
}
```

InitDataInstallProcessor 内置了 InitDataProcessor，通过这个初始化信息操作器，开发人员可以根据表名获取对应的初始化数据，也可以获得新增及删除的 SQL 语句列表。关系图如图 9-11 所示。

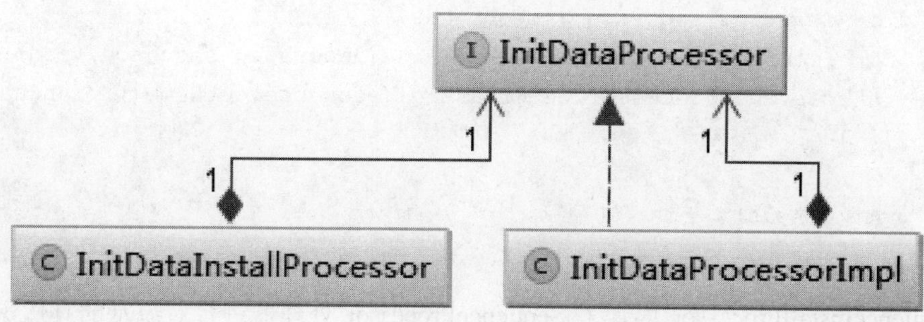

图 9-11　InitDataInstallProcessor 的类图

5. ProcedureInstallProcessor处理器

ProcedureInstallProcessor 的核心代码如下：

```
public List<String> getDealSqls(String language, Connection con)
throws SQLException {
    List<String> sqls=new ArrayList<String>();
    sqls.addAll(procedureProcessor.getCreateSql(language));
    return sqls;
}
```

ProcedureInstallProcessor 内置了 ProcedureProcessor 进行对存储过程的具体操作。关系图如图 9-12 所示。

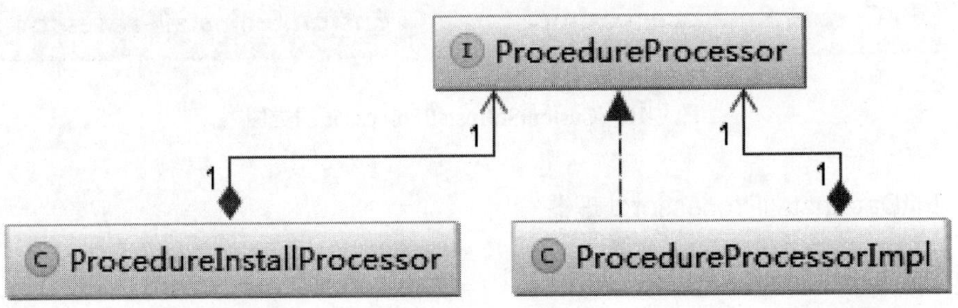

图 9-12　ProcedureInstallProcessor 的类图

6. SequenceInstallProcessor处理器

SequenceInstallProcessor 的核心代码如下：

```
public List<String> getDealSqls(String language, Connection con)
throws SQLException {
    List<String> sqls=new ArrayList<String>();
    List<Sequence> sequences=processor.getSequences(language);
    for (Sequence sequence : sequences) {
        if(!processor.checkSequenceExist(language, sequence, con)){
        sqls.add(processor.getCreateSql(sequence.getName(), language));
        }
    }
    return sqls;
}
```

SequenceInstallProcessor 内置了 SequenceProcessor 处理器进行对流水的具体操作，实现相对的新增及删除等操作。关系图如图 9-13 所示。

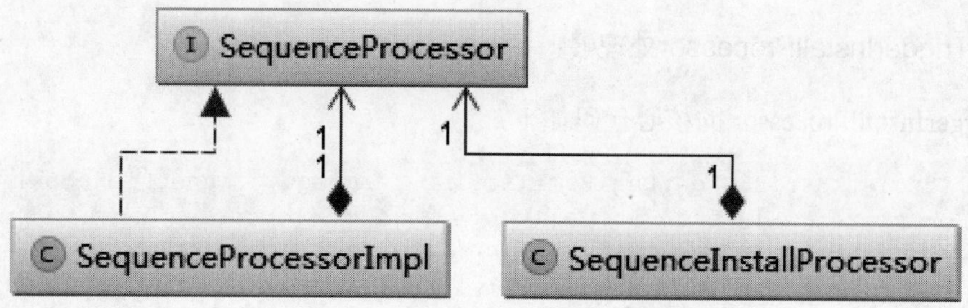

图 9-13 SequenceInstallProcessor 的类图

7. TableInstallProcessor处理器

TableInstallProcessor 的核心代码如下：

```
public int getOrder() {
    return HIGHEST_PRECEDENCE;
}

public List<String> getDealSqls(String language, Connection con)
        throws SQLException {
    logger.logMessage(LogLevel.INFO, "开始获取数据库表安装操作执行语句");
    List<Table> list = tableProcessor.getTables();
    List<String> sqls = new ArrayList<String>();
    for (Table table : list) {
        deal(language, table, sqls, con);//循环表元数据，执行表的创建更新操作
    }
    logger.logMessage(LogLevel.INFO, "获取数据库表安装操作执行语句结束");
    return sqls;

}
```

表作为数据库的最重要组成元素，因此 TableInstallProcessor 覆盖了 getOrder 接口，保证排序之后，TableInstallProcessor 可以最优先执行。类似前面的安装处理器，TableInstallProcessor 也内置了 TableProcessor 实现数据库表相关的操作处理。关系图如图 9-14 所示。

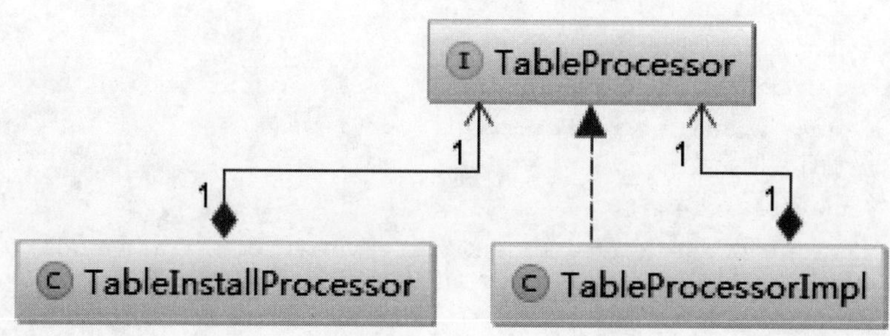

图 9-14 TableInstallProcessor 的类图

8. TriggerInstallProcessor处理器

TriggerInstallProcessor 的核心代码如下：

```
public List<String> getDealSqls(String language, Connection con)
throws SQLException {
        //生成需要执行的触发器 SQL 语句
    List<String> sqls=new ArrayList<String>();
    List<Trigger> triggers=processor.getTriggers(language);
    for (Trigger trigger : triggers) {
        if(!processor.checkTriggerExist(language, trigger, con)){
        sqls.add(processor.getCreateSql(trigger.getName(), language));
        }
    }
    return sqls;
}
```

触发器安装处理器同样内置了 TriggerProcessor 对相关触发器进行管理。关系图如图 9-15 所示。

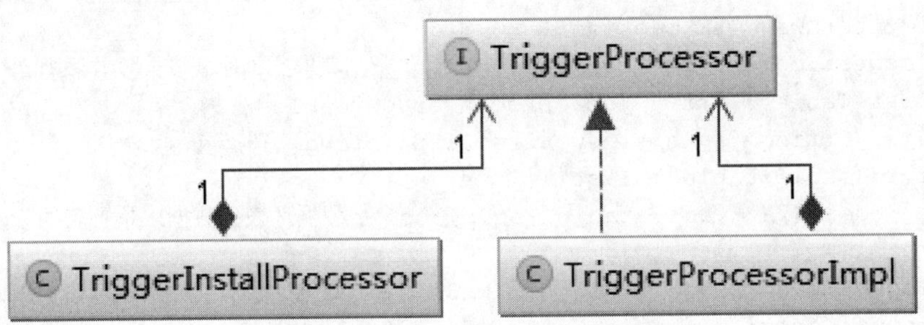

图 9-15　TriggerProcessor 的类图

9. ViewInstallProcessor处理器

ViewInstallProcessor 的核心代码如下：

```
public List<String> getDealSqls(String language, Connection con)
throws SQLException {
        //生成需要执行的视图 SQL 语句
    List<String> createViewSqls = new ArrayList<String>();
    List<View> views = viewProcessor.getViews();
        //循环视图元数据
    for(View view:views){
        if(viewProcessor.checkViewExists(view, con, language)){
            createViewSqls.add(viewProcessor.getDropSql(view, language));
        }
        createViewSqls.add(viewProcessor.getCreateSql(view, language));
```

```
    }

    return createViewSqls;
}
```

ViewInstallProcessor 内置了 ViewProcessor 对数据库的视图元素进行管理。关系图如图 9-16 所示。

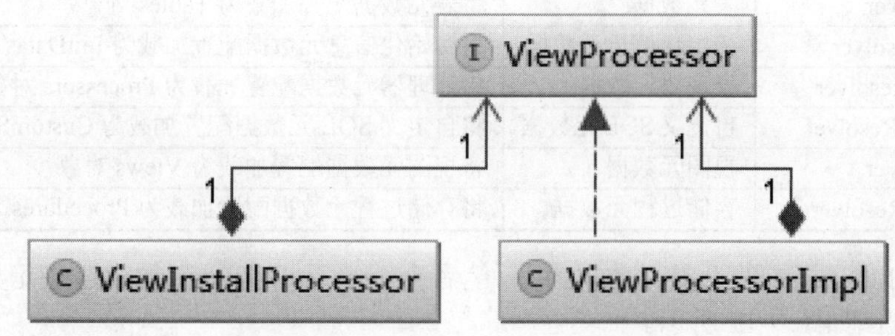

图 9-16　ViewInstallProcessor 的类图

需要注意：框架只是调用 JDBC 接口进行 DML 语句操作，需要数据库本身设置支持相关操作，也就是说直接在数据库执行相关 SQL 语句不能发生异常。例如：修改数据库字段，但是数据表拥有记录，那么执行变更语言肯定会发生问题。

9.4.2　元数据处理器

框架采用分层次方式定义元数据，每种元数据也有相关的处理器进行加载。通过文件搜索器 FileResolverProcessor，开发人员可以增加各种元数据处理器，实现对先前配置文件的自动扫描和加载。

配置文件片段：

```
<!-- database -->
        <ref bean="constantFileResolver" />
        <ref bean="standardTypeFileResolver" />
        <ref bean="errorMessageFileResolver" />
        <ref bean="businessTypeFileResolver" />
        <ref bean="standardFieldFileResolver" />
        <ref bean="tableFileResolver" />
        <ref bean="initDataFileResolver" />
        <ref bean="processorFileResolver" />
        <ref bean="customSqlFileResolver" />
        <ref bean="viewFileResolver" />
        <ref bean="procedureFileResolver" />
```

以下是各种元数据处理器的配置加载器说明，如表 9-4 所示。

表 9-4　配置加载器列表

英 文 名	中 文 名	说　　明
constantFileResolver	常量元数据	将常量元数据配置加载为 Constants 对象
standardTypeFileResolver	标准类型元数据	将标准类型元数据配置加载为 StandardTypes 对象
errorMessageFileResolver	错误信息元数据	将错误信息元数据配置加载为 ErrorMessages 对象
businessTypeFileResolver	业务类型元数据	将业务类型元数据配置加载为 BusinessTypes 对象
standardFieldFileResolver	标准字段元数据	将标准字段元数据配置加载为 StandardFields 对象
tableFileResolver	表元数据	将表元数据配置加载为 Tables 对象
initDataFileResolver	初始化信息元数据	将初始化信息元数据配置加载为 InitDatas 对象
processorFileResolver	处理器元数据	将处理器元数据配置加载为 Processors 对象
customSqlFileResolver	自定义 SQL 元数据	将自定义 SQL 元数据配置加载为 CustomSqls 对象
viewFileResolver	视图元数据	将视图元数据配置加载为 Views 对象
procedureFileResolver	存储过程元数据	将存储过程元数据配置加载为 Procedures 对象

还是以前文介绍过的五类元数据为例，笔者介绍一下 Tiny 框架加载这些元数据的流程实现，总流程图如图 9-17 所示。

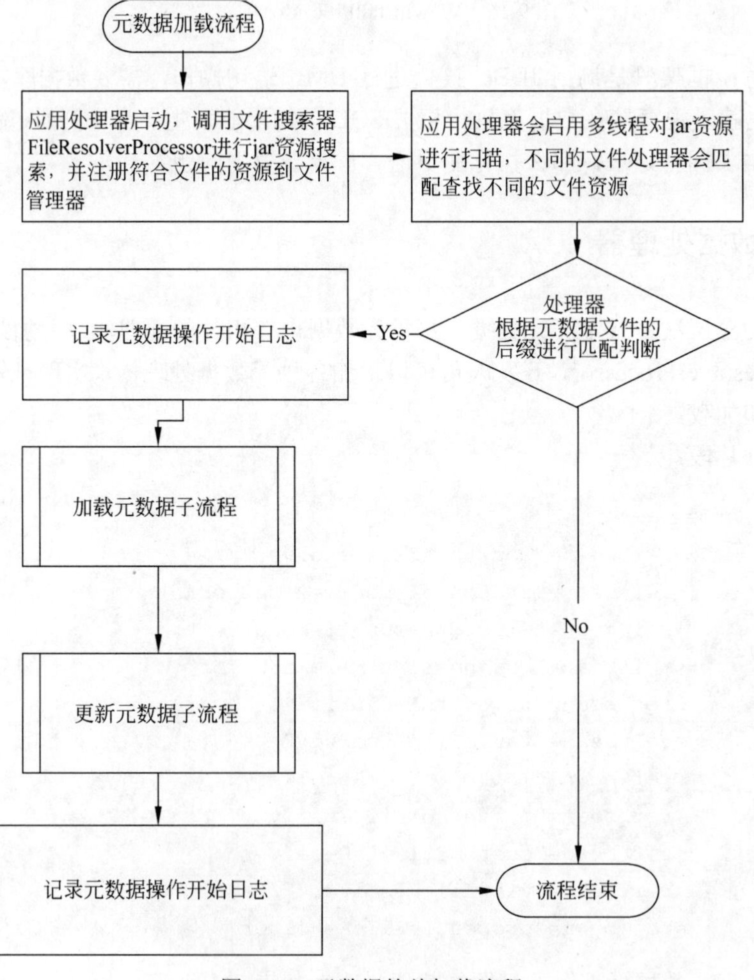

图 9-17　元数据的总加载流程

元数据的总加载流程还包含加载元数据子流程和更新元数据子流程，前者负责加载新的元数据信息，后者负责更新已经存在的元数据信息。

加载元数据的子过程如图 9-18 所示。更新元数据的子过程如图 9-19 所示。

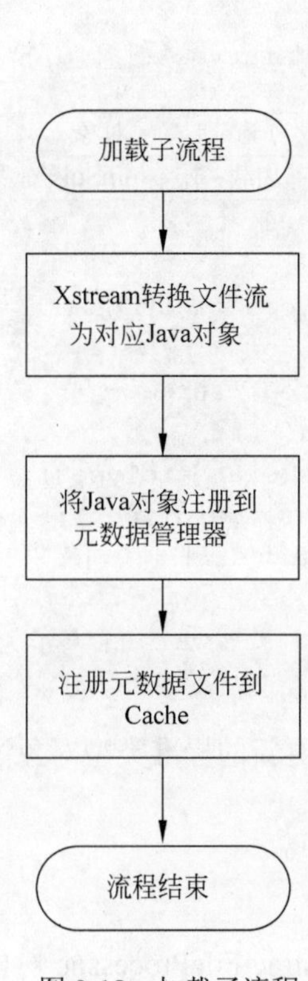

图 9-18　加载子流程

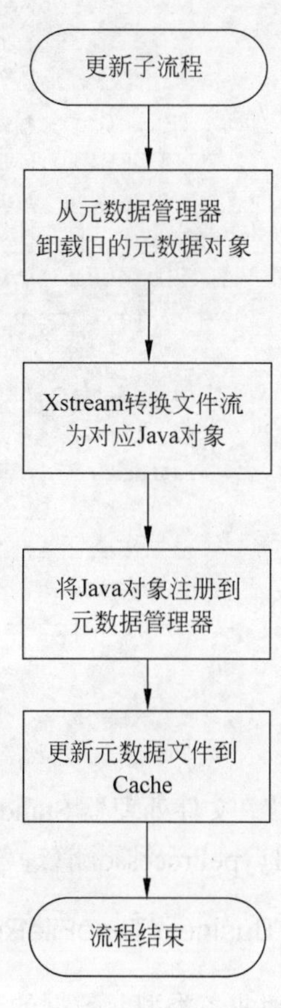

图 9-19　更新子流程

1. StandardTypeFileResolver文件解析器

处理标准类型元数据的 StandardTypeFileResolver 继承 AbstractFileProcessor 对象，可以处理后缀是 datatype 的配置文件。

StandardTypeFileResolver 的核心代码片段如下：

```
public void process() {
    XStream stream = XStreamFactory
            .getXStream(MetadataUtil.METADATA_XSTREAM);
    for (FileObject fileObject : deleteList) {
        LOGGER.logMessage(LogLevel.INFO, "正在移除 datatype 文件[{0}]",
                fileObject.getAbsolutePath());
        StandardTypes standardTypes =
        (StandardTypes)caches.get(fileObject.getAbsolutePath());
        if (standardTypes!=null) {
```

```
            standardDataTypeProcessor.removeStandardTypes(standardTypes);
            caches.remove(fileObject.getAbsolutePath());
        }
        LOGGER.logMessage(LogLevel.INFO, "移除 datatype 文件[{0}]结束",
                fileObject.getAbsolutePath());
    }
    for (FileObject fileObject : changeList) {
        LOGGER.logMessage(LogLevel.INFO, "正在加载 datatype 文件[{0}]",
                fileObject.getAbsolutePath());
        StandardTypes oldStandardTypes =
        (StandardTypes)caches.get(fileObject.getAbsolutePath());
        if (oldStandardTypes!=null) {

        standardDataTypeProcessor.removeStandardTypes(oldStandardTypes);
        }
        StandardTypes standardTypes = (StandardTypes) stream
                .fromXML(fileObject.getInputStream());
        standardDataTypeProcessor.addStandardTypes(standardTypes);
        caches.put(fileObject.getAbsolutePath(), standardTypes);
        LOGGER.logMessage(LogLevel.INFO, "加载 datatype 文件[{0}]结束",
                fileObject.getAbsolutePath());
    }
}
```

最终，文件处理器 StandardTypeFileResolver 会将加载或者更新的标准类型对象添加到 StandardTypeProcessor 管理器。

2．BusinessTypeFileResolver文件解析器

处理业务类型元数据的 BusinessTypeFileResolver 继承 AbstractFileProcessor 对象，可以处理后缀是 bizdatatype 的配置文件。

BusinessTypeFileResolver 核心代码片段如下：

```
public void process() {
    XStream stream = XStreamFactory
            .getXStream(MetadataUtil.METADATA_XSTREAM);
    for (FileObject fileObject : deleteList) {
        LOGGER.logMessage(LogLevel.INFO, "正在移除 bizdatatype 文件[{0}]",
                fileObject.getAbsolutePath());
        BusinessTypes businessTypes = (BusinessTypes) caches.get
        (fileObject.getAbsolutePath());
        if (businessTypes != null) {
            businessTypeProcessor.removeBusinessTypes(businessTypes);
            caches.remove(fileObject.getAbsolutePath());
        }
        LOGGER.logMessage(LogLevel.INFO, "移除 bizdatatype 文件[{0}]结束",
```

```
                fileObject.getAbsolutePath());
    }
    for (FileObject fileObject : changeList) {
        LOGGER.logMessage(LogLevel.INFO, "正在加载bizdatatype文件[{0}]",
                fileObject.getAbsolutePath());
        BusinessTypes oldBusinessTypes=
            (BusinessTypes) caches.get(fileObject.getAbsolutePath());
        if(oldBusinessTypes!=null){
            businessTypeProcessor.removeBusinessTypes(oldBusinessTypes);
        }
        BusinessTypes businessTypes = (BusinessTypes) stream
                .fromXML(fileObject.getInputStream());
        businessTypeProcessor.addBusinessTypes(businessTypes);
        caches.put(fileObject.getAbsolutePath(), businessTypes);
        LOGGER.logMessage(LogLevel.INFO, "加载bizdatatype文件[{0}]结束",
                fileObject.getAbsolutePath());
    }
}
```

文件处理器 BusinessTypeFileResolver 会将加载或者更新的业务类型对象添加到 BusinessTypeProcessor 管理器。

3. StandardFieldFileResolver文件解析器

处理标准字段元数据的 StandardFieldFileResolver 继承 AbstractFileProcessor 对象，可以处理后缀是 stdfield 的配置文件。

StandardFieldFileResolver 核心代码片段如下：

```
public void process() {
    XStream stream = XStreamFactory
            .getXStream(MetadataUtil.METADATA_XSTREAM);
    for (FileObject fileObject : deleteList) {
        LOGGER.logMessage(LogLevel.INFO, "正在移除stdfield文件[{0}]",
                fileObject.getAbsolutePath());
        StandardFields standardFields =
            (StandardFields)caches.get(fileObject.getAbsolutePath());
        if(standardFields!=null){
            standardFieldProcessor.removeStandardFields(standardFields);
            caches.remove(fileObject.getAbsolutePath());
        }
        LOGGER.logMessage(LogLevel.INFO, "移除stdfield文件[{0}]结束",
                fileObject.getAbsolutePath());
    }
    for (FileObject fileObject : changeList) {
        LOGGER.logMessage(LogLevel.INFO, "正在加载stdfield文件[{0}]",
                fileObject.getAbsolutePath());
        StandardFields oldStandardFields =
            (StandardFields)caches.get(fileObject.getAbsolutePath());
```

```
        if(oldStandardFields!=null){
            standardFieldProcessor.removeStandardFields
           (oldStandardFields);
        }
        StandardFields standardFields = (StandardFields) stream
                .fromXML(fileObject.getInputStream());
        standardFieldProcessor.addStandardFields(standardFields);
        caches.put(fileObject.getAbsolutePath(), standardFields);
        LOGGER.logMessage(LogLevel.INFO, "加载 stdfield 文件[{0}]结束",
                fileObject.getAbsolutePath());
    }
}
```

文件处理器 StandadFieldFileResolver 会将加载或者更新的标准字段对象添加到 StandardFieldProcessor 管理器。

4. TableFileResolver文件解析器

处理表元数据的 TableFileResolver 继承 AbstractFileProcessor 对象，可以处理后缀是 table 的配置文件。

TableFileResolver 核心代码片段如下：

```
public void process() {
    XStream stream = XStreamFactory
            .getXStream(DataBaseUtil.DATABASE_XSTREAM);
    for (FileObject fileObject : deleteList) {
        LOGGER.logMessage(LogLevel.INFO, "正在移除 table 文件[{0}]",
                fileObject.getAbsolutePath());
        Tables tables = (Tables)caches.get(fileObject.getAbsolutePath());
        if(tables!=null){
            tableProcessor.removeTables(tables);
            caches.remove(fileObject.getAbsolutePath());
        }
        LOGGER.logMessage(LogLevel.INFO, "移除 table 文件[{0}]结束",
                fileObject.getAbsolutePath());
    }
    for (FileObject fileObject : changeList) {
        LOGGER.logMessage(LogLevel.INFO, "正在加载 table 文件[{0}]",
                fileObject.getAbsolutePath());
        Tables oldTables =
            (Tables)caches.get(fileObject.getAbsolutePath());
        if(oldTables!=null){
            tableProcessor.removeTables(oldTables);
        }
        Tables tables = (Tables) stream
                .fromXML(fileObject.getInputStream());
        tableProcessor.addTables(tables);
        caches.put(fileObject.getAbsolutePath(), tables);
```

```
        LOGGER.logMessage(LogLevel.INFO, "加载 table 文件[{0}]结束",
                fileObject.getAbsolutePath());
    }
}
```

文件处理器 TableFileResolver 会将加载或者更新的表元数据对象添加到 TableProcessor 管理器。

5. ConstantFileResolver文件解析器

处理常量元数据的 ConstantFileResolver 继承 AbstractFileProcessor 对象，可以处理后缀是 const 的配置文件。

ConstantFileResolver 核心代码片段如下：

```
public void process() {
    XStream stream = XStreamFactory
            .getXStream(MetadataUtil.METADATA_XSTREAM);
    for (FileObject fileObject : deleteList) {
        LOGGER.logMessage(LogLevel.INFO, "正在移除 const 文件[{0}]",
                fileObject.getAbsolutePath());
        Constants constants = (Constants) caches.get(fileObject
                .getAbsolutePath());
        if (constants != null) {
            constantProcessor.removeConstants(constants);
            caches.remove(fileObject.getAbsolutePath());
        }
        LOGGER.logMessage(LogLevel.INFO, "移除 const 文件[{0}]结束",
                fileObject.getAbsolutePath());
    }
    for (FileObject fileObject : changeList) {
        LOGGER.logMessage(LogLevel.INFO, "正在加载 const 文件[{0}]",
                fileObject.getAbsolutePath());
        Constants oldConstants = (Constants) caches.get(fileObject
                .getAbsolutePath());
        if (oldConstants != null) {
            constantProcessor.removeConstants(oldConstants);
        }
        Constants constants = (Constants) stream.fromXML(fileObject
                .getInputStream());
        constantProcessor.addConstants(constants);
        caches.put(fileObject.getAbsolutePath(), constants);
        LOGGER.logMessage(LogLevel.INFO, "加载 const 文件[{0}]结束",
                fileObject.getAbsolutePath());
    }
}
```

文件处理器 ConstantFileResolver 会将加载或者更新的常量元数据对象添加到 ConstantProcessor 管理器。

6. ErrorMessageFileResolver文件解析器

处理异常信息元数据的 ErrorMessageFileResolver 继承 AbstractFileProcessor 对象，可以处理后缀是 error 的配置文件。

ErrorMessageFileResolver 核心代码片段如下：

```
public void process() {
    XStream stream = XStreamFactory
            .getXStream(MetadataUtil.METADATA_XSTREAM);
    for (FileObject fileObject : deleteList) {
        LOGGER.logMessage(LogLevel.INFO, "正在移除 error 文件[{0}]",
                fileObject.getAbsolutePath());
        ErrorMessages errorMessages = (ErrorMessages) caches.get
        (fileObject.getAbsolutePath());
        if (errorMessages != null) {
            errorMessageProcessor.removeErrorMessages(errorMessages);
            caches.remove(fileObject.getAbsolutePath());
        }
        LOGGER.logMessage(LogLevel.INFO, "移除 error 文件[{0}]结束",
                fileObject.getAbsolutePath());
    }
    for (FileObject fileObject : changeList) {
        LOGGER.logMessage(LogLevel.INFO, "正在加载 error 文件[{0}]",
                fileObject.getAbsolutePath());
        ErrorMessages oldErrorMessages=
            (ErrorMessages)caches.get(fileObject.getAbsolutePath());
        if(oldErrorMessages!=null){
            errorMessageProcessor.removeErrorMessages(oldErrorMessages);
        }
        ErrorMessages errorMessages = (ErrorMessages) stream
                .fromXML(fileObject.getInputStream());
        errorMessageProcessor.addErrorMessages(errorMessages);
        caches.put(fileObject.getAbsolutePath(), errorMessages);
        LOGGER.logMessage(LogLevel.INFO, "加载 error 文件[{0}]结束",
                fileObject.getAbsolutePath());
    }
}
```

文件处理器 ErrorMessageFileResolver 会将加载或者更新的错误消息元数据对象添加到 ErrorMessageProcessor 管理器。

7. ViewFileResolver文件解析器

处理视图元数据的 ViewFileResolver 继承 AbstractFileProcessor 对象，可以处理后缀是 view 的配置文件。

ViewFileResolver 核心代码片段如下：

```
public void process() {
    XStream stream = XStreamFactory
            .getXStream(DataBaseUtil.DATABASE_XSTREAM);
    for (FileObject fileObject : deleteList) {
        LOGGER.logMessage(LogLevel.INFO, "正在移除 view 文件[{0}]",
                fileObject.getAbsolutePath());
        Views views = (Views) caches.get(fileObject.getAbsolutePath());
        if (views != null) {
            viewProcessor.removeViews(views);
            caches.remove(fileObject.getAbsolutePath());
        }
        LOGGER.logMessage(LogLevel.INFO, "移除 view 文件[{0}]结束",
                fileObject.getAbsolutePath());
    }
    for (FileObject fileObject : changeList) {
        LOGGER.logMessage(LogLevel.INFO, "正在加载 view 文件[{0}]",
                fileObject.getAbsolutePath());
        Views oldViews = (Views) caches.get(fileObject.getAbsolutePath());
        if (oldViews != null) {
            viewProcessor.removeViews(oldViews);
        }
        Views views = (Views) stream.fromXML(fileObject.getInputStream());
        viewProcessor.addViews(views);
        caches.put(fileObject.getAbsolutePath(), views);
        LOGGER.logMessage(LogLevel.INFO, "加载 view 文件[{0}]结束",
                fileObject.getAbsolutePath());
    }
    viewProcessor.dependencyInit();
}
```

文件处理器 ViewFileResolver 会将加载或者更新的视图元数据对象添加到 ViewProcessor 管理器。

8. CustomSqlFileResolver文件解析器

处理视图自定义 SQL 元数据的 CustomSqlFileResolver 继承 AbstractFileProcessor 对象，可以处理后缀是 customsql 的配置文件。

CustomSqlFileResolver 核心代码片段如下：

```
public void process() {
    XStream stream = XStreamFactory
            .getXStream(DataBaseUtil.DATABASE_XSTREAM);
    for (FileObject fileObject : deleteList) {
        LOGGER.logMessage(LogLevel.INFO, "正在移除 customsql 文件[{0}]",
                fileObject.getAbsolutePath());
        CustomSqls customsqls = (CustomSqls) caches.get(fileObject
```

```
            .getAbsolutePath());
        if (customsqls != null) {
            customSqlProcessor.removeCustomSqls(customsqls);
            caches.remove(fileObject.getAbsolutePath());
        }
        LOGGER.logMessage(LogLevel.INFO, "移除 customsql 文件[{0}]结束",
                fileObject.getAbsolutePath());
    }
    for (FileObject fileObject : changeList) {
        LOGGER.logMessage(LogLevel.INFO, "正在加载 customsql 文件[{0}]",
                fileObject.getAbsolutePath());
        CustomSqls customsqls = (CustomSqls) stream.fromXML(fileObject
                .getInputStream());
        CustomSqls oldCustomsqls = (CustomSqls) caches.get(fileObject
                .getAbsolutePath());
        if (oldCustomsqls != null) {
            customSqlProcessor.removeCustomSqls(oldCustomsqls);
        }
        customSqlProcessor.addCustomSqls(customsqls);
        caches.put(fileObject.getAbsolutePath(), customsqls);
        LOGGER.logMessage(LogLevel.INFO, "加载 customsql 文件[{0}]结束",
                fileObject.getAbsolutePath());
    }
}
```

文件处理器CustomSqlFileResolver会将加载或者更新的自定义SQL元数据对象添加到CustomSqlProcessor管理器。

9. InitDataFileResolver文件解析器

处理初始化信息元数据的 InitDataFileResolver 继承 AbstractFileProcessor 对象，可以处理后缀是 init 的配置文件。

InitDataFileResolver 核心代码片段如下：

```
public void process() {
    LOGGER.logMessage(LogLevel.INFO, "开始处理表格初始化数据 init 文件");
    XStream stream = XStreamFactory
            .getXStream(DataBaseUtil.INITDATA_XSTREAM);
    for (FileObject fileObject : deleteList) {
        LOGGER.logMessage(LogLevel.INFO,"开始读取表格初始化数据init文件{0}",
                fileObject.getAbsolutePath().toString());
        InitDatas initDatas =
 (InitDatas)caches.get(fileObject.getAbsolutePath());
        if(initDatas!=null){
            initDataProcessor.removeInitDatas(initDatas);
            caches.remove(fileObject.getAbsolutePath());
        }
        LOGGER.logMessage(LogLevel.INFO,"读取表格初始化数据init文件{0}完毕",
```

```
                fileObject.getAbsolutePath().toString());
    }
    for (FileObject fileObject : changeList) {
        LOGGER.logMessage(LogLevel.INFO, "开始读取表格初始化数据 init 文件
        {0}",
                fileObject.getAbsolutePath().toString());
        InitDatas oldInitDatas=
            (InitDatas)caches.get(fileObject.getAbsolutePath());
        if(oldInitDatas!=null){
            initDataProcessor.removeInitDatas(oldInitDatas);
        }
        InitDatas initDatas = (InitDatas) stream.fromXML(fileObject
                .getInputStream());
        initDataProcessor.addInitDatas(initDatas);
        caches.put(fileObject.getAbsolutePath(), initDatas);
        LOGGER.logMessage(LogLevel.INFO,"读取表格初始化数据 init 文件{0}完毕",
                fileObject.getAbsolutePath().toString());
    }
    LOGGER.logMessage(LogLevel.INFO, "处理表格初始化数据 init 文件读取完毕");

}
```

文件处理器 InitDataFileResolver 会将加载或者更新的初始化信息元数据对象添加到 InitDataProcessor 管理器。

10. ProcessorFileResolver文件解析器

处理器元数据的 ProcessorFileResolver 继承 AbstractFileProcessor 对象，可以处理后缀是 processor 的配置文件。

ProcessorFileResolver 核心代码片段如下：

```
public void process() {
    LOGGER.logMessage(LogLevel.INFO, "开始读取 database.processor 文件");
    XStream stream = XStreamFactory
            .getXStream(DataBaseUtil.PROCESSOR_XSTREAM);
    for (FileObject fileObject : deleteList) {
    LOGGER.logMessage(LogLevel.INFO, "开始移除 database.processor 文件{0}",
                fileObject.getAbsolutePath());
        Processors processors =
            (Processors)caches.get(fileObject.getAbsolutePath());
        if(processors!=null){
            processorManager.removePocessors(processors);
            caches.remove(fileObject.getAbsolutePath());
        }
    LOGGER.logMessage(LogLevel.INFO, "移除 database.processor 文件{0}完毕",
                fileObject.getAbsolutePath());
    }
    for (FileObject fileObject : changeList) {
```

```
    LOGGER.logMessage(LogLevel.INFO, "开始读取 database.processor 文件{0}",
            fileObject.getAbsolutePath());
        Processors oldProcessors =
        (Processors)caches.get(fileObject.getAbsolutePath());
        if(oldProcessors!=null){
            processorManager.removePocessors(oldProcessors);
        }
        Processors processors = (Processors) stream.fromXML(fileObject
                .getInputStream());
        processorManager.addPocessors(processors);
        caches.put(fileObject.getAbsolutePath(), processors);
    LOGGER.logMessage(LogLevel.INFO, "读取 database.processor 文件{0}完毕",
            fileObject.getAbsolutePath());
    }
    LOGGER.logMessage(LogLevel.INFO, "database.processor 文件读取完毕");

}
```

文件处理器 ProcessorFileResolver 会将加载或者更新的处理器元数据对象添加到 ProcessorManager 管理器。处理存储过程元数据的 ProcedureFileResolver 继承 AbstractFileProcessor 对象，可以处理后缀是 procedure 的配置文件。

ProcedureFileResolver 核心代码片段如下：

```
public void process() {
    XStream stream = XStreamFactory
            .getXStream(DataBaseUtil.DATABASE_XSTREAM);
    for (FileObject fileObject : deleteList) {
        LOGGER.logMessage(LogLevel.INFO, "正在移除 procedure 文件[{0}]",
                fileObject.getAbsolutePath());
        Procedures procedures =
            (Procedures)caches.get(fileObject.getAbsolutePath());
        if(procedures!=null){
            procedureProcessor.removeProcedures(procedures);
            caches.remove(fileObject.getAbsolutePath());
        }
        LOGGER.logMessage(LogLevel.INFO, "移除 procedure 文件[{0}]结束",
                fileObject.getAbsolutePath());
    }
    for (FileObject fileObject : changeList) {
        LOGGER.logMessage(LogLevel.INFO, "正在加载 procedure 文件[{0}]",
                fileObject.getAbsolutePath());
        Procedures oldProcedures =
            (Procedures)caches.get(fileObject.getAbsolutePath());
        if(oldProcedures!=null){
            procedureProcessor.removeProcedures(oldProcedures);
```

```
        }
        Procedures procedures = (Procedures) stream.fromXML(fileObject
                .getInputStream());
        procedureProcessor.addProcedures(procedures);
        caches.put(fileObject.getAbsolutePath(), procedures);
        LOGGER.logMessage(LogLevel.INFO, "加载procedure文件[{0}]结束",
                fileObject.getAbsolutePath());
    }
}
```

文件处理器 ProcedureFileResolver 会将加载或者更新的存储过程元数据对象添加到 ProcedureProcessor 管理器。

9.5　元数据开发实践

本节是实践章节，重点讲解如何安装元数据的 Eclipse 插件，以及通过该插件开发基础元数据和数据库元数据，最后还会根据用户开发的元数据配置生成具体的业务 Java 代码和 SQL 语句。

本章应用示例工程代码，请参考附录 A 中的 org.tinygroup.metadata.demo（元数据实践示例工程）。

笔者会通过数据库层的示例工程进行演示，从空白工程引导用户一步步生成包含元数据配置、数据库 DTO 对象和相关操作类、SQL 脚本的完整工程。

示例工程是 tinySample 项目的 quickstart 目录，这是一个完整的 Web 应用工程，包含以下工程目录，如图 9-20 所示。

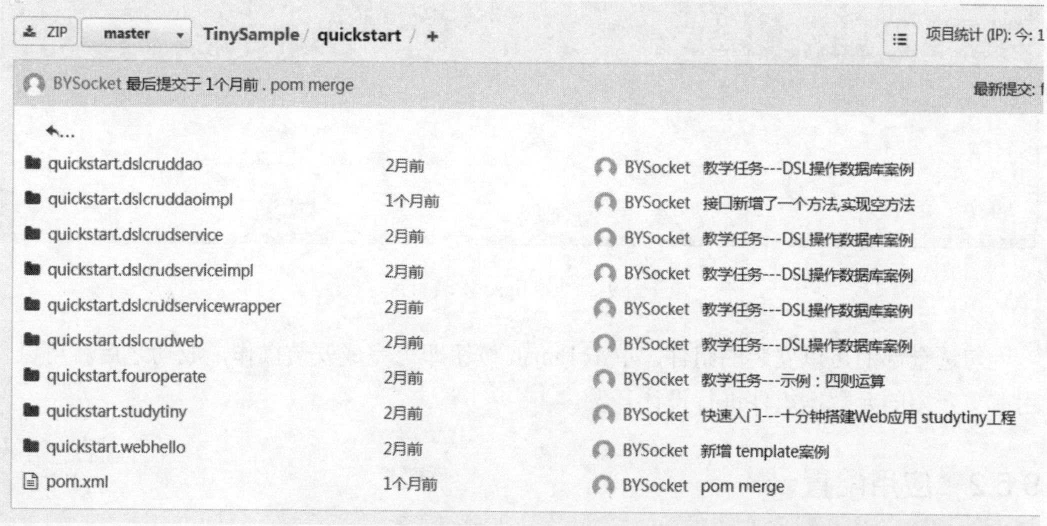

ZIP　master　TinySample / quickstart / +　项目统计 (IP): 今: 1

BYSocket 最后提交于 1个月前 . pom merge　最新提交: 1

名称	时间	提交
quickstart.dslcruddao	2月前	BYSocket 教学任务---DSL操作数据库案例
quickstart.dslcruddaoimpl	1个月前	BYSocket 接口新增了一个方法,实现空方法
quickstart.dslcrudservice	2月前	BYSocket 教学任务---DSL操作数据库案例
quickstart.dslcrudserviceimpl	2月前	BYSocket 教学任务---DSL操作数据库案例
quickstart.dslcrudservicewrapper	2月前	BYSocket 教学任务---DSL操作数据库案例
quickstart.dslcrudweb	2月前	BYSocket 教学任务---DSL操作数据库案例
quickstart.fouroperate	2月前	BYSocket 教学任务---示例：四则运算
quickstart.studytiny	2月前	BYSocket 快速入门---十分钟搭建Web应用 studytiny工程
quickstart.webhello	2月前	BYSocket 新增 template案例
pom.xml	1个月前	BYSocket pom merge

图 9-20　quickstart 目录的说明

整个 quickstart 工程展示了通过 dsl 方式进行数据库开发，包含了一个完整的数据库 CRUD 的示例。因为本节的重点是介绍元数据的开发，所以只介绍数据库相关的工程：quickstart.dslcruddao 和 quickstart.dslcruddaoimpl 这两个工程。

9.5.1 Eclipse 插件

首先请通过官网地址：http://www.tinygroup.org/tinystudio/安装 Eclipse 插件。安装界面如图 9-21 所示。

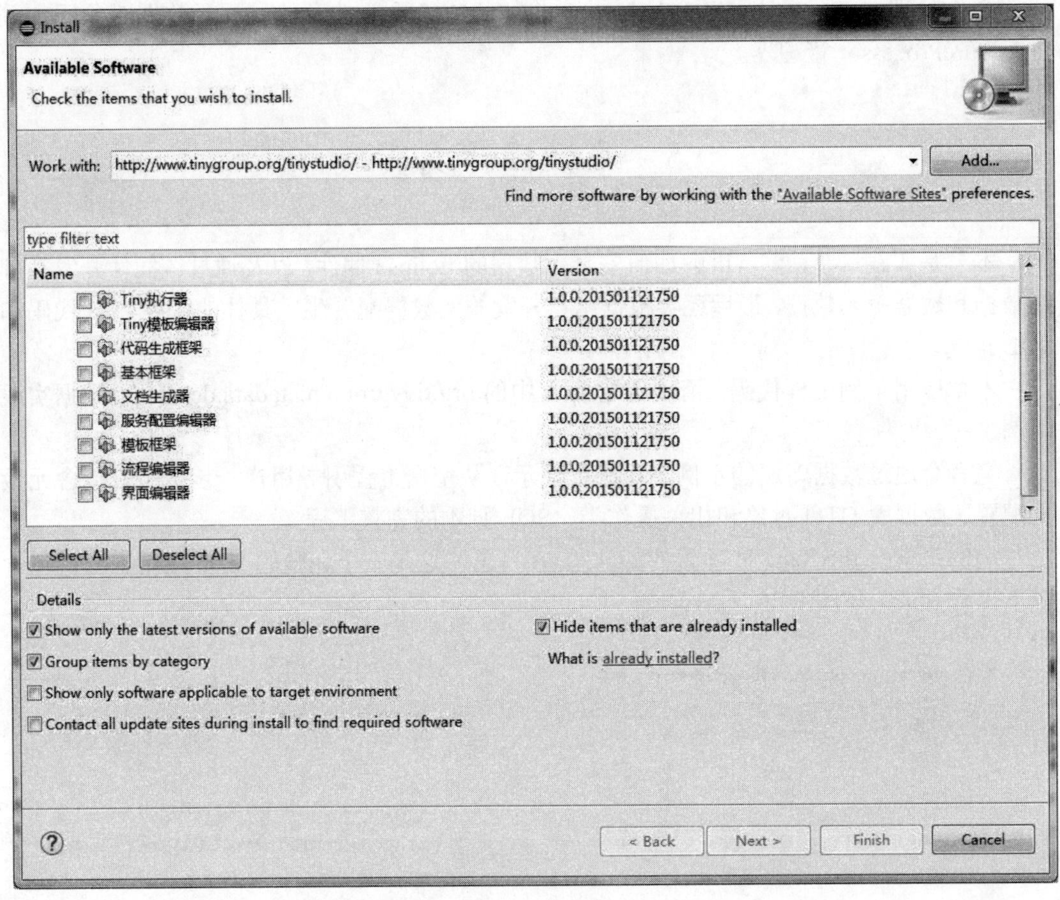

图 9-21　Eclipse 安装目录

勾选全部的可以安装的组件，单击 Finish 按钮即可完成安装操作，成功之后就可以使用前文介绍的元数据组件进行设计开发。

9.5.2 应用配置

接着介绍 Web 工程 quickstart.dslcrudweb 的相关配置，首先是 Application.beans.xml

的 springbean 配置，关键是配置文件处理器。核心代码片段如下：

```
<bean id="fileResolver" scope="singleton"
    class="org.tinygroup.fileresolver.impl.FileResolverImpl">
    <property name="fileProcessorList">
        <list>
            <ref bean="i18nFileProcessor" />
            <ref bean="xStreamFileProcessor" />

            <ref bean="tinyFilterFileProcessor" />
            <ref bean="tinyProcessorFileProcessor" />

            <!-- validate -->
            <ref bean="validateMapFileProcessor"/>
            <ref bean="validateFileProcessor"/>
            <!-- annotation -->
            <ref bean="annotationFileProcessor" />
            <ref bean="annotationClassFileProcessor" />

            <!-- xmlservice -->
            <ref bean="xmlServiceFileProcessor" />
            <ref bean="xmlSysServiceFileProcessor" />

            <!-- flow -->
            <ref bean="flowFileProcessor" />
            <ref bean="flowComponentProcessor" />

            <!-- pageflow -->
            <ref bean="pageFlowComponentProcessor" />
            <ref bean="pageFlowFileProcessor" />

            <ref bean="tinyMacroFileProcessor" />
            <ref bean="fullContextFileFinder" />
            <ref bean="uIComponentFileProcessor" />
            <!-- context2objects -->
            <ref bean="generatorFileProcessor"/>
            <!-- serviceMapping -->
            <ref bean="serviceMappingFileProcessor"/>

            <!-- database -->
            <ref bean="constantFileResolver" />
            <ref bean="standardTypeFileResolver" />
            <ref bean="errorMessageFileResolver" />
```

```
            <ref bean="businessTypeFileResolver" />
            <ref bean="standardFieldFileResolver" />
            <ref bean="tableFileResolver" />
            <ref bean="initDataFileResolver" />
            <ref bean="processorFileResolver" />
            <ref bean="customSqlFileResolver" />
            <ref bean="viewFileResolver" />
            <ref bean="procedureFileResolver" />
        </list>
    </property>
</bean>
<bean id="fileResolverProcessor" scope="singleton"

    class="org.tinygroup.fileresolver.applicationprocessor.
    FileResolverProcessor">
    <property name="filcResolver" ref="fileResolver"></property>
</bean>
```

特别是 database 注解下的文件处理器，每一类都是前文介绍过的处理器，缺少的话就会导致某类元数据配置无法被解析，从而导致应用启动失败。

还需要注意的是 application.xml 全局配置文件，和元数据有关的配置片段如下：

```
<application-processors>
       <application-processor bean="fileResolverProcessor">
</application-processor>
       <application-processor bean="serviceApplicationProcessor">
</application-processor>
       <application-processor bean="databaseInstallerProcessor">
</application-processor>
       <application-processor bean="flowApplicationProcessor">
</application-processor>
       <application-processor bean="tinyListenerProcessor">
</application-processor>
       <application-processor bean="fileMonitorProcessor">
</application-processor>
       <application-processor bean="tinyTemplateConfigProcessor">
</application-processor>
   </application-processors>
```

以上片段是 Tiny 的应用处理器节点，其中 databaseInstallerProcessor 是数据库安装处理器，当元数据配置和数据库定义不一致时，会动态更新。

```
<!-- 数据库安装处理器 -->
   <database-install-processor>
```

```
    <database-installer>
        <database type="mysql"/>
    </database-installer>
</database-install-processor>
```

还需要配置该处理器的执行语言，也就是底层的数据库类型，这是必须配置的。本次示例采用 MySQL 数据库作为实现。

9.5.3　生成方言模板

生成方言模板步骤示例如下所示。

（1）选择工程的配置目录，选择 New→Other→“Tiny 框架”，打开控制面板，并选择“方言模板”，过程步骤如图 9-22 所示。

图 9-22　方言模板向导

（2）输入方言模板的文件名，按回车键确认。操作界面如图 9-23 所示。用户只需要输入方言模板的名字，框架会自动添加后缀。

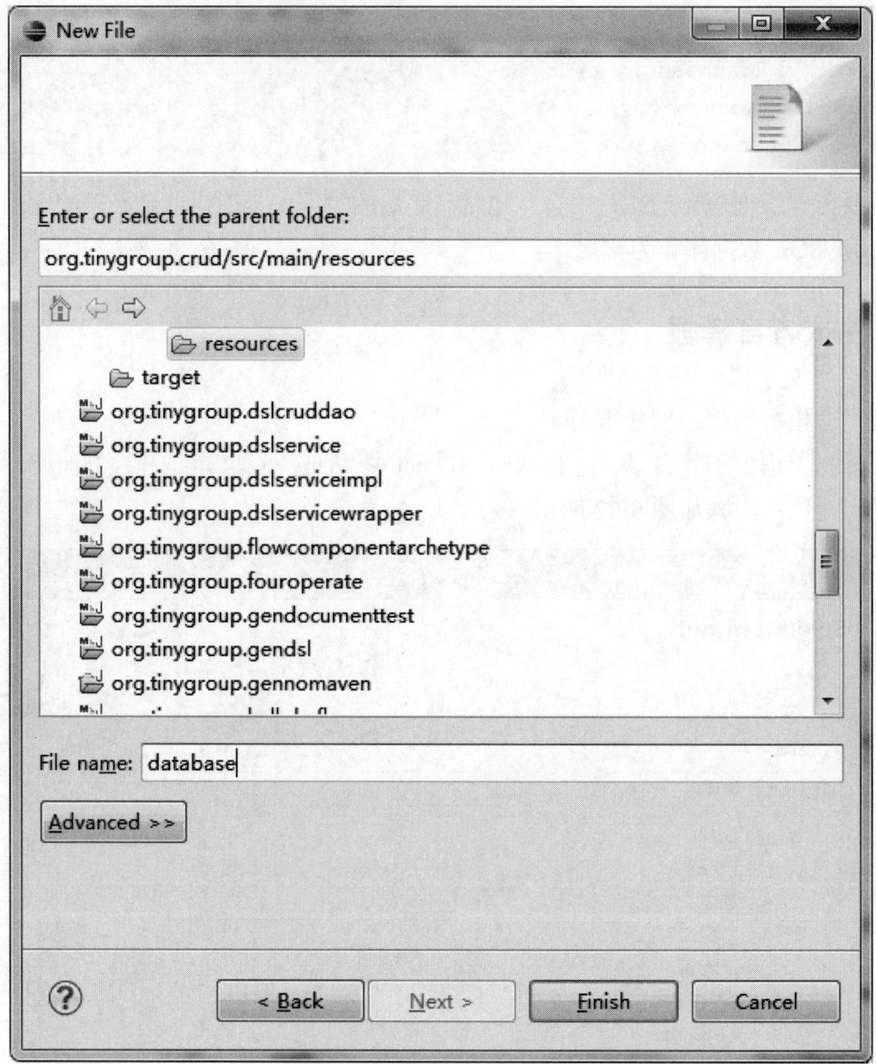

图 9-23　定义文件名

（3）根据项目的实际需要，编辑方言模板，删除不需要的方言模板。

一般而言，项目或者应用用到的数据库方言模板不会太多，一两种足矣，配置用不到的数据库方言，反而会使项目开发人员的劳动加大。

9.5.4　生成标准数据类型

生成标准数据类型的步骤示例如下所示。

（1）选择工程的配置目录。选择 New→Other→“Tiny 框架”，打开控制面板，并选择“标准类型”。向导界面如图 9-24 所示。

（2）输入标准数据类型的文件名，按回车键确认。向导界面如图 9-25 所示。用户只需要输入标准数据类型的名字，框架会自动添加后缀。

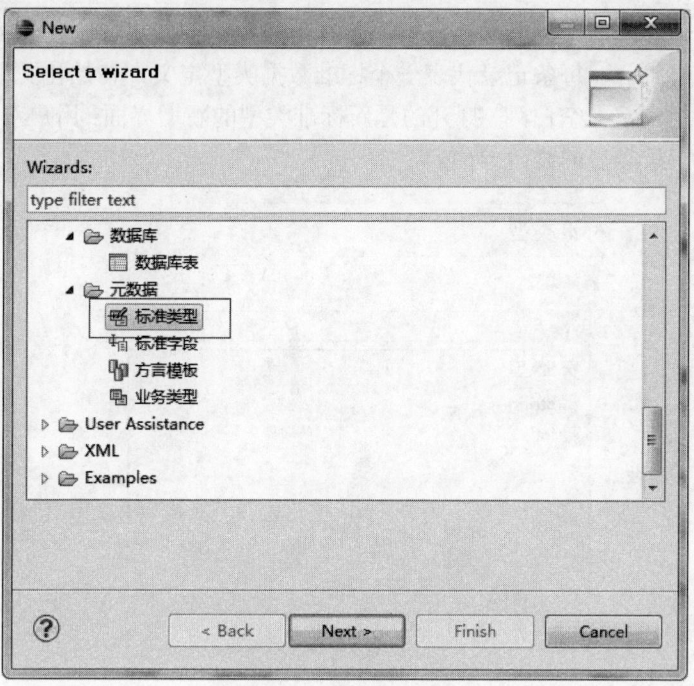

图 9-24　标准数据类型向导

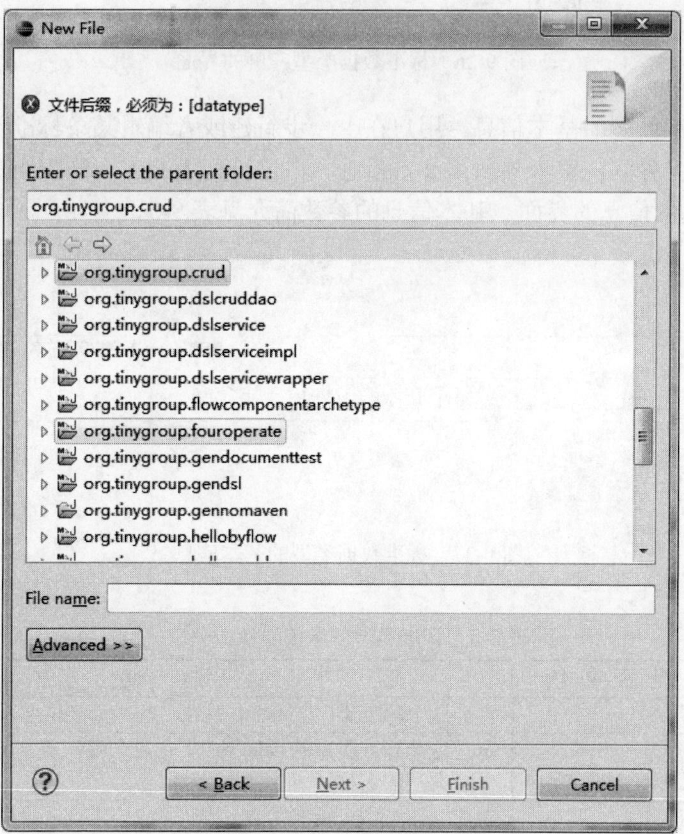

图 9-25　输入文件名

（3）双击编辑界面的左侧列表，打开添加标准数据类型的界面。左侧列表展示已经定义的标准数据类型集合，每条记录代表一个标准数据类型定义，初始化文件是空白列表，如图 9-26 所示。用户双击空白列，打开的是新标准类型的新增界面；用户双击已有记录列，打开的是已存在记录类型的修改界面。

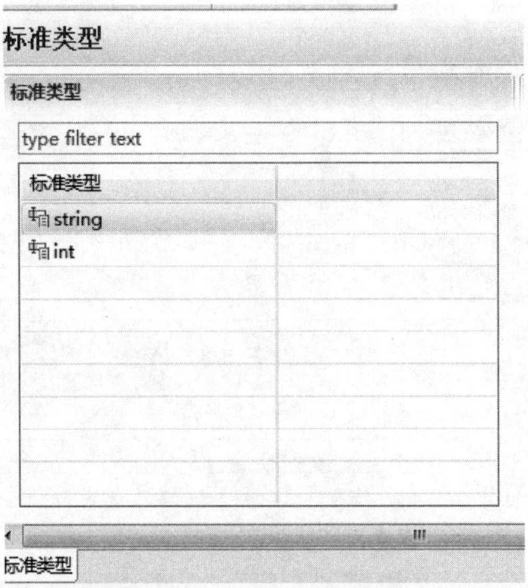

图 9-26　标准数据类型左侧的界面

（4）录入标准类型的基本信息。用户在上一步新建或者编辑某条标准类型的记录，就能打开右侧的操作界面，整个界面由基本信息、占位符列表和方言列表组成。

图 9-27 是基本信息的界面。基本信息的参数简介见表 9-5。

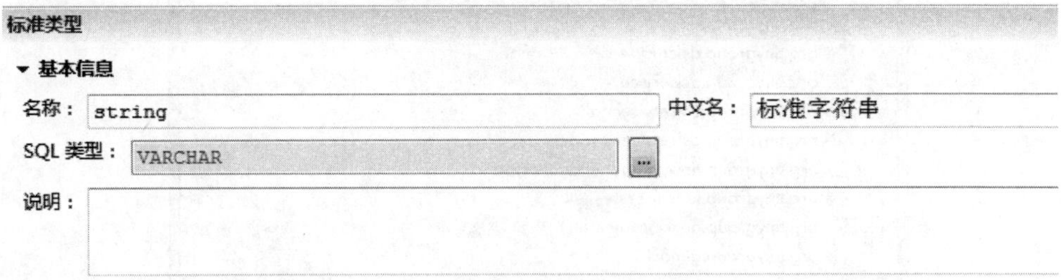

图 9-27　标准数据类型的基本信息

表 9-5　标准类型基本信息参数列表

参 数 名	是 否 必 填	说　明
名称	是	定义这个标准类型的 name 属性，相当于英文名称
中文名	是	定义这个标准类型的 title 属性，在用户输入英文名时，会动态生成一个大写的名称
SQL 类型	是	对应 java.sql.Types 的常量列表
说明	否	标准类型的说明描述

（5）录入标准类型的占位符。占位符其实就是方言构造函数的参数，可以配置多个，在元数据动态生成 SQL 时，会动态将占位符的内容替换成预设值。界面如图 9-28 所示。

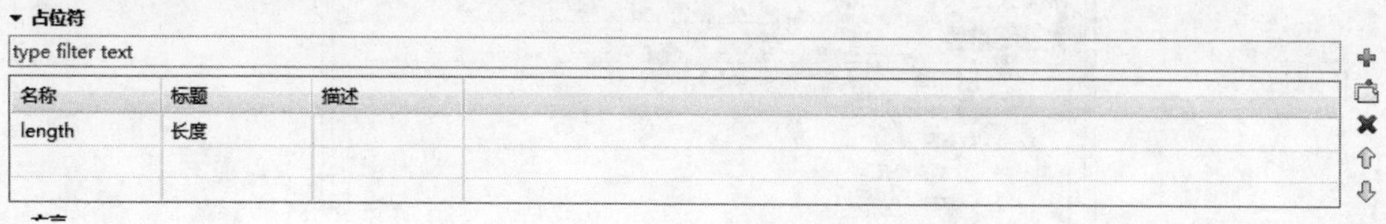

图 9-28　标准数据类型的占位符列表

注意：占位符的名称不能重复。

（6）根据定义好的占位符，定义不同方言的类型扩展。方言界面如图 9-29 所示。

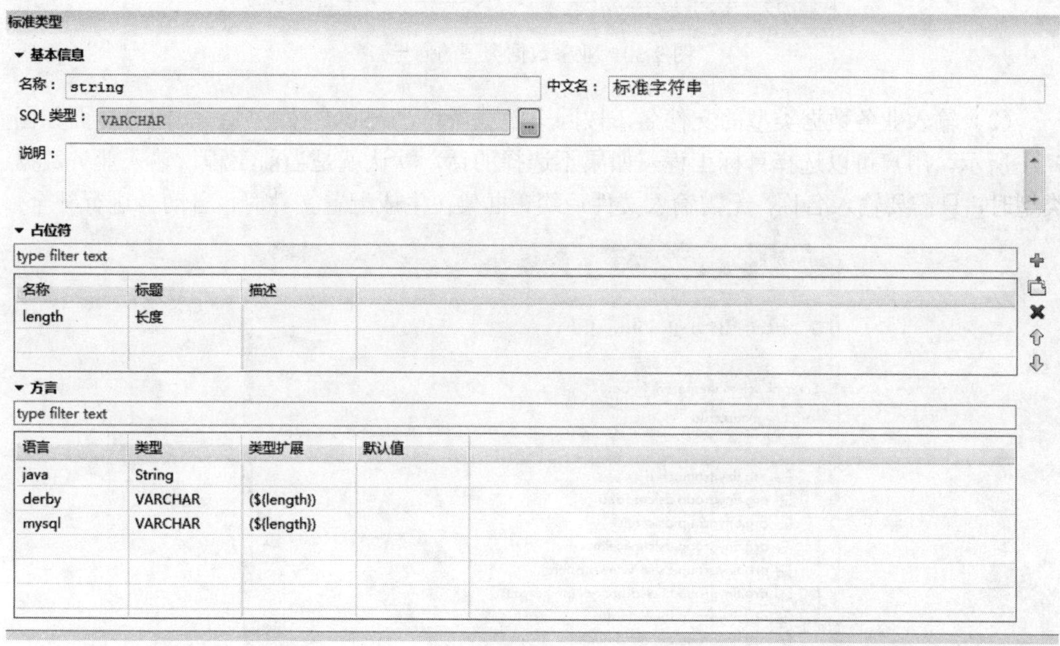

图 9-29　标准数据类型的方言列表

9.5.5　生成业务数据类型

生成业务数据类型的步骤如下。

（1）选择工程的配置目录，选择 New→Other→“Tiny 框架”，打开控制面板，并选择“业务类型”。向导界面如图 9-30 所示。

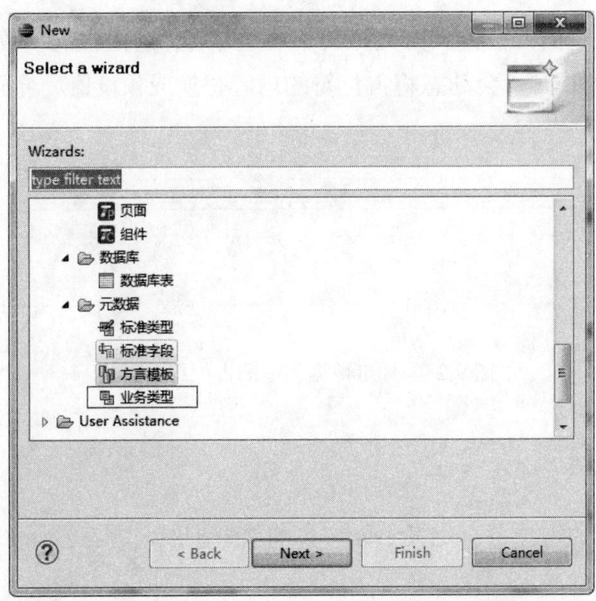

图 9-30　业务数据类型的向导

（2）输入业务数据类型的文件名，按回车键或者单击 Next 按钮确认。向导界面如图 9-31 所示。用户可以选择目标工程，如果不选择的话，默认就是当前工程。输入业务数据类型时，只需要输入名称，无需输入文件后缀，框架在生成配置文件时，自动会进行补全。

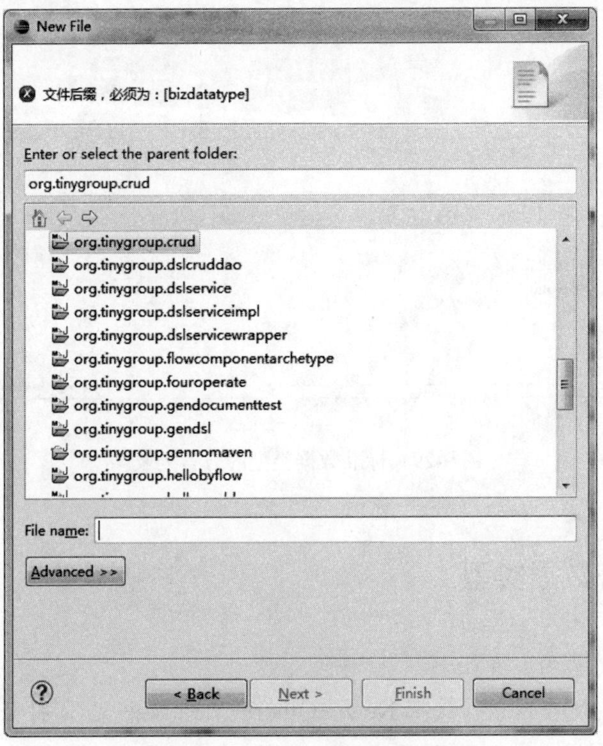

图 9-31　命名文件名

（3）双击编辑界面的左侧列表，打开添加业务数据类型的界面。操作过程类似标准类型，左侧列表代表已经定义的业务数据类型集合，每条记录代表一个业务数据类型定义，初始化文件是空白列表，界面如图 9-32 所示。

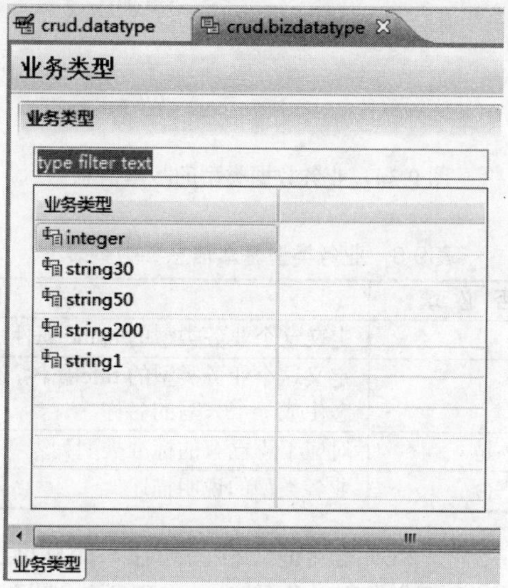

图 9-32　业务数据类型的左侧界面

由于业务数据类型涉及业务设计，每一种标准类型在生成业务数据类型时，至少会有多种，业务庞大或者复杂的情况下，记录数目会更多，可能会有长长的下拉滚动条，定位记录就会比较困难。这时候，可以通过上方的搜索框，进行模糊搜索匹配，减少需要匹配的记录数，如图 9-33 所示。

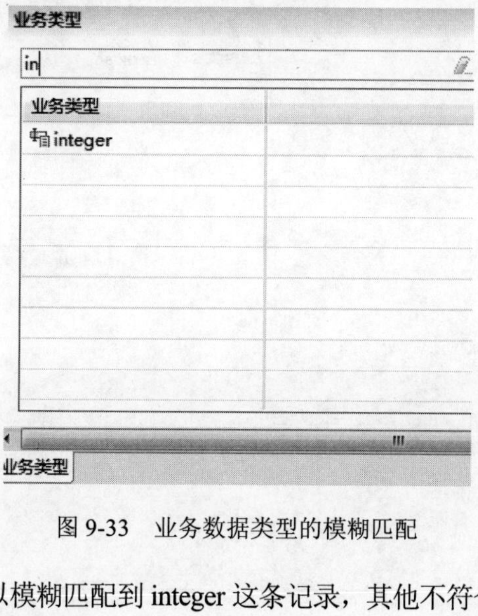

图 9-33　业务数据类型的模糊匹配

输入条件：in，就可以模糊匹配到 integer 这条记录，其他不符合条件的记录都被过滤了。

（4）编辑业务类型的基本信息。

图 9-34 所示是基本信息的界面，表 9-6 是基本信息的参数简介。

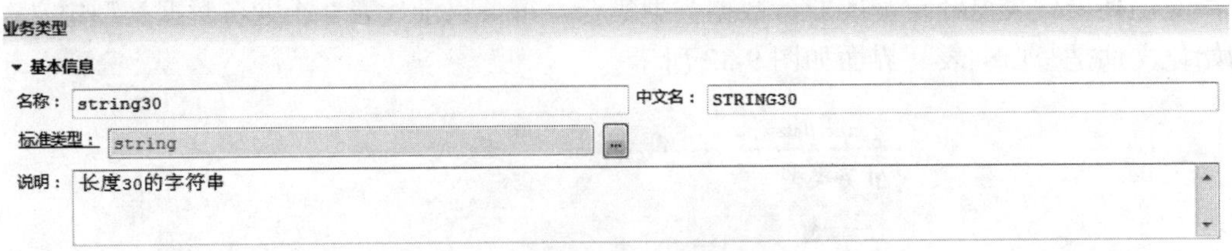

图 9-34　业务数据类型的基本信息

表 9-6　业务类型基本信息参数列表

参 数 名	是 否 必 填	说　　明
名称	是	定义这个业务类型的 name 属性，相当于英文名称
中文名	是	定义这个业务类型的 title 属性，在用户输入英文名时，会动态生成一个大写的名称
标准类型	是	对应工程已有的标准类型列表
说明	否	业务类型的说明描述

需要注意的就是标准类型，必须是当前工程已经导入的标准类型才能选择，因此生成业务类型的前提是必须定义好标准类型，否则就会出现无法选择标准类型的情况。

（5）定义业务类型的占位符的值。占位符的导入，无需用户手工录入，在绑定标准类型时，框架会自动将这个标准类型定义的占位符全部导入到业务类型的占位符列表，用户只需要将占位符的位置附上值即可。业务类型的占位符源自标准类型，而标准类型理论上可以定义多种占位符，如果占位符的值是连续值，那么业务类型的个数是无限的。如图 9-35 所示，这个业务类型是定义长度为 50 的字符串，那么显然在 length 占位符的值就是定义 50。

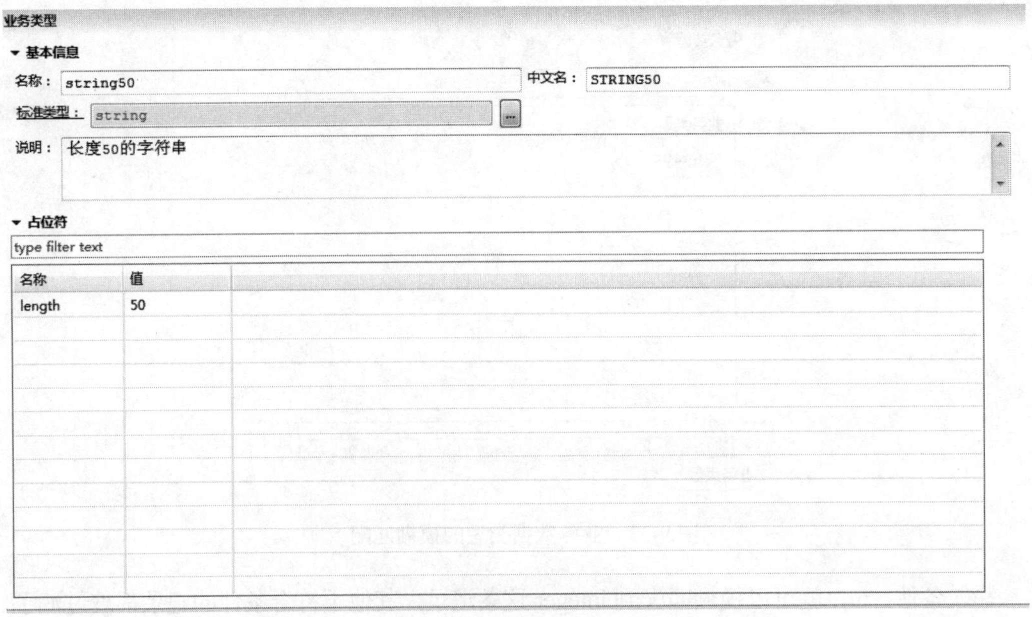

图 9-35　业务数据类型的占位符

9.5.6　生成标准字段

生成标准字段的步骤如下。

（1）选择工程的配置目录，选择 New→Other→“Tiny 框架”，打开控制面板，并选择“标准字段”。向导界面如图 9-36 所示。

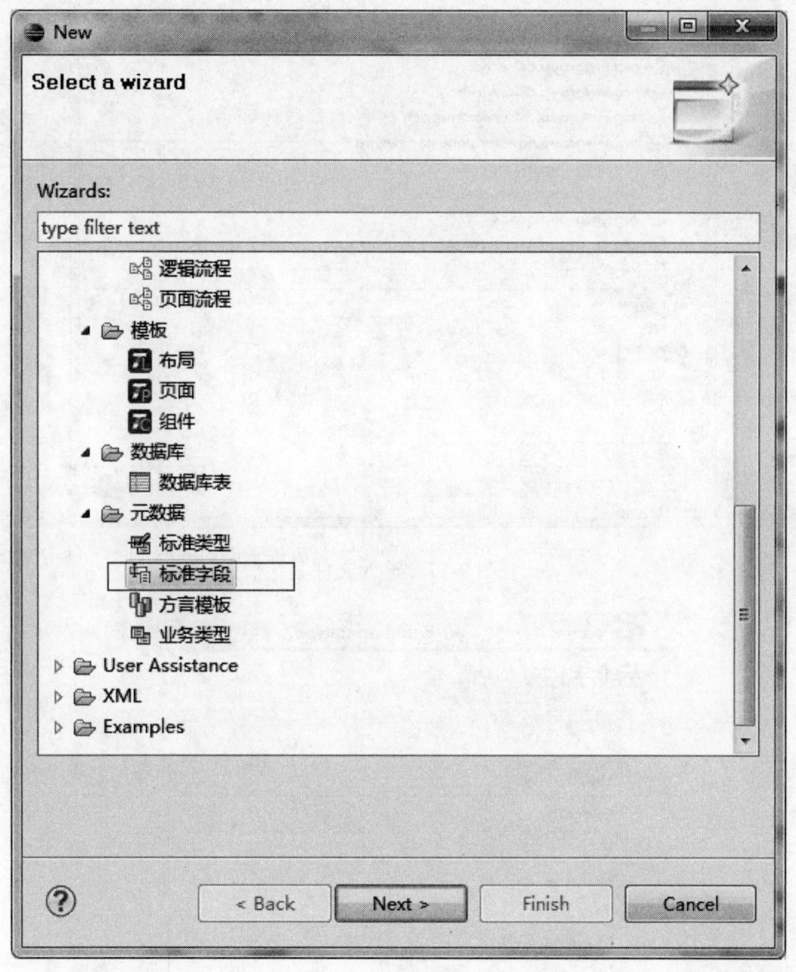

图 9-36　标准字段的向导

（2）输入标准字段的文件名，按回车键或者单击 Next 按钮确认。向导界面如图 9-37 所示。

（3）双击编辑界面的左侧列表，打开添加标准字段的界面。左侧列表代表已经定义的标准字段集合，每条记录代表一个标准字段定义，初始化文件是空白列表。列表界面如图 9-38 所示。

需要注意：定义标准字段不能重复，即便是不同的表，也不能定义相同名称的标准字段。如果确实有重复，可以通过定义别名的方式解决冲突。

图 9-37　输入文件名

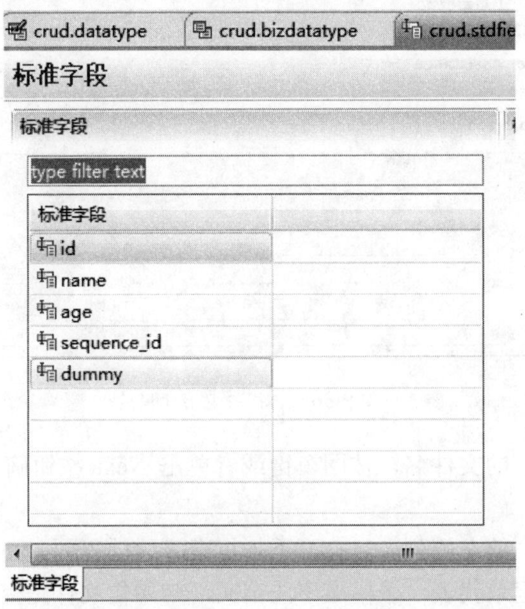

图 9-38　标准字段的左侧界面

和先前类似，如果因为字段繁多而找不到目标字段，可以通过上方的搜索栏进行模糊匹配，减少匹配数目。

（4）编辑标准字段的基本信息。基本信息界面如图 9-39 所示。

图 9-39　标准字段的基本信息

表 9-7 是基本信息的参数简介。

表 9-7　标准字段基本信息参数列表

参 数 名	是 否 必 填	说　　明
名称	是	定义这个标准字段的 name 属性，相当于英文名称
中文名	是	定义这个标准字段的 title 属性，在用户输入英文名时，会动态生成一个大写的名称
业务类型	是	对应工程已有的业务类型列表
说明	否	标准字段的说明描述

标准字段也必须绑定一个业务类型，当然这个业务类型也必须是已经导入当前工程的业务类型，如果没有合适的业务类型，就会出现无法绑定的问题，用户需要注意此点。

（5）编辑标准字段的别名信息。别名是考虑到表关联时，相同名称的字段需要进行区分，因此如果不存在冲突风险的标准字段可以无需定义别名。别名定义时，最好有一定的业务含义。别名界面如图 9-40 所示。

图 9-40　标准字段的别名列表

9.5.7 生成数据库表

生成数据库表的步骤如下。

（1）选择工程的配置目录，选择 New→Other→“Tiny 框架”，打开控制面板，在数据库选项，选择“数据库表”。向导界面如图 9-41 所示。

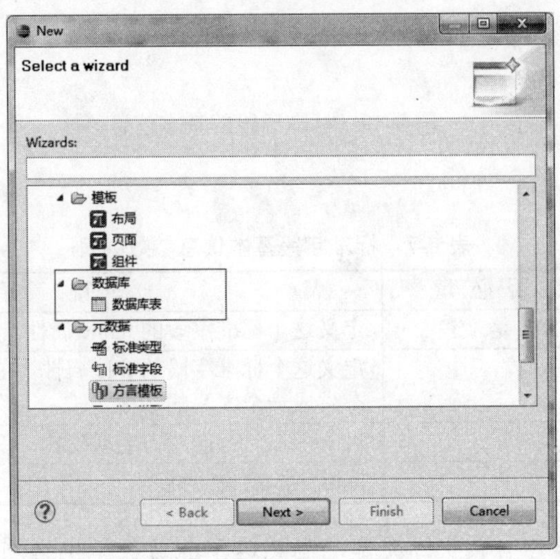

图 9-41　表的向导

（2）输入表的文件名，按回车键或者单击 Next 按钮确认。向导界面如图 9-42 所示。

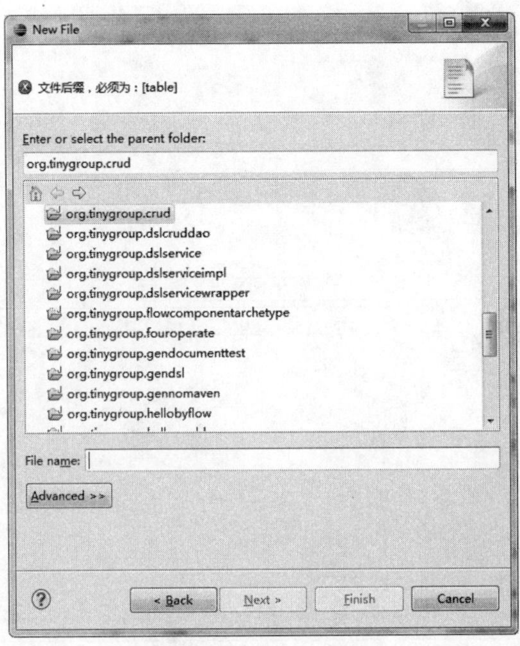

图 9-42　表的命名

（3）双击编辑界面的左侧列表，打开添加表的界面，如图 9-43 所示。

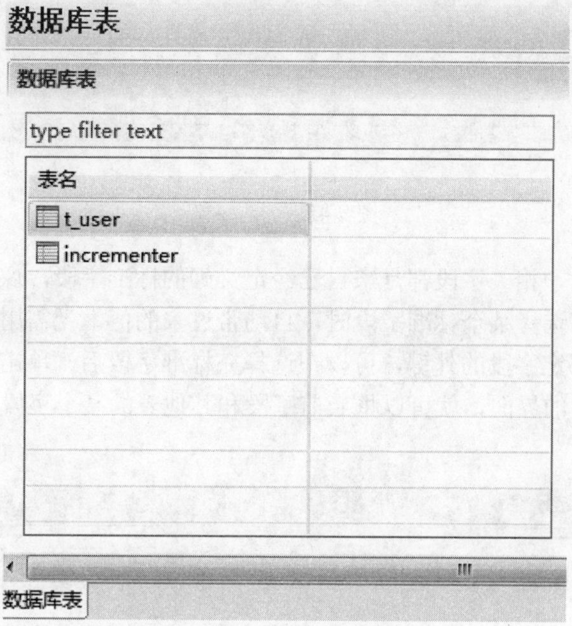

图 9-43　表的左侧界面

每条数据库表记录对应着一张真实的物理表。注意表名不可以重复。

（4）输入数据库表的基本信息，如图 9-44 所示。

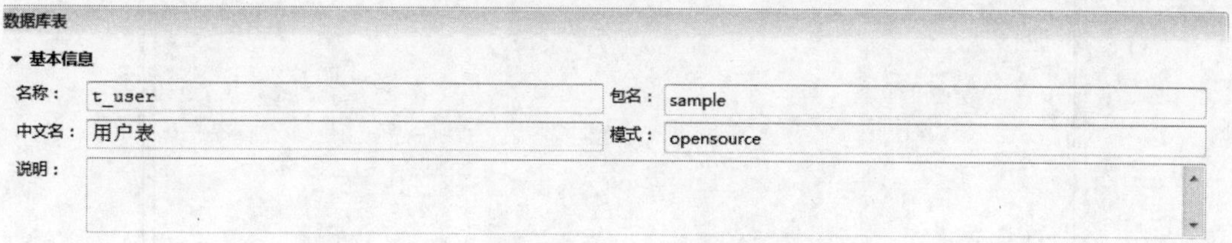

图 9-44　表的基本信息

表 9-8 是基本信息的参数简介。

表 9-8　数据库表基本信息参数列表

参 数 名	是 否 必 填	说　　明
名称	是	定义这个表的 name 属性，相当于英文名称
中文名	是	定义这个表的 title 属性，在用户输入英文名时，会动态生成一个大写的名称
包名	是	对应生成 Java 代码的包路径
模式	否	数据库的命名空间，默认为空
说明	否	标准字段的说明描述

（5）输入数据库表的字段及外键。字段界面如图 9-45 所示。

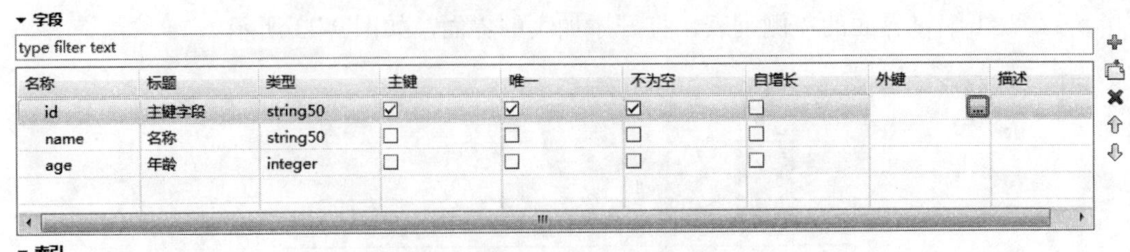

图 9-45　表的字段

用户在设计表时，相关字段都是来自已经定义好的标准字段，像字段的名称、标题和类型属性都是用户在选择某个标准字段时，自动带过来的值，无需用户手动编辑。

如果用户需要绑定字段的外键，可以在选择完标准字段后，单击外键边上的按钮，展开“外键字段选择”的界面，就可以将当前字段和其他表的某个字段进行绑定，如图 9-46 所示。

图 9-46　外键的选择操作界面

（6）输入数据库表的索引。索引界面如图 9-47 所示。

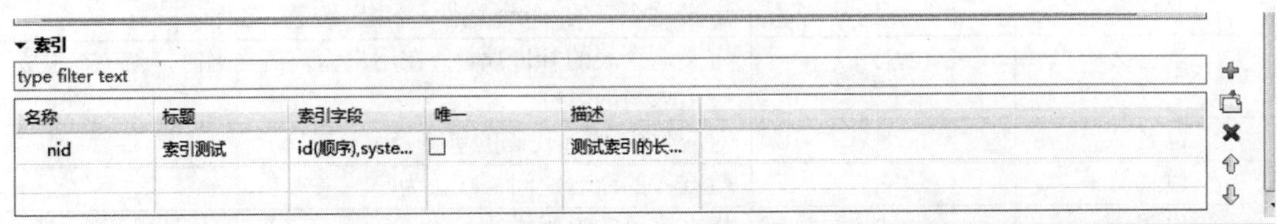

图 9-47　表的索引

9.5.8 定义元数据

定义元数据是通过前面介绍的 Eclipse 插件自动完成的，相关配置放在数据库接口工程 quickstart.dslcruddao 实现，大致可以分以下几步。

（1）创建方言模板 db.languagetype。

```
<language-types>
<language-type id="mysql" name="mysql">
  <language-field id="TINYINT" name="TINYINT"></language-field>
  <language-field id="SMALLINT" name="SMALLINT"></language-field>
  <language-field id="MEDIUMINT" name="MEDIUMINT"></language-field>
  <language-field id="INT" name="INT"></language-field>
  <language-field id="BIGINT" name="BIGINT"></language-field>
  <language-field id="FLOAT" name="FLOAT"></language-field>
  <language-field id="DOUBLE" name="DOUBLE"></language-field>
  <language-field id="DECIMAL" name="DECIMAL"></language-field>
  <language-field id="CHAR" name="CHAR"></language-field>
  <language-field id="VARCHAR" name="VARCHAR"></language-field>
  <language-field id="TINYBLOB" name="TINYBLOB"></language-field>
  <language-field id="BLOB" name="BLOB"></language-field>
  <language-field id="MEDIUMBLOB" name="MEDIUMBLOB"></language-field>
  <language-field id="LONGBLOB" name="LONGBLOB"></language-field>
  <language-field id="TINYTEXT" name="TINYTEXT"></language-field>
  <language-field id="TEXT" name="TEXT"></language-field>
  <language-field id="MEDIUMTEXT" name="MEDIUMTEXT"></language-field>
  <language-field id="LONGTEXT" name="LONGTEXT"></language-field>
  <language-field id="ENUM" name="ENUM"></language-field>
  <language-field id="SET" name="SET"></language-field>
  <language-field id="DATE" name="DATE"></language-field>
  <language-field id="TIME" name="TIME"></language-field>
  <language-field id="DATETIME" name="DATETIME"></language-field>
  <language-field id="TIMESTAMP" name="TIMESTAMP"></language-field>
</language-type>
<language-type id="java" name="java">
  <language-field id="String" name="String"></language-field>
  <language-field id="Date" name="Date"></language-field>
  <language-field id="Boolean" name="Boolean"></language-field>
  <language-field id="Short" name="Short"></language-field>
  <language-field id="Integer" name="Integer"></language-field>
  <language-field id="Long" name="Long"></language-field>
  <language-field id="Float" name="Float"></language-field>
  <language-field id="Double1" name="Double"></language-field>
```

```
  <language-field id="Character" name="Character"></language-field>
  <language-field id="Byte" name="Byte"></language-field>
  <language-field id="BigDecimal" name="BigDecimal"></language-field>
  <language-field id="BigInteger" name="BigInteger"></language-field>
</language-type>
</language-types>
```

方言模板的维护建议由架构师完成，一般的项目只需要引用即可，无需修改。

（2）创建标准数据类型 dsl.datatype。标准数据类型界面如图 9-48 所示。

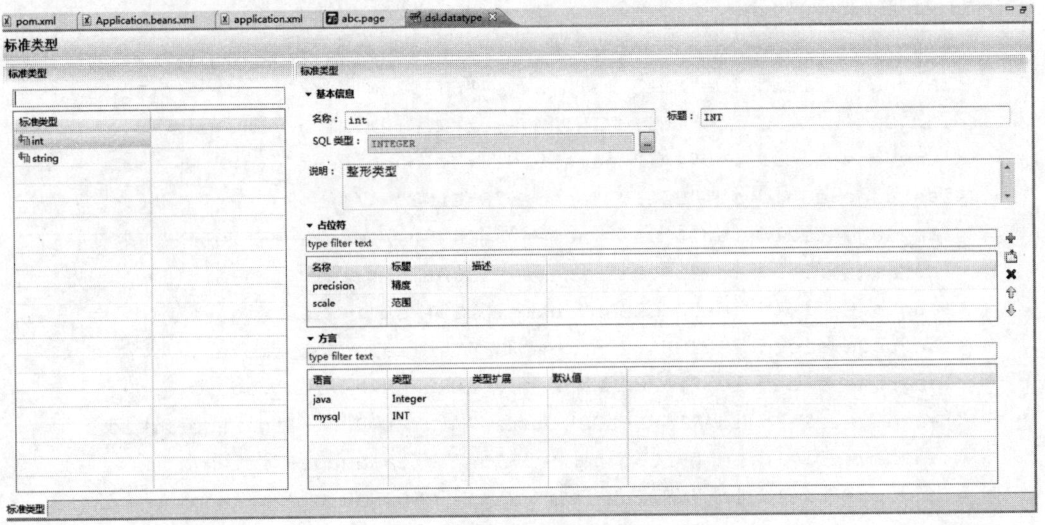

图 9-48　示例工程的标准数据类型

标准数据类型同样应该由架构师管理，一般的项目只需要引用即可。

（3）创建业务数据类型 dsl.bizdatatype。业务数据类型界面如图 9-49 所示。

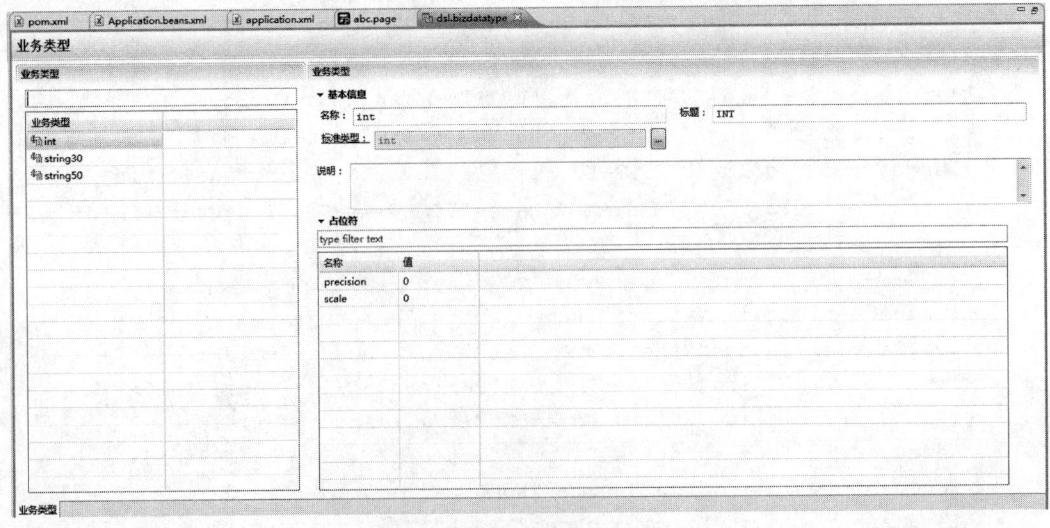

图 9-49　示例工程的业务数据类型

业务数据类型是标准数据类型的具体实现，因此记录上会比前者多很多，可以根据项目的实际需要进行拆分管理。

（4）创建标准字段 dsl.stdfield。标准字段界面如图 9-50 所示。

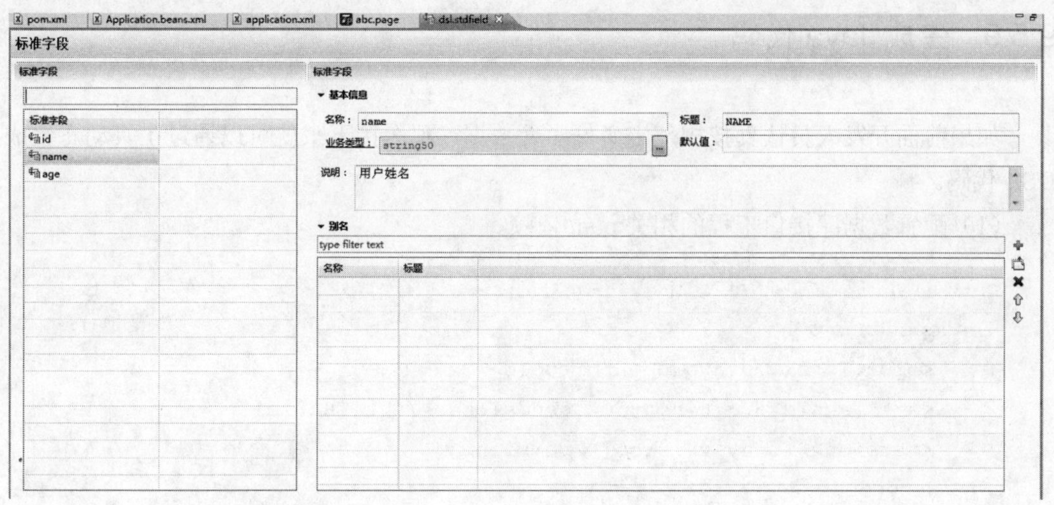

图 9-50　示例工程的标准字段

这个示例工程是演示对用户表的增删改查，涉及三个字段：主键 Id、姓名和年龄。到了标准字段设计，已经和业务有很大的关联，此时可以让开发人员或者项目经理进行设计管理。

（5）创建表 user.table。表的界面如图 9-51 所示。

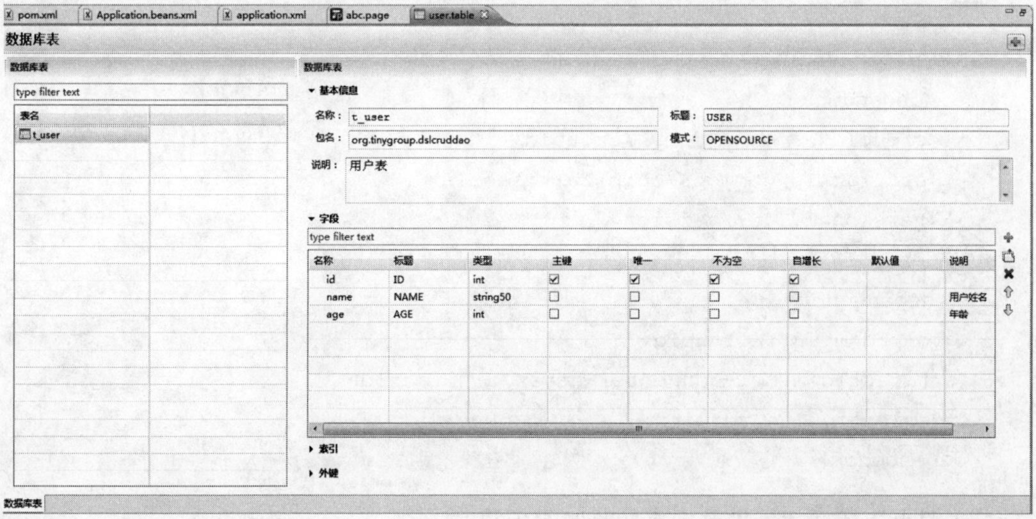

图 9-51　示例工程的表

元数据的设计目的就是简化和规范开发人员的表设计，通过架构师的规范定义方言模板、标准数据类型和业务数据类型，开发人员再也无法随便设计表结构，通过上述操作生成的表结构一定是无歧义的。

9.5.9 生成 Java 代码

如果前面开发人员认真按规范定义好了元数据，那么接下来就可以通过工具动态生成 DSL 代码。

（1）配置数据库接口工程的相关 pom 依赖。

```
<!-- 自动生成 DSL 的 JAVA 类依赖 -->
   <dependency>
      <groupId>org.tinygroup</groupId>
      <artifactId>org.tinygroup.gendslcode</artifactId>
      <version>${tiny_version}</version>
   </dependency>
    <dependency>
      <groupId>org.tinygroup</groupId>
      <artifactId>org.tinygroup.jdbctemplatedslsession</artifactId>
      <version>${tiny_version}</version>
    </dependency>
    <dependency>
      <groupId>org.tinygroup</groupId>
      <artifactId>org.tinygroup.databasechange</artifactId>
      <version>${tiny_version}</version>
    </dependency>
     <dependency>
    <groupId>commons-dbcp</groupId>
    <artifactId>commons-dbcp</artifactId>
    <version>1.2.2</version>
</dependency>
    <dependency>
  <groupId>mysql</groupId>
  <artifactId>mysql-connector-java</artifactId>
  <version>5.0.5</version>
</dependency>
```

（2）打开生成向导。批量生成界面如图 9-52 所示。

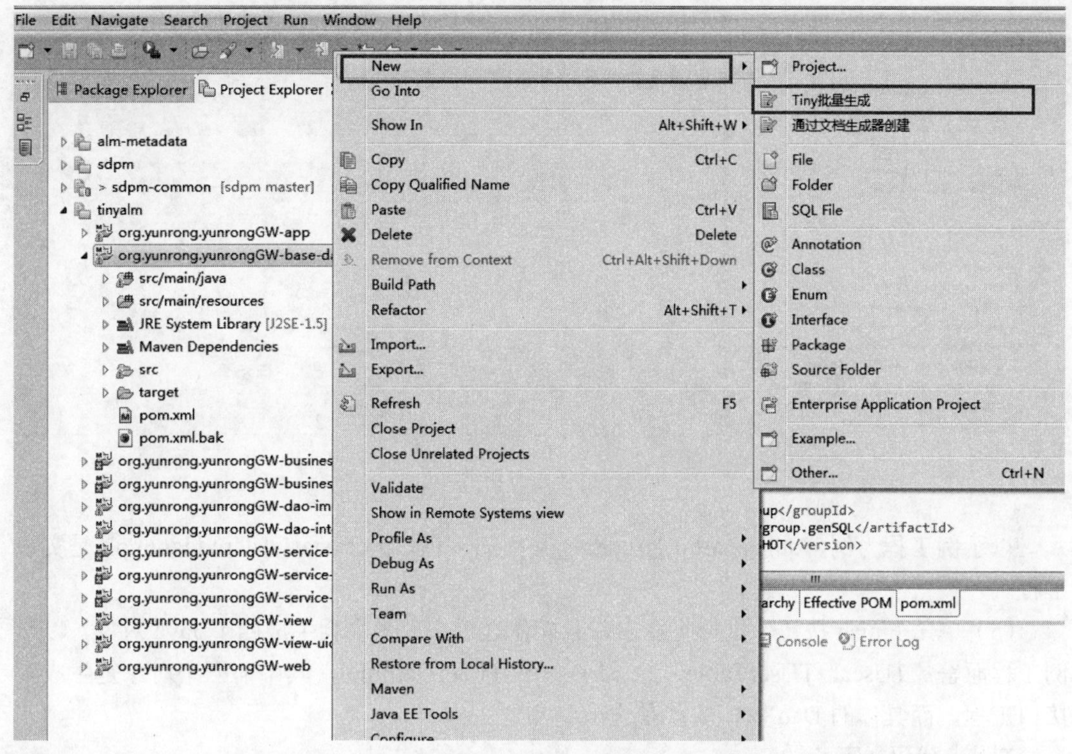

图 9-52　批量生成操作

org.tinygroup.gendslcode 这个依赖不配置，在后面的 tiny 批量生成就没有“生成 DSL 代码”的选项。

（3）单击下一步，选择生成的目标工程。选择界面如图 9-53 所示。

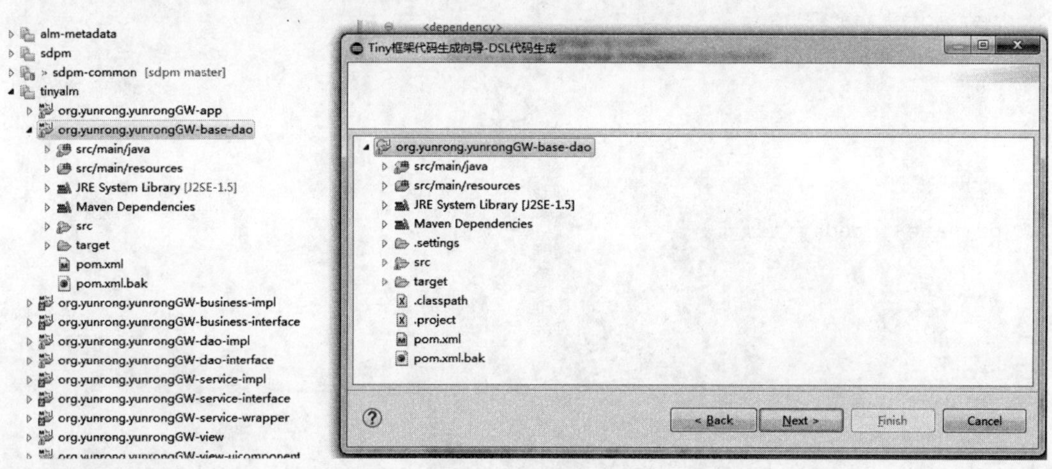

图 9-53　选择目标工程

（4）输入必填项，定义数据的接口工程和实现工程。界面如图 9-54 所示。

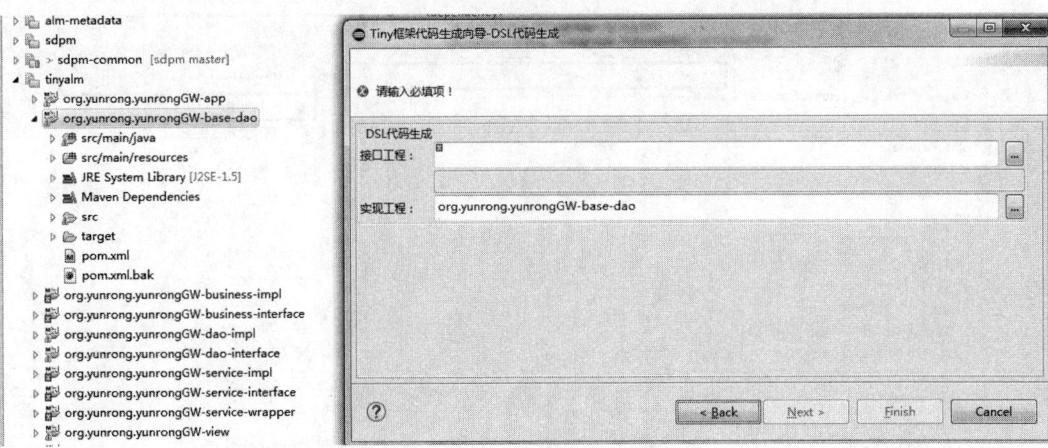

图 9-54　选择接口和实现工程

以示例工程为例，quickstart.dslcruddao 是接口工程，quickstart.dslcruddaoimpl 是实现工程。

（5）单击 Finish 按钮，执行生成操作。操作之后，每张表会生成四个 Java 对象，以示例工程而言：TUser、TUserTable、TUserDao 和 TUserDaoImpl，其中前三个对象是生成到接口工程，而具体的 Dao 操作实现是生成到实现工程。

TUser 代码如下：

```
/**
 * USER
 *
 * 用户表
 */
public class TUser {

/**
 * ID
 *
 */
private Integer id;

/**
 * NAME
 *
 * 用户姓名
 */
private String name;

/**
 * AGE
 *
```

```
 * 年龄
 */
private Integer age;


public void setId(Integer id){
    this. id = id;
}

public Integer getId(){
    return id;
}

public void setName(String name){
    this. name = name;
}

public String getName(){
    return name;
}

public void setAge(Integer age){
    this. age = age;
}

public Integer getAge(){
    return age;
}

}
```

这个是该表的 DTO 值对象。

TUserTable 代码如下：

```
/**
 * USER
 *
 * 用户表
 */
public class TUserTable extends Table {

public static final TUserTable T_USERTABLE = new TUserTable();

/**
 * ID
 *
```

```
 */
public final Column ID = new Column(this, "id");

/**
 * NAME
 *
 * 用户姓名
 */
public final Column NAME = new Column(this, "name");

/**
 * AGE
 *
 * 年龄
 */
public final Column AGE = new Column(this, "age");


    private TUserTable() {
        super("t_user");
    }

}
```

表的静态引用对象，辅助用户编写 SQL。

TUserDao 代码如下：

```
import org.tinygroup.dslcruddao.pojo.TUser;

public interface TUserDao extends BaseDao<TUser,Integer> {

}
```

该类继承 Tiny 框架的 BaseDao 基本接口，支持对单表的增、删、改、按主键查询记录、非分页查询、带分页查询、批量增加、批量修改和批量删除操作，可以满足基本需求。当然如果用户有别的 SQL 操作，例如多表关联查询，那么可以在该接口进行扩展。

TUserDaoImpl 代码如下：

```
public class TUserDaoImpl extends TinyDslDaoSupport implements TUserDao {

public TUser add(TUser tUser) {
    return getDslTemplate().insertAndReturnKey(
        tUser, new InsertGenerateCallback<TUser>() {
        public Insert generate(TUser t) {
            Insert insert = insertInto(T_USERTABLE).values(
                T_USERTABLE.ID.value(t.getId()),
```

```
                T_USERTABLE.NAME.value(t.getName()),
            .   T_USERTABLE.AGE.value(t.getAge()));
            return insert;
        }
    });
}

public int edit(TUser tUser) {
    if(tUser == null || tUser.getId() == null){
        return 0;
    }
    return getDslTemplate().update(
        tUser, new UpdateGenerateCallback<TUser>() {
        public Update generate(TUser t) {
            Update update = update(T_USERTABLE).set(
                T_USERTABLE.NAME.value(t.getName()),
                T_USERTABLE.AGE.value(t.getAge())).where(
                T_USERTABLE.ID.eq(t.getId()));
            return update;
        }
    });
}

public int deleteByKey(Integer pk){
    if(pk == null){
        return 0;
    }
    return getDslTemplate().deleteByKey(
        pk, new DeleteGenerateCallback<Serializable>() {
        public Delete generate(Serializable pk) {
            return delete(T_USERTABLE).where(T_USERTABLE.ID.eq(pk));
        }
    });
}

public int deleteByKeys(Integer... pks) {
    if(pks == null || pks.length == 0){
        return 0;
    }
    return getDslTemplate().deleteByKeys(
        new DeleteGenerateCallback<Serializable[]>() {
        public Delete generate(Serializable[] t) {
            return delete(T_USERTABLE).where(T_USERTABLE.ID.in(t));
    }
```

```
    },pks);
}

public TUser getByKey(Integer pk) {
    return getDslTemplate().getByKey(
        pk, TUser.class, new SelectGenerateCallback<Serializable>() {
    @SuppressWarnings("rawtypes")
    public Select generate(Serializable t) {
        return selectFrom(T_USERTABLE).where(T_USERTABLE.ID.eq(t));
        }
    });
}

public List<TUser> query(TUser tUser) {
    if(tUser==null){
        tUser=new TUser();
    }
    return getDslTemplate().query(
        tUser, new SelectGenerateCallback<TUser>() {

        @SuppressWarnings("rawtypes")
        public Select generate(TUser t) {
            return selectFrom(T_USERTABLE).where(
            and(
                T_USERTABLE.NAME.eq(t.getName()),
                T_USERTABLE.AGE.eq(t.getAge())));
        }
    });
}

public Pager<TUser> queryPager(int start,int limit ,TUser tUser) {
    if(tUser==null){
        tUser=new TUser();
    }
    return getDslTemplate().queryPager(
        start, limit, tUser, false, new SelectGenerateCallback<TUser>() {

        public Select generate(TUser t) {
            return MysqlSelect.selectFrom(T_USERTABLE).where(
            and(
                T_USERTABLE.NAME.eq(t.getName()),
                T_USERTABLE.AGE.eq(t.getAge())));
        }
    });
```

```
}

public int[] batchInsert(boolean autoGeneratedKeys ,List<TUser> tUsers) {
    if (CollectionUtil.isEmpty(tUsers)) {
        return new int[0];
    }
    return getDslTemplate().batchInsert(
        autoGeneratedKeys, tUsers, new NoParamInsertGenerateCallback() {

        public Insert generate() {
            return insertInto(T_USERTABLE).values(
                T_USERTABLE.NAME.value(new JdbcNamedParameter("name")),
                T_USERTABLE.AGE.value(new JdbcNamedParameter("age")));
        }
    });
}

public int[] batchInsert(List<TUser> tUsers){
        return batchInsert(true ,tUsers);
}

public int[] batchUpdate(List<TUser> tUsers) {
    if (CollectionUtil.isEmpty(tUsers)) {
        return new int[0];
    }
    return getDslTemplate().batchUpdate(
        tUsers, new NoParamUpdateGenerateCallback() {

        public Update generate() {
            return update(T_USERTABLE).set(
                T_USERTABLE.NAME.value(new JdbcNamedParameter("name")),
                T_USERTABLE.AGE.value(
                    new JdbcNamedParameter("age"))).where(
            T_USERTABLE.ID.eq(new JdbcNamedParameter("id")));
        }
    });
}

public int[] batchDelete(List<TUser> tUsers) {
    if (CollectionUtil.isEmpty(tUsers)) {
        return new int[0];
    }
    return getDslTemplate().batchDelete(
        tUsers, new NoParamDeleteGenerateCallback() {
```

```
            public Delete generate() {
                return delete(T_USERTABLE).where(and(
                T_USERTABLE.ID.eq(new JdbcNamedParameter("id")),
                T_USERTABLE.NAME.eq(new JdbcNamedParameter("name")),
                T_USERTABLE.AGE.eq(new JdbcNamedParameter("age"))));
            }
        });
    }

public List<TUser> query(TUser t, OrderBy... orderArgs) {
    // TODO Auto-generated method stub
    return null;
}

public Pager<TUser> queryPager(
    int start, int limit, TUser t, OrderBy... orderArgs) {
    // TODO Auto-generated method stub
    return null;
}
}
```

可以看到 DSL 的基本思路就是采用 Java 的方式编写 SQL，这样有一定 Java 基础的程序员就能很方便地开发后台数据库。当然这里有两个方法实现 query 和 queryPager 涉及的具体的业务逻辑，需要开发人员自行扩展。

9.5.10 生成 SQL

生成 SQL 是 Eclipse 插件提供的另一个便利功能，因为实际开发测试时，面对数据库功能测试和性能测试，免不了要和各个数据库客户端打交道，这时候单纯的 Java 代码就不方便了，而插件可以很方便地批量生成 SQL，就很好地解决了上述问题。

（1）配置 pom 和应用节点。在数据库工程的 pom 文件增加如下片段：

```
<dependency>
    <groupId>org.tinygroup</groupId>
    <artifactId>org.tinygroup.gensql</artifactId>
    <version>${tiny_version}</version>
</dependency>
<dependency>
    <groupId>org.tinygroup</groupId>
    <artifactId>org.tinygroup.databasechange</artifactId>
    <version>${tiny_version}</version>
</dependency>
```

在 application.xml 全局配置里增加数据源的配置。

```
<datasource id="${id}" type="org.apache.commons.dbcp.BasicDataSource">
      <property name="driverClassName" value="org.apache.derby.jdbc.
      EmbeddedDriver" />
      <property name="url" value="jdbc:derby:${db};create=true" />
      <property name="username" value="${username}" />
      <property name="password" value="${password}" />
</datasource>
```

（2）打开生成向导。批量生成界面如图 9-55 所示。

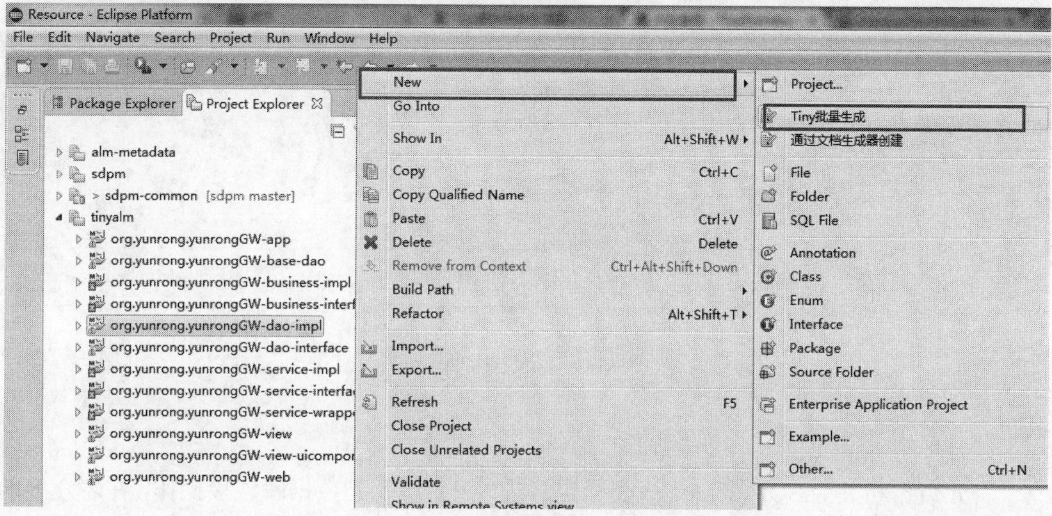

图 9-55　批量生成操作

（3）选择 SQL 生成向导。SQL 操作界面如图 9-56 所示。

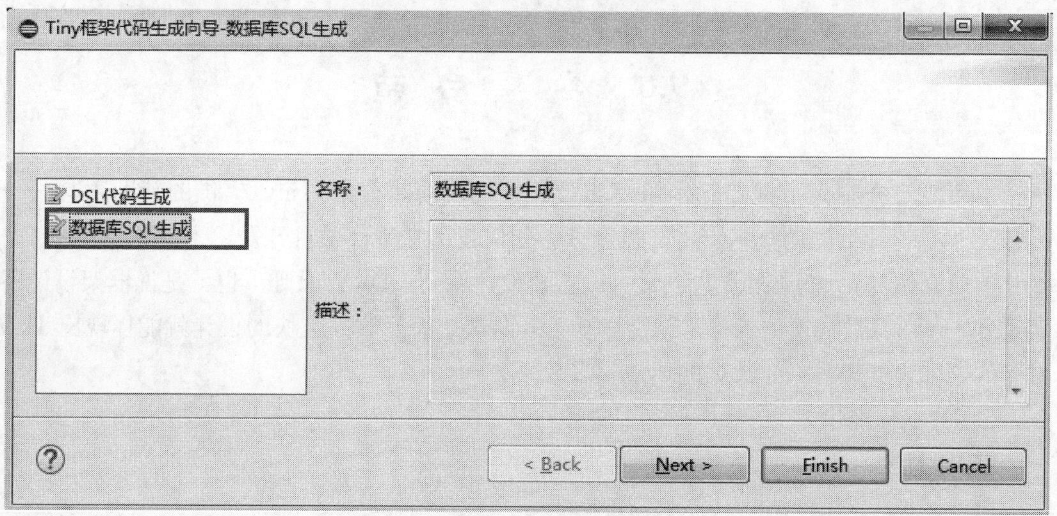

图 9-56　SQL 生成界面

（4）选择生成目录。选择界面如图 9-57 所示。

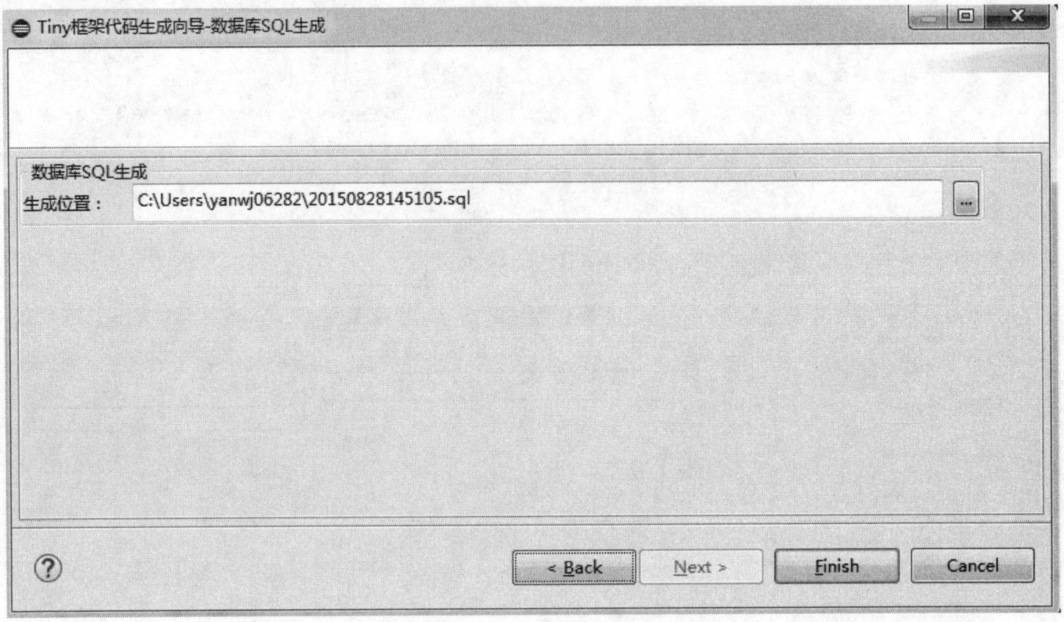

图 9-57　SQL 生成目录

（5）单击 Finish 按钮，完成操作。

将元数据相关的 SQL 全部生成到指定目录，因为涉及到数据库连接操作，在表众多的情况下，可能会耗时较长，请用户注意。

至此，对元数据的开发实践就全部介绍完毕，希望用户能喜欢 Eclipse 插件，能够对你们的工作有所帮助，笔者就感觉欣慰了。

9.6　本章总结

本章重点介绍元数据的基本原理和设计实现，同时介绍 Tiny 提供的辅助工具——Eclipse 插件对元数据的技术支持，以及读者如何使用它进行项目开发。

前面介绍 Tiny 框架时，提到过一个重要设计原则：DRY 原则，也就是说框架设计不要重复，可以只做一次的工作，就没必要重复两次。而元数据这块的设计就能体现出 Tiny 框架的这一设计理念。元数据的用途很多：

- 数据标准化；
- 设计数据表；
- 生成业务代码；
- 生成标准文档。

开发人员只需要定义一次元数据（特别是标准数据类型和业务数据类型定义之后可以在项目间复用），无论 SQL 语句的生成、数据库的动态更新和业务 Java 代码的生成，都是通过统一的元数据自动生成，既方便又不会产生冗余。特别是如果使用 Eclipse 的文档插件，还可以根据元数据文件自动生成项目文档，实现脚本（SQL）、代码和文档的批量统一操作。

第 10 章 展现层开发实践

展现层也可以称为表现层，用来展示业务数据，接收用户输入信息，调用控制层接口响应用户操作，实现人机交互的界面操作。

Java EE 的展示层展示方式很多，有基于 B/S 结构，也有基于 C/S 结构的。就目前而言，Web 界面开发就是 B/S 结构的典型示例之一。

Java EE 层组件可以是 JSP 页面或 Servlets 等。按照 Java EE 规范，静态的 HTML（标准通用标记语言下的一个应用）页面和 Applets 不算是 Web 层组件。

10.1 展示层简介

常见的 Web 界面开发组件类型很多，一般而言，Java EE 的开发框架至少支持一种，通常能支持几种开发组件，这也体现了框架本身的扩展能力。

10.1.1 Servlet

Servlet 是 Java 2.0 中新增的一个功能，也是 Java EE 早期 Web 组件开发的常用组件。

Java Servlets 是运行在请求服务器上的 Java 模块，能够实现 Web 浏览器或者其他 Http 客户端与请求服务器之间的数据交互。例如一个 Servlet 可以从一个 HTML 订单表中获取数据然后用产生一笔商业订单。

图 10-1 显示了 Servlet 在 Web 应用程序中的位置。

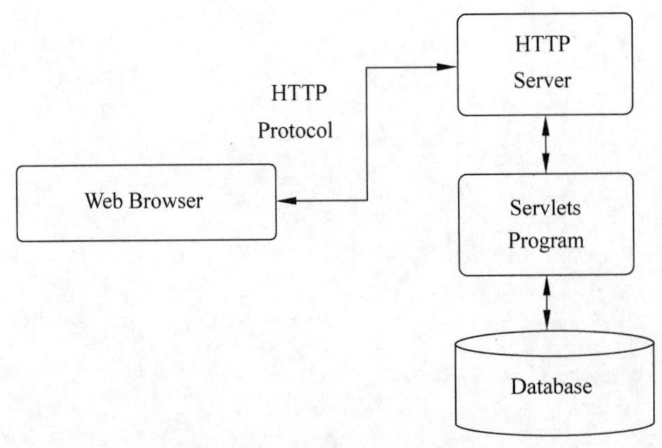

图 10-1 Serlvet 的体系结构

Java Servlet 需要 Web 容器环境。Servlet 可以使用 javax.servlet 和 javax.servlet.http 包，这是一个标准的 Java 企业版的扩展版本的 Java 类库。

10.1.2　JSP

Java Servlet 是 JSP 的技术基础，但是作为动态网页开发的主要工具就太不方便了，因此程序员通常使用更方便的 JSP 技术作为主要的 Web 界面动态语言。当然大型的 Web 应用程序的开发往往需要 Java Servlet 和 JSP 配合才能完成。

JSP 全名为 Java Server Pages，本质上是一个简化的 Servlet 设计，它是由 Sun 公司倡导、许多业界公司参与建立的一种动态网页技术标准。JSP 技术有点类似 ASP 技术，它是在传统的网页 HTML 文件（*.htm，*.html）中插入 Java 程序段（Scriptlet）和 JSP 标记（tag），从而形成 JSP 文件，后缀名为*.jsp。用 JSP 开发的 Web 应用是跨平台的，既能在 Linux 下运行，也能在其他操作系统上运行。

JSP 技术使用 Java 编程语言编写类 XML 的 tags 和 scriptlets，来封装产生动态网页的处理逻辑。网页还能通过 tags 和 scriptlets 访问存在于服务端的资源的应用逻辑。JSP 可以将网页逻辑与网页设计实现分离，支持可重用的基于组件的设计，使基于 Web 的应用程序的开发变得迅速和容易。JSP（Java Server Pages）是一种动态页面技术，它的主要目的是将表示逻辑从 Servlet 中分离出来。

JSP 的技术优势：

- 一次编写，到处运行。充分发挥 Java 语言特性，支持多平台。
- 强大的可伸缩性。从只有一个小的 Jar 文件就可以运行 Servlet/JSP，到由多台服务器进行集群和负载均衡，到多台 Application 进行事务处理和消息处理，一台服务器到无数台服务器，Java 显示了巨大的生命力。
- 多样化和功能强大的开发工具支持。Java 已经有了许多非常优秀的开发工具，方便开发人员使用。

JSP 的不足：

- 与 ASP 也一样，Java 的一些优势正是它致命的问题所在。正是为了跨平台的功能，为了极度的伸缩能力，所以极大地增加了产品的复杂性。
- JSP 虽然改正了 Servlet 的一些不足，但是依然没有解决 MVC 的代码与数据分离的问题。开发人员依旧可以在 JSP 页面编写 Java 代码，让 HTML 标签和业务代码混用。

10.1.3　模板语言

模板语言可以实现 MVC 的代码与数据分离，增强页面开发的可靠性，同时也能简化开发人员的操作，常见的模板语言有：

- ❑ Velocity；
- ❑ FreeMarker；
- ❑ Beetl；
- ❑ TinyTemplate；
- ❑ …….

等等。

10.1.4 展示层常见问题

做过开发的同学都知道，展示层开发一直是软件开发体系中的难点，一方面是展示层需求纷繁复杂，不同的客户有各种需求，要实现各种风格特效，另一方面就是 Web 开发组件技术五花八门，技术团队选择方案太多了。

UI 界面框架套路上很简单，但是想要做好可就不容易了。目前基于 MVC 的框架灿若繁星，不客气地说是个软件公司就有自己的技术框架，技术厉害的公司可能还有几套。但是框架使用起来好不好，界面开发始终是风向标。

1．场景A

UI 界面框架对 View 层没有封装或者支持有限。View 层的代码全部需要开发人员手动完成，框架没有提供代码封装或者相关代码生成工具，导致项目开发流程中，出现大量 Ctrl+C 和 Ctrl+V，进而影响界面代码质量。

笔者曾见到过一个 JSP 页面四、五千行代码，Java 业务逻辑、html 布局和 css 样式糅合在一起，不要说修改了，就是看明白页面也是异常艰难。跟开发人员沟通了解到，团队采用界面实现方式是 JSP，框架提供的样式不满足客户需求，迫使团队自行开发很多框架层面的功能。经常一个需求变动，导致开发人员修改十几处地方，页面的混乱就可想而知了。

“无规矩，不成方圆。”，说的便是这种情况。

2．场景B

技术框架分层严格，界面完全组件化。View 层和 Model 层完全分离，开发人员编写页面需要额外学习组件，访问后台成本巨大，很多业务需求需要通过框架升级方式才能解决，时间浪费严重。

这是从一个极端走到另一个极端，以严格的框架彻底限制死开发人员。笔者也见过一些项目，就是采用这种方式：开发人员写的页面全是组件模板，无法灵活定义一些功能，导致全部业务需求完全通过组件体现，而且开发人员本身无法修改组件，组件存在 Bug 或者无法实现某些业务场景，那开发人员还要在组件团队和项目领导之间协作，搞得所有人身心俱疲。

3．场景C

框架性能问题。框架设计人员追求华丽的页面效果，完美的层次封装就容易导致这种后果，特别是在页面复杂或者页面嵌套多时，很容易发生这种问题。

开发人员最怕遇到这种问题，这意味着项目要伤筋动骨。以某个银行项目做例子：原先框架版本是 3.0，业务领导认为界面太土，不美观，经过框架团队一年多的努力，框架 4.0 对界面做了大幅度的美化处理，提供了复杂的封装，结果造成严重的性能问题。因为银行项目页面复杂，有些表单要展示几百个字段，用框架 4.0 开发后要 10 多秒，根本无法被接受。最后这一系列的代价由开发人员买单，用 html 原生语法重新开发相关的复杂页面。

在某些场景下，对于 UI 界面框架而言，美观不是第一位的，性能才是最核心的因素。如果为了美观而放弃性能，无异于买椟还珠。只有在保证性能的前提下，美观才有意义。

4．场景D

升级维护问题。有些框架设计时，设计人员迫于团队或者领导压力，框架集合太多业务逻辑，导致后期团队面临两难选择：不升级，Bug 无法解决；升级，界面产生各种问题，需要花费大量精力去纠正。

以上场景就是展示层开发实践中最常见的问题。

10.2　展示层方案设计

前一节列举了展示层遇到的问题，归纳一下，对 UI 界面框架有如下设计开发需求。

- 提升开发效率，减少重复代码。对于开发人员而言，开发时，界面写得代码越短越好；维护时，修改的地方越少越好。
- 清楚的 UI 层次，框架可以分离业务逻辑、布局和样式，让页面结构清晰明了，让开发人员集中更多精力在业务逻辑，而不是页面布局、JS 和 CSS 等技术细节。
- 丰富的组件支持，项目团队大部分业务场景应该可以被框架组件涵盖，而无需重新开发。
- 灵活的扩展能力，项目团队可以根据框架规范自行扩展展示组件，实现个性化需求。
- 优异的性能，UI 界面展示时的响应时间应该和原生态语言接近。框架能处理 JS、CSS 加载及合并的问题。
- 框架升级不影响业务代码。

只有满足上述要求的 UI 框架，对开发人员和项目团队才是真正有帮助的 UI 框架。TinyUI 界面原则。

- 保证界面开发的灵活性，尊重开发人员的开发权利。Tiny 团队遵守“二八”原则，认为再完美的 UI 框架也只能解决 80%实际开发过程中遇到的界面问题，剩下的 20%需要开发人员的经验和智慧才能解决。那种提倡一揽子解决全部界面开发问题的 UI 框架，只会让设计者陷入过多技术细节，导致过度设计。因此，TinyUI 提供最大程度的灵活：只要遵守必要的框架规范，开发人员可以自由扩展组件，来满足日益变化的业务需求。
- 技术问题与业务逻辑分离。TinyUI 采用开源协议，作为开源软件来提供 UI 框架，代码本身不包含任何业务逻辑。避免框架设计者开发业务组件，业务团队使用的模式。技术问题由设计者解决，而业务逻辑由业务团队根据自身业务灵活定制、扩展。
- 重视性能，避免过度包装。TinyUI 在设计初期就考虑组件性能问题，目标是接近原生态页面；其次，UI 框架完全开源，开发人员只要熟悉模板语言，就可以轻松上手，避免因为学习曲线过高而影响开发效率。

在上述原则的指定下，Tiny 展现层框架具有以下特性。

- 布局与界面分离。TinyUI 引入模板引擎，页面采用模板+组件的方式进行渲染，可以大幅简化页面。
- 采用了多重布局方式，每一级目录当中都可以编写一个布局。项目经理可以根据业务需求按不同层级定义不同的布局。
- 采用了 pagelet 方式，可以把页面区块独立提供或者被别的页面进行引用。
- 提供了 UI 组件模式，用户可以方便地编写 UI 组件，并发布到应用当中，同时提供了资源加载机制，如果 UI 组件包含有 JS 或 CSS 文件，不用特别指定，也不用进行首页合并，可直接被使用。
- 通过组件方式开发界面，封装了组件的实现细节，可以平滑切换到其他实现。
- 与各种开源组件或代码段集成更容易，利用一个已经实现的开源组件封装成 UI 组件，只要几分钟。接口的扩展可以循序渐进，随用随包装。
- 资源自发现。框架会自行加载新增加的组件，所有的 CSS/JS 文件都会自动进行添加。

TinyUI 实际上并不是一个具体的 UI 展现组件，它只是一个 UI 构建体系。它可以适应于各种 Html+CSS+JS 的体系架构中，提供以 UI 方式开发界面的技术方案。

10.2.1 UI 组件包开发

UI 组件包开发需要遵守一定的规范，分别如下。

1. 组件包规范

TinyUI 认为界面所有公用的内容都可以由 UI 组件包（UIComponents）概括。UI 组件包包括一个或者多个组件（UIComponent），UI 组件包中包含了其所需的 CSS/JS/Gif/Htm 等等各种资源。同时有一个 UI 组件包描述文件（*.ui.xml），描述对 UI 组件包的结构、内容以及对其他 UI 组件包的依赖关系。

开发时，UI 组件包以独立的 Maven 工程为单位，最后以 Jar 包为单位进行发布。

UI 组件包类图如图 10-2 所示。

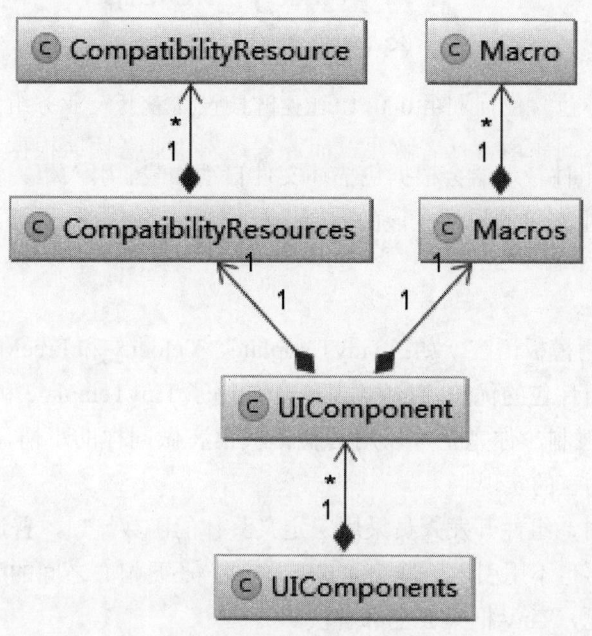

图 10-2　UI 组件包类图

UI 组件的对象设计说明如表 10-1 所示。

表 10-1　UI对象设计

对 象 名	说　明
UIComponents	UI 组件列表对象，至少包含一个 UIComponent 对象
UIComponent	UI 定义组件对象，包含基本信息、JS、CSS、宏以及兼容性资源等子对象
Macros	宏列表对象，至少包含一个 Macro 对象
Macro	宏对象，包含基本信息、宏片段、宏参数定义等信息
CompatibilityResources	UI 组件的兼容性资源列表，可以包含多个兼容性资源
CompatibilityResource	兼容性资源，结果上类似 UI 组件对象，也包含基本信息、JS 和 CSS 信息，但是兼容性资源只适合特定浏览器版本

举例：假设要复用 JQuery，实际上非常简单。在 Maven 工程结构中，在 resources 目录中，放置所有的 JQuery 资源进来，然后编写一个 UI 组件包描述文件。UI 组件包就算开发完毕了。工程结构如图 10-3 所示。

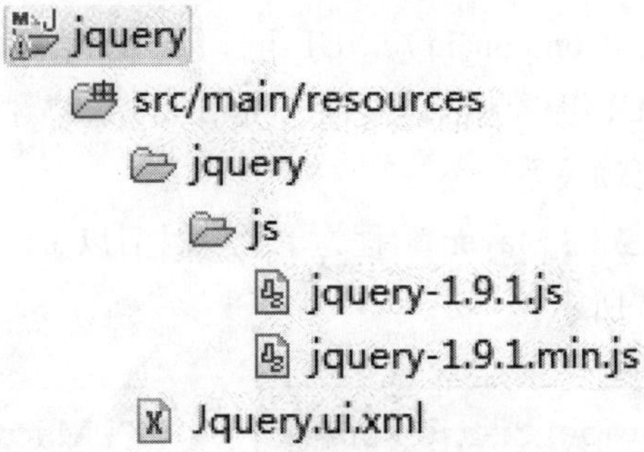

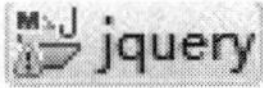

图 10-3　UI 组件包工程的示例

TinyUI 框架的组件管理器会根据包描述文件自动加载、引入相关资源，而这些都无需程序人员干预。UI 组件包的设计应该由前端人员提供。

2. 页面规范

TinyUI 推荐采用模板语言，如：TinyTemplate、Velocity 和 FreeMaker 等作为展现层，这样可以充分发挥组件包的优势。Tiny 内部实现使用了 TinyTemplate 和 Velocity 模板语言，但是实际上并没有限制，你完全可以用其他模板语言做同样的事情，但是强烈推荐使用 TinyTemplate 模板语言的实现。

具体页面开发时，组件开发人员采用宏定义具体的函数接口，普通开发人员直接调用宏接口就可以了，再也不用引入一堆 JS、CSS 文件，还要担心之间的顺序是否正确、是否存在冲突，以上问题，Tiny 框架会全部解决。

开发时，TinyUI 将页面分为三类，具体分类见表 10-2 所示。

表 10-2　TinyUI的页面类型

类　型	说　明
页面文件	后缀 page，用于定义具体的页面功能，框架支持两种访问方式：带布局的访问方式 *.page 和不带布局的访问方式*.pagelet
布局文件	后缀 layout，用于定义一组页面文件的布局样式，当然也可以针对某个页面文件制定独有布局样式
宏文件	封装宏的配置文件，供开发人员在页面文件和布局文件调用

以往 Web 界面开发时，样式布局是个大问题：传统界面开发，页面布局与逻辑代码是混在一起的，特别是复杂页面，调整起来自然困难。TinyUI 设计时一开始就将布局与页面逻辑彻底分成两个文件，当然你要用 TinyUI 推荐的模板组织。

Tiny 的模板体系组织方式如下：

- 支持多层文件结构。
- 布局文件统一用.layout 扩展名结尾。
- 页面文件统一用.page 扩展名结构。
- 只有.page 文件可以被外部访问，访问方式有两种——.page 或.pagelet。

- ❑ 访问.pagelet，实际上相当于访问同名 page，模板引擎只会做页面渲染；访问.page，模板引擎除了页面渲染还要进行布局渲染。

也许有些人看到这里问：将一个文件内容拆分成两块，还要定义两者间的联系，是不是太复杂了？其实一点也不复杂，用户根本不需要定义布局文件和页面文件的联系，请参考以下规范设计你的页面布局结构。

查找布局文件规则：

- ❑ 匹配当前目录同名的布局文件。
- ❑ 匹配当前目录默认的布局文件。
- ❑ 若某一级目录无法满足匹配条件，则向该目录上一级目录进行匹配，直到根目录为止。

比如，aa.page 的路径是/a/b/c/aa.page，布局的渲染过程如下：

- ❑ 查找/a/b/c/aa.layout 是否存在。如果存在，则渲染，否则查找/a/b/c/default.layout，如果存在，则渲染。
- ❑ 查找/a/b/aa.layout 是否存在。如果存在，则渲染，否则查找/a/b/default.layout，如果存在，则渲染。
- ❑ 查找/a/aa.layout 是否存在。如果存在，则渲染，否则查找/a/default.layout，如果存在，则渲染。
- ❑ 查找/aa.layout 是否存在。如果存在，则渲染，否则查找/default.layout，如果存在，则渲染。

通过上面的渲染机制，程序员有可能只写了非常少的内容，但是通过分层布局渲染，最后出来的效果也会非常丰富多彩。Tiny 界面框架采用分层的方式定义样式，既能保证逐层渲染，减少页面冗余代码，又能根据页面定义特殊样式，保证差异化场景的需求。

10.2.2　资源合并实践

先前介绍前端访问性能优化时，提到的第一点就是尽量减少 HTTP 资源请求，这样可以大幅提升服务器的访问性能，而合并 JS 资源就是一个合理诉求。但是从开发者角度，通常为了开发的方便，会把 JS 按用途分类，这样就会有产生很多 JS 文件。这样访问的时候每个 JS 文件就会产生一个 HTTP 请求。那么解决的最佳办法就是合并资源到一个文件。可是这样有一个问题就是你需要保存所有文件的源文件，并且有修改的时候又要重新合并一次，这对开发人员而言并不方便。实际上用户可以更简单一点，让技术框架去合并这些文件吧，这样开发人员再也不用操心压缩这档子事了。

CSS 资源其实和 JS 资源一样，也面临着资源合并与开发便利的冲突，同样的理由让技术框架去解决合并资源文件的问题，程序员只需要快乐地开发即可。那么 Tiny 框架是如何解决上述问题的呢？总的来说，要解决以下三方面，才能说比较好地处理了 Web 资源的合并。

1. JS和CSS的引入问题

传统界面开发，程序员需要在页面配置引入 JS 和 CSS 的路径，既麻烦又容易出错。TinyUI 采用组件封装了 JS 和 CSS，这份工作统一交给组件设计者处理，程序员开发页面时根本不用关心需要引入哪些 JS 和 CSS，只要知道要用哪些宏接口就行了。

TinyUI 之所以能达到这种效果，是因为默认的 default.layout 已经设置了标准的 JS 和 CSS 引入规范，无论开发人员引入多少个 UI 组件包，在非调试模式下，JS 和 CSS 资源只会合并成一个。只要组件设计人员能保证 UI 组件包的正确性，那么 tinyUI 在生成 JS 和 CSS 资源的时候就不会发生错误。

TinyUI 是通过组件管理器 UIComponentManager 对 JS 和 CSS 进行管理，实现加载和卸载 UI 组件。

类关系图如图 10-4 所示。

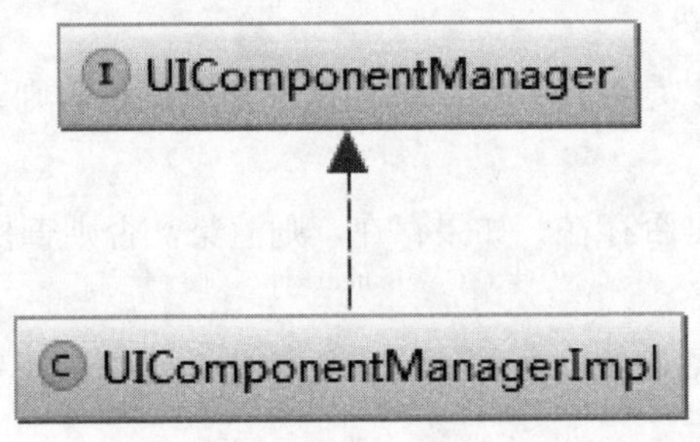

图 10-4　UIComponentManager 类图

TinyUI 界面框架对 UIComponentManager 的默认实现是 UIComponentManagerImpl，也是通过 SpringBean 的方式配置组件管理器，也可以通过文件处理器的方式加载相关的配置文件。

2. JS和CSS的顺序问题

这个问题也是传统界面开发之间的难点，JS 和 CSS 之间的顺序搞错，通常会导致页面出现乱七八糟的问题，定位问题也是异常复杂。TinyUI 将顺序问题交给组件管理器处理，它会依次检查组件的依赖关系，如果有 UI 组件的依赖关系配置错误，组件管理器会记录异常日志，这些不正常组件不会被加载到正常组件列表。组件间的依赖关系理顺后，组件内部包含的 JS 和 CSS 的关系也就理顺了。

TinyUI 按如下顺序加载 JS 和 CSS：

（1）父组件的资源比子组件优先加载。比如组件 A 依赖组件 B，那么框架先加载组件 B 资源，再加载组件 A 资源。

（2）同一组件的资源，顺序靠前的优先加载。组件的 JS 和 CSS 路径都可以配置多个，同一组件框架按配置顺序依次加载资源。

（3）组件管理器计算某个组件是否正常，只会计算一次，之后就根据 UI 组件的内部状态 health 属性来判断。

组件管理器计算组件的流程如图 10-5 所示。

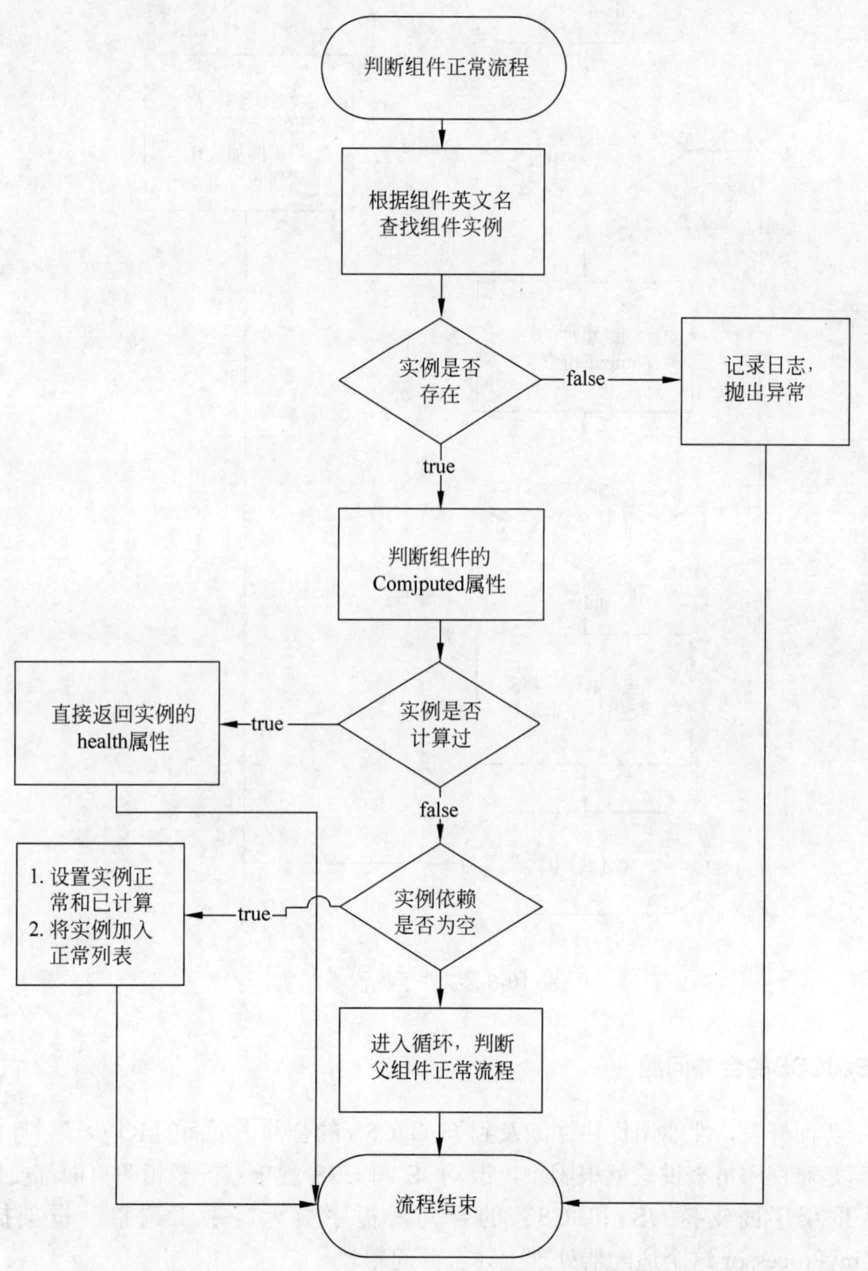

图 10-5　组件计算健康度的流程

这个是判断 UI 组件是否正常的流程，它还包含判断父 UI 组件正常的子流程，如果某个组件存在依赖关系，就会触发这个流程，这也是保证 UI 组件包依赖顺序的程序机制。

子流程如图 10-6 所示。

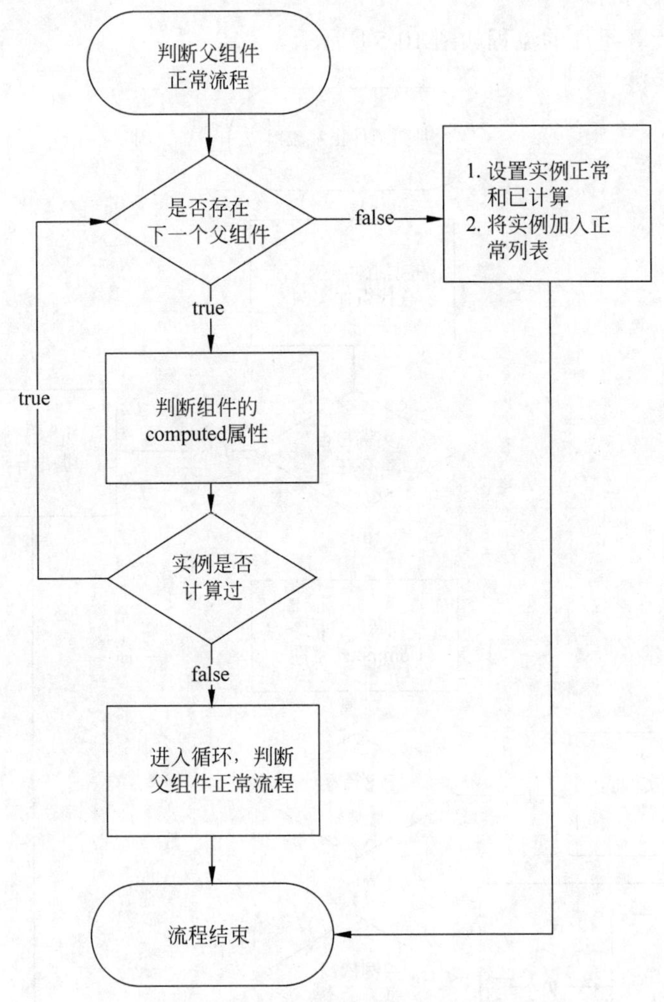

图 10-6　组件子流程

3．JS和CSS的合并问题

在传统界面开发，性能调优往往涉及到 JS 和 CSS 的合并，页面的 IO 少了，性能自然能提高，但是对程序员来说这就很困难，改动 JS 和 CSS 意味着很多相关页面都要修改。TinyUI 从框架层面支持 JS 和 CSS 的合并，程序员无需手工调整，框架提供了 UiEngineTinyProcessor 这个适配器处理上述合并问题。

类图如图 10-7 所示。

UiEngineTinyProcessor 处理器继承了抽象 Tiny 处理器，实现 HTTP 协议下，对 JS 和 CSS 资源的合并处理请求。UiEngineTinyProcessor 合并 JS 与 CSS 的过程分别如图 10-8 和 10-9 所示。

TinyProcessor
AbstractTinyProcessor
UiEngineTinyProcessor

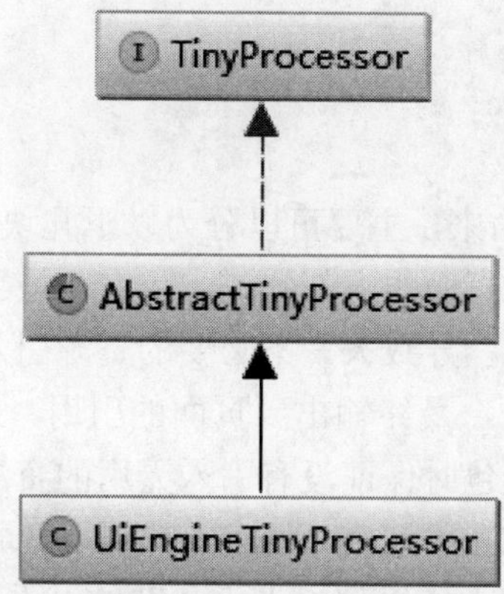

图 10-7　UiEngineTinyProcessor 类图

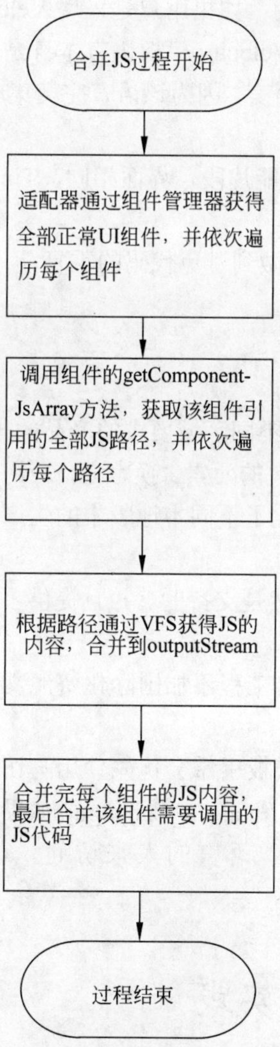

合并JS过程开始
适配器通过组件管理器获得全部正常UI组件，并依次遍历每个组件
调用组件的getComponent-JsArray方法，获取该组件引用的全部JS路径，并依次遍历每个路径
根据路径通过VFS获得JS的内容，合并到outputStream
合并完每个组件的JS内容，最后合并该组件需要调用的JS代码
过程结束

图 10-8　合并 JS 过程图

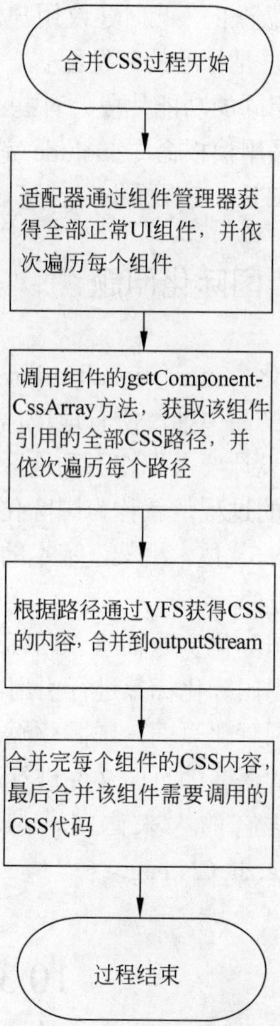

合并CSS过程开始
适配器通过组件管理器获得全部正常UI组件，并依次遍历每个组件
调用组件的getComponent-CssArray方法，获取该组件引用的全部CSS路径，并依次遍历每个路径
根据路径通过VFS获得CSS的内容，合并到outputStream
合并完每个组件的CSS内容，最后合并该组件需要调用的CSS代码
过程结束

图 10-9　合并 CSS 过程图

10.2.3 避免重复代码

仔细分析页面重复代码的由来，主要可以分为以下几块。

- ❑ 无用的资源引入。写过页面的人都知道，程序员最喜欢把一段段的 JS、CSS 到处粘，而不分析是否有用，导致大量不必要的资源引入，降低页面性能。TinyUI 通过组件管理器管理资源，最终输出到页面的引用，绝对跟组件包的资源一致，只要组件设计者设计组件包时保证没有引入无用的资源。
- ❑ 重复的业务逻辑。TinyUI 采用模板语言渲染页面，通过宏定义解决重复业务逻辑。因为宏是可以嵌套宏的，所以理论上再复杂的页面都可以通过宏搞定，宏如果使用得当，可以大幅度减少页面代码。

需要注意：不同的模板语言之间，特性是有所差异的；如果用户是采用 Velocity 模板语言开发页面，那么宏嵌套的特性是无法享受了，因为 Velocity 模板语言本身是不支持宏嵌套这种做法的，此时建议用户使用 TinyTemplate 模板语言，因为该语言完美集成 TinyUI 界面框架，是标准的开发配置。

- ❑ 相同的功能片段。有些业务场景需要引入统一功能片段，界面相同，TinyUI 可以采用模板命令 include 完美处理这种场景。

通过 TinyUI 界面框架，可以从技术框架层面，有效做到避免代码的重复。

10.2.4 国际化问题

国际化（Internationalization）是设计和制造容易适应不同区域要求的产品的一种方式。它要求从产品中抽离所有地域语言、国家/地区和文化相关的元素。换言之，应用程序的功能和代码设计要考虑在不同地区运行的需要，其代码简化了不同本地版本的生产。开发这样的程序的过程，就称为国际化。

作为一款技术框架，基本的国际化问题，TinyUI 当然是支持的，并且提供了两种国际化的解决方案：

- ❑ 国际化资源标签。国际化资源就很容易理解了，工程添加国际化资源文件，页面用国际化标签进行引用即可。
- ❑ 国际化页面。国际化页面是指访问某页面时，模板引擎会优先使用与访问者相同的语言的页面文件进行渲染。譬如，存在 aa.page 和 aa.zh_CN.page，如果非 zh_CN 语言的人来访问，渲染的是 aa.page，zh_CN 语言的人来访问，渲染的是 aa.zh_CN.page。

10.3 前端访问方案实践

本节是实践章节，通过演示开发 UI 组件包、定义宏接口，以及通过组件包和宏如何开发前端页面和布局，让读者了解展示层的新开发方式。具体示例会演示告警框和文本输入框两个小例子，方便用户体会。

本章应用示例工程代码，请参考附录 A 中的 org.tinygroup.weblayer.demo（Web 层实践示例工程）。

下面重点讲解怎样使用 UI 框架开发组件，实现界面功能。完整的 Tiny 界面开发过程应该有如下三个阶段，过程如图 10-10 所示。

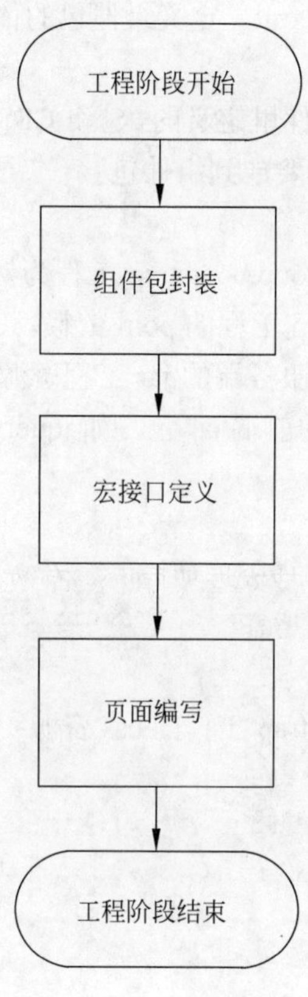

图 10-10　工程阶段

以上三个阶段理论上是由前端架构人员、组件设计人员和一般开发人员分别完成。前端架构人员在设计包装组件包时不需要知道业务需求，他的工作是负责封装 JS 和 CSS 的 API，解决浏览器的差异性等，提供的是最基本的 UI 组件包。而组件设计人员在前者的基础上，对基础组件包做进一步的包装，结合业务需求，提供开发人员需求的宏接口定义。而一般开发人员的工作是根据业务需求调用宏接口完成具体的页面开发。

10.3.1　组件包封装

本阶段由架构人员主导，一般应该在项目早期完成。架构人员负责组件包工程的开发维护，并提供资源包给开发人员使用。步骤如下所示。

（1）设计项目需要的组件包，确认需要使用的 JS、CSS 文件清单，并整理如图片等资料资源，理清组件包的依赖关系。这一步很关键，如果错误，直接影响后面的阶段开发。

（2）创建独立的组件包 Maven 工程。有几个组件包就应该有几个工程，开发人员可以通过 Maven 导入相关资源。建议架构人员设计组件包时分成两类：基础组件包和扩展组件包，基础组件包是必须要导入的，扩展组件包是可选择的。基础组件包应该是稳定的，扩展组件包可以不断扩展，实现个性化需求。

（3）编写组件包的结构文件 ui.xml，定义组件包的依赖关系、JS 的路径和执行代码、CSS 的路径和执行代码。

（4）导入相关资源，把结构文件里定义的 JS 和 CSS 文件放入工程目录，当然不要遗漏 CSS 涉及的图片资源，这些也是要放到组件包。

（5）打包发布 jar。

这里以开发基础组件 org.tinygroup.bootstrap 工程为例。

首先配置 org.tinygroup.bootstrap 工程的 pom 依赖。UI 组件开发包和其他 Tiny 工程不一样的是为前端服务的，因此 tiny 服务端的 jar 工程资源全部不用依赖，UI 组件开发包仅仅依赖其他 UI 组件包或者第三方的前端 jar 包，如 jquery 等。

```
<dependency>
        <groupId>org.tinygroup</groupId>
        <artifactId>org.tinygroup.jquery</artifactId>
        <version>${project.version}</version>
    </dependency>
```

接下来配置 org.tinygroup.bootstrap 工程的 css 资源：建立 css 目录，建立 css 资源。

```
├── bootstrap.min.css
├── bootstrap-theme.min.css
├── docs.min.css
├── font-awesome.min.css
├── patch.css
```

还需要配置 org.tinygroup.bootstrap 工程的 js 资源：建立 js 目录，整理 js 资源。

```
├── bootstrap.min.js
├── docs.min.js
├── ie10-viewport-bug-workaround.js
├── ie-emulation-modes-warning.js
```

如果 UI 组件工程还依赖其他资源比如图片、字体等，一般也需要建立相关资源目录，还是以 org.tinygroup.bootstrap 工程为例，建立 fonts 目录：

```
├── FontAwesome.otf
├── fontawesome-webfont.eot
├── fontawesome-webfont.svg
├── fontawesome-webfont.ttf
├── fontawesome-webfont.woff
├── glyphicons-halflings-regular.eot
```

```
├── glyphicons-halflings-regular.svg
├── glyphicons-halflings-regular.ttf
├── glyphicons-halflings-regular.woff
├── glyphicons-halflings-regular.woff2
```

上述文件定义了 org.tinygroup.bootstrap 工程需要的矢量图和字体资源。

最后定义 org.tinygroup.bootstrap 工程的 UI 配置文件：bootstrap.ui.xml，前面已经介绍过其结构和属性参数定义，这里就展示其具体配置：

```
<ui-components>
    <ui-component name="bootstrap" dependencies="jquery">
        <css-resource>
          /org/tinygroup/bootstrap/css/bootstrap.min.css
     </css-resource>

<js-resource>/org/tinygroup/bootstrap/js/bootstrap.min.js</js-resource>
     <description>使用 bootstrap 最新 v3.3.4 (www.bootcss.com)</description>
    </ui-component>
</ui-components>
```

10.3.2　宏接口定义

前文说过，模板引擎是 Tiny 框架推荐的，但是项目程序可以选择不使用，利用组件包完成 JS 和 CSS 的资源引入，页面部分还是用以前的开发模式，完全没问题。

如果使用模板引擎进行宏定义，那么本阶段由宏开发人员主导，他负责将架构人员提供的组件包提供的函数 API 和资源样式，按业务封装成开发人员可以简单调用的宏。理论上，宏要是封装的好，开发人员在开发界面时基本可以不使用 JS 和 CSS。总结一下，采用模板引擎开发就是短期的困难换来长期的回报。

（1）根据页面需求封装宏。有些项目经理会觉得很麻烦：原来一个人可以干的活要拆分成宏开发者和页面开发者，同时页面拆分成宏速度上似乎不如直接写页面。其实坚持下来，你会发现：程序员开发页面重复代码大量减少，结构更清晰了；业务需求变化调整，通常调整宏即可。

（2）工程项目引入组件包资源，配置相关的应用处理器解析、加载。

（3）编写 component 的宏。定义宏接口的原则就是多复用，内部封装变化，让页面开发人员能少写代码。

宏接口定义的工程跟基础组件工程的差异：一般有专门的 component 目录，也就是宏定义的目录；通常需要继承 org.tinygroup.publicComponent。这里的依赖不光是 pom 文件的 maven 依赖，同时还要配置 ui.xml 的组件关系依赖。

以 Tiny 组件列表中提供的告警 UI 组件工程 org.tinygroup.alert 为例。

首先是定义 org.tinygroup.alert 工程的 pom 文件，配置文件依赖如下：

```
<dependency>
```

```
    <groupId>org.tinygroup</groupId>
    <artifactId>org.tinygroup.publicComponent</artifactId>
    <version>${project.version}</version>
</dependency>
```

org.tinygroup.publicComponent 工程是 UI 组件的基础工程，引入了模板语言，并扩展了相关函数简化操作。

```
<dependency>
    <groupId>org.tinygroup</groupId>
    <artifactId>org.tinygroup.layer</artifactId>
    <version>${project.version}</version>
</dependency>
<dependency>
    <groupId>org.mortbay.jetty</groupId>
    <artifactId>servlet-api-2.5</artifactId>
    <version>6.1.14</version>
    <scope>provided</scope>
</dependency>
<dependency>
    <groupId>org.tinygroup</groupId>
    <artifactId>org.tinygroup.templateengine</artifactId>
    <version>${tiny_version}</version>
</dependency>
<dependency>
    <groupId>org.tinygroup</groupId>
    <artifactId>org.tinygroup.convert</artifactId>
    <version>${tiny_version}</version>
</dependency>
```

该工程还扩展了模板语言的函数 jsonConvert，增强了页面 json 函数的转换，Java 代码片段如下：

```
public class JsonFunction extends AbstractTemplateFunction{

public JsonFunction() {
    super("jsonConvert");
}

public Object execute(Template template, TemplateContext context,
        Object... parameters) throws TemplateException {
    try{
        String value = (String) parameters[0];
        return JSON.parse(value);
    }catch(Exception e){
        throw new TemplateException(e);
    }
}
```

```
}
```

接下来是定义 org.tinygroup.alert 工程的 UI 定义文件和结构，alert.ui.xml 如下：

```
<ui-components>
   <ui-component name="alert" dependencies="publicComponent">
      <css-resource>
     /org/tinygroup/alert/css/alert.css,
</css-resource>
<js-resource>
    /org/tinygroup/alert/js/alert.js,
</js-resource>
<description>警告 (www.h-ui.net)</description>
   </ui-component>
</ui-components>
```

同时 org.tinygroup.alert 工程的配置层次如下：

```
├── components
    ├── alert.component
├── css
    ├── alert.css
├── js
    ├── alert.js
├── alert.ui.xml
```

css 目录和 js 目录与基础 UI 组件一样，都是定义相关的 css 和 js 资源，例如 alert.css 就定义该组件的样式，例如：

```
@charset "utf-8";
/*4.8 警告
Name:           mod_Hui-alert
Example:
  <div class="Huialert Huialert-success/Huialert-danger/Huialert-error/
Huialert-info/Huialert-block"><i class="icon-remove"></i> 警 告 内 容 <ul>
<li>……</li></ul></div>
Explain:        警告,使用警告框 jQuery 插件
*/
.Huialert{position:relative;padding:8px 35px 8px 14px;margin-bottom:
20px;text-shadow: 0 1px 0 rgba(255, 255, 255, 0.5);background-color:
#fcf8e3;border: 1px solid #fbeed5}
.Huialert, .Huialert h4{color: #c09853}
.Huialert h4{margin: 0}
.Huialert .icon-remove{position:absolute;top:9px;right:10px;line-height:
20px;cursor:pointer; color:#000; opacity:0.2;_color:#666}
.Huialert .icon-remove.hover{color:#000;opacity:0.8}
.Huialert-success{color: #468847;background-color: #dff0d8;border-color:
#d6e9c6}
```

```
.Huialert-success h4{color: #468847}
.Huialert-danger{color: #b94a48;background-color: #f2dede;border-color: #eed3d7}
.Huialert-danger h4{color: #b94a48}
.Huialert-error{color:   #fff;background-color:   #f37b1d;border-color: #e56c0c}
.Huialert-error h4{color: #fff}
.Huialert-info{color:  #31708f;background-color:  #d9edf7;border-color: #bce8f1}
.Huialert-info h4{color:#31708f}
.Huialert-block{padding-top: 14px;padding-bottom: 14px}
.Huialert-block > p, .Huialert-block > ul{margin-bottom: 0}
.Huialert-block p + p{margin-top: 5px}
```

最后定义 org.tinygroup.alert 工程的宏文件，alert.component 定义了开发人员可以调用的接口宏，内容如下：

```
##警告
#macro alertDiv(alertBaseClass alertClass iconClass)
<div class="Huialert ${alertBaseClass} ${alertClass}"><i class="fa fa-fw ${iconClass}"></i>
    #bodyContent
</div>
#end

#macro alertSuccessDiv(successClass)
<div class="Huialert Huialert-success ${successClass}"><i class="fa fa-fw fa-check"></i>
    #bodyContent
</div>
#end

#macro alertDangerDiv(dangerClass)
<div class="Huialert Huialert-danger ${dangerClass}"><i class="fa fa-fw fa-warning"></i>
    #bodyContent
</div>
#end

#macro alertErrorDiv(errorClass)
<div class="Huialert Huialert-error ${errorClass}"><i class="fa fa-fw fa-times"></i>
    #bodyContent
</div>
#end
```

```
#macro alertInfoDiv(infoClass)
<div class="Huialert Huialert-info ${infoClass}"><i class="fa fa-fw fa-info"></i>
    #bodyContent
</div>
#end
```

实质上 org.tinygroup.alert 工程是通过 jquery 的告警组件完成告警消息的功能，但是这些对开发人员都是屏蔽的，将来即使底层的实现发生变化，只要宏文件的接口不发生变化，那么开发人员的界面也无需变化。

10.3.3　页面和布局编写

页面开发阶段当然是由开发人员负责了。

- 没使用模板引擎，项目仅使用组件包管理 JS 和 CSS 资源。那么页面原来怎么开发，现在还是怎么开发。开发人员的工作没有变化。
- 使用模板引擎，项目采用组件包+模板引擎开发。开发人员就会发现，首先不用引入 JS 和 CSS 资源，其次写页面调用宏开发人员提供的宏接口即可，整个页面看上去就跟伪代码一样，结构很清晰。这也是推荐的做法。

页面的编写比较简单，还是以开发人员调用告警组件 org.tinygroup.alert 为例。

Web 工程的 pom 文件增加如下依赖：

```
<dependency>
        <groupId>org.tinygroup</groupId>
        <artifactId>org.tinygroup.alert</artifactId>
        <version>${tinyui_version}</version>
    </dependency>
```

页面的调用逻辑如下：

```
#@p()成功状态#end
#@alertSuccessDiv()成功状态提示#end
#@p()危险状态#end
#@alertDangerDiv()危险状态提示#end
#@p()错误状态#end
#@alertErrorDiv()错误状态提示#end
#@p()信息状态#end
#@alertInfoDiv()信息状态提示#end
```

页面调用宏遵守模板语言的规范，具体的细节请参考“模板语言实践”章节。通过宏封装和调用可以屏蔽 HTML 实现细节，简化开发人员的工作。

渲染后的 HTML 网页源代码如下：

```
<p >
成功状态
</p>
<div class="Huialert Huialert-success "><i class="fa fa-fw fa-check"></i>
成功状态提示
</div>
<p >
危险状态
</p>
<div class="Huialert Huialert-danger "><i class="fa fa-fw fa-warning"></i>
危险状态提示
</div>
<p >
错误状态
</p>
<div class="Huialert Huialert-error "><i class="fa fa-fw fa-times"></i>
错误状态提示
</div>
<p >
信息状态
</p>
<div class="Huialert Huialert-info "><i class="fa fa-fw fa-info"></i>
信息状态提示
</div>
```

最终的浏览器演示效果如图 10-11 所示。

成功状态

✔ 成功状态提示

危险状态

▲ 危险状态提示

错误状态

✖ 错误状态提示

信息状态

i 信息状态提示

图 10-11　告警控件的展示效果

类似 UI 组件还有很多，再以最常用的文件框做个例子，演示一下开发人员如何调用。

首先还是在 Web 工程的 pom 文件引入依赖的 UI 组件工程 org.tinygroup.from，配置片段如下：

```
<dependency>
        <groupId>org.tinygroup</groupId>
        <artifactId>org.tinygroup.from</artifactId>
        <version>${tinyui_version}</version>
</dependency>
```

开发人员在页面的调用代码如下：

```
#import("/org/tinygroup/form/components/form.component")
#@table(tableClass="table table-border table-bordered table-striped")
  #@thead()
    #@tr()
      #@th(thWidth="50%")文本框#end
      #@th()class=""#end
    #end
  #end
  #@tbody()
    #@tr()
      #@td()#inputRadiusMiniText(inputPlaceHolder="迷你尺寸")#end
      #@td()input-text radius size-MINI#end
    #end
    #@tr()
      #@td()#inputRadiusSmallText(inputPlaceHolder="小尺寸")#end
      #@td()input-text radius size-S#end
    #end
    #@tr()
      #@td()#inputRadiusDefaultText(inputPlaceHolder="默认尺寸")#end
      #@td()input-text radius size-M#end
    #end
    #@tr()
      #@td()#inputRadiusLargeText(inputPlaceHolder="大尺寸")#end
      #@td()input-text radius size-L#end
    #end
    #@tr()
      #@td()#inputRadiusLargeText(inputPlaceHolder="特大尺寸")#end
      #@td()input-text radius size-XL#end
    #end
  #end
#end
```

渲染之后的 HTML 网页源代码如下：

```
<table class="table  table table-border table-bordered table-striped"
>
<thead>
<tr>
   <th width="50%">文本框</th>
   <th>class=""</th>
   </tr>
  </thead>
   <tbody >
<tr>
<td   >
<input
 type="迷你尺寸"
 class="input-text radius size-MINI " placeholder="迷你尺寸"
>
</td>
<td   >input-text radius size-MINI</td>
   </tr>
<tr>
<td   >
<input
 type="小尺寸"
 class="input-text radius size-S  " placeholder="小尺寸"
>
</td>
<td   >input-text radius size-S</td>
   </tr>
<tr>
<td   >
<input
 type="默认尺寸"
 class="input-text radius size-M  " placeholder="默认尺寸"
>
</td>
<td   >input-text radius size-M</td>
   </tr>
<tr>
<td   >
<input
 type="大尺寸"
 class="input-text radius size-L  " placeholder="大尺寸"
>
</td>
<td   >input-text radius size-L</td>
```

```
    </tr>
<tr>
<td   >
<input
 type="特大尺寸"
 class="input-text radius size-L  " placeholder="特大尺寸"
>
</td>
<td   >input-text radius size-XL</td>
    </tr>
  </tbody>
    </table>
```

文本框的浏览器演示效果如图 10-12 所示。

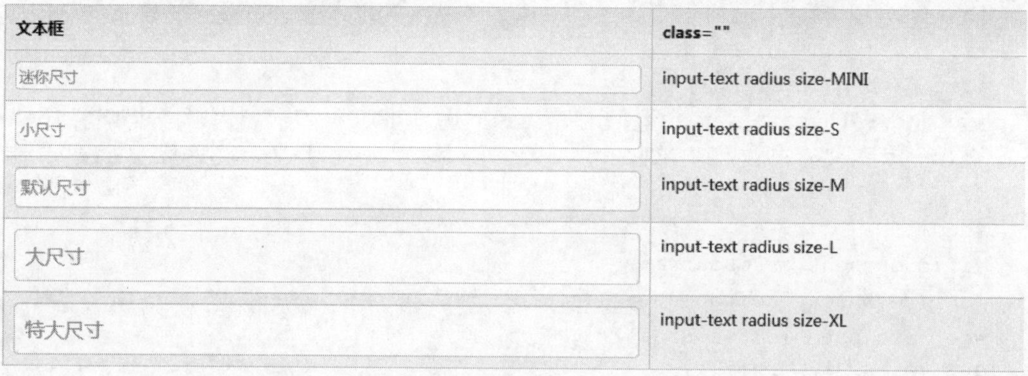

文本框	class=""
迷你尺寸	input-text radius size-MINI
小尺寸	input-text radius size-S
默认尺寸	input-text radius size-M
大尺寸	input-text radius size-L
特大尺寸	input-text radius size-XL

图 10-12　文本框控件的展示效果

10.3.4　前端参数配置

Tiny 的 UI 组件除了上述章节的配置，在 application.xml 文件还有配置项，需要开发人员注意的是全局参数配置：

```
<application-properties>
<property name="BASE_PACKAGE" value="org.tinygroup"/>
<property name="DEBUG_MODE" value="false"/>
<property name="TINY_THEME" value="default"/>
 <property name="wholeWidth" value="200pt"/>
<property name="labelWidth" value="80pt"/>
<property name="fieldWidth" value="120pt"/>
 <property name="cardWidth" value="200pt"/>
 <!-- 如果没有指定语言或指定语言的内容找不到，则从默认语言查找 -->
<property name="TINY_DEFAULT_LOCALE" value="zh_CN"/>
```

```
<property name="cache_region" value="testCache1"></property>
        <property                                          name="cache_manager"
value="jcsCacheManager"></property>
</application-properties>
```

开发人员需要注意配置 DEBUG_MODE 参数，如果配置 true 表示启用调试模式，对于前端页面就是将 JS 和 CSS 分开输出，方便开发人员调试，定位错误；而配置 false 表示关闭调试，将 JS 和 CSS 合并输出，提升性能。

而之所以能实现这种效果，是因为 Tiny 页面的默认布局 default.layout 有如下代码片段：

```
#if(DEBUG_MODE && DEBUG_MODE=="true")
#foreach(component in uiengine.getHealthUiComponents())
<!--UI component $component.name start -->
#if(component.cssResource)
#set(resources=component.cssResource.split(","))
#foreach(path in resources)
#set(path=path.trim())
#set(newPath=path.replaceAll("[$][{]TINY_THEME[}]","${TINY_THEME}"))
<link href="${TINY_CONTEXT_PATH}${newPath}" rel="stylesheet" />
#end
#end
#if(component.jsResource)
#set(resources=component.jsResource.split(","))
#foreach(path in resources)
#set(path=path.trim())
<script src="${TINY_CONTEXT_PATH}${path}"></script>
#end
#end
#if(component.jsCodelet)
<script>
$!{component.jsCodelet}
</script>
#end
#if(component.cssCodelet)
<style>
$!{component.cssCodelet}
</style>
#end
#end
 #else
              <link href="${TINY_CONTEXT_PATH}/uiengine.uicss" rel=
              "stylesheet" />
  <script src="${TINY_CONTEXT_PATH}/uiengine.uijs"></script>
 #end
```

至此关于 Tiny 展示层的实践已经介绍完毕，希望开发人员能多学多练，尽快掌握基于 Tiny 的 UI 组件展示层的渲染开发。

10.4 本章总结

本章介绍了 Java EE 展示层的常用代表技术：Servlet、JSP 和模板语言，并详细分析了三者的特性以及优缺点。

接着，又讲解了展示层方案设计，列举了设计人员常见的做法和技巧。通过上述介绍，相信读者也明白：开发规范、高性能同时又符合 MVC 架构的前端展示层并不是一件简单的事情。Tiny 框架需考虑诸多因素，采用模板语言做前端展示，同时引入组件包的概念，通过资源合并和压缩等框架手段，提升展示层性能。

最后演示了 Tiny 展示层的实践例子，让读者更直观地感受 Tiny 框架的魅力。

10.4.1 关键点：DRY 原则的实现

DRY 原则的实现，主要基于以下几点：

- 制定组件包规范。用户无需手动引入 JS 和 CSS 文件，只要 UI 组件包设计人员能保证每个组件包不存在重复的资源引用，那么页面资源的重复引用就完全解决了。
- 页面分层，页面内容和样式分离。重复的代码内容可以抽象成宏，或者可以更进一步放到宏文件；而样式相近的模块可以建立层次目录，归纳出样式文件，这样就可以把页面文件的重复代码降低。

10.4.2 关键点：JS 文件的合并

JS 文件的合并是有 Tiny 框架的控制层做支持，主要有以下几步：

（1）适配器通过组件管理器获得全部正常的 UI 组件，并依次遍历每个组件。

（2）调用组件的 getComponentJsArray 方法，获得该组件引用的全部 JS 路径，并依次遍历每个路径。

（3）根据路径通过 VFS 获得 JS 的内容，合并到 outputStream。

（4）合并完每个组件的引入 JS 内容，最后合并该组件需要调用的 JS 代码。

10.4.3 关键点：CSS 文件的合并

CSS 文件的合并是有 Tiny 框架的控制层做支持，主要有以下几步：

（1）适配器通过组件管理器获得全部正常的 UI 组件，并依次遍历每个组件。

（2）调用组件的 getComponentCssArray 方法，获得该组件引用的全部 CSS 路径，并依次遍历每个路径。

（3）根据路径通过 VFS 获得 CSS 的内容，合并到 outputStream。

（4）合并完每个组件的引入 CSS 内容，最后合并该组件需要调用的 CSS 代码。

（5）JS 和 CSS 在默认情况下，是合并处理的。但是当用户启用 DEBUG 模式，也就是将 application.xml 的 DEBUG_MODE 设置为 true 时，系统就会关闭合并输出的控制逻辑，而是采用逐个文件输出的方式展示 JS 和 CSS 资源。

第 11 章　Web 扩展实践

本章主要讲解 Tiny Weblayer 框架的实践过程，首先介绍 Tiny Weblayer 框架的由来以及设计思想与设计原理，然后详细介绍框架内置过滤器与处理器的使用方式，为了加强理解 Tiny Weblayer，最后通过具体的示例来举例 Tiny Weblayer 框架的开发过程。

11.1 背 景 简 介

Web 应用框架（Web application framework）是一种开发框架，用来支持动态网站、网络应用程序及网络服务的开发。目前流行的 Web 框架也很多，如 Struts、SpringMVC 等。这些框架都提供了一个简易的开发方式，能帮助开发者快速开发 Web 应用。但是在实际的开发过程我们也会遇到以下一些问题。

我们在做 Web 应用程序开发的时候，常常会发现 web.xml 配置文件非常难以管理，主要体现在以下几个方面。

（1）在 web.xml 可以配置的内容非常多，需要花费很多时间去了解。web.xml 配置文件中比较常用的是监听器配置、过滤器配置以及 Servlet 配置，比如在 web.xml 中定义一个监听器，配置如下：

```
<listener>
<listener-class>org.tinygroup.weblayer.ApplicationStartupListener</list
ener-class>
</listener>
```

又如比较高级的定义 jsp 标签库，配置如下：

```
<taglib>
      <taglib-uri>myTaglib</taglib-uri>
      <taglib-location>/Web-INF/tlds/MyTaglib.tld</taglib-location>
</taglib>
```

还有定义用来处理错误代码或异常的页面，配置如下：

```
<error-page>
    <error-code>404</error-code>
    <location>/error404.jsp</location>
</error-page>
<error-page>
    <exception-type>java.lang.Exception</exception-type>
    <location>/exception.jsp</location>
</error-page>
```

还可以定义 MIME 类型配置、资源工厂配置以及安全限制配置等等。

（2）web.xml 配置文件内容太多，导致不好管理。上面已经提到过，可以在 web.xml 中定义一系列配置项，随着项目逐渐推进，功能越来越多，web.xml 配置的内容不可避免地也会越来越多，笔者就经历过这样的项目衍变过程。

（3）不支持模块化部署。所有跟 Web 相关的资源都部署在 Web 应用工程中，包括处理 Web 请求的 Java 代码、视图渲染的页面资源，不能像服务层一样按模块进行部署。如果这些资源都集中在一个工程中，随着项目增大，就会越来越不容易管理。

能不能把 web.xml 的监听器、过滤器和 Servlet 配置管理起来，从而达到简化 web.xml 配置文件的效果呢？还有在 web.xml 中配置的监听器、过滤器和 Servlet，它们的实例都是由应用服务器创建的，它们的生命周期完全由容器来控制，我们是无法对这些实例进行管理的。那我们是否可以设计出这样一个 Web 框架，让监听器、过滤器和 Servlet 实例的创建过程脱离应用服务器，由框架来管理它们的实例以及实例相关的生命周期。Web 应用相关的资源能不能像服务层一样按模块化部署？ Tiny Weblayer 框架就是为解决这些问题应运而生的。

Tiny Weblayer 是基于 Java Servlet 封装的 Web 框架。对 Java Servlet API 中的几个核心类，如监听器（ServletContextListener）、过滤器（Filter）和 Servlet 进行抽象封装，框架内部有对应的接口设计来完成监听器、过滤器和 Servlet 功能。

Tiny Weblayer 具有以下特点。

- web.xml 的配置更简单，只要在 web.xml 配置启动 Tiny 框架的监听器和全局唯一的过滤器 TinyHttpFilter。
- 运行机制更受控，Tiny Weblayer 框架扩展的监听器、过滤器和 Servlet 的实例都由 Spring 容器来管理，不再依赖于应用服务器。
- 配置文件支持模块化。相关配置文件可以统一配置在应用程序的 application.xml 文件中，也可以分散地配置在各个模块中，框架会进行统一收集管理。
- 原生的过滤器、Servlet 的映射配置不支持正则表达式，它支持的方式有以下几种。
  - 完全匹配：<url-pattern>/test/list.do</url-pattern>。
  - 前缀匹配：/test/*。
  - 后缀匹配：*.do。

Tiny Weblayer 框架提供的过滤器和处理器则支持正则表达式映射。

- 强大的扩展能力。Weblayer 定义了处理器、过滤器等接口，并提供了一些常用处理器和过滤器的实现类。如果还不能满足用户的业务场景，用户可以自行扩展接口实现，只要遵守配置规范，框架就可以自动加载。

在下一节我们来聊聊 Tiny Weblayer 框架是如何设计的。

11.2 监听器设计原理

ApplicationStartupListener 是 Tiny Weblayer 框架提供的监听器实现，以 Web 应用服务方式启动 Tiny 框架与关闭 Tiny 框架。先来看看 Tiny 框架的启动过程，启动过程由

ApplicationStartupListener 监听器的 contextInitialized 初始化方法完成，如图 11-1 所示。

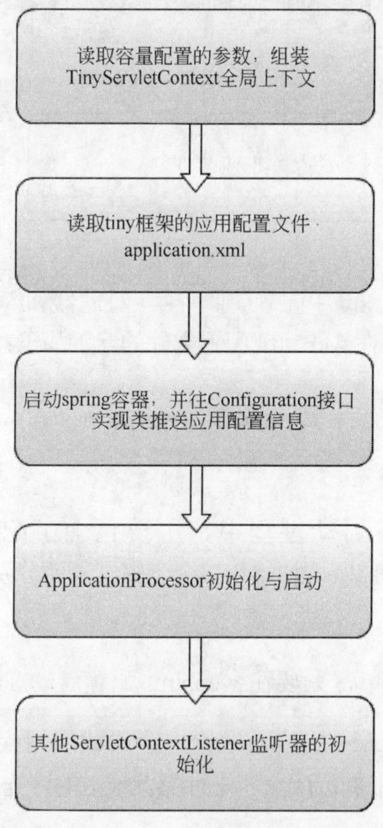

图 11-1　ApplicationStartupListener 的启动过程

在启动过程中 ApplicationStartupListener 主要做了以下几方面工作。

- 读取 web.xml 中设置的全局监听器配置参数，然后设置到扩展了 ServletContext 接口的 TinyServletContext 实例中，TinyServletContext 会替换应用服务器创建的 ServletContext 实例。
- 读取 Tiny 框架的配置文件 application.xml，把配置信息加入到配置管理器中去。
- 启动 Spring 容器，给实现了 Configuration 接口并且配置成 bean 的对象推送应用配置信息。
- ApplicationProcessor 应用处理器进行初始化与启动。
- 调用其他监听器的 contextInitialized 方法完成监听器的初始化过程。

再来看看 ApplicationStartupListener 的关闭过程，如图 11-2 所示。

关闭过程比较简单，先调用多个 ApplicationProcessor 应用处理器的关闭方法，然后调用其他监听器的 contextDestroyed 方法完成监听器的销毁方法。

了解了 ApplicationStartupListener 监听器的启动与关闭流程，我们发现 Tiny Weblayer 框架在 web.xml 配置文件中只要配置一个监听器，其他监听器由 Tiny Weblayer 框架进行管理。

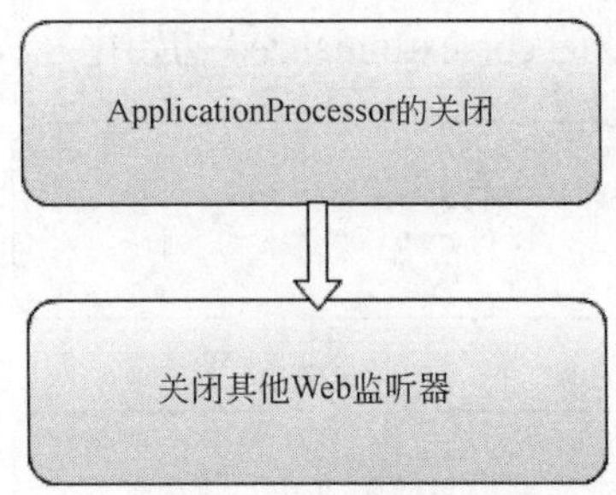

图 11-2　ApplicationStartupListener 的关闭过程

ApplicationStartupListener 在 web.xml 配置文件的配置如下：

```
<listener>
<listener-class>org.tinygroup.weblayer.ApplicationStartupListener</list
ener-class>
</listener>
```

ApplicationStartupListener 启动过程中，主要包含了配置信息加载、应用处理器（ApplicationProcessor）启动和监听器初始化三个步骤。下面分别对这三个步骤进行介绍。

11.2.1　应用配置管理

在 ApplicationStartupListener 的启动过程中会加载应用配置文件并且进行配置推送。ConfigurationManager 就是用来加载配置和进行配置推送的。先来看看配置管理的类关系图，如图 11-3 所示。

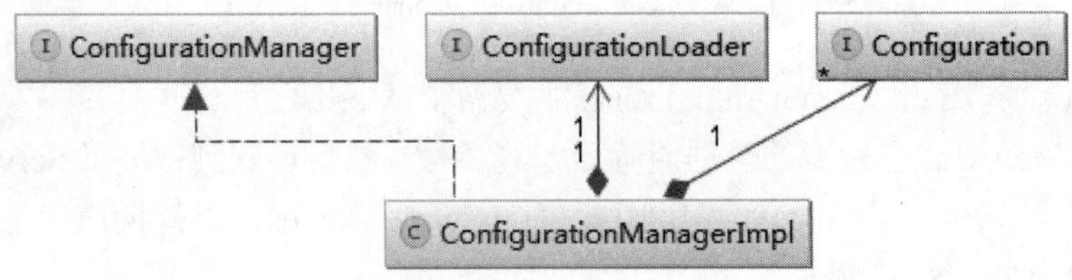

图 11-3　配置管理类关系图

ConfigurationManager 管理的配置可以分为两种：

- 应用配置，即配置在 application.xml 中的配置信息。
- 组件配置，每个 Configuration 对象都有其对应的组件配置，配置文件的后缀为.config.xml，Tiny 框架提供了 ConfigurationFileProcessor 文件处理器来加载所有的组件配置文件。有关文件处理器相关的概念，请参考“文件处理框架实践”这一章节。

ConfigurationManager 加载配置也有两种方式。

（1）通过 ConfigurationLoader 接口加载应用配置和组件配置。

ConfigurationLoader 接口代码如下：

```
/**
     * 用于载入应用配置
     */
XmlNode loadApplicationConfiguration();

    /**
     * 用于载入组件配置
     */
    Map<String, XmlNode> loadComponentConfiguration();
```

（2）ConfigurationManager 提供直接设置应用配置和组件配置的接口方法，接口方法如下：

```
void setApplicationConfiguration(XmlNode applicationConfiguration);
void setComponentConfigurationMap(Map<String, XmlNode> componentConfigura
tionMap);
```

ConfigurationManager 加载应用配置与组件配置之后，会把这些配置信息推送给注册到 ConfigurationManager 中的 Configuration 对象。这是通过 ConfigurationManager 接口的 distributeConfiguration()方法来完成的，ConfigurationManager 注册的 Configuration 实例是从 Spring 容器中获取的，获取所有实现 Configuration 接口的 bean 实例。在遍历 Configuration 实例过程中，从 ConfigurationManager 中获取 Configuration 实例相关的应用配置与组件配置，最后调用 Configuration 实例的 config 方法完成配置推送功能，config 方法定义如下：

```
void config(XmlNode applicationConfig, XmlNode componentConfig);
```

11.2.2 应用处理器（ApplicationProcessor）

在 ApplicationStartupListener 启动与关闭过程中，同样伴随着 ApplicationProcessor 的启动与关闭。在 Tiny 框架中，我们将一个软件系统定义为一个应用，每个应用都是一组执行器的执行序列，每个执行器完成一个独立领域的处理逻辑。平台通过 Application 组件来完成一个应用的定义、配置和扩展工作。

如图 11-4 所示为 Application 整体结构图。

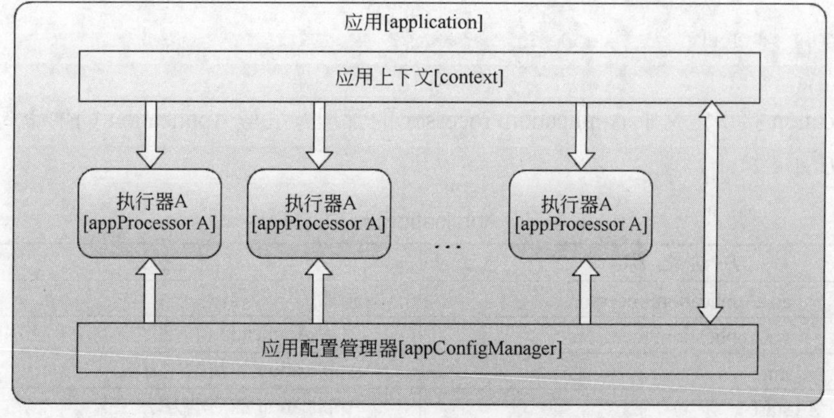

图 11-4 Application 整体结构图

Application 体系的整体类关系图如图 11-5 所示。

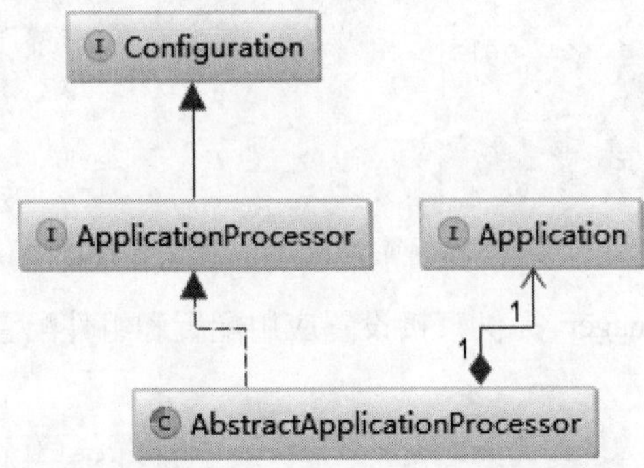

图 11-5　Application 体系的整体类关系图

Application 管理了一系列 ApplicationProcessor，负责 ApplicationProcessor 的启动与关闭。先来看看 Application 接口定义：

```
public interface Application {

    void addApplicationProcessor(ApplicationProcessor application
    Processor);

    List<ApplicationProcessor> getApplicationProcessors();

    /**
     * 对 Application 进行初始化
     */
    void init();

    /**
     * 启动
     */
    void start();

    /**
     * 停止
     */
    void stop();
}
```

Application 接口定义了 ApplicationProcessor 的管理方法与 Application 的生命周期方法，如表 11-1 所示。

表 11-1　Application接口方法说明

方 法 名 称	方 法 说 明
addApplicationProcessor	添加应用处理器
getApplicationProcessors	返回 Application 内部注册的所有应用处理器
init	Application 的初始化方法
start	Application 的启动方法
stop	Application 的关闭方法

再来看看 ApplicationProcessor 接口方法定义，代码如下：

```
public interface ApplicationProcessor extends Configuration, Ordered {
/**
 * 应用程序处理器开启方法
 */
void start();

/**
 * 应用程序处理器初始化方法
 */
void init();

/**
 * 应用程序处理器关闭方法
 */
void stop();

/**
 * 设置本应用处理器所属的应用程序
 *
 * @param application
 */
void setApplication(Application application);

}
```

接口方法说明如表 11-2 所示。

表 11-2　ApplicationProcessor接口方法说明

方 法 名 称	方 法 说 明
init	ApplicationProcessor 的初始化方法
start	ApplicationProcessor 的启动方法
stop	ApplicationProcessor 的关闭方法
setApplication	设置 ApplicationProcessor 所属的 Application

ApplicationProcessor 实现了 Configuration 接口，配置信息可以通过 ConfigurationManager 配置管理器推送过来。并且 ApplicationProcessor 实现了 Ordered 接口，说明 ApplicationProcessor 的执行是有先后顺序的。Ordered 的接口定义如下：

```
public interface Ordered {

int HIGHEST_PRECEDENCE = Integer.MIN_VALUE;

int LOWEST_PRECEDENCE = Integer.MAX_VALUE;
/**
 * 默认值
 */
int DEFAULT_PRECEDENCE=0;
    /**
* 指定顺序
*/
```

```
int getOrder();
}
```

接口说明如表 11-3 所示。

表 11-3　Ordered接口方法说明

方 法 名 称	方 法 说 明
HIGHEST_PRECEDENCE	最高优先级别
LOWEST_PRECEDENCE	最低优先级别
getOrder	指定顺序，方法返回的值越小其优先级就越高

Application 具有以下特点。

应用（Application）是由一组应用处理器（ApplicationProcessor）组成，具体的业务执行全部由应用处理器（ApplicationProcessor）完成。

应用处理器（ApplicationProcessor）执行应该是有序的，由应用（Application）统一调度。

应用处理器（ApplicationProcessor）可以统一管理配置信息，完成配置管理器推送应用处理器的配置信息。

在 Tiny Weblayer 框架中已经定义了一些 ApplicationProcessor，如表 11-4 所示。

表 11-4　ApplicationProcessor功能介绍

类 名 称	功 能 介 绍
FileResolverProcessor	用于启动文件搜索器的应用处理器，文件搜索处理器用于在应用程序路径下搜索各式各样的文件，搜索处理器下存在许多文件处理器，文件处理器会匹配扫描到的文件，如果匹配了就会加入到该文件处理器的文件处理列表中
CEPProcessor	用于启动与关闭 CEPCore，相关概念请参考“服务层实践”章节
DatabaseInstallerProcessor	用于完成数据库方面的初始化工作，例如创建数据库表结构、更改表结构、创建数据库视图以及初始数据录入等
DictLoadProcessor	从数据库中加载字典数据到缓存中

Tiny 框架可以通过扩展应用处理器的方式来增加业务处理能力，通常有两种扩展方式：

- 继承框架提供的 AbstractApplicationProcessor。
- 直接实现接口 ApplicationProcessor。此方法更灵活，可以保留一个父类继承的机会。

ApplicationStartupListener 启动过程中会创建 ApplicationDefault 类型的实例，ApplicationDefault 就是 Application 接口的默认实现，ApplicationDefault 内部注册的 ApplicationProcessor 列表定义在 application.xml 应用配置文件中，配置如下：

```
<application-processors>
<application-processor
bean="fileResolverProcessor"></application-processor>
<application-processor
bean="tinyListenerProcessor"></application-processor>
<application-processor
bean="fileMonitorProcessor"></application-processor>
</application-processors>
```

这样就在 ApplicationDefault 内部注册了 FileResolverProcessor、TinyListenerProcessor 和 FileMonitorProcessor 类型的应用处理器，在 ApplicationStartupListener 启动过程中依次调用

FileResolverProcessor、TinyListenerProcessor 和 FileMonitorProcessor 完成应用启动。

11.2.3　Web 监听器

Servlet 规范中定义了多种类型的监听器，它们监听的事件源分别为 SerlvetConext、HttpSession 和 ServletRequest 这三个域对象。

在各自域对象上的监听器又可以划分以下三种类型。

（1）监听三个域对象创建和销毁的事件监听器。支持的监听器如表 11-5 所示。

表 11-5　生命周期监听器

域对象监听器	方法名
ServletRequestListener	void requestDestroyed(ServletRequestEvent sre) void requestInitialized(ServletRequestEvent sre)
HttpSessionListener	void sessionCreated(HttpSessionEvent se) void sessionDestroyed(HttpSessionEvent se)
ServletContextListener	void contextDestroyed(ServletContextEvent sce) void contextInitialized(ServletContextEvent sce)

（2）监听域对象中属性的增加和删除的事件监听器，如表 11-6 所示。

表 11-6　属性监听器

域对象监听器	方法名
ServletRequestAttributeListener	void attributeAdded (ServletRequestAttributeEvent srae) void attributeRemoved (ServletRequestAttributeEvent srae) void attributeReplaced (ServletRequestAttributeEvent srae)
HttpSessionAttributeListener	void attributeAdded (HttpSessionBindingEvent se) void attributeRemoved (HttpSessionBindingEvent se) void attributeReplaced (HttpSessionBindingEvent se)
ServletContextAttributeListener	void attributeAdded (ServletContextAttributeEvent scab) void attributeRemoved (ServletContextAttributeEvent scab) void attributeReplaced (ServletContextAttributeEvent scab)

（3）监听绑定到 HttpSession 域中的某个对象的状态的事件监听器。感知型监听器（2 个）：监听自己何时被帮到 session 上，何时解绑了；何时被钝化了，何时被活化了（序列化到某个存储设置中）。

注意：这种监听器不需要注册。某个 javabean 实现这些接口后就可以监听何时被绑定、解绑、被激活或钝化。实现 HttpSessionBindingListener 接口的类，能检测自己何时被 Httpsession 绑定和解绑。实现 HttpSessionActivationListener 接口的类（要求 javabean 必须是实现了 Serializable 接口），能监测自己何时随着 HttpSession 一起激活和钝化。监听器值的方法名如表 11-7 所示。

表 11-7　绑定、钝化和激活监听器

域对象监听器	方　法　名
HttpSessionBindingListener	void valueBound (HttpSessionBindingEvent event) void valueUnbound (HttpSessionBindingEvent event)
HttpSessionActivationListener	void sessionWillPassivate (HttpSessionEvent se) void sessionDidActivate (HttpSessionEvent se)

普通的 Web 应用是在 web.xml 文件中定义这些监听器，如下所示。

```
<listener>
    <listener-class>com.test.listener.MyHttpSessionAttributeListener
    </listener-class>
    <listener-class>com.test.listener.MyServletContextAttributeListener
    </listener-class>
<!-- 多个实现相同的 Listenner 接口，执行顺序是由 web.xml 注册顺序来决定 -->
</listener>
```

Tiny Weblayer 框架在 web.xml 只要定义 ApplicationStartupListener 监听器，其他监听器可以按照以下三种方式定义。

- 客户化配置：在所有以“.tinylisteners.xml”结尾的文件中定义。
- 应用配置：在 application.xml 中配置/application/tiny-listeners 节点定义。
- 组件配置：tinylistener.config.xml 配置文件中定义。

客户化配置、组件配置和应用配置可以一起使用。如果发生冲突，Tiny 框架会合并组件节点和应用节点没有冲突的属性和子节点；至于冲突的属性和子节点，会以应用配置节点为准。其优先级如下：客户化配置<组件配置<应用配置。

Tiny 监听器对原生监听器进行了扩展，在原生的监听器基础之上增加了获取监听器配置信息（BasicTinyConfigAware）和监听器排序（Ordered）的功能。

下面看看 TinyRequestAttributeListener 的 UML 类图，如图 11-6 所示。

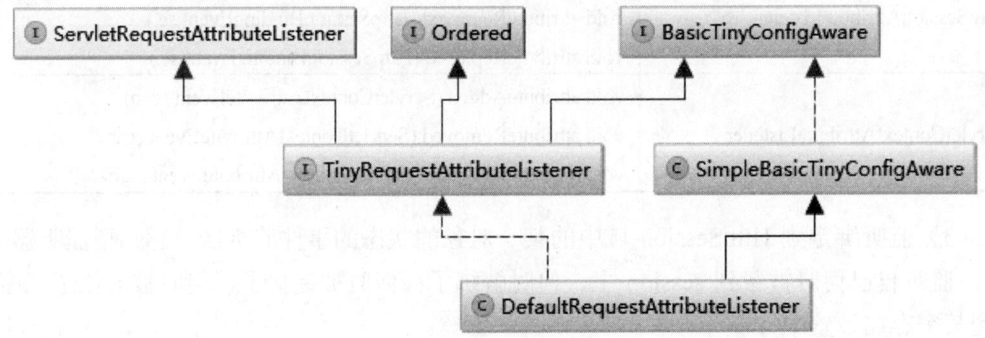

图 11-6　TinyRequestAttributeListener 的 UML 类关系图

TinyRequestAttributeListener 不仅实现了原生的 ServletRequestAttributeListener 属性监听器接口，而且实现了 BasicTinyConfigAware（设置监听器相关的配置信息）和 Ordered（定义监听器顺序）接口。正是如此，Tiny 监听器比原生的监听器多了配置化功能和排序功能。

1. BasicTinyConfigAware监听器配置适配接口

图 11-7 是监听器配置适配接口的类关系图。

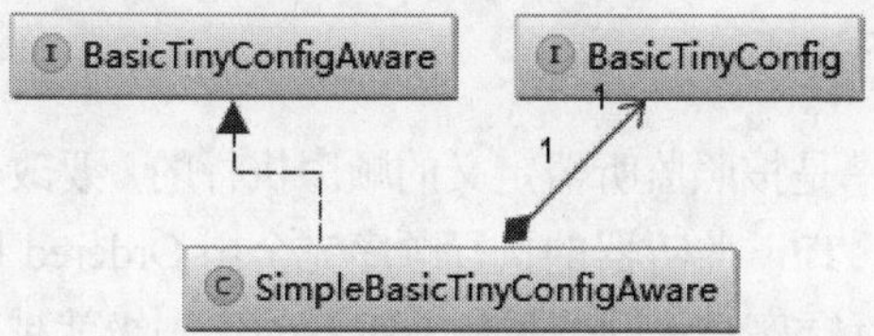

图 11-7　BasicTinyConfigAware 监听器配置适配接口

BasicTinyConfigAware 接口代码如下：

```
public interface BasicTinyConfigAware {
public void setBasicConfig(BasicTinyConfig basicTinyConfig);
}
```

实现该接口的类会注入 BasicTinyConfig 实例。BasicTinyConfig 是获取配置信息的接口，接口代码如下：

```
public interface BasicTinyConfig {


/**
 * 根据参数名称获取参数值
 * @param name
 * @return
 */
public String getInitParameter(String name);

/**
 * 以 Iterator 结构返回所有参数名称
 * @return
 */
public Iterator<String> getInitParameterNames();

/**
 * 以 map 结构返回所有参数信息
 * @return
 */
public Map<String,String> getParameterMap();
}
```

接口方法说明如表 11-8 所示。

表 11-8　BasicTinyConfig接口方法说明

方 法 名 称	方 法 说 明
getInitParameter	根据参数名称获取参数值
getInitParameterNames	返回配置中所有参数名称
getParameterMap	返回所有参数信息

SimpleBasicTinyConfig 是框架提供的 BasicTinyConfig 配置接口的默认实现。

原生的监听器需要先获取到监听器的 ServletContext 域对象，然后通过域对象的方法获取配置信息。而 Tiny 监听器可以通过 BasicTinyConfig 接口获取相关的配置信息。

2. Ordered监听器顺序接口

原生的监听器执行顺序是按照监听器定义的顺序执行的，要改变顺序，就需要在 web.xml 中调整监听器定义的顺序。Tiny 监听器的执行顺序完全由 Ordered 接口来控制，int getOrder() 接口方法返回监听器的执行顺序，返回值越低监听器的优先级就越高。

下面还是以 TinyRequestAttributeListener 监听器为例，来看看 Tiny 监听器的配置文件是如何定义的。

首先创建 TinyRequestAttributeListener 的实现类，代码如下：

```
public class MyTinyRequestAttributeListener extends SimpleBasicTinyConfigAware
    implements TinyRequestAttributeListener {
public void attributeAdded(ServletRequestAttributeEvent srae) {
    System.out.println(basicTinyConfig.getInitParameter("name"));
    System.out.println("-----attributeAdded----");
}
public void attributeRemoved(ServletRequestAttributeEvent srae) {
    System.out.println("-----attributeRemoved----");
}
public void attributeReplaced(ServletRequestAttributeEvent srae) {
    System.out.println("-----attributeReplaced----");
}
public int getOrder() {
    return DEFAULT_PRECEDENCE;
}
}
```

MyTinyRequestAttributeListener 类继承了 SimpleBasicTinyConfigAware 并且实现了 TinyRequestAttributeListener 接口。如 attributeAdded 方法所示，可以通过 basicTinyConfig.getInitParameter("name")方法获取参数名称为 name 的参数值。basicTinyConfig 变量类型就是适配的 BasicTinyConfig。

然后在 Spring 容器中定义该对象。

```
<bean id="tinyWebListener" scope="singleton"
    class="org.tinygroup.websample.MyTinyRequestAttributeListener">
</bean>
```

创建一个以“.tinylisteners.xml”结尾的文件，配置文件内容如下：

```
<tiny-listeners>
  <tiny-listener>
    <servlet-request-attribute-listener name="test" bean=" tinyWebListener">
        <init-param name="name" value="value1"></init-param>
</servlet-request-attribute-listener>
</tiny-listener>
</tiny-listeners>
```

tiny-listener 节点配置的是监听器接口信息。该节点的 name 属性必须唯一，是监听器配置的唯一标识。bean 属性是定义在 Spring 容器 bean 的 id 属性值，通过 Spring 容器来管理监听器实例。

servlet-request-attribute-listener 是 ServletRequestAttributeListener 监听器的配置节点，init-param 节点配置监听器初始化的参数。该节点包含 name 和 value 两个属性，name 表示初始化参数名称，value 表示参数值。该节点可配置多个。

实际上还有许多类型的监听器，配置监听器节点名称与监听器的映射关系如表 11-9 所示。

表 11-9　监听器节点名称与监听器的映射

配置节点名称	监听器类型
servlet-context-listener	ServletContextListener
servlet-context-attribute-listener	ServletContextAttributeListener
session-listener	HttpSessionListener
session-binding-listener	HttpSessionBindingListener
session-attribute-listener	HttpSessionAttributeListener
session-activation-listener	HttpSessionActivationListener
servlet-request-listener	ServletRequestListener
servlet-request-attribute-listener	ServletRequestAttributeListener

介绍完监听器配置，下面来看看这些监听器配置是怎么加载、怎么管理的。

11.2.4　监听器配置管理

监听器配置管理功能包括配置收集和配置管理功能。

1. 配置收集

框架采用文件搜索处理器机制来收集所有监听器配置文件，文件搜索处理器的原理详见"文件处理框架实践"章节。TinyListenerFileProcessor 文件处理器会搜索所有以".tinylisteners.xml"结尾的文件。

TinyListenerFileProcessor 文件处理器的 UML 类图如图 11-8 所示。

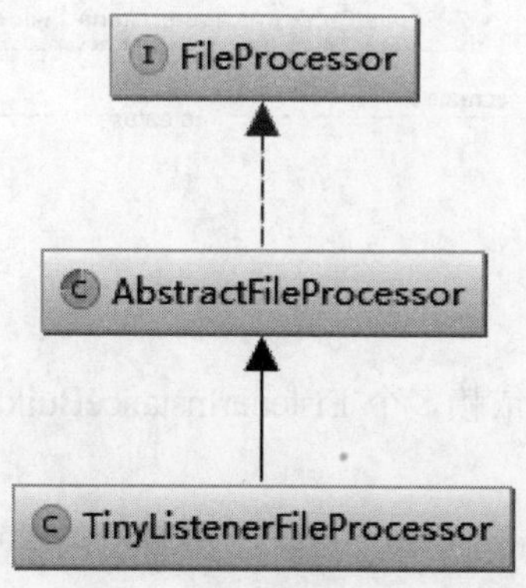

图 11-8　TinyListenerFileProcessor 类关系图

TinyListenerFileProcessor 文件处理器会读取所有以".tinylisteners.xml"结尾的文件，并且序列化成 TinyListenerConfigInfos 对象，然后把 TinyListenerConfigInfos 监听器配置信息对象加入到监听器配置管理器中。

2. 监听器配置管理

监听器配置管理（TinyListenerConfigManager）有如下两个功能：

（1）通过监听器配置文件处理器 TinyListenerFileProcessor 收集所有监听器配置。

（2）合并收集到的监听器配置，然后实例化监听器配置对应的监听器，如果配置的监听器是原生的 servlet 体系监听器，会被包装成相应的 Tiny 监听器。

先来看看监听器配置管理器的 UML 类图，如图 11-9 所示。

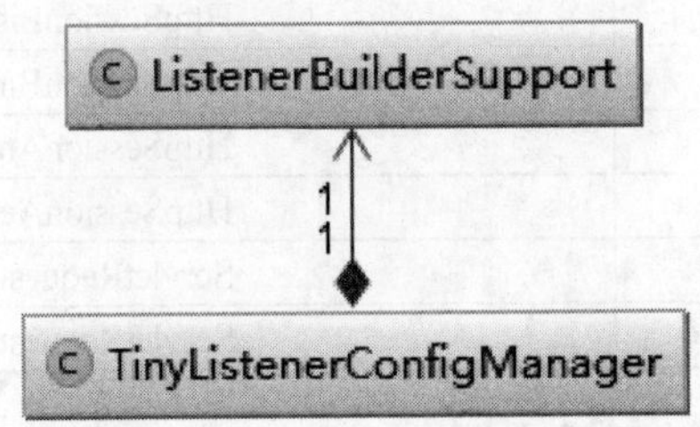

图 11-9　监听器配置管理器的 UML 类图

TinyListenerConfigManager 内部定义了 ListenerBuilderSupport 类型的实例，正是通过 ListenerBuilderSupport 类实例对各种监听器进行实例化。ListenerBuilderSupport 内部又是如何对各种监听器类进行实例化的呢？我们来看看下面的 UML 类图，如图 11-10 所示。

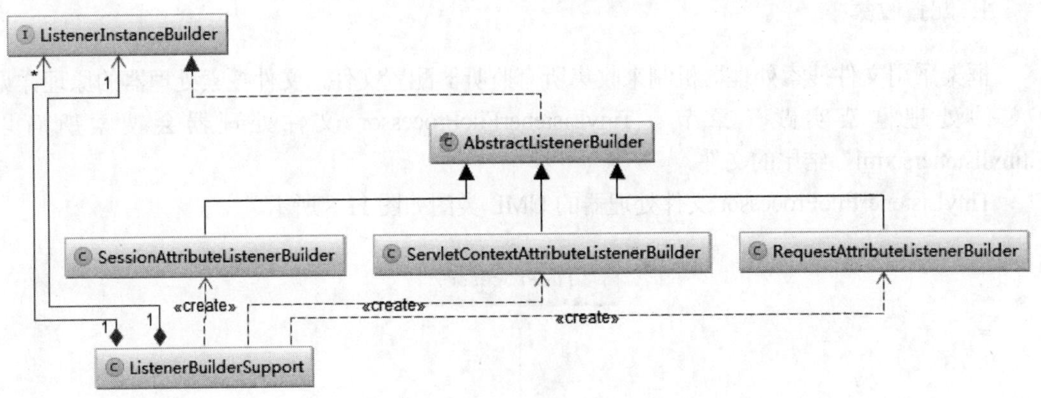

图 11-10　类关系图

ListenerBuilderSupport 内部依赖多个 ListenerInstanceBuilder，ListenerInstanceBuilder 接口定义如下：

```
public interface ListenerInstanceBuilder<INSTANCE>{
/**
 * 是否匹配参数指定的实例
```

```
 * @param object
 * @return
 */
boolean isTypeMatch(Object object);

   /**
    * 构建实例
    */
   public void buildInstances(INSTANCE object);
   /**
    * 获取监听器实例列表
    * @return
    */
   public List<INSTANCE> getInstances();

}
```

接口方法说明如表 11-10 所示。

表 11-10　ListenerInstanceBuilder接口方法说明

方 法 名 称	方 法 说 明
isTypeMatch	是否匹配参数指定的实例
buildInstances	构建实例
getInstances	获取监听器实例列表

AbstractListenerBuilder 是 ListenerInstanceBuilder 接口的抽象实现，Tiny Weblayer 框架定义 AbstractListenerBuilder 类型的子类，如表 11-11 所示。

表 11-11　AbstractListenerBuilder子类说明

类 名 称	类 说 明
RequestAttributeListenerBuilder	创建 TinyRequestAttributeListener 类型的实例
RequestListenerBuilder	创建 TinyRequestListener 类型的实例
ServletContextAttributeListenerBuilder	创建 TinyServletContextAttributeListener 类型的实例
ServletContextListenerBuilder	创建 TinyServletContextListener 类型的实例
SessionActivationListenerBuilder	创建 TinySessionActivationListener 类型的实例
SessionAttributeListenerBuilder	创建 TinySessionAttributeListener 类型的实例
SessionBindingListenerBuilder	创建 TinySessionBindingListener 类型的实例
SessionListenerBuilder	创建 TinySessionListener 类型的实例

下面来说说 Tiny Weblayer 对过滤器的扩展设计。

11.3　过滤器设计原理

TinyHttpFilter 是 Tiny Weblayer 框架提供的基于 javax.servlet.Filter 接口的实现，它是框架与应用服务器的唯一通道，基于 Tiny Weblayer 框架搭建的 Web 应用程序，只需要用户在 web.xml 文件中配置 TinyHttpFilter 过滤器就行了，配置如下：

```
<filter>
    <filter-name>TinyFilter</filter-name>
    <filter-class>org.tinygroup.weblayer.TinyHttpFilter</filter-class>
</filter>
<filter-mapping>
    <filter-name>TinyFilter</filter-name>
    <url-pattern>/*</url-pattern>
    <dispatcher>REQUEST</dispatcher>
    <dispatcher>FORWARD</dispatcher>
</filter-mapping>
```

其他的过滤器和 servlet，将由框架来管理，不推荐都配置在 web.xml 中，这样大大简化了 web.xml 配置文件的复杂度。

在介绍 TinyHttpFilter 功能设计之前，先来了解 Tiny Weblayer 框架中几个接口的概念，以便于我们更容易理解框架的设计理念，如表 11-12 所示。

表 11-12　核心接口说明

类　名	说　明
WebContext	Web 应用的请求上下文对象，可以通过该对象获取 Http 请求的所有信息，包括获取原生的 Java Servlet API 中的各种对象
TinyFilter	类似 javax.servlet.Filter，也提供了过滤器的生命周期以及过滤器的前置和后置处理
TinyProcessor	类似 javax.servlet.Servlet，也提供了类似 Servlet 的生命周期管理，提供了处理匹配接口，只有匹配的 URL 才能被 TinyProcessor 进行处理

TinyHttpFilter 主要有以下功能：

- 组装请求上下文，并经过过滤器体系能逐渐强化请求上下文。
- 管理所有 TinyFilter 和 TinyProcessor 配置信息。
- 提供类似 javax.servlet.Filter 过滤器的功能，也是基于过滤器链机制。

我们从这三点功能出发，详细介绍一下 weblayer 框架是如何设计的。

11.3.1　请求上下文（WebContext）

Java Servlet API 中例如：ServletContext、HttpSession 和 HttpServletRequest 可以根据这些对象获取请求参数信息，以及通过这些对象可以在整个应用程序周期、一次会话周期和一次请求周期内传递对象。传统的 Web 应用都是要先获取这些对象实例，然后通过这些对象提供的方法来获取自己想要的信息。在 Tiny Weblayer 框架中会对这些对象进行统一封装，提供了类似门面的作用，我们统一跟 WebContext 打交道，不用再分别获取 ServletContext、HttpSession 和 HttpServletRequest 对象。

WebContext 接口方法说明如表 11-13 所示。

表 11-13　WebContext接口方法说明

类　名	说　明
init	Web 上下文初始化方法
getRequest	获取原生的 http 请求对象
getResponse	获取原生的 http 响应对象

续表

类　名	说　明
getServletContext	获取应用上下文对象
setObject	提供域对象 setAttribute 方法的统一入口
getObject	提供域对象 getAttribute 方法的统一入口
getWrappedWebContext	获取包装的请求上下文，上下文功能会逐渐加强
get	统一获取参数名称对应值的方法

Tiny Weblayer 框架采用包装模式，对 webcontext 进行逐渐增强，图 11-11 所示为框架内部已经存在的请求上下文类关系图。

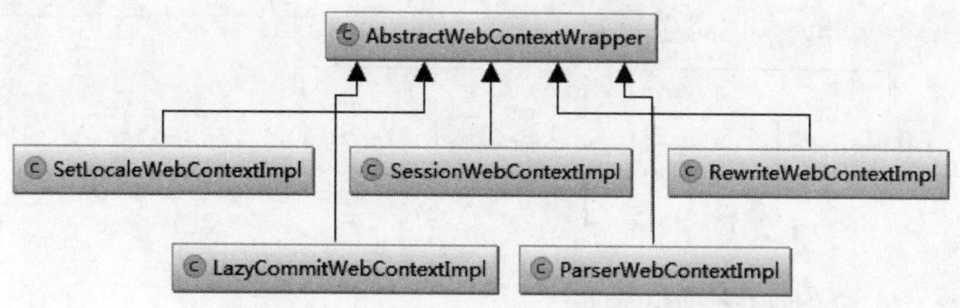

图 11-11　框架内部 webcontext 类关系图

请求上下文会在 TinyFilter 创建过程中逐渐增强。

11.3.2　TinyFilter 介绍

TinyFilter 是在 javax.servlet.Filter 基础之上设计出来的接口，它提供了与 javax.servlet.Filter 类似的生命周期、过滤器前置与后置处理。

TinyFilter 与 javax.servlet.Filter 比较见表 11-14。

表 11-14　TinyFilter与javax.servlet.Filter比较

接口功能	**javax.servlet.Filter**	**TinyFilter**
初始化	void init(FilterConfig filterConfig)	void initTinyFilter(TinyFilterConfig config)
删除	void destroy()	void destroyTinyFilter()
前置处理	void doFilter(ServletRequest request, ServletResponse response, FilterChain chain)	void preProcess(WebContext context)
后置处理		void postProcess(WebContext context)
url 匹配功能	web.xml 中 filter-mapping 匹配	boolean isMatch(String url)

1. 过滤器配置（TinyFilterConfig）

javax.servlet.FilterConfig 是 javax.servlet.Filter 的配置信息对象，TinyFilterConfig 是 TinyFilter 的配置信息对象，表 11-15 是 FilterConfig 与 TinyFilterConfig 的比较。

表 11-15　FilterConfig与TinyFilterConfig比较

接口功能	**FilterConfig**	**TinyFilterConfig**
获取过滤器名称	String getFilterName()	String getConfigName()

续表

接口功能	FilterConfig	TinyFilterConfig
获取参数名称对应的值	String getInitParameter(String name)	String getInitParameter(String name)
获取所有参数	Enumeration getInitParameterNames()	Iterator<String> getInitParameterNames() Map<String,String> getParameterMap()
url 匹配	无	boolean isMatch(String url)

javax.servlet.FilterConfig 与 TinyFilterConfig 类关系，如图 11-12 所示。

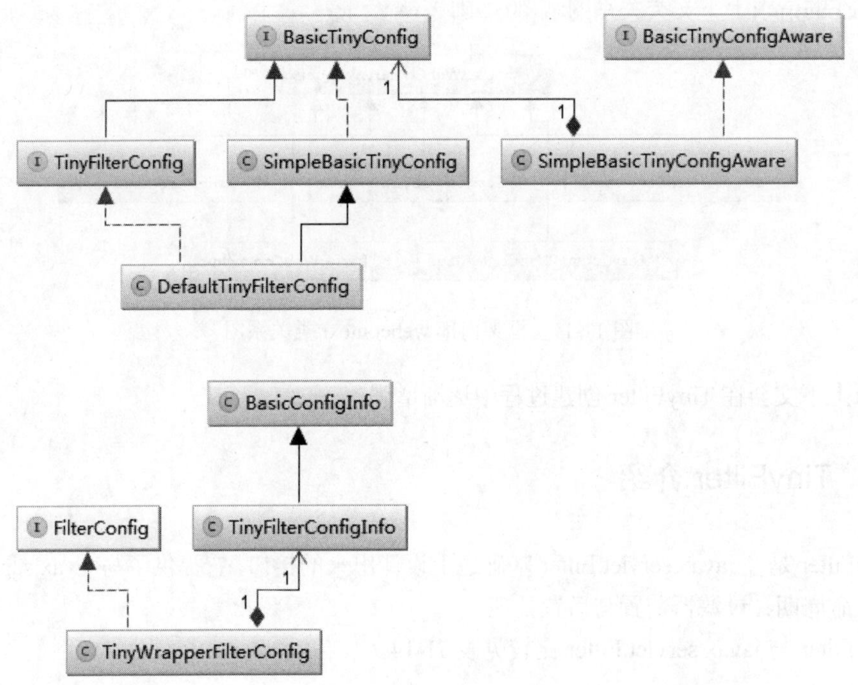

图 11-12 javax.servlet.FilterConfig 与 TinyFilterConfig 类关系图

TinyFilterConfigInfo 类为过滤器的配置信息对象，表 11-16 说明了该节点的配置含义，具体配置信息如下所示。

```
<tiny-filter id="basicTinyFilter" class="basicTinyFilter">
    <filter-mapping url-pattern=".*"></filter-mapping>
    <init-param name="maxCookieSize" value="5K"></init-param>
</tiny-filter>
```

表 11-16 TinyFilter配置说明

节 点 名 称	说 明
tiny-filters	tiny-filter 的根节点，定义一系列 tiny-filter
tiny-filter	tiny-filter 的配置信息节点
id	tiny-filter 的唯一编号
class	TinyFilter 接口的实现类。bean 名称需要在 beans 文件中定义

续表

节 点 名 称	说　明
init-param	定义 filter 参数信息的节点
name	参数名称
value	参数值
filter-mapping	定义过滤器映射路径的正则表达式的节点
url-pattern	过滤器映射的正则表达式

与监听器的配置类似，init-param 节点定义过滤器需要的参数信息。

filter-mapping 节点定义 url 匹配的正则表达式。http 请求的 url 如果匹配该正则表达式，那么就会被该过滤器处理。

有些应用是旧系统，基于传统的 Web 应用开发的 Filter，开发者并不想按照 TinyFilter 规范重新去实现，weblayer 框架同样支持这种情况，框架提供了 FilterWrapper 接口，如图 11-13 所示。

```
FilterWrapper
    filterWrapper(WebContext, TinyFilterHandler) : void
    addHttpFilter(String, String, Filter) : void
    init() : void
    destroy() : void
```

图 11-13　FilterWrapper 接口

FilterWrapper 接口方法说明如表 11-17 所示。

表 11-17　FilterWrapper接口方法说明

方 法 名 称	方 法 说 明
filterWrapper	包装处理器的过滤方法
addHttpFilter	增加 Http 过滤器
init	初始化过滤器
destroy	摧毁过滤器

FilterWrapper 可以包装多个原生 Filter。会把原生 Filter 列表组装成过滤器链形式。

TinyWrapperFilterConfigInfo 就是 FilterWrapper 的配置信息对象，表 11-18 是前者的配置说明，具体配置格式如下：

```
<tiny-wrapper-filter id="tinyFilterWrapper" class="tinyFilterWrapper">
        <init-param name="filter_beans" value="gZIPFilter"></init-param>
        <filter-mapping url-pattern=".*"></filter-mapping>
</tiny-wrapper-filter>
```

表 11-18　FilterWrapper配置说明

节 点 名	说　明
tiny-filters	tiny-filter 的根节点，定义一系列 tiny-filter
tiny-wrapper-filter	tiny-filter 包装方式的配置信息节点
id	tiny-filter 的唯一编号

续表

节 点 名	说 明
Class	TinyFilter 接口的实现类。bean 名称需要在 beans 文件在定义
init-param	定义 filter 参数信息的节点
name	其中需要有 filter_beans 的属性，对应的 value 值是 Filter 接口实现类的 bean 名称，可以存在多个，以“,”分隔开
value	参数值
filter-mapping	定义过滤器映射路径的正则表达式的节点
url-pattern	过滤器映射的正则表达式

与普通的过滤器配置不同的是包装过滤器用 tiny-wrapper-filter 节点表示，包装过滤器配置，需要定义一个 name 属性值为 filter_beans 的参数，对应的参数值为注册到 Spring 容器中的 bean 名称，其类型是 javax.servlet.Filter。FilterWrapper 可以包装多个 Filter 实例，多个 Filter 实例以逗号分隔开。

2. 过滤器配置管理（TinyFilterConfigManager）

与监听器的配置一样，过滤器的配置也同样支持从三个地方进行加载。

- 客户化配置：通过一个文件搜索处理器 TinyFilterFileProcessor，搜索所有“.tinyfilters.xml”后缀的文件。
- 应用配置：在 application.xml 文件中配置/application/tiny-filters。
- 组件配置：tinyfilter.config.xml 配置文件。

TinyFilterFileProcessor 与 TinyFilterConfigManager 的类关系如图 11-14 所示。

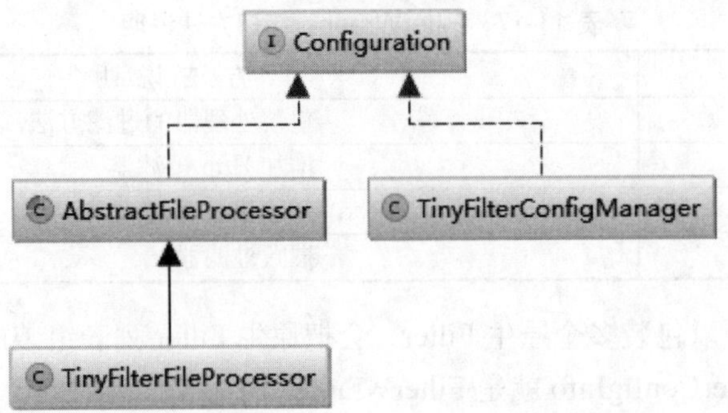

图 11-14 TinyFilterFileProcessor 与 TinyFilterConfigManager 的类关系图

通过 TinyFilterFileProcessor 文件处理器找到所有以“.tinyfilters.xml”为后缀的文件，然后通过 xstream 序列化成过滤器配置对象 TinyFilterConfigInfos，最后添加到过滤器配置管理对象中。TinyFilterConfigManager 实现了 Configuration 接口，可以通过配置管理器 ConfigurationManager 推送应用配置和组件配置。

3. 过滤器管理（TinyFilterManager)

TinyFilterManager 是 weblayer 框架的核心接口，它是 Java Servlet 体系与 Tinyweb 框架

的连接通道，由于它的存在，我们可以在 web.xml 只定义 TinyHttpFilter 一个 Filter，可以通过过滤器管理对象找到其他用户定义的过滤器，包括原生的过滤器和 Tiny 过滤器。TinyFilterManager 具有以下功能：

- 统一管理过滤器体系的生命周期，包括所有过滤器的初始化和销毁操作。
- 获取过滤器配置信息。
- 过滤器实例管理。
- 过滤器匹配管理，根据请求 url 地址找到所有匹配的过滤器。

（1）过滤器生命周期管理

在 Servlet API 中过滤器 filter 和 servlet 都存在初始化及销毁方法，同样 weblayer 框架中 TinyWebResourceManager 接口也提供了资源初始化和销毁的方法，weblayer 框架中的两个核心对象 TinyFilter 和 TinyProcessor 都实现了 TinyWebResourceManager 接口。

如图 11-15 所示为 TinyWebResourceManager 体系的类图。

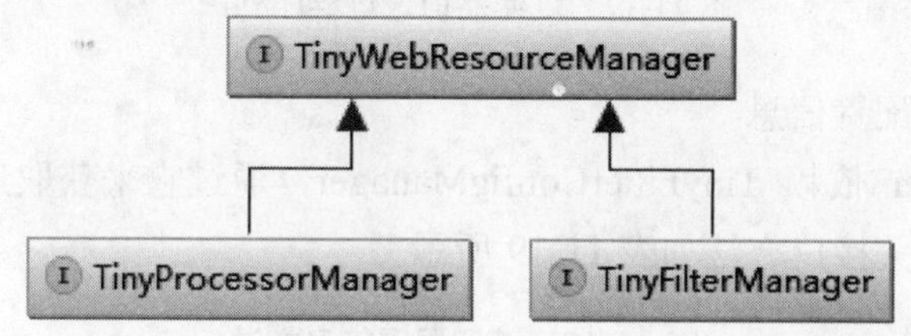

图 11-15　TinyWebResourceManager 体系的类图

TinyFilterManager 管理多个过滤器实例，在调用资源初始化接口的时候，遍历被管理的过滤器，依次调用过滤器的初始化方法。过滤器初始化过程的序列图如图 11-16 所示。

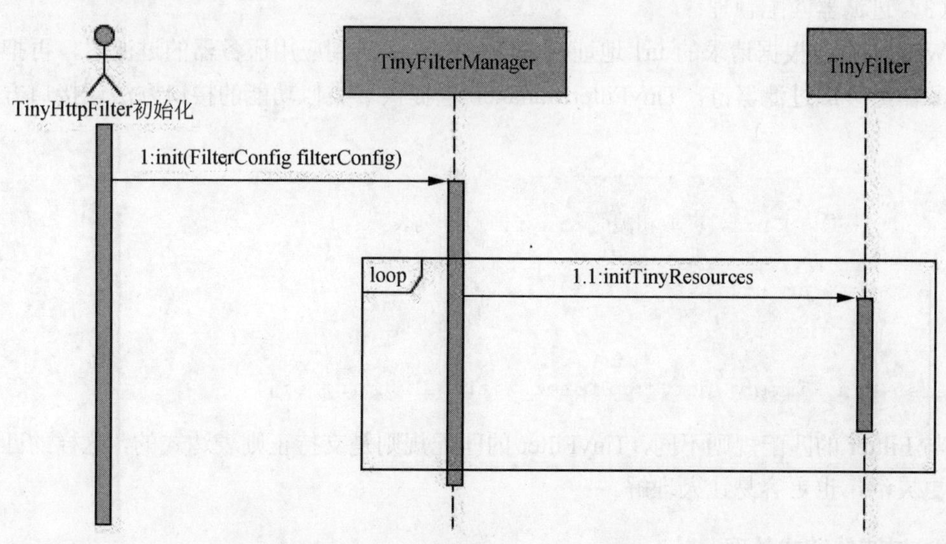

图 11-16　过滤器初始化过程序列图

同样过滤器的销毁过程也类似，如图 11-17 所示是过滤器销毁过程的序列图。

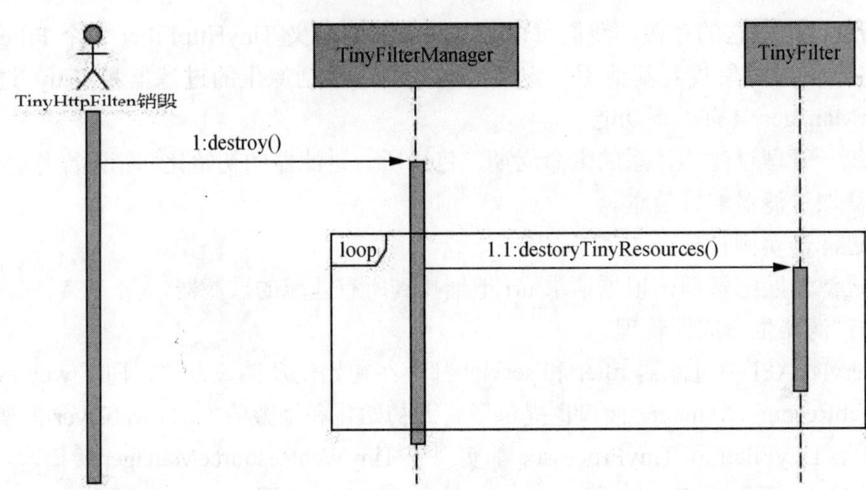

图 11-17　过滤器销毁过程序列图

（2）获取过滤器配置信息

TinyFilterManager 依赖 TinyFilterConfigManager，通过它来获取过滤器相关的配置信息。获取配置信息相关接口方法如表 11-19 所示。

表 11-19　获取配置信息方法

方 法 名 称	说　　明
setConfigManager(TinyFilterConfigManager configManager)	关联过滤器配置管理对象
TinyFilterConfig getTinyFilterConfig(String filterName)	查询过滤器名称对应的过滤器配置

（3）过滤器匹配管理

Web 请求会根据请求的 url 地址，去匹配所有注册到应用服务器的过滤器，再把匹配的过滤器组装成过滤器链。TinyFilterManager 也提供了类似功能的接口方法。接口方法定义如下：

```
/**
    * 根据请求 url，获取相关的 tinyfilter 列表
    *
    * @param url
    * @return
    */
List<TinyFilter> getTinyFiltersWithUrl(String url);
```

与 Filtter 的匹配规则不同，TinyFilter 的匹配规则是支持正则表达式的，这样的匹配规则会更灵活，也更容易让人理解。

4. 过滤器链式处理

我们先来看看 Servlet 过滤器的过滤过程，如图 11-18 所示。

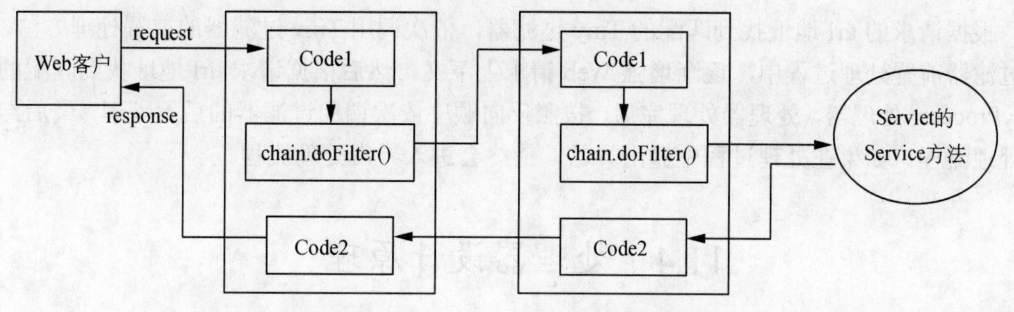

图 11-18　Servlet 过滤器过滤过程

过滤器的处理过程是一个链式的过程（FilterChain），即多个过滤器组成一个链，依次处理，最后交给过滤器之后的资源。其中链式过滤过程中也可以直接给出响应，即返回，而不是向后传递。如图 11-18 所示，客户端发起 Web 请求经过过滤器 1 前置处理、过滤器 2 前置处理，再到 Servlet 进行响应处理，然后经过过滤器 1 的后置处理、过滤器 2 的后置处理，最后返回响应信息给用户的浏览器。

在 Tiny Weblayer 框架同样存在这样的过滤器链式处理功能。TinyFilterHandler 就是完成过滤器链式处理的核心类。它的处理流程如图 11-19 所示。

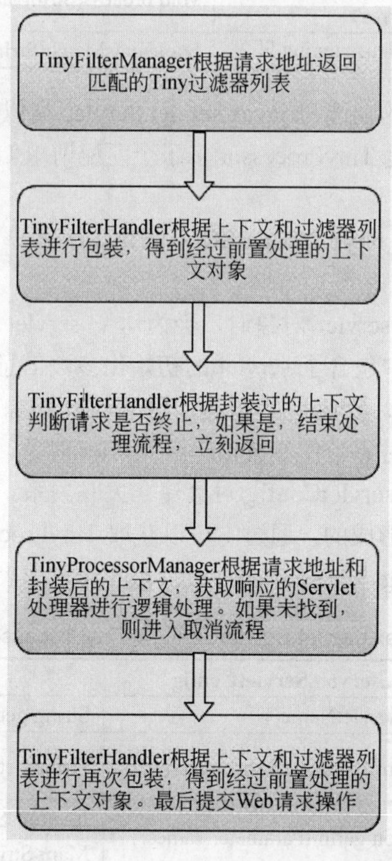

图 11-19　TinyFilterHandler 处理过程

根据请求的 url 地址找到匹配的 Tiny 过滤器，依次调用 Tiny 过滤器的前置处理方法，在过滤器前置处理过程中，逐渐增强 Web 请求上下文，然后根据请求 url 地址找到匹配的 TinyProcessr 处理器，处理器处理完后，按照反向顺序依次调用过滤器的后置处理，最后结束处理流程。如果在处理过程中抛出异常，最终会进入异常处理流程。

11.4 处理器设计原理

TinyProcessor 与 javax.servlet.Servlet 概念类似，提供了与 Servlet 类似的生命周期接口以及请求处理接口。

表 11-20 是 TinyProcessor 与 javax.servlet.Servlet 接口方法比较。

表 11-20 TinyProcessor与javax.servlet.Servlet接口方法比较

接口功能	javax.servlet.Servlet	TinyProcessor
初始化	void init(ServletConfig config)	Void initTinyFilter(TinyProcessorConfig tinyProcessorConfig)
删除	void destroy();	void destroy()
请求处理方法	void service(ServletRequest req, ServletResponse res)	void process(String urlString, WebContext context)
url 匹配功能	web.xml 中 servlet-mapping 匹配	boolean isMatch(String url)

TinyProcessor 接口完成的功能与 javax.servlet.Servlet 类似，都定义了初始化、资源删除和请求处理方法，不同的是 TinyProcessor 多了个匹配请求 URL 的方法。

11.4.1 过滤器配置（TinyProcessorConfig）

Servlet 容器初始化一个 servlet 对象时，会为这个 servlet 对象创建一个 servletConfig 对象。在 servletConfig 对象中包含了 servlet 的初始化参数信息。此外，servletConfig 对象还与 servletContext 对象关联。Servlet 容器在调用 servlet 对象的 init(ServletConfig config) 方法时，会把 servletConfig 对象当作参数传递给 servlet 对象。init(ServletConfig config)方法会使得当前 servlet 对象与 servletConfig 对象建立关联关系。TinyProcessorConfig 接口就是在 ServletConfig 基础之上形成的，通过它可以获取 TinyProcessor 相关的配置信息。

javax.servlet.ServletConfig 与 TinyProcessorConfig 比较如表 11-21 所示。

表 11-21 javax.servlet.ServletConfig与TinyProcessorConfig比较

接口功能	javax.servlet.ServletConfig	TinyProcessorConfig
获取处理器名称	String getServletName()	String getConfigName()
获取参数名称对应的值	String getInitParameter(String name);	String getInitParameter(String name)
获取所有参数	Enumeration getInitParameterNames()	Iterator<String> getInitParameterNames() Map<String,String> getParameterMap()

续表

接口功能	javax.servlet.ServletConfig	TinyProcessorConfig
url 匹配	无	boolean isMatch(String url)
获取 ServletContext	ServletContext getServletContext()	无

TinyProcessorConfig 类关系如图 11-20 所示。

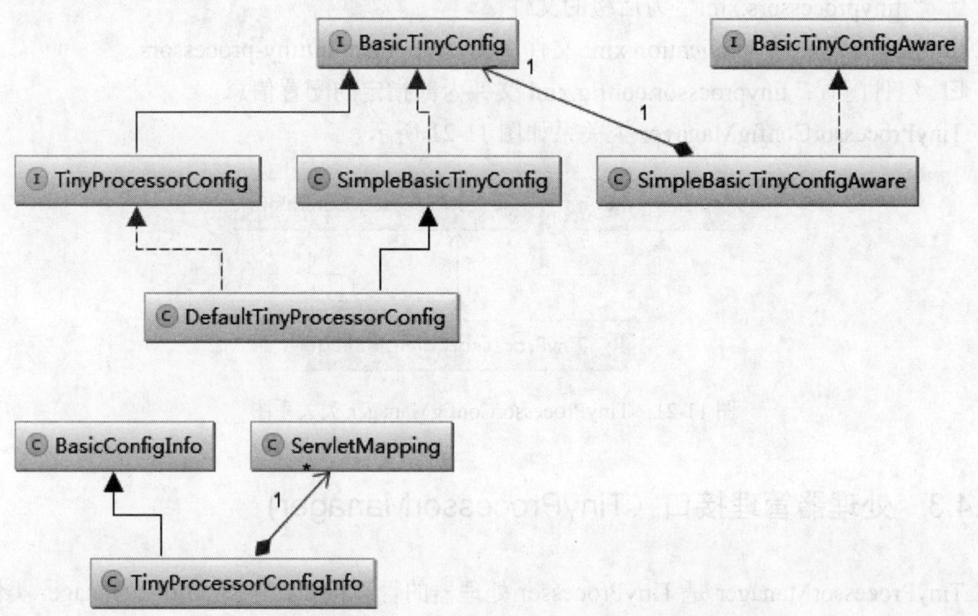

图 11-20　TinyProcessorConfig 类关系图

TinyProcessorConfigInfo 是 TinyProcessor 的配置信息对象，表 11-22 是该处理器的配置说明，具体配置示例如下：

```
<tiny-processor id="springMvcTinyProcessor" class="springMvcTinyProcessor">
        <servlet-mapping url-pattern=".*"></servlet-mapping>
</tiny-processor>
```

表 11-22　TinyProcessor配置说明

节　点　名	说　　明
tiny-processors	tiny-processor 的根节点，定义一系列 tiny-processor
tiny-processor	tiny-processor 的配置信息节点
id	tiny-processor 的唯一编号
class	Processor 接口的实现类。bean 名称需要在 beans 文件中定义
init-param	定义 filter 参数信息的节点
name	参数名称
value	参数值
servlet-mapping	定义处理器映射路径的正则表达式的节点
url-pattern	处理器映射的正则表达式

11.4.2 过滤器配置管理（TinyProcessorConfigManager）

同样处理器的配置也支持从三个地方进行加载。

- 客户化配置：通过一个文件搜索处理器 TinyProcessorFileProcessor，搜索所有以“.tinyprocessors.xml”为后缀的文件。
- 应用配置：在 application.xml 文件中配置/application/tiny-processors。
- 组件配置：tinyprocssor.config.xml 文件内部指定的配置信息。

TinyProcessorConfigManager 类关系如图 11-21 所示。

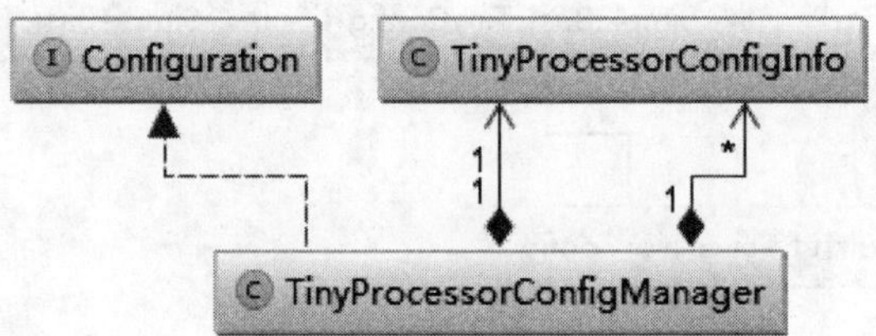

图 11-21　TinyProcessorConfigManager 类关系图

11.4.3 处理器管理接口（TinyProcessorManager)

TinyProcessorManager 是 TinyProcessor 处理器的管理接口，与 TinyFilterManager 类似，TinyProcessorManager 也实现了 TinyWebResourceManager，提供了 TinyProcessor 的生命周期管理功能，完成处理器的初始化和资源销毁方法。

TinyProcessorManager 管理多个 TinyProcessor 实例，在调用资源初始化接口的时候，遍历被管理的处理器，依次调用处理器的初始化方法。初始化过程的序列图如图 11-22 所示。

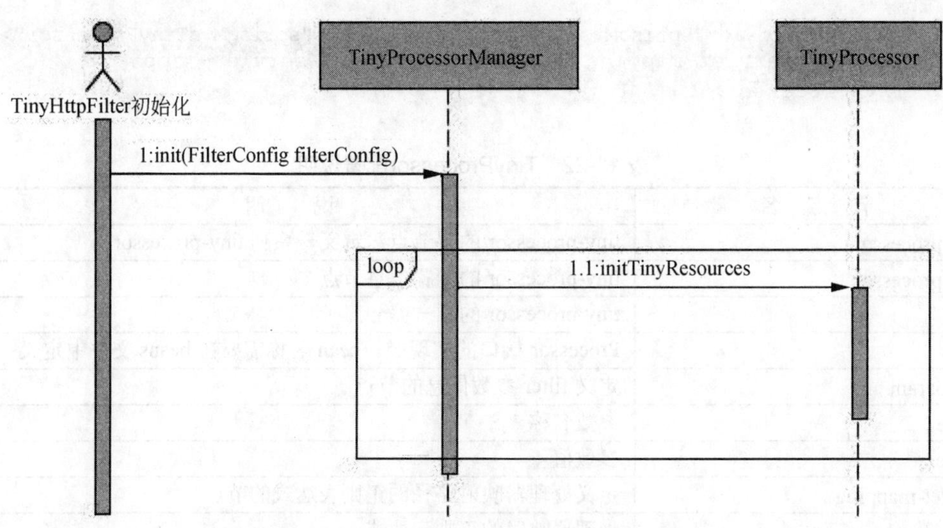

图 11-22　TinyProcessor 初始化过程序列图

同样处理器的销毁过程也类似，处理器销毁过程的序列图如图 11-23 所示。

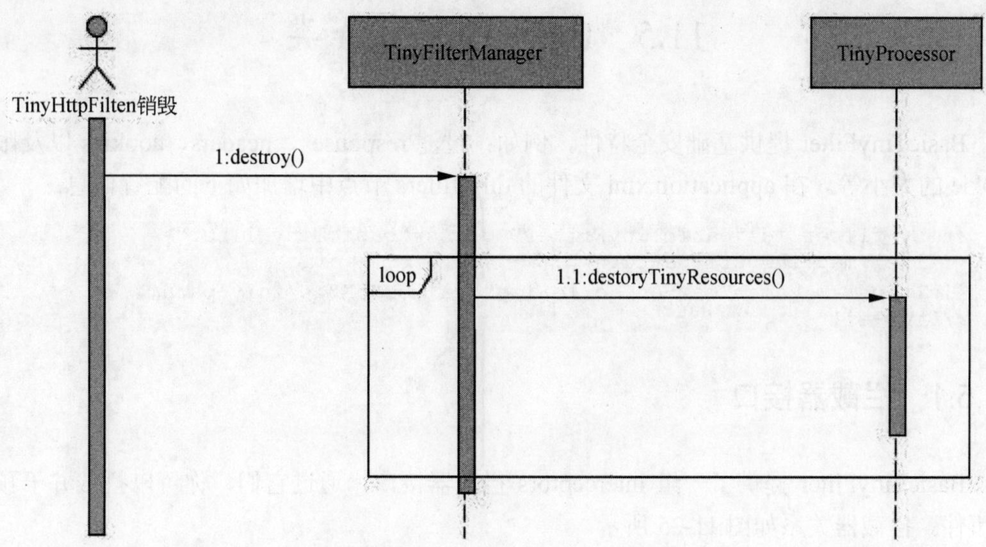

图 11-23　TinyProcessor 销毁过程序列图

处理器管理接口的处理逻辑流程，如图 11-24 所示。

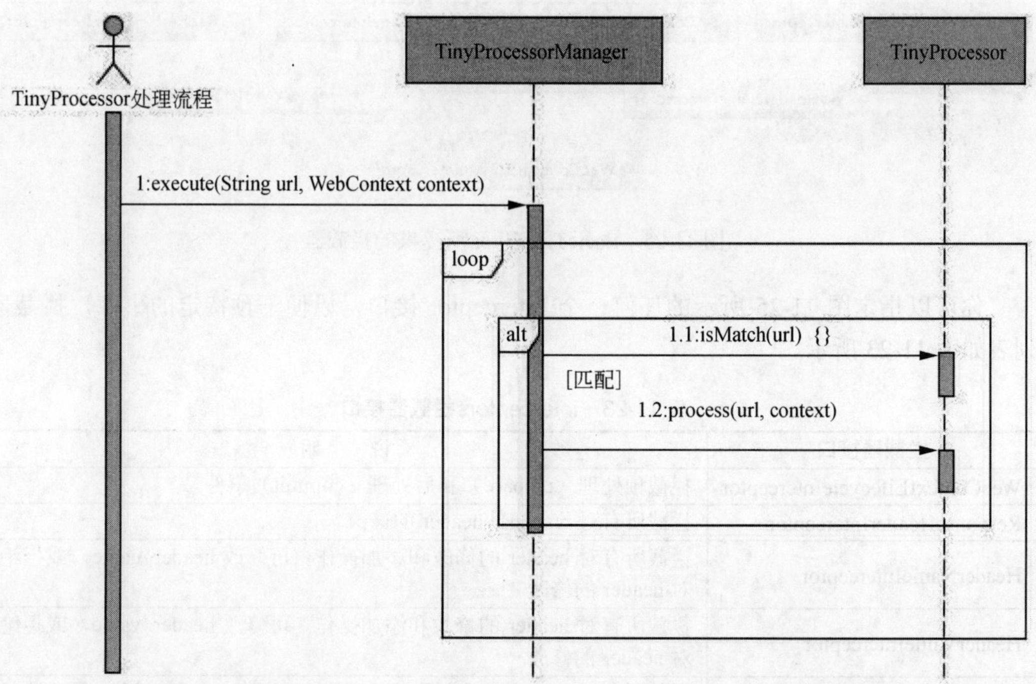

图 11-24　TinyProcessor 处理过程序列图

TinyProcessorManager 循环遍历所有 TinyProcessor，找到与请求 url 匹配的 TinyProcessor，然后调用处理器的处理方法完成请求处理。

11.5 BasicTinyFilter 类

BasicTinyFilter 提供基础安全特性，例如：过滤 response 、headers、cookies 以及限制 cookie 的大小等。在 application.xml 文件的 tiny-filters 节点中增加如下的配置信息：

```
<tiny-filter id="basicTinyFilter" class="basicTinyFilter">
<filter-mapping url-pattern=".*"></filter-mapping>
<init-param name="maxSetCookieSize" value="5K"></init-param>
</tiny-filter>
```

11.5.1 拦截器接口

BasicTinyFilter 提供了一组 interceptors 拦截器接口，通过它们，你可以拦截并干预一些事件。拦截器关系如图 11-25 所示。

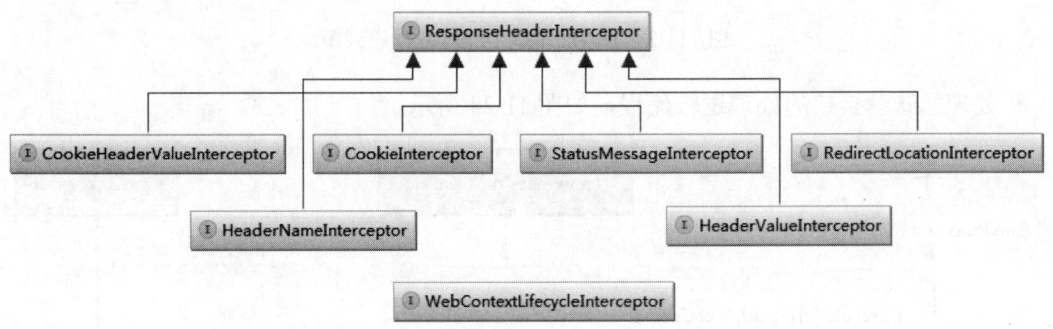

图 11-25 BasicTinyFilter 所提供的拦截器

你可以指定图 11-25 所示的任何一个 Interceptor 接口，以便干预特定的事件，拦截器列表如表 11-23 所示。

表 11-23 interceptors拦截器接口

拦截器接口	说　明
WebContextLifecycleInterceptor	拦截预处理（prepare）和后处理（commit）事件
ResponseHeaderInterceptor	拦截所有对 response header 的修改
HeaderNameInterceptor	拦截所有对 header 的修改和添加操作。可修改 header name，或拒绝对 header 的修改
HeaderValueInterceptor	拦截所有对 header 的修改和添加操作。可修改 header value，或拒绝对 header 的修改
CookieInterceptor	拦截所有对 cookie 的添加操作。可修改或拒绝 cookie 对象。需要注意的是，有两种方法可以添加 cookie：通过 cookie 对象，或者直接写 response header。对于后者，需要使用 CookieHeaderValueInterceptor 才能拦截得到
CookieHeaderValueInterceptor	拦截所有通过添加 header 来创建 cookie 的操作。可修改或拒绝该 cookie

续表

拦截器接口	说　明
RedirectLocaitonInterceptor	拦截所有外部重定向的操作。可修改或拒绝重定向 URL
StatusMessageInterceptor	拦截所有设置 status message 的操作。可修改或拒绝该 message

通过下面的配置，就可以指定任意多个 interceptor 的实现。

```
<bean id="basicTinyFilter" scope="singleton"
class="org.tinygroup.weblayer.filter.BasicTinyFilter">
<property name=" interceptors ">
<list>
      <ref id=" webContextLifecycleInterceptor " />
      <ref id=" redirectLocaitonInterceptor " />
      ……
</list>
</property>
</bean>
```

其中 webContextLifecycleInterceptor 和 redirectLocaitonInterceptor 都是配置在 beans 文件中的拦截器对象。如果不配置拦截器，框架会启用默认拦截器 ResponseHeaderSecurityFilter。

11.5.2　默认拦截器

即使不加说明，BasicTinyFilter 也总是会启用一个默认的 interceptor 实现 ResponseHeaderSecurityFilter。这个类实现了下列功能。

- 避免 header name 和 value 中出现 CRLF 字符。在 header 中嵌入 CRLF（回车换行）字符是一种常见的攻击手段。攻击者嵌入 CRLF 以后，使服务器对 HTTP 请求发生错误判断，从而执行攻击者的恶意代码。事实上，现在的 Servlet 引擎如 tomcat 已经可以防御这种攻击。但作为框架，并不能依赖于特定的 Servlet 引擎，所以加上这个额外的安全检查，确保万无一失。
- 将 status message 用 HTML entity 编码重写。通常 status message 会被显示在 HTML 页面中。攻击者可以利用这一点在页面中嵌入恶意代码。将 status message 以 HTML entity 编码重写以后，就可以避免这个问题。
- 限制 cookie 的总大小。过大的 cookie 可能使 Web 服务器拒绝响应请求。攻击者同样可以利用这一点使用户无法正常访问网站。限制 cookie 的总大小可以部分地解决这种危机。如果需要，可以对 ResponseHeaderSecurityFilter 指定一些参数。参数 maxSetCookieSize 有两种设置值的方式：在定义 tiny-filter 节点中设置参数。参考 11.5 中 BasicTinyFilter 的节点配置信息；在 BasicTinyFilter 对象 bean 配置文件中指定 maxSetCookieSize 参数值。

11.6　SetLocaleTinyFilter 类

SetLocaleTinyFilter 提供了设置 locale 区域和 charset 字符集编码。区域和编码问题（尤其是后者）是每个 Web 应用都必须处理好的基本问题。它虽然本身并不复杂，但是在现实开发中，由于涉及面很广，一旦发生问题（例如乱码），经常让人手足无措。SetLocaleTinyFilter 提供了一个机制，确保 Web 应用能够设置正确的区域和编码。

在 application.xml 文件的 tiny-filters 节点中增加如下的配置信息：

```
<tiny-filter id="setLocaleTinyFilter" class="setLocaleTinyFilter">
    <filter-mapping url-pattern=".*"></filter-mapping>
    <init-param name="defaultLocale" value="zh_CN">
        </init-param>
     <init-param name="defaultCharset" value="UTF-8">
        </init-param>
        <init-param name="inputCharset" value="_input_charset">
        </init-param>
     <init-param name="outputCharset" value="_output_charset">
        </init-param>
    <init-param name="paramKey" value="_lang">
        </init-param>
    <init-param name="sessionKey" value="_lang">
        </init-param>
</tiny-filter>
```

11.6.1 Locale 基础

Locale 是国际化的基础。一个 locale 的格式是：language_country_variant，例如：zh_CN、zh_TW、en_US 和 es_ES_Traditional_WIN 等。Java 和框架根据不同的 locale，可以取得不同的文本和对象。下面的 Java 代码根据不同的 locale，取得不同语言版本的文字：

```
Locale.setDefault(Locale.US);
String s1 = getResourceBundle(Locale.CHINA).getString("happy"); //快乐
String s2 = getResourceBundle(Locale.TAIWAN).getString("happy"); //快樂
String s3 = getResourceBundle(Locale.US).getString("happy");  //happy
...
ResourceBundle getResourceBundle(Locale locale) {
return ResourceBundle.getBundle("ApplicationResources", locale);
```

其中所用到的 ResourceBundle 文件定义如下：

```
ApplicationResources.properties happy = happy
ApplicationResources_zh_CN.properties happy = \u5FEB\u4E50
ApplicationResources_zh_TW.properties happy = \u5FEB\u6A02
```

11.6.2 Charset 编码基础

Charset 全称 Character Encoding，即字符集编码。Charset 是将字符（characters）转换成字节（bytes）或者将字节转换成字符的算法。Java 内部采用 unicode 来表示一个字符。将 unicode 字符转换成字节的过程，称为“编码”；将字节恢复成 unicode 字符的过程，称为“解码”。

浏览器发送给 Web 应用的 request 参数，是以字节流的方式来表示的。request 参数必须经过解码才能被 Java 程序所解读。用来解码 request 参数的 charset 被称为“输入字符集编码（input charset）”；Web 应用返回给浏览器的 response 响应内容必须编码成字节流，才能被浏览器或客户端解读。用来编码 response 内容的 charset 被称为“输出字符集编码（output charset）”。一般情况下，input charset 和 output charset 是相同的。因为浏览器发送表单数据时，总是采用当前页面的 charset 来编码的。例如，有一个表单页面，它的“contentType=text/html;charset=GBK”，那么用户填完表单并提交时，浏览器会以 GBK 来编码用户所输入的表单数据。如果 input charset 和 output charset 不相同，服务器就不能正确解码浏览器根据 output charset 所发回给 Web 应用的表单数据。然而有一些例外情况下面，输入和输出的 charset 可能会不同：

- ❑ 通过 JavaScript 发送的表单，总是用 UTF-8 编码的。这意味着你必须用 UTF-8 作为 input charset 才能正确解码参数。这样，除非 output charset 也是 UTF-8，否则两者就是不同的。
- ❑ 应用间互相用 HTTP 访问时，可能采用不同的编码。例如，应用 A 以 UTF-8 访问应用 B，而应用 B 是以 GBK 作为 input/output charset 的。此时会产生参数解码的错误。
- ❑ 直接在浏览器地址栏里输入包含参数的 URL，根据不同的浏览器和操作系统的设置，会有不同的结果。

例如，中文 Windows 中，无论 IE 还是 Firefox，经试验，默认都以 GBK 来编码参数。IE 对直接输入的参数，连 URL encoding 也没做。而在 Mac 系统中，无论 Safari 还是 Firefox，经试验，默认都是以 UTF-8 来编码参数。框架必须要能够应付上面各种不确定的 charset 编码。

11.6.3　Locale 和 charset 的关系

Locale 和 charset 是相对独立的两个参数，但是又有一定的关系。Locale 决定了要显示的文字的语言，而 charset 则将这种语言的文字编码成 bytes 或从 bytes 解码成文字。因此，charset 必须能够涵盖 locale 所代表的语言文字，如果不能，则可能出现乱码。表 11-24 列举了一些 locale 和 charset 的组合。

表 11-24　Locale和Charset的关系

Locale	英文字符集	中文字符集			全字符集	
	ISO-8859-1	GB2312	Big5	GBK	GB18030	UTF-8
en_US（美国英文）	√	√	√	√	√	√
zh_CN（简体中文）		√		√	√	√
zh_TW、zh_HK（中国台湾中文、中国香港中文）			√	√	√	√

在所有 charset 中，有以下几个“全能”编码。

- ❑ UTF-8：涵盖了 unicode 中的所有字符。然而用 UTF-8 来编码中文为主的页面时，每个中文会占用 3 个字节。建议以非中文为主的页面采用 UTF-8 编码。

- GB18030：中文国际标准，和 UTF-8 一样，涵盖了 unicode 中的所有字符。用 GB18030 来编码中文为主的页面时有一定优势，因为绝大多数常用中文仅占用 2 个字节，比 UTF-8 短 1/3。然而 GB18030 在非中文的操作系统中，有可能不能识别，其通用性不如 UTF-8 好。因此仅建议以中文为主的页面采用 GB18030 编码。
- GBK：严格说，GBK 不是全能编码（例如对很多西欧字符就支持不好），也不是国际标准。但它支持的字符数量接近于 GB18030。

11.6.4 设置 locale 和 charset

在 Servlet API 中，以下所述的 API 是和 locale 与 charset 有关的。HttpServletRequest 的参数说明如表 11-25 所示，HttpServletResponse 的参数说明如 11-26 所示。

表 11-25 HttpServletRequest参数说明

HttpServletRequest	作 用	说 明
getCharacterEncoding()	读取输入编码	
setCharacterEncoding(charset)	设置输入编码	必须在第一次调用 request.getParameter()和 request.getParameterMap()前设置，否则无效。如果不设置，则默认以 ISO-8859-1 来解码参数。一般只影响 POST 请求参数的解码
getLocale()	取得 Accept-Language 中浏览器首选的 locale	
getLocales()	取得所有 Accept-Language 中所指定的 Locales	

表 11-26 HttpServletResponse参数说明

参 数	作 用	说 明
getCharacterEncoding()	读取输出编码	
setCharacterEncoding(charset)	设置输出编码	Since Servlet 2.4
getContentType()	取得 content type	Since Servlet 2.4
setContentType(contentType)	设置 content type	Content type 中可能包含 charset 定义，例如：text/html; charset=GBK
getLocale()	取得输出 locale	
setLocale(locale)	设置输出 locale	必须在 response 被 commit 之前调用，否则无效。它同时也会设置 charset，除非 content type 已经被设置过，并用包含了 charset 的定义

设置 locale 和 charset 是一件看起来容易，做起来不容易的事：

- 输入编码必须在第一个读取 request 参数的调用之前设置好，否则就无效。只有把 SetLocaleTinyFilter 作为 WebContext 服务的一环，才有可能确保读取 request 参数之前，设置好输入编码。
- 在 Servlet 2.3 之前，设置输出参数的唯一方法，是通过设置带有 charset 定义的 content type。这一点在 Servlet 2.4 以后得到改进，添加了独立的设置输出编码的方法。SetLocaleTinyFilter 弥补了 Servlet 2.3 和 Servlet 2.4 之间的差异，使 Web 应用在所有的环境下，都可以独立设置 content type 和 charset。

11.6.5 使用方法

1. 使用默认值

可以有两种方式设置系统使用的默认 charset 和默认 locale：

- ❑ 在定义 tiny-filter 节点中设置参数。参考 SetLocaleTinyFilter 的节点配置信息。
- ❑ 在 SetLocaleTinyFilter 对象 bean 文件中设置 defaultCharset 和 defaultLocale 属性。

2. 临时覆盖默认的charset

前面讲到在一些情况下面，服务器所收到的参数（表单数据）不是用应用默认的 charset 来编码的。例如 Java Script 总是以 UTF-8 来提交表单；系统间通过 HTTP 协议通信；或者用户直接在浏览器地址栏中输入参数。如何应付这些不确定的 charset 呢？SetLocaleTinyFilter 提供的方法是：在 URL 中指定输入编码，并覆盖默认值。假设当前应用的默认值是 defaultLocale=zh_CN、defaultCharset=GB18030，那么下面的请求将使用默认的 GB18030 来解码参数，并用默认的 GB18030 来输出页面：

```
http://localhost:8081/myapp/myform
```

假如你希望改用 UTF-8 来解码参数，那么可以使用下面的 URL 来覆盖默认值：

```
http://localhost:8081/myapp/myform?_input_charset=UTF-8
```

这样，将采用 UTF-8 来解码参数，但仍然使用默认的 GB18030 来输出页面。

需要注意的是，对于 POST 请求，你必须把_input_charset 这个特殊的参数写在 URL 中，而不能写成普通的表单字段，例如：

```
<form   action="http://localhost:8081/myapp/myform?_input_charset=UTF-8"
method="POST">
<input type="hidden" name="param1" value="value1"/>
<input type="hidden" name="param2" value="value2"/>
</form>
```

即便是 POST 类型的表单。在写 AJAX Java Script 代码时，也要注意：

```
var xhreq = new XMLHttpRequest();
xhreq.open("post", "/myapp/myform?_input_charset=UTF-8", true);
...
xhreq.send("a=1&b=2");
```

此外，SetLocaleTinyFilter 也提供了临时覆盖输出编码的方法：

```
http://localhost:8081/myapp/myform?_output_charset=UTF-8
```

临时覆盖的输入、输出编码只会影响当前请求，它不会被记住。当一个不带有覆盖参数的请求进来时，将仍然按照默认值来设置输入、输出编码。

3. 持久覆盖默认的locale和charset

还有一种需求，就是多语言网页的支持。用户可以选择自己的语言：简体中文、繁体中文等。一旦用户做出选择，那么后续的网页将全部以用户所选择的语言和编码来显示。SetLocaleTinyFilter 直接支持这个功能。只要你按下面的 URL 访问页面，用户的语言和编码即被切换成简体中文和 UTF-8 编码。

```
http://localhost:8081/myapp?_lang=zh_CN:UTF-8
```

参数值_lang=zh_CN:UTF-8 将被保存在 session 中，后续的请求不需要再次指定_lang 参数。用户所做出的选择将一直持续在整个 session 中，直到 session 被作废。需要说明的是，假如我们采用了 SessionTinyFilter 来取代原来的 session 机制，那么该参数实际的保存位置将取决于 session 框架的设置——例如：你可以把参数值保存在某个 cookie 中。然而，SetLocaleTinyFilter 并不需要关心 session 的实现细节或是用来保存参数的 cookie 的细节。

4. SetLocaleTinyFilter的配置参数

SetLocaleTinyFilter 的配置参数如表 11-27 所示。

表 11-27　SetLocaleTinyFilter配置参数说明

参　数　名	说　　明
defaultLocale	默认 locale
defaultCharset	默认 charset
inputCharsetParam	用来临时改变输入 charset 的参数名，支持多个名称，以“|”分隔，例如“_input_charset|ie”。默认值为“_input_charset”
outputCharsetParam	用来临时改变输出 charset 的参数名，支持多个名称，以“|”分隔，例如“_output_charset|oe”。默认值为“_output_charset”
paramKey	用来持久改变输出 locale 和 charset 的参数名，默认值为“_lang”
sessionKey	用来在 session 中保存用户所选择的 locale 和 charset 的 key，默认值为“_lang”

11.7　ParserTinyFilter 类

ParserTinyFilter 提供解析参数功能，支持 multipart/form-data（即上传文件请求）。

11.7.1　基本使用方法

先来看看 ParserTinyFilter 的基本配置。

1. 基本配置

在 application.xml 文件的 tiny-filters 节点中增加如下的配置信息：

```
<tiny-filter id="parserTinyFilter" class="parserTinyFilter">
    <filter-mapping url-pattern=".*"></filter-mapping>
   <init-param name="converterQuietParam" value="true">
</init-param>
    <init-param name="caseFolding" value="lower_with_underscores">
</init-param>
    <init-param name="autoUpload" value="true">
</init-param>
    <init-param name="unescapeParameters" value="true">
</init-param>
    <init-param name="useServletEngineParser" value="false">
</init-param>
     <init-param name="useBodyEncodingForUri" value="true">
</init-param>
     <init-param name="uriEncoding" value="UTF-8">
</init-param>
     <init-param name="trimming" value="true">
</init-param>
      <init-param name="htmlFieldSuffix" value=".~html">
</init-param>
</tiny-filter>
<parser>
   <property-editors>
     <property-editor  bean-name=""></property-editor>
   </property-editors>
   <param-parser-filters>
     <param-parser-filter  bean-name =""></param-parser-filter>
   </param-parser-filters>
   <upload-service  bean-name =""></upload-service>
</parser>
```

ParserTinyFilter 的参数说明如表 11-28 所示。

表 11-28　ParserTinyFilter的参数说明

参　数　名	说　　明
converterQuietParam	类型转换出错时，是否不报错，而是返回默认值。默认值为 true
caseFolding	参数和 cookies 名称的大小写转换选项。默认值为 lower_with_underscores。配置文件属性可选项如下。 None：不对 parameters 和 cookies 的名称进行大小写转换 Lower：将 parameters 和 cookies 的名称转换成小写 lower_with_underscores：将 parameters 和 cookies 的名称转换成小写加下划线 upper：将 parameters 和 cookies 的名称转换成大写 upper_with_underscores：将 parameters 和 cookies 的名称转换成大写加下划线
autoUpload	是否自动处理上传文件。默认值为 true
unescapeParameters	是否对参数进行 HTML entities 解码，默认值为 true
useServletEngineParser	是否让 servlet engine 来解析 GET 参数。默认值为 false
useBodyEncodingForUri	是否以 request.setCharacterEncoding 所指定的编码来解析 query。默认值为 true
uriEncoding	如果不以 request.setCharacterEncoding 所指定的编码来解析 query，那么就用这个。默认值为 UTF-8
trimming	是否对参数值进行 trimming，默认值为 true
htmlFieldSuffix	HTML 类型的字段名后缀，默认值为“.~html”

在<parser>节点可以设置 ParserTinyFilter 相关的属性编辑器（PropertyEditorRegistrar）和解析参数时的过滤器，用来拦截和修改用户提交的数据（ParameterParserFilter），以及设置上传服务对象（UploadService）。

绝大多数情况，你只需要完成上面的配置就足够了，ParserTinyFilter 会自动解析所有类型的请求，包括：

- GET 请求；
- 普通的 POST 请求（Content Type：application/x-www-form-urlencoded）；
- 可上传文件的 POST 请求（Content Type：multipart/form-data）。

2. 通过HttpServletRequest接口访问参数

ParserTinyFilter 对于大部分应用是透明的。也就是说，不需要知道<parser>的存在，就可以访问所有的参数，包括访问 multipart/form-data 请求的参数。

通过 HttpServletRequest 接口访问参数：

```
@Autowired
HttpServletRequest request;
...
String s = request.getParameter("myparam");
```

3. 通过ParserWebContext接口访问参数

也可以选择使用 ParserWebContext 接口。通过 ParserWebContext 接口访问参数：

```
ParserWebContext parser;
...
String s = parser.getParameters().getString("myparam");
```

和 HttpServletRequest 接口相比，ParserWebContext 提供了便利，直接取得指定类型的参数，例如：直接取得 int、boolean 值等。

```
//myparam=true, myparam=false
parser.getParameters().getBoolean("myparam");
//myparam=123
parser.getParameters().getInt("myparam");
```

如果参数值未提供，或者值为空，则返回指定默认值。取得参数的默认值：

```
parser.getParameters().getBoolean("myparam", false);
parser.getParameters().getString("myparam", "no_value");
parser.getParameters().getInt("myparam", -1);
```

取得上传文件的 FileItem 对象（这是 Apache Jakarta 项目 commons-fileupload 所定义的接口），取得 FileItem 上传文件：

```
FileObject file= parser.getParameters().getFileObject("myfile");
FileObject[]files=parser.getParameters().getFileObject("myfile");
```

ParserWebContext 还提供了比较方便的访问 cookie 值的方法。访问 cookie 值：

```
parser.getCookies().getString("mycookie");
```

11.7.2　上传文件

用于上传文件的请求是一种叫做 multipart/form-data 的特殊请求，它的格式类似于富文本电子邮件的样子。下面 HTML 创建了一个支持上传文件的表单：

创建 multipart/form-data 表单：

```
<form action="..." method="post" enctype="multipart/form-data">
<input type="file" name="myfile" value="" />
...
</form>
```

提示：不是只有需要上传文件时，才可以用 multipart/form-data 表单。假如你的表单中包含富文本字段（即字段的内容是以 HTML 或类似的技术描述的），特别是当字段的内容比较长的时候，用 multipart/form-data 比用普通的表单更高效，生成的 HTTP 请求也更短。

只要 upload 服务存在，那么 ParserTinyFilter 就可以解析 multipart/form-data（即上传文件）的请求。Upload 服务扩展于 Apache Jakarta 的一个项目：commons-fileupload。

1. 配置Upload服务

方式 1：通过配置 bean 依赖注入方式设置参数。

```
<bean id="uploadService" scope="singleton"
class="
org.tinygroup.weblayer.webcontext.parser.impl.UploadServiceImpl">
    <property name="sizeMax">
      <value>-1</value>
    </property>
     <property name="fileSizeMax">
      <value>-1</value>
    </property>
     <property name="sizeThreshold">
      <value>10240</value>
    </property>
    <property name="keepFormFieldInMemory">
      <value>true</value>
    </property>
       <property name="saveInFile">
      <value>false</value>
    </property>
       <property name="temporary">
      <value>false</value>
    </property>
</bean>
```

方式 2：通过<parser>节点的子节点<upload-service>设置参数。

```
<upload-service bean-name="uploadService">
        <property name="sizeMax" value="-1"></property>
        <property name="fileSizeMax" value="-1"></property>
```

```
            <property name="repository" value="C:\temp"></property>
            <property name="sizeThreshold" value="1024"></property>
            <property name="keepFormFieldInMemory" value="true"></property>
            <property name="saveInFile" value="false"></property>
            <property name="temporary" value="false"></property>
</upload-service>
```

Upload 服务的配置参数如表 11-29 所示。

表 11-29 Upload服务的配置参数

参 数 名	说 明
sizeMax	HTTP 请求的最大尺寸（字节，支持 K/M/G），超过此尺寸的请求将被抛弃。值–1 表示没有限制。默认值为–1
fileSizeMax	单个文件允许的最大尺寸（字节，支持 K/M/G），超过此尺寸的文件将被抛弃。值–1 表示没有限制。默认值为–1
repository	暂存上传文件的目录。默认值为 System.getProperty ("java.io.tmpdir")
sizeThreshold	将文件放在内存中的阈值（字节，支持 K/M/G），小于此值的文件被保存在内存中。默认值为 10240 字节
keepFormFieldInMemory	是否将普通的 form field 保持在内存里。默认值为 false，但当 sizeThreshold 为 0 时，默认为 true
saveInFile	是否将上传文件保存在文件目录中，默认值为 false，当值设为 true 时，无论文件多大都会保存在文件目录中
temporary	保存在目录的文件是否为临时文件，默认值为 false，认为是临时文件，会被回收

当上传文件的请求的总尺寸超过 sizeMax 的值时，整个请求将被抛弃——这意味着你不可能读到请求中的其他任何参数。而当某个上传文件的尺寸超出 fileSizeMax 的限制，但请求的总尺寸仍然在 sizeMax 的范围内时，只有超出该尺寸的单个上传文件被抛弃，而你还是可以读到其余的参数。

2. 手工解析上传请求

在默认情况下，当 ParserTinyFilter 收到一个上传文件的请求时，会立即解析并取得所有的参数和文件。然而你可以延迟这个过程，在需要的时候，再手工解析上传请求。

首先，需要关闭自动上传：

```
<init-param name="autoUpload" value="true"></init-param>
```

可选参数 autoUpload 默认值为 true，当把它改成 false 时，就可以实现延迟手工解析请求。在需要解析请求时，只需要调用下面的语句即可：

```
parser.getParameters().parseUpload();
```

手工调用 parseUpload 可以指定和默认值不同的参数：

```
UploadParameters params = new UploadParameters();
params.applyDefaultValues();
params.setSizeMax(new HumanReadableSize("10M"));
params.setFileSizeMax(new HumanReadableSize("1M"));
params.setRepository(new File("mydir"));
```

```
parser.getParameters().parseUpload(params);
```

11.7.3　高级选项

1. 参数名称大小写转换

在默认情况下，假设有一个参数名为 myProductId，那么你可以使用下列任意一种方法来访问到它：

```
request.getParameter("MyProductId");
request.getParameter("myProductId");
request.getParameter("my_product_id");
request.getParameter("MY_PRODUCT_ID");
request.getParameter("MY_productID");
```

假如你不希望具备这种灵活性，则需要修改配置以关闭大小写转换功能：

```
<init-param name="caseFolding" value="none "></init-param>
```

2. 参数值去空白

在默认情况下，假设有一个参数：id=" 123 "（两端有空白字符），那么 ParserTinyFilter 会把它转化成"123"（两端没有空白字符）。 假如你不希望<parser>做这件事，则需要修改配置：

```
<init-param name="trimming" value="false"></init-param>
```

这样，所有的参数值将会保持原状，不会被去除空白。

3. 参数值entity解码

浏览器在提交表单时，如果发现被提交的字符不能以当前的 charset 来编码，浏览器就会把该字符转换成&#unicode;这样的形式。例如，假设一个表单页面的 content type 为：text/html;charset=ISO-8859-1。在这个页面的输入框中输入汉字“你好”，然后提交。你会发现，提交的汉字变成了这个样子：param="你好"。

在默认情况下，ParserTinyFilter 会对上述参数进行 entity 解码，使之恢复成“你好”。但是，其他的 entity 如“<”“&”等并不会被转换。如果不希望 ParserTinyFilter 还原上述内容，则需要修改配置，即关闭参数值 entity 解码功能：

```
<init-param name="unescapeParameters" value="false"></init-param>
```

4. 取得任意类型的参数值

前面提到，ParserWebContext 支持直接取得 boolean、int 等类型的参数值。事实上，它还支持取得任意类型的参数值——只要 Spring 中有相应的 PropertyEditor 支持即可。假设 MyEnum 是一个 enum 类型，这是 Spring 原生支持的一种类型。可以用下面的代码来取得它：

```
MyEnum myEnum = params.getObjectOfType("myparam", MyEnum.class);
```

但是，下面的语句就不是那么顺利了——因为 Spring 不知道怎么把一个参数值，例如："1975-12-15"，转换成 java.util.Date 类型。

```
Date birthday = params.getObjectOfType("birthday", Date.class);
```

好在 ParserTinyFilter 提供了一种扩展机制，可以添加新的类型转换机制。对于 Date 类型，只需要添加下面的配置，就可以被支持了。

```
<parser>
...
<property-editors>
          <property-editor bean-name="customDateRegistrar">
             <property name="format" value="yyyy-MM-dd"></property>
             <property name="locale" value="zh_CN"></property>
             <property name="timeZone" value="GMT+8"></property>
          </property-editor>
      </property-editors>
...
</parser>
```

bean-name 为注册在 Spring 容器的 PropertyEditorRegistrar 实例。

PropertyEditorRegistrar 是 Spring 提供的一种类型注册机制，其细节详见 Spring 的文档。

另一个问题是，如果类型转换失败怎么办？ParserTinyFilter 支持两种方法。默认情况下，类型转换失败会"保持安静"（不抛异常），然后返回默认值。但也可以选择让类型转换失败的异常被抛出来，以便应用程序处理。设置"非安静"模式，当类型转换失败时，抛出异常：

```
<init-param name="converterQuietParam" value="false"></init-param>
```

程序里这样写：

```
MyEnum myEnum = null;
try {
myEnum = params.getObjectOfType("myparam", MyEnum.class);
} catch (TypeMismatchException e) {
...
}
```

5. 解析GET请求的参数

GET 请求是最简单的请求方式。它的参数以 URL 编码的方式包含在 URL 中。当你在浏览器地址栏中敲入：

" http://localhost:8081/user/login.htm?name=%E5%90%8D%E5%AD%97&password=password"

这样一个地址的时候，浏览器就会向 localhost:8081 服务器出如下 HTTP 请求：

```
GET /user/login.htm?name=%E5%90%8D%E5%AD%97&password=password HTTP/1.1
Host: localhost:8081
```

GET 请求中的参数是以 application/x-www-form-urlencoded 方式和特定的 charset 编码的。假如用来编码 URL 参数的 charset 与应用的默认 charset 不同，那么必须通过特殊的参数来指定 charset：

```
GET/user/login.htm?_input_charset=UTF-8&name=%E5%90%8D%E5%AD%97&passwor
d=password HTTP/1.1
```

可是，上面的请求在不同的 Servlet 引擎中，会产生不确定的结果。这是怎么回事呢？原来，尽管 SetLocaleTinyFilter 会调用 request.setCharacterEncoding(charset)这个方法来设置 input charset 编码，然而根据 Servlet API 的规范，这个设定只能对 request content 生效，而不对 URL 生效。换句话说，request.setCharacterEncoding(charset)方法只能用来解析 POST 请求的参数，而不是 GET 请求的参数。那么，应该怎样处理 GET 请求的参数呢？根据 URL 规范，URL 中非 US-ASCII 的字符必须进行基于 UTF-8 的 URL 编码。然而实际上，从浏览器到服务器，没有人完全遵守这些规范，于是便造成了一些混乱。目前应用服务器端，我们所遇到的，有下面几种不同的解码方案，如表 11-30 所示。

表 11-30　服务器解码方案

服务器	解码逻辑
Tomcat 4	根据 request.setCharacterEncoding(charset)所设置的值来解码 GET 参数；如果未特别指定 charset，则默认采用 ISO-8859-1 来解码参数
Tomcat 5 及更新版以及搭载 Tomcat 5 以上版本的 JBoss	如果 Tomcat 配置文件 conf/server.xml 中设置了：<Connector useBodyEncodingForURI="true">，根据 request.setCharacterEncoding(charset)所设置的值来解码 GET 参数。如未设置 useBodyEncodingForURI，或其值为 false，则根据 conf/server.xml 中的配置<Connector URIEncoding="xxx">所指定的编码，来解码 GET 请求的参数。如未配置 URIEncoding，则默认采用 ISO-8859-1
Jetty Server	Jetty 总是以 UTF-8 来解码 GET 请求的参数

综上所述，所有的应用服务器对于 POST 请求的参数的处理方法是没有差别的，然而对于 GET 请求的参数处理方法各有不同。如果不加任何特别的设置，Tomcat 最新版是以 ISO-8859-1 来解码 GET 请求的参数，而 Jetty 却是以 UTF-8 来解码的。因此，无论你以哪一种 charset 来编码 GET 请求的参数，都不可能在所有服务器上取得相同的结果——除非修改服务器的配置，但这是一件既麻烦又容易出错的事情。为了使应用程序对服务器的配置依赖较少，且可以灵活地处理 GET 请求的解码，parser 对 GET 请求进行了手工解码，从而解决了应用服务器解码的不确定性。parser 完全解决了上面的问题。依据默认值，parser 会以 set-locale 中设定的 input charset 为准，来解码所有类型的请求，包括 GET 和 POST 请求，以及 multipart/formdata（上传文件）类型的请求。然而 parser 仍保留了一些可选方案，以备不时之需，即保留 Servlet 引擎的解码机制和使用 Servlet 引擎原来的解码机制。

```
<init-param name="useServletEngineParser" value="true"></init-param>
```

使用固定的 charset 来解码 GET 请求。

```
<init-param name="useBodyEncodingForUri" value="false"></init-param>
<init-param name="uriEncoding" value="UTF-8"></init-param>
```

上面的配置强制所有的 GET 请求均使用 UTF-8 作为固定的 charset 编码。这段逻辑和 tomcat 的完全相同，但却不需要去修改 tomcat 的 conf/server.xml 就可以实现上面的逻辑。事实上，使用固定的 charset 来解码 GET 请求的参数是符合 Servlet API 规范以及 URL 的规范的。而根据情况设置 charset 是一种对现实的妥协。然而你有选择的自由——无论你选择何种风格，parser 都支持你。

6. 过滤参数

出于安全的考虑，<parser>还支持对输入参数进行过滤。请看示例：

```
<parser>
  <param-parser-filters>
         <param-parser-filter bean-name="hTMLParameterValueFilter">
         </param-parser-filter>
         <param-parser-filter bean-name="customUploadedFileExtension
         Whitelist">
         </param-parser-filter>
     </param-parser-filters>
</parser>
```

bean-name 为注册在 Spring 容器的 ParameterParserFilter 实例。

上面的配置将会禁止文件名后缀不在列表中的文件被上传到服务器上。如果做得更好一点，甚至可以对上传文件进行病毒扫描。目前，parser 支持两种过滤器接口：ParameterValueFilter 和 UploadedFileFilter。前者用来对普通的参数值进行过滤（例如排除可能造成攻击的 HTML 代码）；后者用来对上传文件的 file item 对象进行过滤。

11.8 BufferedTinyFilter 类

BufferedTinyFilter 对写入 response 中的数据进行缓存，在请求最后才把数据写入到浏览器，可以用来实现页面嵌套的功能。

11.8.1 实现原理

```
public class MyScreenOrControl {
@Autowired
private HttpServletResponse response;
public void execute() throws IOException {
PrintWriter out = response.getWriter();
out.println("<p>hello world</p>");
}
}
```

上面的代码是非常直观、易理解的。事实上，如果你写一个简单的 servlet 来生成页面，代码也是和上面的类似。但是，在简单的代码后面有一个玄机——那就是这段代码可被用于生成嵌套的页面部件，它所生成的内容可被上一层嵌套的部件所利用。例如，一个 screen 中包含了一个 control，那么 screen 可以获得它所调用的 control 的完整的渲染内容。这个玄机就是靠 buffered 来实现的。buffered 改变了 response 的输出流，包括 outputstream（二进制流）和 writer（文本流），使写到输出流中的内容被暂存在内存中。当需要时，可以取得缓存中的所有内容。

如图 11-26 所示，BufferedWebContext 主要包括了两条用来操作 buffer 栈的指令：push 和 pop。

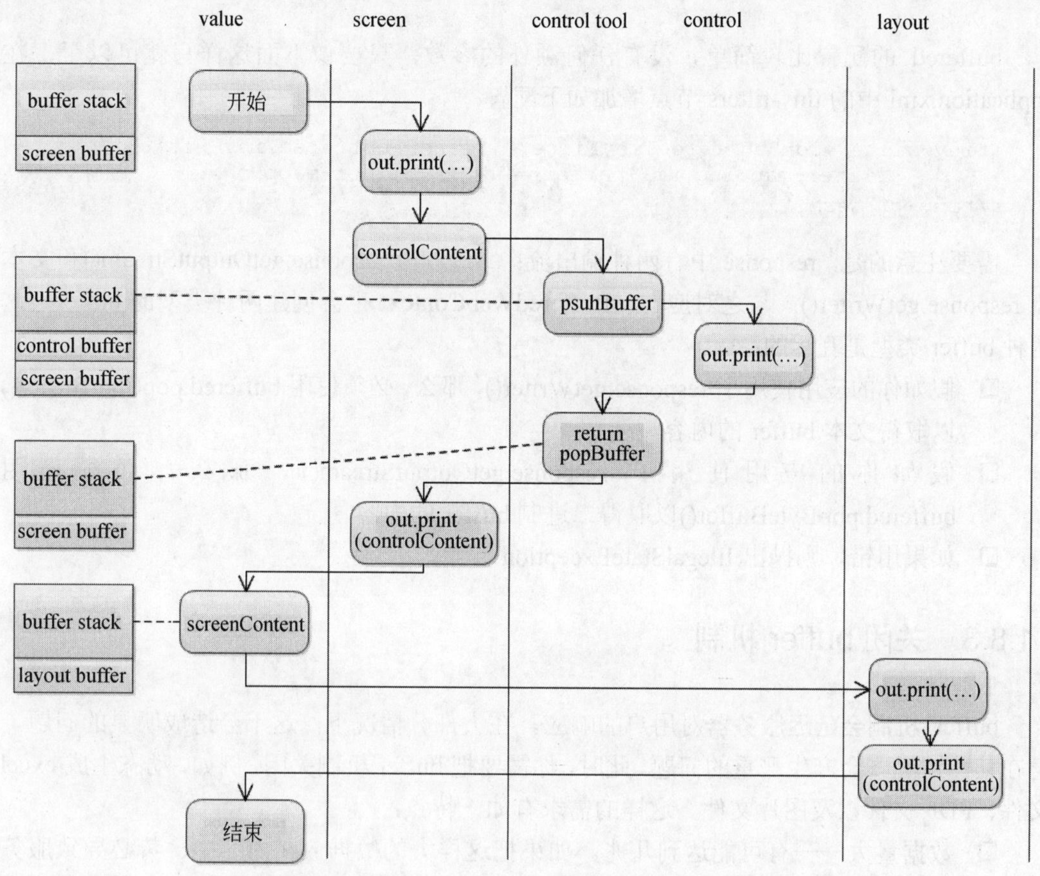

图 11-26　利用 buffered 机制生成嵌套式页面的过程

- 每次 push 都会在栈顶创建一个新的 buffer。
- 每次 pop 都会弹出栈顶 buffer，并返回其内容。当最后一个 buffer 被弹出时，就会自动 push 一个新的 buffer，从而确保任何时候栈都非空。
- 所有写入 response.getWriter()和 response.getOutputStream()输出流的数据，将被保存在栈顶的 buffer 中。
- push 和 pop 必须成对出现。如果在 commit 时发现栈内有两个或两个以上的 buffer 存在，说明有 push/pop 未匹配，则报错。
- commit 时，将仅存的栈顶 buffer 提交给浏览器。

buffered 还有一个重要的作用，就是可以用来支持基于 cookie 的 session 机制（参见 SessionTinyFilter 部分）。因为 cookie 是 response header 的一部分，根据 HTTP 协议，headers 出现在 content 的前面。一旦 content 开始向浏览器输出，headers 就不可能再被改变了。这会导致基于 cookie 的 session 无法保存的问题。buffered 将所有的输出内容缓存在内存中，从而避免了 response 过早地提交给浏览器，也就解决了 cookie 无法保存的问题。

11.8.2 使用方法

buffered 的配置比较简单，没有任何额外的参数。只要像下面这样写就可以了，在 application.xml 中的 tiny-filters 节点增加如下配置：

```
<tiny-filter id="bufferedTinyFilter" class="bufferedTinyFilter">
      <filter-mapping url-pattern=".*"></filter-mapping>
</tiny-filter>
```

需要注意的是，response 中有两种输出流：二进制流 response.getOutputStream()和文本流 response.getWriter()。与之对应的，BufferedWebContext 也会创建两种类型的 buffer。这两种 buffer 类型是互斥的：

- 假如你的应用使用了 response.getWriter()，那么，必须使用 buffered.popCharBuffer()以取得文本 buffer 的内容。
- 假如你的应用使用了 response.getOutputStream()，那么，必须使用 buffered.popByteBuffer()以取得二进制 buffer 的内容。
- 如果用错，则抛出 IllegalStateException 异常。

11.8.3 关闭 buffer 机制

buffer 机制会延迟服务器对用户的响应。在大部分情况下，这不会造成明显的问题。但在某些情况下会产生严重的问题。此时，你需要把 buffer 机制关闭。例如，动态生成 excel 文件、PDF 文件以及图片文件。这样的需求有如下特点：

- 数据量大——有可能达到几兆。如果把这样大的数据放在内存中，势必导致服务器性能的下降。
- 没有 layout/screen/control 这样的嵌套页面的需求，因此不需要 buffer 这样的机制来帮倒忙。
- 无状态，不需要修改 session，因此也不需要 buffer 机制来帮助延迟提交。反过来，对于这样的大文件，提交越早越好——甚至可以在文档还未完全生成的时候，就开始向用户浏览器输出，边生成边下载，从而节省大量的下载时间。

11.9 LazyCommitTinyFilter 类

LazyCommitTinyFilter 提供了延迟提交 response 功能，用来支持基于 cookie 的 session，实现了延迟提交 headers 的功能。但是，假如不对 content 也进行延迟提交的话，应用程序所输出的 content 会导致 response 提前被提交，从而导致 headers 无法提交。而且，headers 必须先于 content 提交。因此，LazyCommitTinyFilter 必须排在 BufferedTinyFilter 之后，且依赖于 BufferedTinyFilter 功能。

11.9.1　什么是提交

当浏览器向服务器发出请求，服务器就会返回一个 response 响应。每个 response 分成两部分：headers 和 content。下面是一个 HTTP 响应的例子。

HTTP 请求的 headers 和 content：

```
HTTP/1.0 200 OK
Date: Sat, 08 Jan 2011 23:19:52 GMT
Server: Apache/2.0.63 (Unix)
...
<html>...
```

在服务器应用响应 request 的全过程中，都可以向浏览器输出 response 的内容。然而，已经输出到浏览器上的内容，是不可更改的；还没有输出的内容，还有改变的余地。这个输出的过程，被称为提交（commit）。Servlet API 中有一个方法，可以判定当前的 response 是否已经被提交。

判断 response 是否已经被提交：

```
if (response.isCommitted()) {
...
}
```

在 Servlet API 中，有下列操作可能导致 response 被提交：

- ❑ response.sendError();
- ❑ response.sendRedirect();
- ❑ response.flushBuffer();
- ❑ response.setContentLength()或者 response.setHeader("Content-Length",length);
- ❑ response 输出流被写入并达到内部 buffer 的最大值（例如：8KB）。

11.9.2　实现原理

当 response 被提交以后，一切 headers 都不可再改变。这对于某些应用（例如 cookie-basedsession）的实现是一个问题。

lazy-commit 通过拦截 response 中的某些方法，来将可能导致提交的操作延迟到请求处理结束的时候，也就是 response 本身被提交的时候。lazy-commit 必须和 buffered 配合，才能完全实现延迟提交。如前所述，buffered 将所有的输出暂存在内存里，从而避免了因输出流达到内部 buffer 的最大值（例如：8KB）而引起的提交。

11.9.3　使用方法

1. 配置

lazy-commit 的配置比较简单，没有任何额外的参数。只要像下面这样写就可以了。

配置 lazy-commit（application.xml）：

```
<tiny-filter id="lazyCommitTinyFilter" class="lazyCommitTinyFilter">
	<filter-mapping url-pattern=".*"></filter-mapping>
</tiny-filter>
```

2. 取得当前response的状态

通过 LazyCommitWebContext 接口，可以访问当前 response 的一些状态，状态方法如表 11-31 所示。

表 11-31　LazyCommitWebContext访问Response的状态方法

方　法　名	说　　明
isError	判断当前请求是否已出错
getErrorStatus	如果 sendError()方法曾被调用，则该方法返回一个 error 状态值
getErrorMessage	如果 sendError()方法曾被调用，则该方法返回一个 error 信息
isRedirected	判断当前请求是否已被重定向
getRedirectLocation	取得重定向的 URI
getStatus	取得最近设置的 HTTP status

11.10　RewriteTinyFilter 类

11.10.1　概述

rewrite 的功能和设计完全类似于 Apache HTTPD Server 所提供的 mod_rewrite 模块。它可以根据规则，在运行时修改 URL 和参数。

rewrite 机制会在 preProcess 阶段，修改 parameters 和 cookie，因此依赖于 parser。此外，第一次访问 parser 的 parameters 之前，必须设置 locale。设置 locale 是由 setlocale 完成的。因此 rewrite 必须在 setlocale 之后。

当一个请求进入 rewrite 以后，它的处理过程如图 11-27 所示。过程可分为两个大的步骤，即：匹配和执行。

1. 匹配

（1）取得 URL 中的 path 路径。

（2）用所取得的 path，依次匹配 rule1、rule2 和 rule3 中的 pattern，直到找到第一个匹配。

（3）假如 rule 中包含 conditions，则测试 conditions。如果 condtions 不满足，则当前的 rule 匹配失败，回到第（2）步，继续匹配下一个 rules。

（4）假如 rule 不包含 conditions，或者 conditions 被满足，则当前的 rule 匹配成功，进入“执行”阶段。

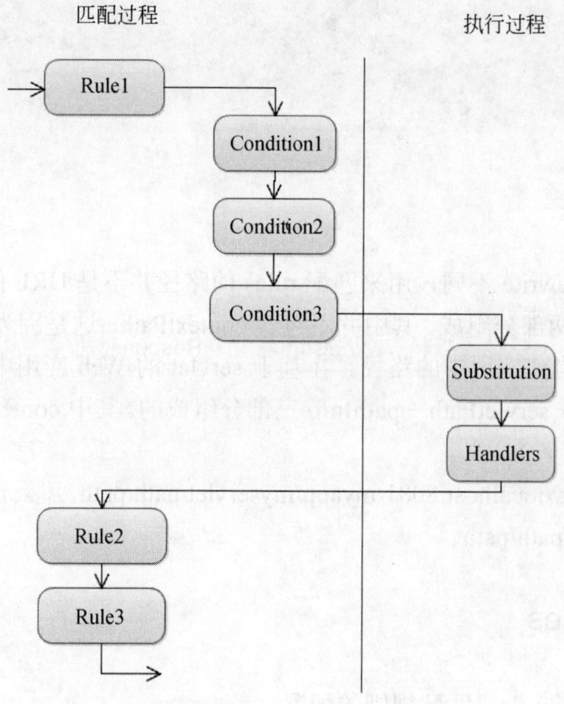

图 11-27　rewrite 工作原理

2. 执行

（1）执行 substitution 替换。这可能导致 path 和参数的改变。

（2）执行所有的 handlers。这为编程者提供了更灵活的手段来改变 request 中的数据。

（3）根据 substitution 中的指示，结束 rewrite 的执行，或者回到匹配阶段，用新的 path 和参数继续匹配后续的 rules。

（4）rewrite 结束时，根据 substitution 中的指示，改写 request 或者重定向到新的 URL。

下面是一个 rewrite 配置的模板。配置 rewrite（application.xml）：

```
<rewrite>
<!-- rule 1 -->
<rule pattern="...">
<condition test="..." pattern="..." flags="..." />
<condition test="..." pattern="..." flags="..." />
<substitution uri="..." flags="...">
<parameter key="..." value="..." />
<parameter key="..." value="..." />
<parameter key="..." value="..." />
</substitution>
<handlers>
<rewrite-handler class="..." />
</handlers>
</rule>
<!-- rule 2 -->
<rule pattern="...">
```

```
</rule>
<!-- rule 3 -->
<rule pattern="...">
</rule>
</rewrite>
```

11.10.2 取得路径

和 Apache mod_rewrite 不同，用来匹配 rules 的路径并不是 URL 的整个路径，而是由 servletPath + pathInfo 两部分组成，其中并不包含 contextPath。这是因为 rewrite 是属于 Web 应用的，它只能匹配当前应用中的路径。在基于 servlet 的 Web 应用中，一个完整的 URL 路径是由 contextPath + servletPath + pathInfo 三部分组成的。其中 contextPath 是用来区分应用的，所以对 rewrite 没有意义。

例如，URL 是 http://localhost:8081/myapp/myservlet/path/path，那么 rewrite 用来匹配 rules 的路径是：/myservlet/path/path。

11.10.3 匹配 rules

下面是一个简单的 rule。匹配规则的配置：

```
<rule pattern="/test1/hello\.htm">
...
</rule>
```

其中，rule pattern 是一个正则表达式。特别需要注意的是，这个正则表达式是部分匹配的。如上例 pattern 可以匹配下面的路径：

- /test1/hello.htm；
- /mypath/test1/hello.htm；
- /mypath/test1/hello.htm/mypath。

如果你希望匹配整个 path，请使用正则表达式的“^”和“$”标记。例如：匹配整个 path：

```
<rule pattern="^/test1/hello\.htm$">
```

部分匹配的正则表达式提供了较灵活的匹配能力，例如，下面的 rule 可以用来匹配所有以 jpg 为后缀的 URL：

```
<rule pattern="\.jpg$">
```

此外，rules pattern 还支持否定的 pattern——即在正常的 pattern 前加上“!”即可。例如下面的 rule 匹配所有不以 jpg 为后缀的 URL：

```
<rule pattern="!\.jpg$">
```

11.10.4 匹配 conditions

每个 rule 都可以包含多个额外的 conditions。Conditions 提供了除 path 匹配以外的其他条件。下面是 condition 配置的基本格式：

```
<rule pattern="/path">
<condition test="..." pattern="..." flags="..." />
<condition test="..." pattern="..." flags="..." />
<condition test="..." pattern="..." flags="..." />
...
</rule>
```

每个 condition 有两个主要的参数：测试表达式和 pattern。测试表达式中可以使用下面的变量，说明见表 11-32。

表 11-32　变量参数说明

客户端信息		
%{REMOTE_HOST}	客户端主机名	相当于 request.getRemoteHost()
%{REMOTE_ADDR}	客户端地址	相当于 request.getRemoteAddr()
%{REMOTE_USER}	用户名	相当于 request.getRemoteUser()
%{AUTH_TYPE}	验证用户的方法。例如 BASIC、FORM 、 CLIENT_CERT 、DIGEST 等	相当于 request.getAuthType()
服务端信息		
%{SERVER_NAME}	服务器主机名	相当于 request.getServerName()
%{SERVER_PORT}	服务器端口	相当于 request.getServerPort()
%{SERVER_PROTOCOL}	服务器协议	相当于 request.getProtocol()
请求信息		
%{REQUEST_METHOD}	HTTP 方法名。例如 GET、POST 等	相当于 request.getMethod()
%{REQUEST_URI}	所请求的 URI，不包括主机名、端口和参数	相当于 request.getRequestURI()
%{QUERY_STRING}	参数和值。注意，对于 POST 请求取得 QUERY_STRING，可能会影响性能	相当于 request.getQueryString()
%{QUERY:param}	取得参数值。无论哪一种类型的请求（GET/POST/上传文件），都可以取得参数值	相当于 request.getParameter("param")
HTTP headers		
%{HTTP_USER_AGENT}	浏览器名称	相当于 request.getHeader("User-Agent")
%{HTTP_REFERER}	前一个 URL	相当于 request.getHeader("Referer")
%{HTTP_HOST}	HTTP 请求中的主机名，一般代表虚拟主机	相当于 request.getHeader("Host")
%{HTTP_ACCEPT}	浏览器可以接受的文档类型	相当于 request.getHeader("Accept")
%{HTTP_COOKIE}	浏览器发送过来的 cookie	相当于 request.getHeader("Cookie")

Condition pattern 和 rule pattern 类似，也是部分匹配的正则表达式，并且支持否定的 pattern。举例说明：

```
<rule pattern="/path">
<condition test="%{SERVER_NAME}:%{SERVER_PORT}" pattern="www.(\w+).com:8080" />
<condition test="%{QUERY:x}" pattern="!1" />
<condition test="%{QUERY:y}" pattern="2" />
```

```
</rule>
```

上面的 rule 匹配符合以下条件的请求：

匹配路径/path，服务器名为 www.*.com，端口为 8080，参数 x!=1 并且参数 y=2。

默认情况下，必须所有的 conditions 条件都符合，rule 才会继续执行下去。但是 condition 还支持一个选项：OR 或者 ornext。如果 condtion 带有这个选项，只要符合当前 condition 或者后续的 conditions，rule 就会执行下去。例如：

```
<rule pattern="/path">
<condition test="%{QUERY:x}" pattern="1" flags="OR" />
<condition test="%{QUERY:y}" pattern="2" flags="ornext" />
<condition test="%{QUERY:z}" pattern="3" />
</rule>
```

上例中，OR 和 ornext 代表完全一样的意思。这个 rule 匹配符合以下条件的请求：

匹配路径/path；参数 x=1，或者 y=2，或者 z=3。

11.10.5 替换路径

当路径匹配，并且 conditions 也匹配（如果有的话）时，rewrite 就会执行所匹配的 rule。替换路径：

```
<rule pattern="/test1/hello\.htm">
<substitution uri="/test1/new_hello\.htm" />
</rule>
```

上例中的 rule 将执行下面的替换（别忘了，rule 支持部分匹配，只有匹配的部分被替换）：

- 将/test1/hello.htm 替换成/test1/new_hello.htm。
- 将/mypath/test1/hello.htm 替换成/mypath/test1/new_hello.htm。
- 将/mypath/test1/hello.htm/mypath 替换成/mypath/test1/new_hello.htm/mypath。

路径替换时，还支持正则表达式变量。例如：

```
<rule pattern="/(\w+)\.htm">
<condition test="%{SERVER_NAME}" pattern="(\w+).blogs.com" />
<substitution uri="/%1/new_$1\.htm" />
</rule>
```

需要注意的是，rule pattern 中的匹配项，是用“$1”、“$2”、“$3”表示的；而 condition pattern 中的匹配项，是用“%1”“%2”“%3”表示的。只有最后一个被匹配的 condition 中的匹配项，才被保留用于替换。

上面的 rule 将执行下面的替换：将 http://myname.blogs.com/hello.htm 替换成同服务器上的路径——/myname/new_hello.htm。

11.10.6 替换参数

rewrite 不仅可以替换路径，还可以替换参数。

```
<rule pattern="/hello.(\w+)">
<condition test="%{SERVER_NAME}" pattern="www.(\w+).com" />
<substitution>
<parameter key="ext" value="$1" />
<parameter key="host" value="%1" />
<parameter key="count">
<value>1</value>
<value>2</value>
<value>3</value>
</parameter>
</substitution>
</rule>
```

替换参数和替换路径类似，也可以指定 rule 和 condition pattern 中的匹配项。参数支持多值，例如上例中的 count 参数。上面的例子将执行以下替换行为。

- ❑ 对于请求：http://www.myserver.com/hello.htm，不改变其路径，只改变其参数。
- ❑ 创建单值参数：ext=htm（从 rule pattern 中取得$1）。
- ❑ 创建单值参数：host=myserver（从 condition pattern 中取得%1）。
- ❑ 创建多值参数：count=[1, 2, 3]。
- ❑ 删除其他所有参数。

如果想保留原来所有参数，只是修改或添加一些参数，可以指定 QSA 或 qsappend 选项。保留原来的参数：

```
<substitution flags="QSA">
...
</substitution>
```

11.10.7　后续操作

当一个 rule 和其中的 conditions 被匹配时，rewrite 就会执行这个 rule。执行的结果通常是改变请求的路径或参数。当一个 rule 执行完毕以后，接下来做什么呢？有几种可能的情况。

1. 继续匹配剩余的rules

默认后续操作：继续匹配剩余的 rules。

```
<rule pattern="...">
<substitution uri="..." />
</rule>
<rule pattern="...">
<substitution uri="..." />
</rule>
```

上面第一个 rule 执行完以后，rewrite 会用改变过的路径和参数去继续匹配余下的规则，这是默认情况。

2. 停止匹配

后续操作：停止匹配。

```
<rule pattern="...">
<substitution uri="..." flags="L" />
</rule>
<rule pattern="...">
<substitution uri="..." />
</rule>
```

当在 substitution 中指定 L 或者 last 选项时，rule 匹配会到此中止。后续的 rules 不会再被匹配。

3. 串接rules

```
<rule pattern="^/common-prefix">
<substitution flags="C" />
</rule>
<rule pattern="\.jpg">
<substitution uri="..." />
</rule>
<rule pattern="\.htm">
<substitution uri="..." />
</rule>
```

当在 substitution 中指定 C 或者 chain 选项时，假如当前 rule 匹配，则会像默认情况一样继续匹配剩余的 rules；否则，就像 last 选项一样立即中止匹配。

串接 rules 在下面的情况下非常有用：即对一个路径进行匹配多个 patterns。例如上面的例子中，第一个 rule 限定了路径前缀必须是“/common-prefix”，接下来的 rules 在此基础上继续判断：后缀是 jpg 还是 htm?

11.10.8 重定向

永久重定向，status code=301。

```
<rule pattern="^/hello1\.htm">
<substitution uri="/new_hello.htm" flags="L,R=301" />
</rule>
```

临时重定向，status code=302，不保留参数。

```
<rule pattern="^/hello2\.htm">
<substitution uri="/new_hello.htm" flags="L,R" />
</rule>
```

临时重定向，status code=302，保留参数。

```
<rule pattern="^/hello3\.htm">
<substitution uri="/new_hello.htm" flags="L,R,QSA" />
</rule>
```

绝对 URL 重定向，status code=302。

```
<rule pattern="^/hello4\.htm">
<substitution uri="http://www.other-site.com/new_hello.htm" flags="L,R" />
</rule>
```

当在 substitution 中指定 R 或者 redirect 的时候，rewrite 会返回“重定向”的响应。重定向有两种：301 永久重定向和 302 临时重定向。默认是 302 临时重定向，但可以指定 301 来产生一个永久的重定向。

通常，R 标记会和 L 标记一起使用，使 rewrite 立即结束。

重定向和 QSA 标记一起使用时，可以将当前请求的所有参数附加到重定向请求中。不过这里需要注意的是，假如当前请求是一个 post 请求，那么将参数附加到新的 URL 中，可能会导致 URL 过长而重定向失败的问题。

重定向可以指向另一个不同域名的网站——反过来说，假如你希望 rewrite 到另一个网站，那么必须指定重定向的选项才行。

11.10.9　自定义处理器

```
<rule pattern="...">
<handlers>
<rewrite-handlers class="..." />
<rewrite-handlers class="..." />
</handlers>
</rule>
```

有时候，基于正则表达式替换的 substitution 不能满足较复杂的需求，好在 rewrite 还提供了另一种机制：自定义处理器。当 rule 和 conditions 被匹配的时候，所有的 handlers 将被执行。Tiny RESTful 就是通过自定义处理器进行 URL 重写的，详细信息可以查看“RESTful 实践”章节。

11.11　SessionTinyFilter 类

Tiny 实现了一套 session 框架，Session 框架建立在 TinyFilter 机制之上。

11.11.1　概述

1. 什么是Session

HTTP 协议是无状态的，但通过 session 机制，就能把无状态的变成有状态的。Session 的功能就是保存 HTTP 请求之间的状态数据。有了 session 的支持，就很容易实现诸如用户登录、购物车等网站功能。在 Servlet API 中，有一个 HttpSession 的接口。使用方法如下所述。

在 Java 代码中访问 session，在一个请求中，保存 session 的状态：

```
//取得 session 对象
HttpSession session = request.getSession();
//在 session 中保存用户状态
session.setAttribute("loginId", "myName");
```

在另一个请求中，取出 session 的状态：

```
//得到"myName"
String myName = (String) session.getAttribute("loginId");
```

2. Session数据存在哪

Session 的状态数据是怎样保存的呢？

（1）保存在应用服务器的内存中

一般的做法，是将 session 对象保存在内存里。同一时间，会有很多 session 被保存在服务器的内存里。由于内存是有限的，较好的服务器会把 session 对象的数据交换到文件中，以确保内存中的 session 数目保持在一个合理的范围内。为了提高系统扩展性和可用性，我们会使用集群技术——就是一组独立的机器共同运行同一个应用。对用户来讲，集群相当于一台“大型服务器”。而实际上，同一用户的两次请求可能被分配到两台不同的服务器上来处理。这样一来，怎样保证两次请求中存取的 session 值一致呢？

一种方法是使用 session 复制：当 session 的值被改变时，将它复制到其他机器上。这个方案又有两种具体的实现，一种是广播的方式。这种方式下，任何一台服务器都保存着所有服务器所接收到的 session 对象。服务器之间随时保持着同步，因而所有服务器都是等同的。可想而知，当访问量增大的时候，这种方式花费在广播 session 上的带宽有多大，而且随着机器增加，网络负担成指数级上升，不具备高度可扩展性。

另一种方法是 TCP-Ring 的方式，也就是把集群中所有的服务器看成一个环，A→B→C→D→A，首尾相接。把 A 的 session 复制到 B，B 的 session 复制到 C，……，以此类推，最后一台服务器的 session 复制到 A。这样，万一 A 宕机，还有 B 可以顶上来，用户的 session 数据不会轻易丢失。但这种方案也有缺点：一是配置复杂；二是每增添/减少一台机器时，ring 都需要重新调整，这将成为性能瓶颈；三是要求前端的 Load Balancer 具有相当强的智能，才能将用户请求分发到正确的机器上。

（2）保存在单一数据源中

也可以将 session 保存在单一的数据源中，这个数据源可被集群中所有的机器所共享。这样一来，就不存在复制的问题了。然而单一数据源的性能成了问题。每个用户请求，都需要访问后端的数据源（很可能是数据库）来存取用户的数据。这种方案的第二个问题是：缺少应用服务厂商的支持——很少有应用服务器直接支持这种方案。更不用说数据源有很多种（MySQL、Oracle、Hsqldb 等各种数据库以及专用的 session server 等）了。第三个问题是：数据源成了系统的瓶颈，一但这个数据源崩溃，所有的应用都不可能正常运行了。

（3）保存在客户端

把 session 保存在客户端。这样一来，由于不需要在服务器上保存数据，每台服务器就变得独立，能够做到线性可扩展和极高的可用性。

具体怎么做呢？目前可用的方法，恐怕就是保存在 cookie 中了。但需要提醒的是，cookie 具有以下限制，因此不可无节制使用该方案。

- cookie 数量和长度的限制。每个 domain 最多只能有 20 条 cookie，每个 cookie 长度不能超过 4KB，否则会被截掉。

- ❑ 安全性问题。如果 cookie 被人拦截了，那人就可以取得所有的 session 信息。即使加密也与事无补，因为拦截者并不需要知道 cookie 的意义，他只要原样转发 cookie 就可以达到目的了。
- ❑ 有些状态不可能保存在客户端。例如，为了防止重复提交表单，我们需要在服务器端保存一个计数器。如果我们把这个计数器保存在客户端，那么它起不到任何作用。

虽然有上述缺点，但是对于其优点（极高的扩展性和可用性）来说，就显得微不足道。我们可以用下面的方法来回避上述的缺点。

- ❑ 通过良好的编程，控制保存在 cookie 中的 session 对象的大小。
- ❑ 通过加密和安全传输技术（SSL），减少 cookie 被破解的可能性。
- ❑ 只在 cookie 中存放不敏感数据，即使被盗也不会有重大损失。
- ❑ 控制 cookie 的生命期，使之不会永远有效。偷盗者很可能拿到一个过期的 cookie。

（4）将客户端、服务器端组合的方案

任何一种 session 方案都有其优缺点。最好的方法是把它们结合起来，这样就可以弥补各自的缺点。

将大部分 session 数据保存在 cookie 中，将小部分关键和涉及安全的数据保存在服务器上。由于我们只把少量关键的信息保存在服务端，因而服务器的压力不会非常大。

在服务器上，单一的数据源比复制 session 的方案，更简单可靠。我们可以使用数据库来保存这部分 session，也可以使用更廉价、更简单的存储，例如 Berkeley DB 就是一种不错的服务器存储方案。将 session 数据保存在 cookie 和 Berkeley DB（或其他类似存储技术）中，就可以解决我们的绝大部分问题。

3. 创建通用的session框架

多数应用服务器并没有留出足够的余地，来让你自定义 session 的存储方案。纵使某个应用服务器提供了对外扩展的接口，可以自定义 session 的方案，我们也不大可能使用它。为什么呢？因为我们希望保留选择应用服务器软件的自由。

因此，最好的方案，不是在应用服务器上增加什么新功能，而是在 Web 应用框架上做手术。一旦我们在 Web 应用框架中实现了这种灵活的 session 框架，那么我们的应用可以跑在任何标准的 Java EE 应用服务器上。

除此之外，一个好的 session 框架还应该做到对应用程序透明。具体表现在：

- ❑ 使用标准的 HttpSession 接口，而不是增加新的 API。这样任何 Web 应用，都可以轻易在两种不同的 session 机制之间切换。
- ❑ 应用程序不需要知道 session 中的对象是被保存到了 cookie 中还是别的什么地方。
- ❑ Session 框架可以把同一个 session 中的不同的对象分别保存到不同的地方去，应用程序同样不需要关心这些。例如，把一般信息放到 cookie 中，关键信息放到 Berkeley DB 中。甚至同是 cookie，也有持久和临时之分，有生命期长短之分。

Tiny Weblayer 实现了这种 session 框架，把它建立在 TinyFilter 的基础上。

11.11.2 Session 框架

基于 cookie 的 session 机制，会在 postProsess 时修改 cookie 和 headers，因而依赖于 lazyCommit。Session 框架由于要读写 cookie，因此在 parser 之后。

1. 最简配置

Session 框架基本配置（application.xml）如下：

```
<tiny-filters>
…
<tiny-filter id="sessionTinyFilter" class="sessionTinyFilter">
       <filter-mapping url-pattern=".*"></filter-mapping>
</tiny-filter>
…
</tiny-filters>
<session>
<stores>
<session-store bean-name="simple" />
</stores>
<store-mappings>
<match name="*" store="simple" />
</store-mappings>
</session>
```

以上的配置，创建了一个最基本的 session 实现：将所有数据（ name=*）保存在内存里（simple-memory-store）。

最简配置只能用于开发，请不要将上述配置用在生产环境。因为 simple-memorystore 只是将数据保存在内存里。在生产环境中，内存有被耗尽的可能。这段配置也不支持服务器集群。

2. Session ID

Session ID 唯一标识了一个 session 对象。把 Session ID 保存在 cookie 里是最方便的。这样，凡是 cookie 值相同的所有的请求，就被看作是在同一个 session 中的请求。在 servlet 中，还可以把 Session ID 编码到 URL 中。Session 框架既支持把 Session ID 保存在 cookie 中，也支持把 Session ID 编码到 URL 中。

完整的 Session ID 配置如下：

```
<session>
<id cookieEnabled="true" urlEncodeEnabled="false">
<cookie name="JSESSIONID" domain="" maxAge="0" path="/" httpOnly="true"
secure="false" />
<url-encode name="JSESSIONID" />
<sessionid-generator bean-name="uuid"></sessionid-generator>
</id>
</session>
```

上面这段配置包含了关于 Session ID 的所有配置以及默认值，细节如表 11-33 所示。

如果不指定上述参数，则系统将使用默认值，其效果等同于上述配置。

表 11-33　session配置说明

配置<session><id>——将 Session ID 保存的地方	
cookieEnabled	是否把 Session ID 保存在 cookie 中，如若不是，则只能保存在 URL 中。默认为 true
urlEncodeEnabled	是否支持把 Session ID 编码在 URL 中。如果为 true 开启，应用必须调用 response.encodeURL()或 response.encodeRedirectURL()来将 JSESSIONID 编码到 URL 中。默认为关闭：false
配置<session><id><cookie>——将 Session ID 存放于 cookie 的设置	
name	Session ID cookie 的名称。默认为 JSESSIONID
domain	Session ID cookie 的 domain。默认为空，表示根据当前请求自动设置 domain。这意味着浏览器认为你的 cookie 属于当前域名。如果你的应用包含多个子域名，例如：www.test.com、china.test.com，而你又希望它们能共享 session，请把域名设置成 test.com
maxAge	Session ID cookie 的最长存活时间（秒）。默认为 0，表示临时 cookie，随浏览器的关闭而消失
path	Session ID cookie 的 path。默认为/，表示根路径
httpOnly	在 Session ID cookie 上设置 HttpOnly 标记。在 IE 6 及更新版本中，可以缓解 XSS 攻击的危险。默认为 true
secure	在 Session ID cookie 上设置 Secure 标记。这样，只有在 https 请求中才可访问该 cookie。默认为 false
配置<session><id><url-encode>——将 Session ID 编码到 URL 的设置	
name	指定在 URL 中表示 Session ID 的名字，默认也是 JSESSIONID。此时，如果 urlEncodeEnabled 为 true，调用：response.encodeURL("http://localhost:8080/test.jsp?id=1")将得到类似这样的结果：http://localhost:8080/test.jsp;JSESSIONID=xxxyyyzzz?id=1
配置<session><id><sessionid-generator>——如何生成 Session ID	
sessionid-generator	以 UUID 作为新 Session ID 的生成算法。这是默认的 Session ID 生成算法

为了达到最大的兼容性，我们分两种情况来处理 JSESSIONID：

当一个新 session 到达时，假如 cookie 或 URL 中已经包含了 JSESSIONID，那么我们将直接利用这个值。为什么这样做呢？因为这个 JSESSIONID 可能是由同一域名下的另一个不相关应用生成的。如果我们不由分说地将这个 cookie 覆盖掉，那么另一个应用的 session 就会丢失。

多数情况下，对于一个新 session，应该是不包含 JSESSIONID 的。这时，我们需要利用 SessionIDGenerator 来生成一个唯一的字符串，作为 JSESSIONID 的值。SessionIDGenerator 的默认实现为 UUIDGenerator。

3. Session的生命期

所谓生命期，就是 session 从创建到失效的整个过程。其状态变迁如图 11-28 所示。

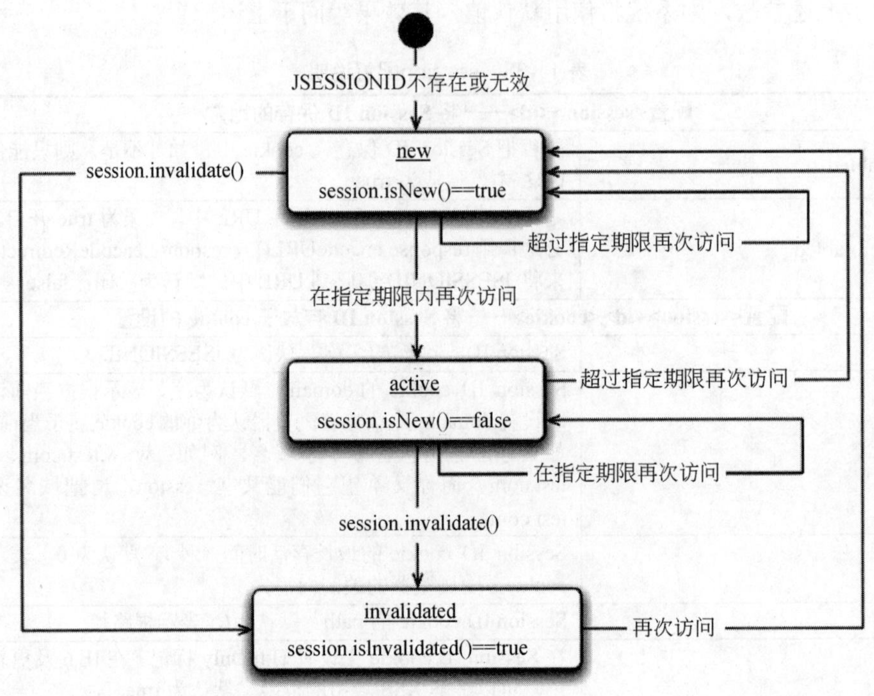

图 11-28　sessions 生命周期

总结一下，其实很简单：

（1）第一次打开浏览器时，JSESSIONID 还不存在，或者存在由同一域名下的其他应用所设置的无效的 JSESSIONID。这种情况下，session.isNew()返回 true。

（2）随后，只要在规定的时间间隔内，以及 cookie 过期之前，每一次访问系统，都会使 session 得到更新。此时 session.isNew()总是返回 false。session 中的数据得到保持。

（3）如果用户有一段时间不访问系统了，超过指定的时间，那么系统会清除所有的 session 内容，并将 session 看作是新的 session。

（4）用户可以调用 session.invalidate()方法，直接清除所有的 session 内容。此后所有试图 session.getAttribute()或 session.setAttribute()等操作，都会失败，得到 IllegalStateException 异常，直到下一个请求到来。在 session 框架中，有一个重要的特殊对象，用来保存 session 生命期的状态。这个对象叫作 session model。它被当作一个普通的对象存放在 session 中，但是通过 HttpSession 接口不能直接看到它。

参数说明如表 11-34 所示，关于 session 生命期的完整配置如下：

```
<session maxInactiveInterval="0" keepInTouch="false" forceExpirationPeriod=
"14400"
modelKey="SESSION_MODEL">
...
</session>
```

表 11-34　session参数说明

参 数 名	说　明
maxInactiveInterval	指定 session 不活动而失效的期限，单位是秒。默认为 0，也就是永不失效（除非 cookie 失效）。例如，设置 3600 秒，表示用户离开浏览器 1 小时以后再回来，session 将重新开始，老数据将被丢弃
keepInTouch	是否每次都 touch session（即更新最近访问时间）。如果是 false，那么只在 session 值有改变时 touch。当将 session model 保存在 cookie 中时，设为 false 可以减少网络流量。但如果 session 值长期不改变，由于最近访问时间一直无法更新，将会使 session 超过 maxInactiveInterval 所设定的秒数而失效。默认为 false
forceExpirationPeriod	指定 session 强制作废期限，单位是秒。无论用户活动与否，从 session 创建之时算起，超过这个期限，session 将被强制作废。这是一个安全选项：万一 cookie 被盗，过了这个期限的话，那么无论如何，被盗的 cookie 就没有用了。默认为 0，表示无期限
modelKey	指定用于保存 session 状态的对象的名称。默认为 SESSION_MODEL。一般没必要修改这个值

4. Session Store

Session Store 是 session 框架中最核心的部分。Session 框架最强大的部分就在于此。我们可以定义很多个 Session stores，让不同的 session 对象分别存放到不同的 Session Store 中。前面提到有一个特殊的对象 SESSION_MODEL 也必须保存在一个 Session store 中。Session 关系如表 11-29 所示。

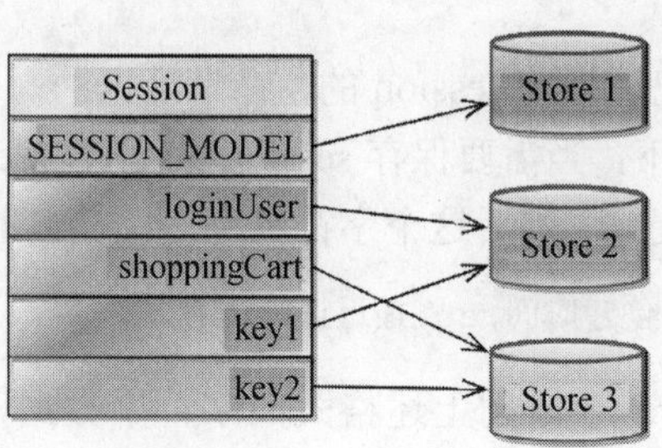

图 11-29　Session 和 Stores

类似于 Servlet 的配置，Session store 的配置也包含两部分内容：Session store 的定义和 Session store 的映射（mapping）。

```
<session>
<stores>
<session-stores:store id="store1" />
<session-stores:store id="store2" />
<session-stores:store id="store3" />
</stores>
<store-mappings>
<match name="*" store="store1" />
<match name="loginName" store="store2" />
<matchRegex pattern="key.*" store="store3" />
</store-mappings>
</session>
```

定义 Session stores：可以配置任意多个 Session store，只要 ID 不重复。此处，store1、store2 和 store3 分别是三个 Session store 的名称。映射 Session stores：match 标签用来精确匹配 attribute name。一个特别的值是“*”，它代表默认匹配所有的 names。本例中，如果调用 session.setAttribute("loginName", user.getId())，那么这个值将被保存到 store2 里；如果调用 session.setAttribute("other", value)将被默认匹配到 store1 中。映射 Session stores：matchRegexp 标签用正则表达式来匹配 attribute names。本例中，key_a 和 key_b 等值都将被保存到 store3 里。需要注意以下几点。

- 在整个 Session 配置中，只能有一个 store 拥有默认的匹配。
- 假如有多个 match 或 matchRegex 同时匹配某个 attribute name，那么遵循以下匹配顺序：
  - 精确的匹配最优先。
  - 正则表达式的匹配遵循最大匹配的原则，假如有两个以上的正则表达式被同时匹配，长度较长的匹配胜出。
  - 默认匹配*总是在所有的匹配都失败以后才会被激活。
- 必须有一个 Session store 能够用来存放 session model。
- 可以用<match name="*">来匹配 session model。
- 也可以用精确匹配：<match name="SESSION_MODEL" />。其中 session model 的名字必须和前述 modelKey 配置的值相同，其默认值为 SESSION_MODEL。

5. Session Model

Session Model 是用来记录当前 session 的生命期数据的，例如：session 的创建时间、最近更新时间等。默认情况下，当需要保存 session 数据时，SessionModel 对象将被转换成一个 JSON 字符串（如下所示），然后这个字符串将被保存在某个 Session store 中：

```
{id:"SESSION_ID",ct:创建时间,ac:最近访问时间,mx:最长不活动时间}
```

需要读取时，先从 store 中读到上述格式的字符串数据，然后再把它解码成真正的 SessionModel 对象。以上转换过程是通过一个 SessionModelEncoder 接口来实现的。为了提供更好的移植性，Session 框架可同时支持多个 SessionModelEncoder 的实现。配置如下：

```
<session>
<session-model-encoders>
< session-model-encoder bean-name="..." />
< session-model-encoder bean-name="..." />
</session-model-encoders>
</session>
```

在上面的例子中，提供了三个 SessionModelEncoder 的实现。

- 当从 store 取得 SessionModel 对象时，框架将依次尝试所有的 encoder，直到解码成功为止。
- 当将 SessionModel 对象保存到 store 之前，框架将使用第一个 encoder 来编码对象。当从不同的 SessionModel 编码方案中移植的时候，上述多 encoders 共存的方案可以实现平滑的过渡。

6. Session Interceptor

Session Interceptor 拦截器的作用是拦截特定的事件，甚至干预该事件的执行结果。目前有两种拦截器接口，如表 11-35 所示。

表 11-35　Session Interceptor拦截器

接　口	功　能
SessionLifecycleListener	监听以下 session 生命期事件： ❑ Session 被创建。 ❑ Session 被访问。 ❑ Session 被作废
SessionAttributeInterceptor	拦截以下 session 读写事件： ❑ onRead——拦截 session.getAttribute()方法，可以修改所读取的数据。 ❑ onWrite——拦截 session.setAttribute()方法，可以修改所写到 store 中的数据

Session 框架自身已经提供了两个有用的拦截器，如表 11-36 所示。

表 11-36　默认提供的拦截器

名　称	说　明
SessionLifecycleLogger	监听 session 生命期事件，并记录日志
SessionAttributeWhitelist	拦截以下 session 读写事件： ❑ onRead——拦截 session.getAttribute()方法，可以修改所读取的数据。 ❑ onWrite——拦截 session.setAttribute()方法，可以修改所写到 store 中的数据

配置 session interceptors：

```
<session>
  ...
<interceptors>
      <interceptor bean-name="sessionLifecycleLogger"></interceptor>
      <interceptor
bean-name="sessionAttributeWhitelist"></interceptor>
</interceptors>
  ...
</session>
```

11.11.3 Cookie Store

Cookie Store 的作用，是将 session 对象保存在客户端 cookie 中。Cookie Store 减轻了服务器维护 session 数据的压力，从而提高了应用的扩展性和可用性。

另一方面，在现实应用中，很多地方都会直接读写 cookie。读写 cookie 是一件麻烦的事，因为必须要设置很多参数：domain、path、httpOnly...等很多参数。而操作 HttpSession

是一件相对简单的事。因此，主张把一切对 cookie 的读写，都转换成对 session 的读写。

1. 多值Cookie Store

（1）最简配置

最基本的 cookie 配置如下：

```
<session>
<stores>
        <session-store bean-name="cookieStore" />
</stores>
<store-mappings>
        <match name="name" store="cookieStore" />
        <matchRegex pattern=".*" store="cookieStore" />
</store-mappings>
</session>
```

Cookie Store 依赖其他两个 TinyFilter： buffered 和 lazy-commit。没有它们，就不能实现基于 cookie 的 session。为什么呢？这要从 HTTP 协议谈起。下面是一个标准的 HTTP 响应的文本。无论你的服务器使用了何种平台（Apache HTTPD Server、Java Servlet/JSP、Microsoft IIS，……），只要你通过浏览器来访问，必须返回类似下面的 HTTP 响应：

```
HTTP/1.1 200 OK
Server: Apache-Coyote/1.1
Set-Cookie: JSESSIONID=AywiPrQKPEzfF9OZ; Path=/
Content-Type: text/html;charset=GBK
Content-Language: zh-CN
Content-Length: 48
Date: Mon, 06 Nov 2006 07:59:38 GMT
<html>
<body>
……
```

我们注意到，HTTP 响应分为 Header 和 Content 两部分。从 HTTP/1.1 200 OK 开始，到<html>之前，都是 HTTP Header，后面则为 HTTP Content。而 cookie 是在 header 中指定的。一旦应用服务器开始向浏览器输出 content，那就再也没有机会修改 header 了。问题就出在这里。作为 session 的 cookie 可以在应用程序的任何时间被修改，甚至可能在 content 开始输出之后被修改。但是此后修改的 session 将不能被保存到 cookie 中。Java Servlet API 的术语称“应用服务器开始输出 content”为“response 被提交”。你可以通过 response.isCommitted()方法来判断这一点。那么，哪些操作会导致 response 被提交呢？

- 向 response.getWriter()或 getOutputStream()所返回的流中输出，累计达到服务器所设定的一个 chunk 的大小，通常为 8K。
- 用户程序或系统调用 response.flushBuffer()。
- 用户程序或系统调用 response.sendError()转到错误页面。
- 用户程序或系统调用 response.sendRedirect()重定向。

只要避免上述情形的出现，就可以确保 cookie 可以被随时写入。前两个 TinyFilter——buffered 和 lazy-commit 正好解决了上面的问题。第一个 buffered 将所有的输出到

response.getWriter()或 getOutputStream()的内容缓存在内存里，直到最后一刻才真正输出到浏览器；第二个 lazy-commit 拦截了 response 对象中引起提交的方法，将它们延迟到最后才执行。这样就保证了在 cookie 被完整写入之前，response 绝不会被任何因素提交。

（2）Cookie 的参数

Cookie 的参数解释如表 11-37 所示。

表 11-37　Cookie参数说明

<table>
<tr><th>参 数 名 称</th><th colspan="2">说　明</th></tr>
<tr><td>Name</td><td colspan="2">指定 cookie 的名称。假设名称为 tmp，那么将生成 tmp0、tmp1、tmp2 等 cookie。多个 cookie stores 的 cookie 名称不能重复</td></tr>
<tr><td>Domain</td><td>指定 cookie 的域名</td><td rowspan="5">这几个参数的默认值，均和 Session ID cookie 的设置相同。因此，一般不需要特别设置它们</td></tr>
<tr><td>Path</td><td>指定 cookie 的路径</td></tr>
<tr><td>maxAge</td><td>指定 cookie 的过期时间，单位是秒。
如果值为 0，意味着 cookie 持续到浏览器被关闭（或称临时 cookie）。有效值必须大于 0，否则均被认为是临时 cookie</td></tr>
<tr><td>httpOnly</td><td>在 cookie 上设置 HttpOnly 标记。
在 IE 6 及更新版本中，可以缓解 XSS 攻击的危险</td></tr>
<tr><td>Secure</td><td>在 cookie 上设置 Secure 标记。
这样，只有在 https 请求中才可访问该 cookie</td></tr>
<tr><td>survivesInInvalidating</td><td colspan="2">这是一个特殊的设置。如果它被设置成 true，那么当 session 被作废（invalidate）时，这个 cookie store 中的对象会幸存下来，并带入下一个新的 session 中。如果这个值为 true，必须同时设置一个大于 0 的 maxAge。这个设置有什么用呢？比如，我们希望在 cookie 中记录最近登录的用户名，以方便用户再次登录。可以把这个用户名记录在一个 cookie store 中，并设置 survivesInInvalidating=true。即使用户退出登录，或当前 session 过期，新的 session 仍然可以读到这个 store 中所保存的对象</td></tr>
<tr><td>maxLength</td><td colspan="2">指定每个 cookie 的最大长度。默认为 3896，约 3.8K。
Cookie store 会把所有对象序列化到 cookie 中。但是 cookie 的长度是不能超过 4K 的。如果 cookie 的长度超过这个设定，就把数据分发到新的 cookie 中去。因此每个 cookie store 实际可能产生好几个 cookie。假设 cookie name 为 tmp，那么所生成的 cookie 的名称将分别为：tmp0、tmp1、tmp2，以此类推</td></tr>
<tr><td>maxCount</td><td colspan="2">指定 cookie 的最大个数，默认为 5。因此，实际 cookie store 可生成的 cookie 总长度为：maxLength * maxCount。如果超过这个长度，cookie store 将会在日志里面发出警告（WARN 级别），并忽略 store 中的所有对象</td></tr>
<tr><td>Checksum</td><td colspan="2">是否创建概要 cookie，默认为 false。有时由于域名、路径等设置的问题，会导致 cookie 紊乱。例如：发现同名的 cookie、cookie 缺失等错误。这些问题很难跟踪。概要 cookie 就是为检查这类问题提供一个线索。如果把这个开关打开，将会产生一个概要性的 cookie。假如 cookie name 为 tmp，那么概要 cookie 的名字将是 tmpsum。概要 cookie 会指出当前 store 共有几个 cookie，每个 cookie 的前缀等内容。当 cookie 的总数和内容与概要 cookie 不符时，系统将会在日志中提出详细的警告信息（DEBUG 级别）。请尽量不要在生产系统中使用这个功能</td></tr>
</table>

（3）Session Encoders

Session 里保存的是 Java 对象，而 cookie 中只能保存字符串。如何把 Java 对象转换成合法的 cookie 字符串（或者将字符串恢复成对象）呢？这就是 Session Encoder 所要完成的任务。

配置 Session Encoders 如下：

```
<bean id="cookieStore"
class="org.tinygroup.weblayer.webcontext.session.store.impl.CookieStore
Impl"
scope="singleton">
<property name="encoders">
   <list>
       <ref bean="…" />
   <ref bean="…" />
   <ref bean="…" />
</list>
</property>
</bean>
```

和 SessionModelEncoder 类似，session 框架也支持多个 session encoders 同时存在。

- 保存 session 数据时，session 框架将使用第一个 encoder 来将对象转换成 cookie 可接收的字符串。
- 读取 session 数据时，session 框架将依次尝试所有的 encoders，直到解码成功为止。这种编码和解码方案可让使用不同 session encoders 的系统之间共享 cookie 数据，也有利于平滑迁移系统。Session 框架提供了一种 encoder 的实现，编码的基本过程为：序列化、加密（可选）、压缩、Base64 编码以及 URL encoding 编码。
- 用 JavaSerializer 算法（默认）来序列化，aes 加密。

```
<bean id="serializationEncoder"
class="org.tinygroup.weblayer.webcontext.session.encode.impl.
SerializationEncoder " scope="singleton">
    <property name="serializer">
        <ref  bean="javaSerializer" />
    </property>
<property name="encrypter">
        <ref  bean="aesEncrypter" />
    </property>
</bean>
```

2. 单值Cookie Store

前面所描述的 cookie store，是在一组 cookie（如 tmp0, tmp1, ...）中保存一组 attributes 的名称和对象。它所创建的 cookie 值，只有 session 框架自己才能解读。假如有一些非 Tiny Weblayer 应用的代码想要共享保存在 cookie 中的 session 数据，例如，Java Script 代码、其他未使用 Tiny Weblayer 框架的应用，希望能读取 session 数据，应该怎么办呢？Session 框架提供了一种相对简单的“单值 cookie store”可用来解决这个问题。顾名思义，单值 cookie store 就是在一个 cookie 中仅保存一个值或对象。

单值 cookie store bean 配置如下：

```
<bean id="singleValuedCookieStoreImpl"
class="org.tinygroup.weblayer.webcontext.session.store.impl.SingleValue
dCookieStoreImpl" scope="singleton">
<property name="encoders">
   <list>
       <ref bean="…" />
<ref bean="…" />
<ref bean="…" />
</list>
</property>
</bean>
```

其他功能点与多值 cookie 类似。

3. 其他Session Store

（1）SimpleMemoryStore

SimpleMemoryStore 是最简单的 session store。它将所有的 session 对象都保存在内存里面。这种 store 不支持多台机器的 session 同步，而且也不关心内存是否被用尽。因此这种简单的 store 一般只应使用于测试环境。

（2）CacheStore

CacheStoreImpl 把 session 对象保存在第三方缓存中，由第三方缓存来保证多台机器的 session 同步。

11.11.4　总结

session 是个难题，特别是对于要求高扩展性和高可用性的网站来说。我们在标准的 Java Servlet API 的基础之上，实现了一套全新的 session 框架。在此基础上可以进一步实现多种 session 的技术，例如：基于 cookie 的 session、基于数据库的 session、基于 Berkeley DB 的 session、基于内存的 session，甚至也可以实现基于 TCP-ring 的 session 等等。最重要的是，我们能把这些技术结合起来，使每种技术的优点能够互补，缺点可以被避免。所有这一切，对应用程序是完全透明的——应用程序不用知道 session 是如何实现的、它们的对象被保存到哪个 session store 中等问题——session 框架可以妥善地处理好这一切。

11.12　SpringMVCTinyProcessor 介绍

SpringMVCTinyProcessor 实现了 TinyProcessor，process 接口方法处理流程参考了原生 SpringMVC 中 DispatcherServlet 的处理流程。

SpringMVCTinyProcessor 具有以下特点：

- 默认的组件支持业务开发者，只需关注业务逻辑，系统运行时提供了默认视图渲染能力，默认 Json 的安全和处理等。支持 SpringMVC 的开发习惯约定式开发、普通的约定开发与 RESTful 约定开发。

- ❑ 推荐优先使用符合 Tiny Weblayer 约定的风格规范进行开发；其次是使用 Spring Web 处理相关注解进行开发。
- ❑ 扩展性和定制能力。框架提供了默认的扩展协议，一般情况下可以符合绝大部分控制层的开发需求，当然框架也是支持用户自定义扩展协议的。

11.12.1 基于扩展协议的内容协商

基于扩展协议的内容协商功能的原理与 SpringMVC 的内容协商相同。SpringMVC 内容协商介绍如下。

在我们实际的开发中，往往需要 SpringMVC 服务提供多种格式的数据。如：JSON、XML、HTML。我们知道 SpringMVC 已经提供了很多种转换器，供我们使用将数据转换成我们想要的数据格式。但是服务者怎么知道使用者想要使用哪种数据格式哪？这就使用到了 SpringMVC 中的内容协商。既然是内容协商，那么使用者肯定会告诉服务者，你给我返回什么类型的数据。使用者可以通过如下方式通知服务者。

- ❑ 使用参数：/userController/getUser?format=json, /userController/getUser?format=xml。
- ❑ 使用扩展名：/userController/getUser.html ,/userController/getUser.json, /userController/getUser.xml。
- ❑ 使用 http 的 Request Headers 中的 Accpet：GET /userController/getUser HTTP/1.1 Accept: application/xml（将返回 xml 格式数据），GET/userController/getUser HTTP/1.1 Accept: application/json（将返回 json 格式数据）。

基于扩展协议的内容协商处理流程如下：

- ❑ 优先识别处理请求后缀。
- ❑ 其次是请求参数 format（默认，可以配置修改）指定的内容，比如 format=json。
- ❑ 最后是基于 accept 的 HTTP 请求头中暗示的内容形式之一（默认第一个）。如果没有匹配到，默认认为请求的扩展协议是 shtm。

11.12.2 约定开发

约定开发，旨在通过遵循标准的框架定义开发规范，快速实现功能开发。大多数情况下，开发者不需要借助配置、注解实现快速开发。同时统一的编码结构风格，也提升了易读性。

控制器约定（request url -> handler method），具体说明如表 11-38 所示。

表 11-38 约定说明

约 定 名 称	说 明
Request url	http://localhost:8080/websample/namespace/controller_name/helloworld.shtm
package	org.tinygroup.crud.web. namespace .controller
className	controller_nameController
methodName	public void helloworld(args)

包名的规范约定：

- namespace 部分可以是多级路径。
- 包名的前缀形式是工程的 groupId 加上 web，如：org.tinygroup.crud.web。
- 包名必须以 controller 目录结束。

Controller 的类命名的规范约定：

- 类命名（包括方法名称）是驼峰形式，并且以 Controller 为后缀。
- 页面层约定：namespace / controller_name/ returnViewName.page。
- 如果 action 的返回值为空，那么 returnViewName 的值为 action 的方法名。例如上面示例的 helloworld。

RESTful 开发约定：

RESTful 开发，关注的资源在展现渲染层的状态迁移。对于标准的 RESTful 开发，tiny SpringMVC 也提供了一套简化开发的规范。

使用规范约定：

RESTful 规范约定细节如表 11-39 所示。

表 11-39　RESTful规范约定

Http 方法	请求形式	行为含义	处理器方法名称	默认页面名称（在 **users/**路径下面）
GET	/users	index	doIndex	index.page
GET	/users/new	new	doNew	new.page
post	/users	create	doCreate	create.page
GET	/users/{id}	show	doShow	show.page
GET	/users/{id}/edit	edit	doEdit	edit.page
PUT	/users/{id}	update	doUpdate	update.page
DELETE	/users/{id}	destroy	doDestroy	destroy.page

如果有的浏览器不支持 PUT 和 DELETE 方法怎么办呢？我们提供了一个请求参数名称“_method”，你可以指定实际的 httpmethod 是什么。HiddenHttpMethodFilter 过滤器就是为解析请求参数“_method”而存在的。

控制器映射约定细节如表 11-40 所示。

表 11-40　控制器映射约定

约 定 名 称	说　　明
Request url	GET /namespace/users　HTTP1.1
package	org.tinygroup.crud.web. namespace .controller
className	UsersController
methodName	public void doIndex(args)

页面层约定：页面和布局的定位逻辑约定和普通开发约定一致。

注意以下几点：

- 处理方法参数中的 id，类型可以是其他基础类型。而且框架会根据 RESTful 请求自动给该参数绑定值。

- 目前方法名 doIndex,doNew...和参数名 id 都是固定的，以后可能会支持自定义配置映射。
- 如果觉得这些模板方法，反复写太累，也可以定义为一个接口。正常情况下可能只会使用到其中的部分方法。

11.12.3 扩展协议

框架提供了默认的扩展协议，该扩展协议一般情况下可以处理各种 SpringMVC 请求，框架提供了 ExtensionMappingInstance 对象来封装 SpringMVC 请求处理过程中相关的对象，如 HandlerMapping、HandlerAdapter、ViewResolver 以及 HandlerExceptionResolver 等。默认的 ExtensionMappingInstance 扩展协议是 shtm，注册到 Spring 容器中的 bean 定义名称是 extension.shtm，如果默认的扩展协议满足不了需求，或者想按照自定义的处理流程来处理请求，那么我们可以自定义扩展协议，比如我们可以扩展一个返回 json 字符串的 http 请求，新配一个扩展 extension.json 且改变 extension 属性的 ExtensionMappingInstance 即可。

我们知道在 SpringMVC 请求过程中会跟很多 SpringMVC 接口对象交互，其内部处理流程也是有点复杂的，正是因为 ExtensionMappingInstance 门面对象的存在，使这个处理过程得到简化，也使我们有机会可以通过这个门面对象来接管 SpringMVC 请求处理流程。

1. 默认的扩展协议介绍

框架提供的默认的扩展协议 shtm，可以处理大部分 SpringMVC 请求，下面我们从 SpringMVC 处理过程中相关的接口对象出发，来看看默认的扩展协议是如何工作的。

（1）HandlerMapping

我们知道 HandlerMapping 接口的作用是把 Web 请求映射到具体的处理类，默认的扩展协议提供的 HandlerMapping 接口实现类是 TinyHandlerMappingComposite，它是一个组合类，内部管理着多个 HandlerMapping，只要注册到 Spring 容器中的 HandlerMapping 类型的 bean 对象，都会注册到 TinyHandlerMappingComposite 对象中，TinyHandlerMappingComposite 把 Web 请求映射到具体处理类的过程委派到内部管理的各个 TinyHandlerMapping 中。框架默认定义了 DefaultCOCUrlHandlerMapping 类型的 bean 实例，如果这个默认的 HandlerMapping 不能映射到目标的处理类，可以重新定义特殊的 HandlerMapping 类型的 bean 配置，那么默认的扩展协议就有了处理特殊的 Web 请求的功能了。

（2）HandlerAdapter

默认的扩展协议定义的 HandlerAdapter 实现类是 TinyHandlerAdapterComposite，它的原理与 TinyHandlerMappingComposite 一样，内部管理着多个 HandlerAdapter 适配处理接口。

（3）ViewResolver

ViewResolver 是 SpringMVC 请求中的视图解析对象，会根据 Web 请求返回相对应的

View 对象，默认的扩展协议内部定义的 ViewResolver 实现类是 TinyContentNegotiatingViewResolver，它是 ContentNegotiatingViewResolver 的包装类，ContentNegotiatingViewResolver 是 SpringMVC 提供的内容协商视图解析器，这个视图解析器允许你用同样的内容数据来呈现不同的 view。

例如：

http://www.test.com/user.xml——呈现 xml 文件。

http://www.test.com/user.json——呈现 json 格式。

http://www.test.com/user——使用默认 view 呈现，比如 jsp 等。

（4）HandlerExceptionResolver

HandlerExceptionResolver 是 SpringMVC 中的异常解析接口，默认的扩展协议内部定义的 HandlerExceptionResolver 的实现类是 HandlerExceptionResolverComposite，它的设计原理与 TinyHandlerMappingComposite 也是相同的。内部会根据 Web 请求找到最匹配的 HandlerExceptionResolver。

2. 自定义扩展协议

自定义扩展协议其实是很简单的，只要在 bean 配置文件 mvc-beans.xml 中定义 ExtensionMappingInstance 类型的 bean 实例，在依赖注入的属性配置中定义好相关 SpringMVC 接口对象即可。

11.13　TinyWeb 实践

前面的章节介绍了 weblayer 框架以及基于 weblayer 的监听器、过滤器和处理器的设计，侧重介绍基本接口和相关扩展。本节主要是将以上知识点结合实践代码，引导读者看懂代码，对如何实现像 TinyHttpFilter、TinyProcessor 这些接口有个入门的概念。

本章应用示例工程代码，请参考附录 A 中的 org.tinygroup.weblayer.demo（Web 层实践示例工程）。

11.13.1　准备工作

先创建一个 maven web 工程，依赖 org.tinygroup.weblayer，pom 依赖如下：

```
<dependencies>
      <dependency>
          <groupId>org.tinygroup</groupId>
          <artifactId>org.tinygroup.weblayer</artifactId>
          <version>${tiny_version}</version>
      </dependency>
```

```
    </dependencies>
```

在 Application.beans.xml 中配置文件处理器，需要配置 i18nFileProcessor、xStreamFileProcessor、tinyFilterFileProcessor 和 tinyProcessorFileProcessor。代码如下：

```
<bean id="fileResolver" scope="singleton"
    class="org.tinygroup.fileresolver.impl.FileResolverImpl">
    <property name="fileProcessorList">
        <list>
            <ref bean="i18nFileProcessor" />
            <ref bean="xStreamFileProcessor" />
            <ref bean="tinyFilterFileProcessor" />
            <ref bean="tinyProcessorFileProcessor" />
        </list>
    </property>
</bean>
<bean id="fileResolverProcessor" scope="singleton"
    class="org.tinygroup.fileresolver.applicationprocessor. FileResolver
    Processor">
    <property name="fileResolver" ref="fileResolver"></property>
</bean>
```

11.13.2 使用 TinyHttpFilter

本小节演示如何通过 AbstractTinyFilter 抽象类快速开发 TinyHttpFilter，配置到自己的应用中，并给出具体的 Java 代码和配置实例。

1. 创建HelloFilter类

HelloFilter 类继承 org.tinygroup.weblayer.AbstractTinyFilter 类，实现 preProcess 和 postProcess 方法。

```
public void preProcess(WebContext webContext)
    throws ServletException, IOException {
       logger.logMessage(LogLevel.INFO, "======before processor=======");
       if(webContext.get("username")==null){
          webContext.getResponse().sendRedirect("validateerror.html");
          return;
       }
       logger.logMessage(LogLevel.INFO, "=======login success=======");
    }

    public void postProcess(WebContext webContext)
    throws ServletException, IOException {
       logger.logMessage(LogLevel.INFO, "=======after processor=======");
```

```
}
```

preProcess 是过滤器的前置操作，在前置操作中我们对用户名做一个简单的非空校验，如果为空则被过滤，调整到错误页面。反之，则能正确渲染请求页面。

postProcess 是后置操作。请求资源正常渲染后后台记个日志，如果在 preProcess 中被拦截了，postProcess 将不被执行。

2. 配置

在 weblayerdemo.beans.xml 中配置 HelloFilter bean。代码如下：

```
<bean id="helloFilter" scope="singleton"
     class="org.tinygroup.weblayerdemo.HelloFilter">
</bean>
```

web.xml 配置过滤器 TinyHttpFilter：

```
<filter>
    <filter-name>TinyFilter</filter-name>
    <filter-class>org.tinygroup.weblayer.TinyHttpFilter</filter-class>
</filter>
```

application.xml 文件，在 tiny-filters 中配置一个 tiny-filter 节点：

```
<tiny-filter id="helloFilter" class="helloFilter">
   <filter-mapping url-pattern=".*\.jsp"></filter-mapping>
</tiny-filter>
```

其中 class 属性是过滤器的 bean id，filter-mapping 中 url-pattern 是个正则表达式，可通过这个属性配置过滤规则。

3. 演示

在浏览器访问如下地址会正确渲染 index.jsp，而如果 username 为空则会跳转到错误页面，并提示请输入用户名。

```
http://localhost:8080/org.tinygroup.weblayerdemo/index.jsp?username=admin
```

11.13.3　使用 TinyProcessor

本小节演示如何通过 AbstractTinyProcessor 抽象类快速开发 TinyProcessor，配置到自己的应用中，并给出具体的 Java 代码和配置实例。

1. 创建SimpleActionProcessor类

SimpleActionProcessor 类继承 org.tinygroup.weblayer.AbstractTinyProcessor 抽象类，实现 reallyProcess 方法。

```
public void reallyProcess(String s, WebContext webContext)
   throws ServletException, IOException {
```

```
        logger.logMessage(LogLevel.INFO,"=======Hello,Processor======");
        String forwardPage = "/error.html";
        if(s.startsWith("/login.")){
            forwardPage = "/login.html";
        }else if(s.startsWith("/main.")){
            forwardPage = "/main.html";
        }
        webContext.getRequest().getRequestDispatcher(forwardPage)
        .forward(webContext.getRequest(),webContext.getResponse());

    }
```

2. 配置

weblayerdemo.beans.xml 中配置 bean：

```
<bean id="simpleActionProcessor" scope="singleton"
     class="org.tinygroup.weblayerdemo.SimpleActionProcessor">
</bean>
```

application.xml 将该 processor 配置到 tiny-processors 节点中：

```
<tiny-processor id="simpleActionProcessor" class="simpleActionProcessor">
      <servlet-mapping url-pattern=".*\.action"></servlet-mapping>
</tiny-processor>
```

class 属性对应 bean id，servlet-mapping 中的 url-pattern 是个正则表达式，通过这个属性配置过滤规则。本示例中配置的是已 action 结尾的请求。

3. 演示

访问 http://localhost:8080/org.tinygroup.weblayerdemo/main.action，显示“主页”，访问 http://localhost:8080/org.tinygroup.weblayerdemo/login.action，显示“登录页面”，访问其他 url，如 http://localhost:8080/org.tinygroup.weblayerdemo/a.action，则提示“404 错误，找不到页面”。

这部分逻辑是在 SimpleActionProcessor 类的 reallyProcess 方法实现，这就类似于一个简单的 MVC 框架：先通过某个规则（比如后缀为 action），被 tinyprocessor 匹配到，然后根据不同的业务请求，forward 到不同页面。main.action 最后 forward 到 main.html，login.action forward 到 login.html，其他 action forward 到 error.html。只不过如果要做成框架的话，是通过配置文件获取映射表，然后通过映射关系 forward 到对应页面。

11.14 本 章 总 结

本章从一开始介绍了什么是 Web 框架，以及 Tiny Weblayer 框架的由来，随后深入介绍了 Weblayer 框架的设计思路与理念，详细介绍了框架内部提供的几个 TinyFilter 配置与使用方式，以及 Tiny Weblayer 框架是如何集成与扩展 SpringMVC 的，最后介绍如何开发一个简单的 TinyWeb 应用。

希望读者能通过本章学习，了解 Tiny Weblayer 的设计思想和使用方法，对自己的工作和学习有所帮助、有所收获。

第 12 章 Tiny 统一界面框架实践

本章侧重介绍 Java EE 领域的界面开发设计，并通过介绍问题由来、归纳用户需求以及提出 UIML 解决方案进行讲解。笔者会介绍 UIML 设计思路和开发细节，给读者分析采用 UI 组件化开发带来的好处与便利；在实践小节介绍图形编辑器的使用，最后还列举了 UIML 配置和开发过程的常见问题，方便读者理解。

12.1 UIML 简介

统一界面框架（Union Interface Markup Language），简称 UIML，设计开发它的目的是：解决界面开发带来的各种问题，屏蔽开发不同平台的界面的代码差异，减少工作量，降低程序员的 Bug 率，目标是一次开发，到处使用。

12.1.1 问题与需求

身为程序员，在软件开发过程中，不可避免地要和程序界面的开发打各种交道，那么下面的场景各位一定非常熟悉。

1．场景A

项目工期很紧急，还有 1 个月的时间就要交付甲方，但是还有几十个页面没有开发，现有的页面在测试过程中也发现很多问题。项目经理很烦躁，程序员天天加班，大家都很不爽。

2．场景B

团队新接了一个项目，但是团队成员有不少是新手，同时界面要采用新的框架来开发，开发过程中发现学习难度大，Bug 率很高，直接影响项目进度。运气不好的话，团队进入场景 A。

3．场景C

历尽千辛万苦，填了无数的坑，终于完成了项目一期，大家正准备松一口气时，客户及时提出各种界面“优化”建议。

4．场景D

领导总结项目很成功，要以这个项目为模板，扩展新的客户或者新的平台。但是因为技术积累不足或者业务难以复用，经过团队分析讨论：页面又要重新折腾一遍或者新开发一套，无法做到一次开发，到处复用。

总结上述场景，界面开发中的问题可以归纳为如下三点：

- 界面开发时，任务重，重复性高，容易发生各种 Bug。
- 界面开发的学习成本很高，在团队新手多或者采用新的页面框架时，尤为明显。
- 界面开发的升级成本很高，同时可复用性很低，在新的项目或平台往往需要重新开发。

12.1.2　UIML 解决方案

先前分析界面开发时，对界面开发技术框架有如下需求：

- 对程序员来说，希望界面开发容易上手，减少界面开发的工作量和修改时的成本。
- 对设计者来说，希望提升代码复用率，降低界面开发的升级成本，屏蔽开发不同平台的界面的差异，希望能一次开发，到处使用。
- 对项目经理来说，希望提升界面开发效率，减少 Bug 率。

那么，使用 UIML 开发框架，如何满足上述需求呢？

分析界面开发流程，Tiny 小组将 UIML 框架的使用者区分出三种角色，如表 12-1 所示。

表 12-1　角色分工

角　色	担任职务	任　务
组件设计者	业务经理/项目经理	使用 UIML 工具设计业务相关的业务组件类型，维护相关业务组件类型库
引擎开发者	前台人员/设计者	根据业务组件类型开发具体的组件实例，使用 UIML 工具定义不同平台、不同样式的组件实例；生成各平台的界面代码，并提供组件封装接口
普通开发者	程序员	使用引擎开发者提供的组件开发界面

按 UIML 定义的角色，我们可以重新定义界面的开发流程，并按不同阶段进行优化，如图 12-1 所示。

1．组件设计阶段

该阶段是最关键的一步，业务组件类型的定义实际上就是界面业务模型的设计，如果模型设计得不恰当，那么后期修改时会影响组件开发者和普通开发者。

组件设计者不仅需要关注业务需求，定义不同平台下的界面的展示元素，还需考虑样式、兼容性等问题,定义组件属性和独有样式，抽象成可复用的组件类型，添加到组件类型库。

2. 引擎开发阶段

该阶段需要依赖设计阶段完成的组件类型，引擎开发者需要考虑按不同的界面平台，配置组件属性和独有样式，将每个组件类型设计一组组件实例，并按平台生成相应的界面代码。

引擎开发者另一项任务是提供不同平台的组件实例调用接口，毕竟设计阶段无法预料到全部可能场景，这时普通开发者可以按实际业务通过函数接口灵活配置组件实例，完成需要的界面效果。这个任务很重要，调用接口封装的好坏，直接影响普通开发者的开发。

3. 界面开发阶段

普通开发者根据引擎开发者提供的组件代码及封装接口，实现具体业务逻辑，完成界面的开发工作。

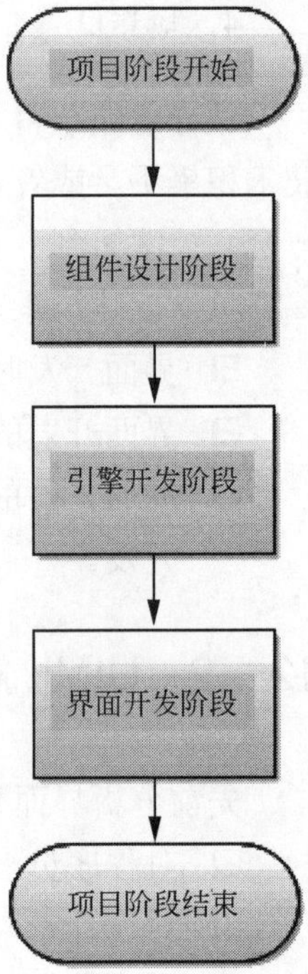

回顾前文提到的需求，总结一下：

- 采用组件代码及封装接口，可以大幅度减少程序员在界面的开发成本；在 UIML 解决方案里，默认采用模板引擎渲染界面，对程序员来说写界面相当于调用标签或者 API，上手是很容易的，注意力可以集中在业务需求。
- 设计者设计组件实例、封装调用接口时，可以复用组件类型，减少界面开发和升级的成本。
- 采用 UIML 的组件开发模式，可以将复杂的业务界面拆解成一个个组件，无论是测试代码还是分析界面 bug，都可以细化到组件，如果是通用问题，可以上升到组件开发者处理。对项目经理来说，界面复用率提升，无疑带来开发效率的提升；界面组件化，可以更早地发现 bug，从而减少后期在 bug 上浪费的时间。

项目阶段开始
组件设计阶段
引擎开发阶段
界面开发阶段
项目阶段结束

图 12-1　项目阶段

12.1.3　UIML 设计思路

关于界面开发框架有两种不同的设计思路：一种是通过各种设计工具来对界面进行设计并生成高级语言；另一种是独立设计交互式语言并完成全部的解析运行工作。

Tiny 统一界面框架（UIML）采用第一种设计思路，其设计目标是提供一个统一的界面描述与开发框架，解决界面开发中跨平台、复用率低等诸多问题，实现一次开发，到处使用。归纳一下，UIML 有如下四大设计特色：

- 界面组件化；
- 组件配置化；
- 开发过程可视化；
- 可重复生成配置。

首先说第一点：界面组件化。

UIML 的核心设计思想之一，就是认为界面是由组件构成的。组件是某种页面元素，它包含组件类型（ComponentType）和组件实例（Component），组件类型是指某种页面元素的定义，组件实例是指组件类型的具体实现，也就是实例；UIML 采用相同的组件类型，不同的组件实例这种设计方式就能很好地解决界面的跨平台问题。

打个比方：页面需要开发一个发送邮件的模块，那么用 UIML 该怎么实现呢？我可以定义一个"电子邮件"的组件类型，包含发件人、收件人、标题、正文和附件这些展示元素；再定义"电子邮件"的具体组件实例：html 和 ipad。发送电子邮件时，Web 访问时采用 html 的样式属性，在 ipad 客户端时采用 ipad 的样式属性。升级扩展也容易，增加一种平台支持就增加一种样式，只要增加一个组件实例就可以了。

其次，组件配置化。

UIML 设计阶段的组件类型、组件实例等相关元素，全部都是可配置的。这意味着用户可以根据自己的需要，定义自己的组件库，UIML 也提供了组件继承和组件引用的功能，方便用户使用。UIML 的设计想法就是：一次定义，到处复用。

第三，开发过程可视化是 UIML 的另一个功能亮点。

很多界面开发框架有优秀的设计思路，但可惜没有好的图形化工具，用户往往需要手动编辑相关文件，实用性差，不利于用户上手。而 UIML 提供了图形化工具方便用户定义组件、编辑组件及生成代码，这样用户不用手动编辑一大堆配置文件，拖拖曳曳就可以完成上述工作，多爽。

无论组件设计者、引擎开发者还是普通开发者，UIML 都提供了各自的图形化工具，来提升开发效率。

最后，可重复生成配置，对程序员来说是很关键的。

Tiny 统一界面框架（UIML）可以根据定义好的组件类型（ComponentType）和组件实例（Component），通过代码生成工具，生成对应平台的界面代码，比如 Web 界面生成 html 代码，Android 界面生成 Java 代码。

一般的代码生成工具，只能覆盖上一次配置，如果用户有自定义的脚本内容也会丢失，这样在界面修改维护时程序员就会很麻烦，要对比历史页面才能修改，这样的工具使用起来就很鸡肋。Tiny 统一界面框架的特点是可以反复生成界面代码，同时不会覆盖用户自定义的内容。

12.1.4　UIML 优势

与传统界面开发方式相比，UIML 有一定的优势。

UIML 定义了三类开发角色：组件设计者、引擎开发者和普通开发者，三者各司其职，可以减少重复劳动，降低页面 bug。

而传统界面开发一般不进行角色分工，采用业务或功能分工，个人负责各自模块，重复或者冗余代码多，bug 也很难规避。

用户界面标记语言（User Interface Markup Language）是能够让用户创建网页来发送任何类型的接口设备的描述性语言，是一种广泛使用的程序界面描述语言。UIML 是 XML（扩展标记语言）的应用，可以认为它是用来描述用户接口的数据结构（域或者元素的名字）

的 XML 描述。UIML 目前支持 C++、CORBA、HTML、Java、Java EE、.NET、Symbian、QT、VB、VoiceXML、WML 等多种语言和协议，目前最新的规范是 UIML 4.0。

和用户界面标记语言对比，Tiny 统一界面框架（UIML）的优势如下：

- 框架功能定义明确，结构简单。将组件定义和组件实现区分开。
- 有完善的组件定义和开发的图形化工具，同时框架内置了很多常用组件，供不同角色的界面开发者使用。
- 框架提供了丰富的组件用例和帮助文档，方便新老用户上手。
- 代码生成不会覆盖用户自定义脚本。

Tiny 统一界面框架（UIML）没有走大而全的路，界面事件及界面逻辑还是由开发者根据自身需要实现，用户无需配置一大堆复杂的 UIML 文件。

12.2 UIML 开发指南

UIML 是 Tiny 框架的重要组成部分，它的核心工程是 org.tinygroup.uiml，UIML 设计时将元素定义和元素实现区分开来：元数据体现的就是定义，由组件设计者开发；而元素实现就是引擎开发者的工作了；普通开发者调用前两者开发的组件，实现相关业务逻辑。

UIML 工程的核心类如表 12-2 所示。

表 12-2 UIML组成说明

中 文 名	英 文 名	说 明
管理引擎	UimlEngine	统一界面开发框架（UIML）的管理器，其他元素都是由它完成加载、查找和卸载等功能
布局器类型	LayoutType	元数据，布局器类型定义
布局器	Layout	某个抽象布局器，可以理解为布局器类型的实例的父类。它包含一个或多个组件，由具体布局器子类实现组件之间的展示布局
组件类型	ComponentType	元数据，组件类型定义，通过*.componenttype.xml 文件进行配置
组件	Component	最基本的展示元素，是组件类型的实例，通过*.uimlcomponent.xml 文件进行配置
样式类型列表	StylesType	元数据，样式类型列表，通过*.stylestype.xml 文件进行配置
样式列表	Styles	具体样式列表，相当于 CSS 文件的概念，通过*.styles.xml 文件进行配置
样式类型	StyleType	元数据，样式类型定义
样式	Style	具体的样式，相当于 CSS 文件中某个具体 CSS
属性类型	PropertyType	元数据，属性类型
属性	Property	具体的属性

12.2.1 框架管理引擎

UimlEngine 作为统一界面开发框架的管理器，实现对框架各元素的管理，它的默认实现是 UimlEngineDefault。通过 UimlEngine 接口，代码生成工具就可以遍历和获取 UIML

样式和布局元素，根据不同平台的差异输出不同的代码样式，如 HTML。具体做法可以参考“模板语言实践”章节。

接口定义如图 12-2 所示。

```
UimlEngine
  SUPER_COMPONENT_TYPE : String
  STYLE_PROPERTY_KEY : String
  XSTREAM_PACKAGENAME : String
  addComponent(Component) : void
  removeComponent(Component) : void
  getComponent(String) : Component
  addComponentType(ComponentType) : void
  removeComponentType(ComponentType) : void
  getComponentTypeList(String) : Map<String, ComponentType>
  getComponentType(String, String) : ComponentType
  addStylesType(StylesType) : void
  removeStylesType(StylesType) : void
  getStyleType(String, String) : StyleType
  addStyle(Style) : void
  removeStyle(Style) : void
  addStyle(Styles) : void
  removeStyle(Styles) : void
  getStyle(String) : Style
  getComponentList() : Collection<Component>
  getPropertyList(Component, String) : List<Property>
  getStylePropertyList(Component, String) : List<Property>
  getPropertyTypeListWithPlatform(String, String) : Map<String, List<PropertyType>>
  getPropertyTypeListWithCategory(String, String) : Map<String, List<PropertyType>>
```

图 12-2　UimlEngine 接口

UimlEngine 接口说明如表 12-3 所示。

表 12-3　UimlEngine接口方法说明

方 法 名 称	方 法 说 明
addComponent	添加组件
removeComponent	移除组件
getComponent	获取组件
addComponentType	添加组件类型
removeComponentType	移除组件类型
getComponentTypeList	获取组件类型
getComponentType	获取指定平台指定类型的组件类型
addStylesType	添加样式类型
removeStylesType	移除样式类型
getStyleType	获取样式类型
addStyle	添加样式
removeStyle	移除样式

续表

方 法 名 称	方 法 说 明
getStyle	获取样式
getComponentList	返回指定平台类型的组件列表，注意只能返回平台为空或与指定的平台相等的组件
getPropertyList	获取组件在指定平台的属性列表，注意只能返回平台为空或与指定的平台相等的属性
getStylePropertyList	返回组件的样式属性列表，注意只能返回平台为空或与指定的平台相等的属性
getPropertyTypeListWithPlatform	获取某组件类型和某平台下，对应的属性类型列表
getPropertyTypeListWithCategory	获取某组件类型和某种分类下，对应的属性类型列表

框架管理引擎可以注册/注销以下对象：组件类型、组件、样式类型、样式；可以查询指定平台的组件列表、样式列表和属性列表。

12.2.2 组件类型

组件类型用于描述某种类型的组件，元数据类型之一，组件设计者用来定义界面元素。组件基础属性如表 12-4 所示。

表 12-4 属性简介

中 文 名 称	英 文 名 称	说 明
类型名称	type	类型名称，用于定义某一种类型的组件
所属平台	platform	组件所属平台，用于定义此类型属于哪种平台
继承组件类型	extendTypes	继承组件类型，如果继承自多个组件类型，则用“,”号分隔
图标	icon	图标，定义组件在编辑器的展示图标，如果不定义则为展示默认图标
标题	title	标题，定义组件在编辑器的展示名称
短描述	shortDescription	短描述
描述	description	长描述
属性列表	propertyTypes	组件配置定义的属性 List 集合

注意事项：

- ❑ 同一种平台下的同一种类型的组件只能有一个。
- ❑ 对于不指定平台的组件，表示它是一种通用组件。
- ❑ 如果存在通用组件，也存在指定平台的组件，则默认认为指定平台的组件是继承通用组件的；如果继承的也有，通用组件也有，则继承的优先。
- ❑ 继承通用组件类型是潜规则，继承另外一个组件类型是明规则，冲突时明规则优先。

组件类型配置文件匹配*.componenttype.xml，配置文件样例如下：

```
<component-type  extend-types="button" type="commitButton"
    platform="pad" name="commitbutton">
      <property-typename="bgcolor" title="背景颜色"
    default-value="red" category="category1">
```

```
    </property-type>
      <property-type name="bgcolor" title="背景颜色"
    default-value="green" category="category2">
    </property-type>
</component-type>
```

12.2.3 组件

组件是一种组件类型的一个具体实例，供引擎开发者配置、普通开发者完成业务逻辑。组件属性简要介绍如表 12-5 所示。

表 12-5　组件属性列表

属性名	配 置 名	说　明
id	id	必输项，组件的 ID，必须唯一。如果不输入，则用 UUID 作为组件 id
extendIds	extend-ids	非必输项，继承的组件 ID，如果继承自多个组件，则用“,”号分隔
refId	ref-id	非必输项，组件引用 ID
type	type	必输项，组件类型
styles	styles	非必输项，引用的样式名称，如果引用多个样式，则用“,”号分隔
properties	component-properties	非必输项，组件属性
uniqueStyle	private-style	非必输项，组件私有样式

在一个组件中，样式属性优先级顺序如下：

- 引用组件属性>组件私有属性>组件公有属性>继承组件属性。
- 组件如果设置了 refId，则框架解析该组件样式属性时，返回引用组件的样式属性，忽略其他属性。
- 组件如果没有设置 refId，则按继承组件属性、组件公有属性、组件私有属性依次加载样式属性，如果有重复的样式属性则覆盖。

组件配置文件匹配*.uimlcomponent.xml，配置文件样例如下：

```
<component id="parentComponent1" extend-ids="grandComponent"
 ref-id="" type="button" styles="web_parent1_css,pad_parent1_css">
 <private-style>
  <property platform="web" name="font-size" value="25px;"
   category="category1"></property>
  <property platform="pad" name="font-size" value="30px;"
   category="category2"></property>
  <property platform="web" name="background-color" value="red"
   category="category1"></property>
  <property platform="pad" name="background-color" value="green"
   category="category2"></property>
 </private-style>
 <component-properties>
  <property platform="web" name="colNames" value="[id,name,age]"
   category="category1"></property>
  <property platform="web" name="rowNum"
value="30" category="category1"></property>
  <property platform="pad" name="colNames" value="[id,name,age]"
   category="category2"></property>
  <property platform="pad" name="rowNum"
```

```
value="25" category="category2"></property>
 </component-properties>
</component>
```

12.2.4 样式列表

样式列表，包含一个或者多个样式，相当于 HTML 的 CSS 文件，里面包含多个 css 样式。样式配置文件匹配*.styles.xml，配置文件样例如下：

```
<styles>
 <style platform="web" name="web_css">
  <properties>
   <property platform="web" name="text-align" value="center"
    category="category1"></property>
   <property platform="web" name="color"
value="red" category="category1"></property>
   <property platform="web" name="margin"
value="0" category="category1"></property>
   <property platform="web" name="padding"
value="0" category="category1"></property>
  </properties>
 </style>
 <style platform="pad" name="pad_css">
  <properties>
   <property platform="pad" name="text-align" value="center"
    category="category2"></property>
   <property platform="pad" name="color" value="green"
    category="category2"></property>
   <property platform="pad" name="margin"
value="10" category="category2"></property>
   <property platform="pad" name="padding"
value="0" category="category2"></property>
  </properties>
 </style>
</styles>
```

12.2.5 样式

具体样式定义，相当于 CSS 文件的样式实例。样式定义需要指定平台信息、样式名称和具体样式属性列表，定义好之后就可以在其他配置文件通过样式名称直接引用该样式。样式配置片段如下：

```
<style platform="web" name="web_css">
 <properties>
  <property platform="web" name="text-align" value="center"
   category="category1"></property>
  <property platform="web" name="color"
value="red" category="category1"></property>
  <property platform="web" name="margin"
value="0" category="category1"></property>
  <property platform="web" name="padding"
value="0" category="category1"></property>
 </properties>
```

```
</style>
```

12.2.6　布局器类型

布局器定义实现，元数据类型之一，组件设计者用来定义界面元素。本身继承组件类型，可以认为布局器类型本身也是一类特殊的组件类型。

12.2.7　布局器

抽象布局器，可以理解为布局器类型的实例的父类。它包含一个或多个组件，由具体布局器子类实现组件之间的展示布局。Layout 目前支持六种布局，关于布局的说明如表 12-6 所示。

表 12-6　UI布局分类

布局中文名	布局英文名	说　明
边框布局	BorderLayout	边框布局包含下列五个区域：上、下、左、右、中。每个区域最多只能包含一个组件，并通过相应的常量进行标识：TOP、BOTTOM、LEFT、RIGHT 和 CENTER
卡片布局	CardLayout	卡片布局可以包含多个组件，但是每次只能看到一个组件。它允许用户按顺序浏览这些组件或者显示指定组件
多列布局	ColumnsLayout	多列布局每行组件数是固定的，超过的组件会自动布置到下一列。容器每行被分成大小相等的矩形，一个矩形中放置一个组件
表格布局	GridLayout	表格布局以矩形网格形式对容器的组件进行布置。容器被分成大小相等的矩形，一个矩形中放置一个组件。可以理解为 Html 中的 Table
分页布局	TabLayout	分页布局可以包含多个分页，每个分页中放置一个组件。用户可以通过操作分页来切换组件
坐标布局	XYLayout	坐标布局以 X、Y 定位组件在容器内的坐标，以此来展示组件

12.2.8　样式类型列表

样式类型列表，至少包含一个样式类型，元数据之一，组件设计者用来定义界面元素。需要指定所属的平台，只有在所属平台的样式列表中才可以选择对应的样式。

12.2.9　样式类型

样式类型定义，元数据之一，组件设计者用来定义界面元素。每个样式类型包含样式名称和一组属性类型。

12.2.10　属性类型

属性类型，元数据之一，组件设计者用来定义界面元素。属性类型配置文件片段如下：

```
<property-type name="bgcolor" title="背景颜色"
default-value="red" category="category1">
</property-type>
```

12.2.11 属性

属性，是组件和样式的基础组成，也是界面元素的底层组成。属性配置文件片段如下：

```
<property platform="pad" name="background-color"
value="green" category="category2">
</property>
```

12.3 UIML 使用实践

本节的重点是介绍 Eclipse 插件：图形编辑器的使用，教导用户通过工具快速简洁地开发界面布局，以及采用角色分工，最后通过演示开发消息框的过程，让读者进一步了解 UIML 的应用方式。

本章应用示例工程代码，请参考附录 A 中的 org.tinygroup.uiml.demo（统一界面框架示例工程）。

12.3.1 UIML 的配置

Tiny 提供了 Eclipse 插件方便开发人员开发界面布局文件，如图 12-3 所示。

图 12-3 新建布局文件

选择 UIML 的“页面布局”就可以创建新的布局文件，后缀是*.uiml。然后就可以通过图形编辑器进行预览和操作。此时打开用户创建的布局文件，会看见如图 12-4 所示的空白界面。

图 12-4　空白布局

因为用户没有导入任何布局和组件依赖，因此布局文件右侧的控件列表是空的。这时候用户可以在工程的 pom 文件增加如下依赖：

```
<dependency>
   <groupId>org.tinygroup</groupId>
   <artifactId>org.tinygroup.uimllayout</artifactId>
   <version>${tiny_version}</version>
</dependency>
```

之后，重新刷新演示工程，再打开用户的布局文件，可以看到相关的布局和组件列表，如图 12-5 所示。

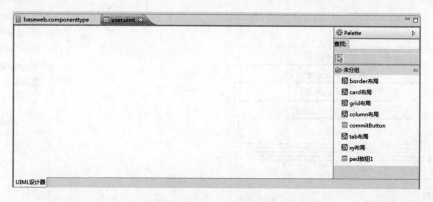

图 12-5　添加依赖后的布局

12.3.2　图形编辑器

界面编辑器又称 UIML 设计器，是 Tiny 框架设计的编辑界面布局的开发工具。界面编辑器是所见即所得，支持各种常见的操作。

界面设计是多角色、多步骤的一个开发过程。

- 界面组件设计人员：定义界面组件及布局的元数据文件（*.componenttype 和 *.layouttype）。
- 界面开发人员：导入相关组件、布局的元数据到业务工程，使用界面编辑器生成布局文件（*.uiml）。
- 一般开发人员：调用代码生成工具，根据布局文件生成对应平台的开发代码。

界面编辑器类似流程编辑器，也分为面板、属性栏和层次关系。

- 面板提供图形化控件供用户选择，主要分三块区域：布局区域，用户操作都是所见即所得，非常直观；右侧的组件列表展示了用户可以使用的布局和组件列表。目前用户可以扩展组件。
- 属性栏提供用户配置布局、组件定义的属性。用户打开 Eclipse 的 Properties 视图即可看到。
- 对于比较复杂，层次嵌套很多的布局，层次关系就不够直观；界面编辑器提供了层次关系，以树的形式展示布局和组件的关系，用户打开 Eclipse 的 Outline 视图即可看到。

界面编辑器的整体效果如图 12-6 所示。

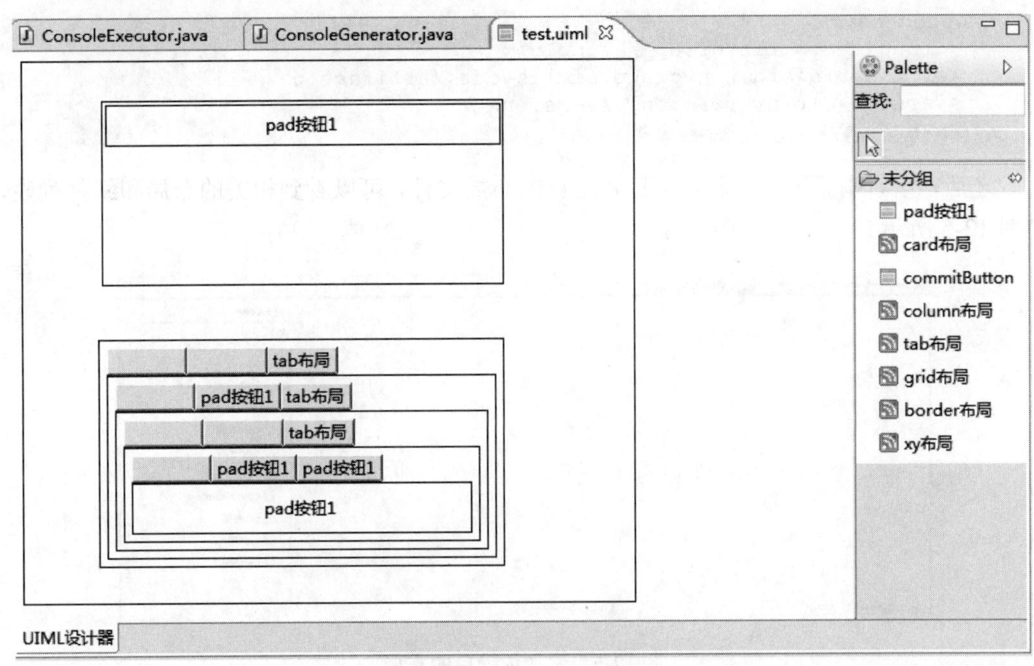

图 12-6 UIML 的预览效果

先前介绍布局器时，提到目前 UIML 有六类布局，布局器与布局器之间是可以重复嵌套的。

属性栏的示例图如图 12-7 所示。

Problems | @ Javadoc | Declaration | Console | Properties | Progress

基本属性

Property	Value
◢ 组件属性	
01.宽度	453
02.高度	394
03.标题	xy布局
04.标识	d8dc8ed35baf429b84b3ac86fa368c69
05.继承组件标识	
06.引用组件标识	
07.样式	
08.组件类型	xylayput

图 12-7　布局器的基本属性

有时候，层次多了，不容易看出组件和布局器之间的嵌套关系，这时候就可以采用层次树的方式查看，如图 12-8 所示。

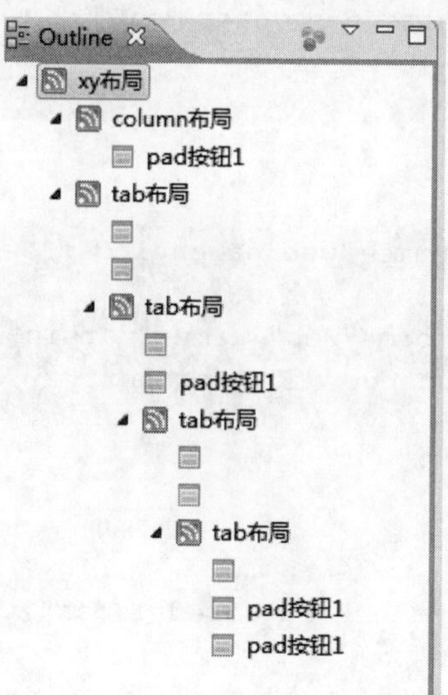

图 12-8　UIML 的层次树展示

12.3.3　样式简单示例

这个测试用例验证管理引擎对样式文件的加载，首先看定义的六种样式文件。

样式 1：

```
<style platform="web" name="web_css">
    <properties>
        <property platform="web" name="text-align" value="center"
            category="category1"></property>
        <property platform="web" name="color"
            value="red" category="category1"></property>
```

```
        <property platform="web" name="margin"
            value="0" category="category1"></property>
        <property platform="web" name="padding"
            value="0" category="category1"></property>
    </properties>
</style>
```

样式 2：

```
<style platform="pad" name="pad_css">
    <properties>
        <property platform="pad" name="text-align" value="center"
            category="category2"></property>
        <property platform="pad" name="color" value="green"
            category="category2"></property>
        <property platform="pad" name="margin"
            value="10" category="category2"></property>
        <property platform="pad" name="padding"
            value="0" category="category2"></property>
    </properties>
</style>
```

样式 3：

```
<style platform="web" name="web_parent1_css">
    <properties>
        <property platform="web" name="margin-left" value="20px;"
            category="category1"></property>
    </properties>
</style>
```

样式 4：

```
<style platform="pad" name="pad_parent1_css">
    <properties>
        <property platform="pad" name="margin-left" value="30px;"
            category="category2"></property>
    </properties>
</style>
```

样式 5：

```
<style platform="web" name="web_parent2_css">
    <properties>
        <property platform="web" name="border"
        value="1" category="category1"></property>
    </properties>
</style>
```

样式 6：

```
<style platform="pad" name="pad_parent2_css">
```

```
    <properties>
        <property platform="pad" name="border"
        value="2" category="category2"></property>
    </properties>
</style>
```

测试代码如下：

```
Style webStyle = uimlEngine.getStyle("web_css");
                                            //验证 styles 中的 web_css 样式
    assertNotNull(webStyle);
    assertEquals("web",webStyle.getPlatform());
    List<Property> webPropertyList =
    webStyle.getProperties().getPropertyList();
    assertEquals(4,webPropertyList.size());
    for(Property property:webPropertyList){
     if(property.getName().equals("margin")){
       assertEquals("0",property.getValue());  //验证 margin 属性
     }
    }
```

验证属性的继承以及重复属性的覆盖。

```
Style padStyle = uimlEngine.getStyle("pad_css");
                                            //验证 styles 中的 pad_css 样式
    assertNotNull(padStyle);
    assertEquals("pad",padStyle.getPlatform());
    List<Property> padPropertyList =
 padStyle.getProperties().getPropertyList();
    assertEquals(4,padPropertyList.size());
    for(Property property:padPropertyList){
     if(property.getName().equals("margin")){
      assertEquals("10",property.getValue());  //验证 margin 属性
     }
    }
```

需要注意：样式文件的 name 属性必须配置成唯一的，不同平台的同类样式文件不能重复命名。

12.3.4　开发流程示例

举个消息框的小例子，来模拟一下 UIML 的实际开发流程。

首先，组件设计者分析业务需求：

- 消息框可以分为错误提示、消息提示以及自定义消息。
- 错误提示和消息提示可以设置信息、组件高度和组件宽度，自定义消息则可以设置消息图标、信息、组件高度和组件宽度。
- 消息框可以支持 Web 和 Swing 两种平台。

设计方案：定义一个消息框的组件类型，包含消息图标、信息、组件高度和组件宽度

四种样式、属性；错误提示、消息提示以及自定义消息属于业务类别，通过组件实例体现。

消息框组件类型元数据，定义如下：

```
<component-type  type="messageBox" platform="" name="message">
    <property-type name="icon" title="消息图标"
    default-value="info.png" category=""></property-type>
    <property-type name="width" title="组件宽度"
    default-value="300px" category=""></property-type>
    <property-type name="height" title="组件高度"
    default-value="200px" category=""></property-type>
    <property-type name="info" title="消息内容"
    default-value="" category=""></property-type>
</component-type>
```

这部分工作应该由组件设计人员完成，根据前者完成组件元数据，引擎开发者根据定义好的消息框组件，定义 Web 和 Swing 平台的样式属性，并生成组件实例，实例配置如下：

```
<component id="messageComponent" ref-id="" type="messageBox"
    styles="web_css,swing_css">
    <private-style>
        <property platform="web" name="icon" value="logo.png"
            category="category1"></property>
        <property platform="swing" name="icon" value="logo.png"
            category="category2"></property>
    </private-style>
    <component-properties>
        <property platform="web" name="info" value=""
            category="category1"></property>
        <property platform="swing" name="info" value=""
            category="category2"></property>
    </component-properties>
</component>
```

最后，根据组件实例配置，利用平台代码生成工具生成相关组件的组件代码。

设计心得体会：因为组件设计者要考虑平台差异、样式差异和兼容性问题，组件类型往往需要配置很多属性，导致工具生成调用接口需要传很多参数，这样对普通开发者很不友好。引擎开发者需要分析业务需求，再次封装调用接口，减少普通开发者传递的参数个数。一般而言，调用接口的参数个数不宜超过 3 个。

12.4 常见 FAQ

UIML 统一界面在实际使用过程中，用户不可避免地会遇到各种问题。Tiny 团队总结了一些常见的问题，并制作成 FAQ，希望能帮助用户节约时间。

12.4.1 请问 UIML 开发必须区别三类角色吗？

答：首先 Tiny 统一界面框架没有任何强制要求，用户完全可以按照工程现状和团队规模，合理安排开发人员分工。之所以建议技术团队区分出组件设计者、引擎开发者和普通开发者，是考虑到 UIML 开发的流程而提出的合理性建议。新手如果不区分很容易走上老路：重复造轮子、频繁的界面返工，人为进行分工可以有效减少这方面的失误。

12.4.2　请问 UIML 开发需要了解哪些新的概念？

答：UIML 采用组件方式进行界面开发，将原有任务分配给不同开发角色，大部分开发工作可以通过图形化界面完成；框架组件渲染要用到模板引擎，所以开发人员对模板语言及语法要有所了解。

12.4.3　请问 UIML 开发支持 Spring 等常用框架吗？

答：支持。统一界面开发框架（UIML）仅涉及项目界面，并不影响项目的框架或流程；采用 UIML 开发界面后，原有项目支持的技术框架依然有效。

12.4.4　请问 UIML 支持哪些平台？

答：统一界面开发框架（UIML）设计的初衷就是解决各种平台下的界面开发问题，框架本身只负责定义页面的元数据，用户负责具体平台的组件实现。理论上是支持任意平台的，无论是 html 网页还是 ipad、Android 都是可以的。

12.4.5　请问可以修改引用组件的属性吗？

答：不可以。引用组件在统一界面开发框架（UIML）中被认为是只读元素，不可以再次编辑。

12.4.6　请问设计组件必须指定平台属性吗？

答：可以不指定。不指定平台的组件就是通用组件，UIML 默认认为指定平台的组件是继承通用组件的；如果继承的也有，通用组件也有，则继承的优先。所以设计组件时要把通用属性、样式放到通用组件中，这是好的设计习惯。

12.5　本 章 总 结

UIML 统一界面开发，是 Tiny 框架针对 Java EE 的界面开发提出的一种框架级的解决方案，通过定义界面开发的布局和组件元素，屏蔽各种平台的前端开发差异，能有效降低开发人员的 Bug，提高项目团队的开发进度。

本章先介绍了 UIML 的背景和设计思路，提出 UIML 自身的技术特点和优势。在开发指南小节，依次说明框架管理引擎、组件类型、组件、样式类型、样式、布局器类型、布局器、属性类型和属性，让用户从代码级别熟悉 UIML 的设计细节。为了让基础较薄弱的同学也能很好地理解 UIML，实践章节不光介绍了完整的 UIML 配置和 Eclipse 插件：图形编辑器，还给出样式开发和流程开发的具体示例。最后，汇总常见的用户问题为 FAQ，方便用户查阅。

第 13 章　RESTful 实践

本章开始讲解 RESTful 的知识，目前 RESTful 风格的架构设计非常流行，我们将介绍 Spring RESTful 的开发方式，这种方式比较适用于新项目开发，并不适用于已经开发完毕的项目，在不改动源代码的基础之上增加 RESTful 风格的访问方式。Tiny RESTful 就是为解决这个问题而设计的，本章将详细介绍 Tiny RESTful 的设计思想与实现过程。下面先了解一下 RESTful 相关的知识。

13.1　RESTful 简介

随着社交网络的兴起，尤其以 Twitter、微博为代表的网站不仅面向普通用户提供服务，同时还为开发者提供“开放平台”。其中 RESTful API 以它结构清晰、符合标准、易于理解以及扩展方便的优势成为了社交网站的首选方案。

REST 这个词的概念首次出现在 2000 年 Roy Fielding 的博士论文中。REST（英文：Representational State Transfer，REST）描述了一个架构样式的网络系统，比如 Web 应用程序。许多人对这个词组的翻译是“表现层状态转化”。深刻理解这个词组，其实内部包含三部分内容。

1. 资源

“表现层状态转化”中，省略了主语。“表现层”其实指的是“资源”（Resources）的“表现层”。所谓“资源”，就是网络上的一个实体，或者说是网络上的一个具体信息。它可以是一段文本、一张图片、一首歌曲、一种服务，总之就是一个具体的资源。用户可以用一个 URI（统一资源定位符）指向它，每种资源对应一个特定的 URI。

2. 表现层

“资源”是一种信息实体，它可以有多种外在表现形式。我们把“资源”具体呈现出来的形式，叫做它的“表现层”（Representation）。比如，文本可以用 txt 格式表现，也可以用 HTML 格式、XML 格式和 JSON 格式表现，甚至可以采用二进制格式；图片可以用 JPG 格式表现。

3. 状态转化

访问一个网站，就代表了客户端和服务器的一个互动过程。在这个过程中，涉及到数据和状态的变化。HTTP 协议里面，四个表示操作方式的动词：GET、POST、PUT 和 DELETE。它们分别对应四种基本操作：GET 用来获取资源，POST 用来新建资源（也可以用于更新资源），PUT 用来更新资源，DELETE 用来删除资源。

RESTful 是一种软件架构风格、设计风格而不是标准，只是提供了一组设计原则和约束条件。它主要用于 Browser 和 Server 交互类的软件。基于这个风格设计的软件可以更简洁，更有层次，更易于实现缓存等机制。

REST 设计哲学变得越来越流行，许多 RESTful 框架如雨后春笋般涌现出来，但如何选择呢？笔者试验了一些 Java REST 框架，感觉大多数情况下 Spring 是构建 RESTful 应用程序的首选。这些 RESTful 框架比较适合全新的项目，按照 RESTful 框架提供的 API 进行开发，使之支持 RESTful 风格的访问方式。我们还会面临这样的一个问题，那就是项目已经开发完毕，需要在不改动现有代码的基础上增加 RESTful 风格的 URL 访问方式，笔者发现许多开源的 RESTful 框架都无法解决这个问题，而 Tiny RESTful 框架就是为了解决这个问题而设计的。

下面章节我们将举例 Spring RESTful 是如何应用的，以及 Tiny RESTful 的设计原理与实现，看看它是如何在不改变代码的基础上，为项目增加 RESTful 风格的访问方式。

13.2 Spring RESTful 实践

Spring 是大家比较熟悉的开源框架，它也支持 RESTful 风格的 URL 访问方式。本节将简单介绍 Spring 框架中 RESTful 的开发过程。

13.2.1 Spring RESTful 简介

从 Spring MVC 3.0 后可以将应用的数据作为 REST 服务发布，增加了 RESTful 风格的 URL。

将应用数据用户作为 REST 服务发布主要是可以通过 SpringMVC 注解元素 @RequestMapping、@PathVariable 实现具体的配置。使用这些注解修饰一个 SpringMVC 处理程序方法，使 Spring 能将应用数据作为 REST 服务发布。将 Web 应用的数据作为 REST 服务发布，按照 Web 服务中更加专业的说法是“创建一个端点”。

REST 服务中很重要的一个特性即是同一资源多种表述。Spring 通过视图和内容协商来实现这一特性。其中的 ContentNegotiatingViewResolver 这个视图解析器，允许使用者用同样的内容数据来呈现不同的视图。支持三种方式，如表 13-1、表 13-2 和表 13-3 所示。

1．方式1：使用扩展名

表 13-1　扩展名方式

内　容	说　明
http://www.test.com/user.xml	呈现 xml 文件

续表

内　　容	说　　明
http://www.test.com/user.json	呈现 json 格式
http://www.test.com/user	使用默认 view 呈现，比如 JSP 等

2．方式2：使用http request header的Accept

表 13-2　请求头方式

内　　容	说　　明
GET /user HTTP/1.1 Accept:application/xml	呈现 xml 文件
GET /user HTTP/1.1 Accept:application/json	呈现 json 格式

3．方式3：使用参数

表 13-3　请求参数方式

内　　容	说　　明
http://www.test.com/user?format=xml	呈现 xml 文件
http://www.test.com/user?format=json	呈现 json 格式

13.2.2　使用注解配置 URL 映射

1. RequestMapping注解使用

Spring MVC 使用@RequestMapping 注解映射请求的 URL，它是定义 RESTful 风格 URL 的首选方式。@RequestMapping 使用 value 值指定请求的 URL，如@RequestMapping("/user")、@RequestMapping(value="/user")等。@RequestMapping 注解可以在类和类方法上定义，如果在类和方法上分别定义了，最终会组装成完整的 URL 请求路径。先来看看下面支持 RESTful 风格的，用 SpringMVC 开发的控制层代码。

```
@Controller
public class DefaultAction {
    @RequestMapping(value = {"/savepic","/upload"})
    public String upload() {
        ……
        return "myview"
    }

    @RequestMapping(value = "/login", method = RequestMethod.GET)
    public String login() {
        ……
        return "login.pagelet";
    }

    @RequestMapping(value = "/login", method = RequestMethod.POST)
    public String doLogin(String username, String password, Model model) {
        ……
        return "login ";
```

```
    }
}
```

通过使用@RequestMapping(value = "/login", method = RequestMethod.GET)修饰控制器的处理方法，“-GET http://[host_name]/[app-name]/login”请求路径最终映射到 DefaultAction 的 login 方法。

@RequestMapping 中的 value 可以定义一个或多个值，即多个 URL 可以通过同一个程序方式处理；method 用于将方法装饰成处理指定 HTTP 请求类型。值得注意的是，如果没有指定 method 的值，那么可以对多种 HTTP 请求类型进行处理。Web 浏览器使用 HTTP GET 和 HTTP POST 进行主要操作。

HTTP 请求类型一共有 8 种：GET、HEAD、POST、PUT、DELETE、OPTIONS 和 TRACE。REST 风格的 Web 服务可能需要用到这些类型的 HTTP 请求。

@RequestMapping 不但支持标准 URL，还支持 Ant 风格（即?、*和**的字符）的和{xxx}占位符的 URL，以下都是合法的 URL。

- /user/*/from：匹配/user/323/form、/user/tiny/form 等 URL。
- /user/**/list：匹配/user/list、/user/tiny/123/list 等 URL。
- /user/{id}/form：匹配/user/123/form 等 URL。

带占位符的 URL 是 Spring 3.0 的新增功能，该功能使得 Spring MVC 有效地支持 RESTful 风格。通过@PathVariable 可以将 URL 中的占位符参数绑定到控制器处理方法的入参中。

2. PathVariable注解使用

在 SpringMVC 中用户可以使用@PathVariable 注解将 URL 路径中的占位符绑定处理程序的方法的入参。为了在 Spring 中构建 REST 服务，用户可以使用@PathVariable 注解，它将作为输入参数添加到处理程序方法，以便在处理程序方法主体中使用。

```
@RequestMapping(path="/owners/{ownerId}/pets/{petId}",
method=RequestMethod.GET)
public String findPet(@PathVariable String ownerId,
 @PathVariable String petId, Model model) {
    Owner owner = ownerService.findOwner(ownerId);
    Pet pet = owner.getPet(petId);
    model.addAttribute("pet", pet);
    return "displayPet";
}
```

@RequestMapping 值含{ownerId}，{}中的值用于指出 URL 参数是变量。处理程序方法定义了输入参数@PathVariable String ownerId 这个声明与形成 URL 一部分的 ownerId 值相关。其实还有另一种写法：@PathVariable(“ownerId”) String id，这样 URL 中的占位符就可以以任意合法变量名组成处理函数的入参。

3. SpringMVC的视图和内容协商

当 Web 应用接收一个请求，请求包含一系列的属性，SpringMVC 根据请求方的要求返回合适的内容和类型，判断的依据主要包括以下两个属性：

- 请求中提供的 URL 扩展名；
- HTTP Accept 头标。

例如，如果一个 URL 是 http://www.example.com/users/fred.pdf，控制器能根据扩展名委派代表 PDF 的一个逻辑视图；如果 URL 是 http://www.example.com/users/fred.xml 则委派代表 XML 的逻辑视图。

但是，请求很有可能采用形如 http://www.example.com/users/fred 的 URL。这个请求应该委派 PDF 视图还是 XML 视图呢？通过 URL 无法判定，SpringMVC 会采用默认视图。除此以外，还可以检查请求 HTTP Accept 头标来确定哪种视图更适合。

SpringMVC 通过 ContentNegotiatingViewResolver 解析器来支持头标检查，使视图委派可以根据 URL 文件扩展名或 HTTP Accept 头标值做视图解析。下面介绍它的配置集成方式。

```
<bean
   class="org.springframework.web.servlet.view.ContentNegotiatingView
   Resolver">
   <property name="mediaTypes">
      <map>
         <entry key="atom" value="application/atom+xml"/>
         <entry key="html" value="text/html"/>
         <entry key="json" value="application/json"/>
      </map>
   </property>
   <property name="viewResolvers">
      <list>
         <bean
            class="org.springframework.web.servlet.view.BeanNameView
            Resolver"/>
         <bean
      class="org.springframework.web.servlet.view.InternalResourceView
      Resolver">
            <property name="prefix" value="/WEB-INF/jsp/"/>
            <property name="suffix" value=".jsp"/>
         </bean>
      </list>
   </property>
   <property name="defaultViews">
      <list>
         <bean
      class="org.springframework.web.servlet.view.json.MappingJackson
      2JsonView"/>
      </list>
   </property>
</bean>

<bean id="content" class="com.foo.samples.rest.SampleContentAtomView"/>
```

ContentNegotiatingViewResolver 不解析视图本身，而是将它们委派给其他视图解析器。它像一个仲裁机构或代理人，根据请求信息从上下文选择一个合适的视图解析器负责解析。因此，一般将 ContentNegotiatingViewResolver 的优先等级设置为最高，以保证

ContentNegotiatingViewResolver 最先调用。

ContentNegotiatingViewResolver 解析器首先按照如下原则确定请求的 MediaType：

- ❑ 根据请求的路径的扩展名确定 MediaType。
- ❑ 如果请求路径没有扩展名，支持请求参数方式获取请求的 MediaType。
- ❑ 使用请求的 HTTP Accept 请求头方式获取请求的 MediaType。
- ❑ 前面还是找不到请求的 MediaType，那么使用设置的默认 MediaType。

找到请求的 MediaType，然后选择与请求 MediaType 类型最匹配的视图。

4. RestController 注解

在控制器中实现 REST API 时，HTTP 响应的内容常常是 JSON、XML 或者其他定制的 MediaType，所以常常需要在控制器中的处理方法使用@RequestMapping 和@ResponseBody。为了使用方便，Spring 4 开始提供了@RestController 注解，用户可以在控制器的类上使用@RestController 注解

@RestController 注解合并了@ResponseBody 和 @Controller。使用这个注解，可以赋予控制器更多的含义。Spring 官方说明显示在未来发行版的框架中将提供更多的功能。和原来的@Controller 一样，使用了@RestController 可以标记一个@ControllerAdvice Bean。

13.3 Tiny RESTful 风格实践

上面介绍的采用 Spring 来实现 RESTful 风格开发，比较适合于全新的项目以及使用 Spring 来开发控制层的项目，但是有时我们是已经开发好的项目，原来不是 RESTful 风格的，但是想对外提供 RESTful 风格访问方式的同时又不想对原来的代码进行大的重构，那有没有好的办法呢？

这种情况下就可以用到 Tiny RESTful 框架了。

其实 Tiny RESTful 不是真正意义上的 RESTful 框架，它的实质是为非 RESTful 风格的应用提供一个 RESTful 风格的门面，内部定义了一套 URL 映射规范，可以把 RESTful 风格的请求转换成真正的请求访问路径。这样做的好处就是：用非常小的成本，在不对原来代码进行大的重构的情况下，可以对外提供 RESTful 风格的优雅访问方式。那么 Tiny RESTful 是如何实现的呢？下面我们会详细说明它的设计思路。

13.3.1 URL 映射功能

Tiny RESTful 框架通过 URL 映射功能，把 RESTful 风格的 URL 请求映射为其他 Web 框架可以处理的请求地址，这样对于访问者来说，就感觉是系统提供了 RESTful 风格访问方式一样。

先来看看 URL 映射功能需要的规则配置文件，具体节点属性说明如表 13-4 所示。

```
<rules>
   <rule pattern="/users/{id}">
      <mapping method="get" accept="text/html"
               url="queryUsersTiny.servicepage"></mapping>
      <mapping method="post" accept="text/html"
               url="addUserTiny.servicepage"></mapping>
      <mapping method="put" accept="text/html"
               url="updateUserTiny.servicepage"></mapping>
      <mapping method="delete" accept="text/html"
               url="deleteUserTiny.servicepage"></mapping>
      <mapping method="get" accept="text/json"
               url="queryUsersTiny.servicejson"></mapping>
   </rule>
   <rule pattern="/users/new/">
      <mapping method="get" accept="text/html"
               url="crud/restful/operate.page"></mapping>
   </rule>
   <rule pattern="/users/edit/{id}">
      <mapping method="get" accept="text/html"
               url="queryUserByIdTiny.servicepage"></mapping>
   </rule>
   <rule pattern="/users/edit/{id:.*}">
      <mapping method="get" accept="text/html"
               url="queryUserByIdTiny.servicepage"></mapping>
   </rule>
   <rule pattern="/users/{id}/{@beantype}">
      <mapping method="post" accept="text/html"
               url="addUserTiny.servicepage"></mapping>
   </rule>
   <rule pattern="/users/{id}/classes/{name}">
      <mapping method="post" accept="text/html"
               url="queryclasses.servicepage"></mapping>
   </rule>
</rules>
```

表 13-4　配置说明

节点名称	说　明
Rules	一系列规则的根节点
Rule	表示一条转换规则
Pattern	匹配表达式，与浏览器输入的 URL 地址进行匹配，它可以有占位符，匹配请求 URL 地址对应的信息
Mapping	代表请求映射规则，此次请求真正的访问路径
Method	此次请求的方法，就是 http 请求对应的方法，如 get、post、delete 和 put 等
Accept	请求头 accept：浏览器支持的 MIME 类型
url	真正请求的访问路径

配置文件定义了一系列 URL 映射规则，框架把这些配置文件映射成对象结构体系。配置对象结构层级，如图 13-1 所示。

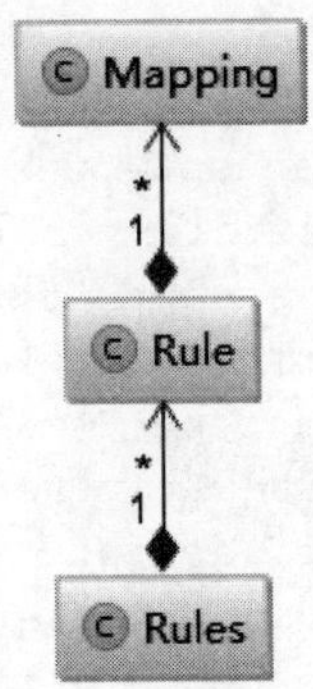

图 13-1　配置对象结构类图

表 13-5 所示是对配置类对象的说明。

表 13-5　配置类说明

类　名	说　明
Rules	一组 URL 规则，可以关联多个 URL 规则
Rule	描述 URL 规则的类，可以关联多个 URL 映射
Mapping	描述 URL 映射的类

13.3.2　URL 映射管理功能

1. URL映射配置管理

Tiny RESTful 框架设计的 UrlRestfulManager 接口就是 URL 映射资源文件的管理器，内部定义了管理 URL 映射资源对象的方法，如图 13-2 所示是其接口定义。

UrlRestfulManager
URL_RESTFUL_XSTREAM : String
addRules(Rules) : void
removeRules(Rules) : void
getContext(String, String, String) : Context

图 13-2　UrlRestfulManager 接口

表 13-6 所示是对 UrlRestfulManager 接口方法的说明。

表 13-6　UrlRestfulManager接口方法说明

方 法 名	说　明
addRules	添加 UrlRestfulFileProcessor 收集到的 URL 映射规则文件
removeRules	移除 UrlRestfulFileProcessor 收集到的 URL 映射规则文件
getContext	根据请求路径、请求的方法以及请求头的 accept 组装此次请求的上下文对象

接口方法上定义了 Context 对象，该对象设计的目的就是记录此次 RESTful 请求过程中相关的信息，比如此次请求相关的映射信息 Mapping、此次请求匹配的规则对象，以及

此次请求匹配的参数信息。Context 的类代码如下：

```
public class Context {
    /**
    * 查找到的 UrlMapping
    */
    private Mapping mapping;
    /**
     * 路径匹配得到的变量
     */
    private Map<String, String> variableMap;

    private Rule rule;

    public Context(Rule rule, Mapping mapping,
                   Map<String, String> variableMap) {
        super();
        this.mapping = mapping;
        this.variableMap = variableMap;
        this.rule = rule;
    }

    public Mapping getMapping() {
        return mapping;
    }

    public void setMapping(Mapping mapping) {
        this.mapping = mapping;
    }

    public Map<String, String> getVariableMap() {
        return variableMap;
    }

    public void setVariableMap(Map<String, String> variableMap) {
        this.variableMap = variableMap;
    }

    public Rule getRule() {
        return rule;
    }

    public void setRule(Rule rule) {
        this.rule = rule;
    }

    public String getMappingUrl() {
        return mapping.getUrl();
    }

}
```

下面我们来看看 URL 映射管理功能整体的 UML 类图设计，如图 13-3 所示。

UrlRestfulManagerImpl 是框架提供的 URL 映射管理接口默认实现，内部通过 URL 映射文件处理器收集 URL 映射资源文件，然后加入到管理器中。接下来会介绍 URL 映射文件处理器相关功能。

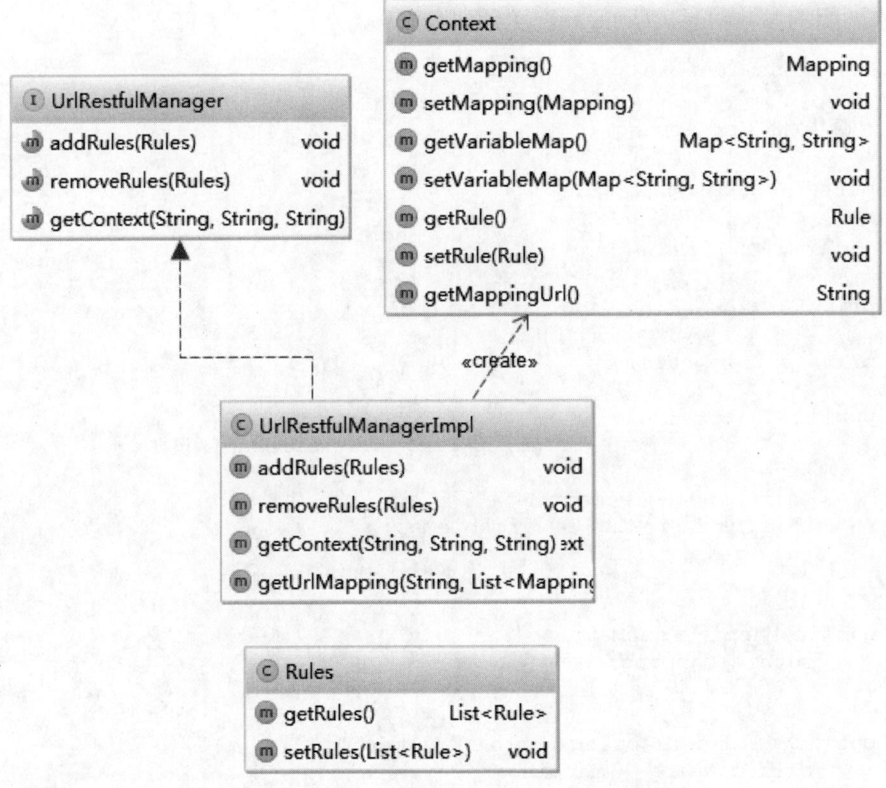

图 13-3 URL 映射规则管理接口的类关系图

2. 文件处理器

Tiny 框架采用文件搜索处理器机制来收集 URL 映射规则文件，文件搜索处理器的原理详见“文件处理框架实践”章节。Tiny RESTful 扩展了文件处理器，用它来收集工程下所有的 URL 映射配置文件。UrlRestfulFileProcessor 类就是搜索 URL 映射配置文件的文件处理器，它会搜索项目下所有以“.restful.xml”结尾的文件。下面是该类的具体类代码。

```
public class UrlRestfulFileProcessor extends AbstractFileProcessor {

   private static final String RESTFUL_EXT_FILENAME = ".restful.xml";

   private UrlRestfulManager urlRestfulManager;
     //判断文件后缀是否匹配
   public boolean checkMatch(FileObject fileObject) {
       return fileObject.getFileName().toLowerCase()
               .endsWith(RESTFUL_EXT_FILENAME);
   }

   public void setUrlRestfulManager(UrlRestfulManager urlRestfulManager) {
       this.urlRestfulManager = urlRestfulManager;
   }
```

```
    //执行 restful 配置文件的更新加载逻辑
    public void process() {
    XStream stream = XStreamFactory
            .getXStream(UrlRestfulManager.URL_RESTFUL_XSTREAM);
        for (FileObject fileObject : deleteList) {
            LOGGER.logMessage(LogLevel.INFO, "正在移除 restful 文件[{0}]",
                    fileObject.getAbsolutePath());
            Rules Rules = (Rules) caches.get(fileObject
                    .getAbsolutePath());
            if (Rules != null) {
                urlRestfulManager.removeRules(Rules);
                caches.remove(fileObject.getAbsolutePath());
            }
            LOGGER.logMessage(LogLevel.INFO, "移除 restful 文件[{0}]结束",
                    fileObject.getAbsolutePath());
        }
        for (FileObject fileObject : changeList) {
            LOGGER.logMessage(LogLevel.INFO, "正在加载 restful 文件[{0}]",
                    fileObject.getAbsolutePath());
            Rules Rules = (Rules) stream.fromXML(fileObject
                    .getInputStream());
            Rules oldRules = (Rules) caches.get(fileObject
                    .getAbsolutePath());
            if (oldRules != null) {
                urlRestfulManager.removeRules(oldRules);
            }
            urlRestfulManager.addRules(Rules);
            caches.put(fileObject.getAbsolutePath(), Rules);
            LOGGER.logMessage(LogLevel.INFO, "加载 restful 文件[{0}]结束",
                    fileObject.getAbsolutePath());
        }
    }
}
```

UrlRestfulFileProcessor 文件处理器的层级关系，如图 13-4 所示。

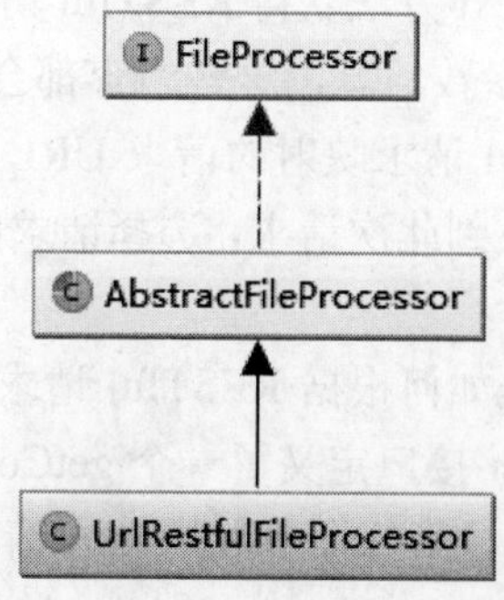

图 13-4 UrlRestfulFileProcessor 处理器 UML 类图

UrlRestfulFileProcessor 会搜索项目中所有以“.restful.xml”结尾的文件，把它序列化

成 URL 映射规则对象 Rules。然后加入到 RESTful 映射配置管理器中。

13.3.3 URL 重写

Tiny RESTful 框架需要把 REST 风格的请求 URL 转换成其他 Web 框架可以处理的 URL，这是通过 URL 重写功能来完成的。URL 重写相关方面的详细描述可以参考第 11 章“Web 扩展实践”。Tiny RESTful 就是利用 RewriteTinyFilter 过滤器的扩展机制来完成 URL 重写功能的。

首先来看看 RewriteSubstitutionHandler 接口定义：

```
public interface RewriteSubstitutionHandler {
    /** 处理程序有机会可以修改 path 和参数。 */
    void postSubstitution(RewriteSubstitutionContext context);
}
```

接口只定义了一个方法 postSubstitution 。利用这个接口方法在请求映射到具体处理器之前修改 HttpRequest 的 path 和请求参数。所以 Tiny RESTful 可以把 RESTful 请求路径映射到其他 Web 框架可以处理的请求 URL。

RestfulStyleSubstitutionHandler 类是 RewriteSubstitutionHandler 接口的实现类，类关系如图 13-5 所示。

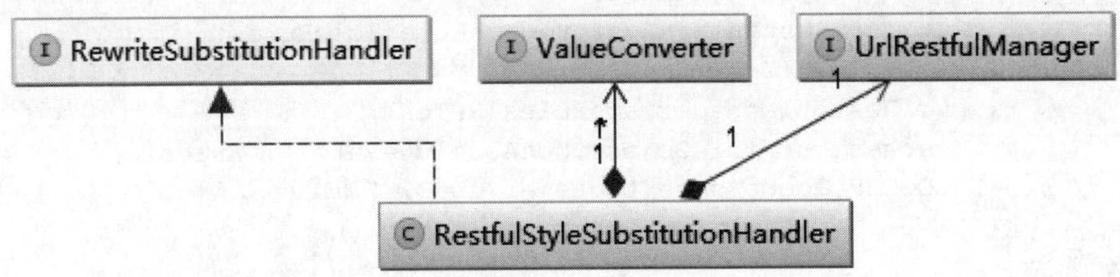

图 13-5　RewriteSubstitutionHandler 类关系图

RestfulStyleSubstitutionHandler 与 UrlRestfulManager 实例关联，首先通过 UrlRestfulManager 接口的 getContext 方法获得 RESTful 请求相关的映射规则 Rule 对象，同时组装此次 RESTful 请求相关的参数信息，这些内容都会合并到 Context 对象中。然后通过 Mapping 实例获取此次 RESTful 请求映射的请求 URL 路径。最后根据映射的请求路径发起请求，Tiny weblayer 框架接收到此次请求，选择请求路径匹配的 TinyProcessor 进行请求处理。

postSubstitution 方法内部又是如何根据 RESTful 请求路径映射到实际的请求路径呢？前面已经介绍过 UrlRestfulManager 接口定义了一个 getContext 接口方法，该方法有三个参数，第一个参数是请求 URL 路径，第二个参数是 http 请求的方法，如 get、post 和 delete 等，第三个参数是请求头 accept，如 text/html、application/xml 和 text/json 等，这些信息都可以从 postSubstitution 方法中 RewriteSubstitutionContext 重写请求上下文对象中获取。下面是 postSubstitution 方法内部的匹配逻辑。

（1）RESTful 请求路径要与 Rule 配置对象中 pattern 属性设置的正则表达式进行正则匹配。

（2）RESTful 请求方法要与 Mapping 配置对象 method 属性设置的请求方法相同。

（3）RESTful 请求相关的 accept 请求头信息要与 Mapping 配置对象中的 accept 设置的属性匹配。

只有上面全部匹配才能把 RESTful 请求转发到 Mapping 对象中 url 属性指定的请求路径中。在转发请求之前还要进行参数组装。请求参数不仅包括发起 RESTful 请求传递的参数信息，还包括 RESTful 请求路径匹配时组装的参数信息。例如 pattern 属性设置的正则表达式为“/users/{id}”，RESTful 请求路径为“/users/123”，那么在转发请求之前会组装 key 为 id，值为 123 的请求参数。上面例子的请求参数值的格式是最简单的，其实请求参数值的格式可以各式各样，例如：“1-9”这样的请求参数，可以认为是 1～9 的数字组成的数组对象。“1、3、9”这样的请求参数，可以认为是 1、3、9 数字组成的数组。Tiny RESTful 考虑到这种情况的存在，因此设计了 ValueConverter 参数值转换接口来应对这种值格式带来的变化。

我们先来看看 ValueConverter 接口在框架内部的类关系，如图 13-6 所示。

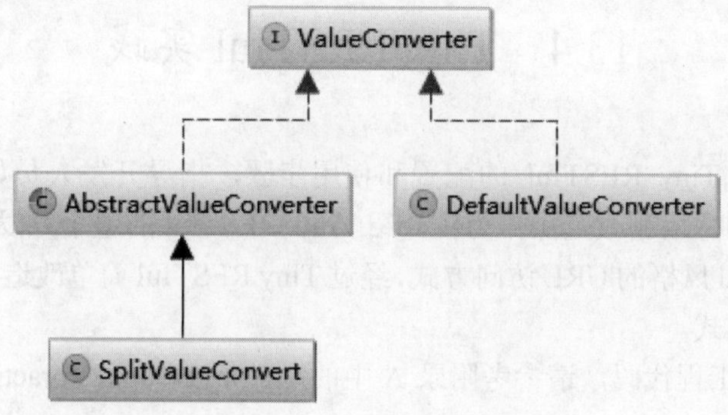

图 13-6　ValueConverter 接口关系图

AbstractValueConverter 类是值转换接口的抽象实现，它可以作为其他值转换接口的父类，其代码实现如下：

```
public abstract class AbstractValueConverter implements ValueConverter,
        InitializingBean {
    public void afterPropertiesSet() throws Exception {
        RestfulStyleSubstitutionHandler handler = BeanContainerFactory
                .getBeanContainer(getClass().getClassLoader()).getBean(
                        HANDLER_BEAN);//通过容器初始化处理器
        handler.addConvert(this);//把转换实例添加到处理器
    }
}
```

AbstractValueConverter 不仅实现了 ValueConverter 接口，而且实现了 InitializingBean 接口，InitializingBean 接口是 Spring 框架提供的接口，是 Spring 容器实例化 bean 对象之后调用的，可以在实例化对象之后做一些对象初始化操作。我们从 afterPropertiesSet 方法实现可以知道，它会把自身实例注册到 RestfulStyleSubstitutionHandler 对象中。也就是说我们只要在 Spring 容器加载的 bean 文件中定义的 AbstractValueConverter 类型的实例都会注册到 RestfulStyleSubstitutionHandler 对象中。因此 RestfulStyleSubstitutionHandler 内部关联的 ValueConverter 完全是自注册的。

框架内部 ValueConverter 接口默认实现有两种，如表 13-7 所示。

表 13-7　ValueConverter接口实现类说明

类　名	说　明
DefaultValueConverter	不进行参数值转换，直接返回原来的参数值
SplitValueConvert	把原来的参数值以“,”进行字符串分隔，把 String 类型的参数值，转换成以“,”分隔开，多个字符串组成的 String 数组

RESTful 请求映射到实际请求路径，并且组装好请求相关的参数信息，最后要做的就是把请求转发到实际请求中。这个转发请求处理过程是由 Tiny weblayer 框架完成的，具体的流程可以参考第 11 章“Web 扩展实践”，简单地说就是把请求交给路径匹配的 TinyProcessor 进行处理。

13.4　Tiny RESTful 实践

本节重点介绍 Tiny RESTful 的配置和使用步骤，指导开发人员如何配置使用 Tiny RESTful。下面以用户增删改查操作为例介绍 Tiny RESTful 的整个开发过程，开始开发的应用不支持 RESTful 风格的 URL 访问方式，经过 Tiny RESTful 简单改造，最后支持 RESTful 风格的 URL 访问方式。

本章应用示例工程代码，请参考附录 A 中的 org.tinygroup.restpractice（Restful 实践示例工程）。

13.4.1　环境准备

首先用 Tiny 框架提供的骨架工程来生成 TinyWeb 应用，命令如下：

```
mvn archetype:generate -DgroupId=org.tinygroup -DartifactId=org.tinygroup.
restpractice -DarchetypeGroupId=org.tinygroup -DarchetypeArtifactId=
webappprojectarchetype -DarchetypeVersion=2.0.30 -DinteractiveMode=false
```

通过命令行窗口，在某个目录路径下运行上面的命令，生成的工程结构如图 13-7 所示。

13.4.2　开发用户增删改查应用

我们用 TinyDsl 作为数据库访问层，数据库采用 derby，数据库连接池采用 dbcp，需要在 pom.xml 中增加如下依赖：

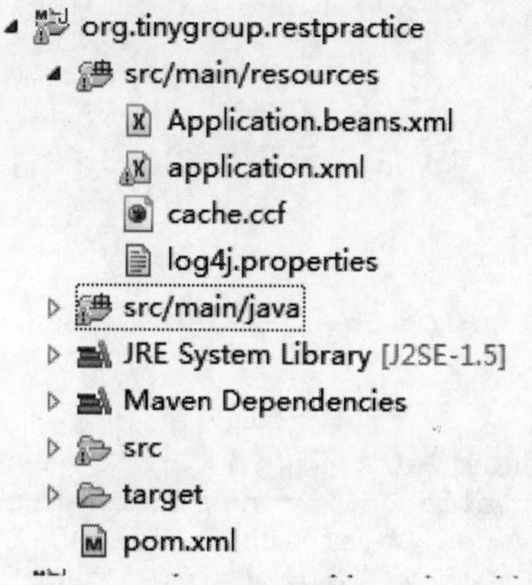

```
org.tinygroup.restpractice
    src/main/resources
        Application.beans.xml
        application.xml
        cache.ccf
        log4j.properties
    src/main/java
    JRE System Library [J2SE-1.5]
    Maven Dependencies
    src
    target
    pom.xml
```

图 13-7　工程结构图

```
<dependency>
   <groupId>org.tinygroup</groupId>
   <artifactId>org.tinygroup.jdbctemplatedslsession</artifactId>
   <version>${tiny_version}</version>
</dependency>
<dependency>
   <groupId>org.apache.derby</groupId>
   <artifactId>derbyclient</artifactId>
   <version>10.6.1.0</version>
</dependency>
<dependency>
   <groupId>org.apache.derby</groupId>
   <artifactId>derby</artifactId>
   <version>10.6.1.0</version>
</dependency>
<dependency>
   <groupId>commons-dbcp</groupId>
   <artifactId>commons-dbcp</artifactId>
   <version>1.2.2</version>
</dependency>
```

1. 设计用户类与用户表信息类

用户类：

```
public class User implements Serializable{
   private Integer id;
   private String name;
   private Integer age;
   public String getName() {
       return name;
   }
   public void setName(String name) {
       this.name = name;
   }
   public Integer getAge() {
      return age;
   }
```

```
    public void setAge(Integer age) {
        this.age = age;
    }
    public Integer getId() {
        return id;
    }
    public void setId(Integer id) {
        this.id = id;
    }

}
```

用户表信息类：

```
public class UserTable extends Table {
    public static final UserTable USER = new UserTable();
    public final Column ID = new Column(this, "id");
    public final Column NAME = new Column(this, "name");
    public final Column AGE = new Column(this, "age");

    public UserTable() {
        super("tuser");
    }

    public UserTable(String schemaName,String alias) {
        super(schemaName, "tuser", alias);
    }

    public UserTable(String schemaName,String alias,boolean withAs) {
        super(schemaName, "tuser", alias, withAs);
    }
}
```

2. 设计用户数据库操作类

操作接口 UserDao，包含数据库底层的增删改查操作接口：

```
public interface UserDao {
public User addUser(User user);
public int updateUser(User user);
public int deleteUser(User user);
public List<User> queryUsers(User user);
public User queryUserById(String id);
}
```

基于 TinyDsl 实现的 UserDao 接口实现类：

```
public class UserDaoImpl implements UserDao {
    private DslSession dslSession;

    public void setDslSession(DslSession dslSession) {
        this.dslSession = dslSession;
    }

    public User addUser(User user) {
        Insert insert = Insert.insertInto(USER).values(
                USER.NAME.value(user.getName()),
        USER.AGE.value(user.getAge()));
```

```
        return dslSession.executeAndReturnObject(insert, User.class);
    }

    public int updateUser(User user) {
        Update update = Update
                .update(USER)
                .set(USER.NAME.value(user.getName()),
                        USER.AGE.value(user.getAge()))
                .where(USER.ID.eq(user.getId()));
        return  dslSession.execute(update,true);
    }

    public int deleteUser(User user) {
        Delete delete = Delete.delete(USER).where(USER.ID.eq(user.getId()));
        return dslSession.execute(delete);
    }

    public List<User> queryUsers(User user) {
        if(user==null){
            user=new User();
        }
        Select select = Select.selectFrom(USER).where(
                and(USER.ID.equal(user.getId()),
                        USER.NAME.like(user.getName()),
                        USER.AGE.equal(user.getAge())));
        return dslSession.fetchList(select, User.class);
    }
    public User queryUserById(String id) {
        Select select = Select.selectFrom(USER).where(
            USER.ID.equal(id));
        return dslSession.fetchOneResult(select, User.class);
    }
}
```

3. 设计用户服务类

服务接口，包含增删改查等基本的操作：

```
public interface UserService {
    public User addUser(User user);
    public int updateUser(User user);
    public int deleteUser(User user);
    public List<User> queryUsers(User user);
    public User queryUserById(String id);
}
```

服务实现类，并通过注解方式发布成 Tiny 服务：

```
@ServiceComponent(bean="userService")
public class TinyUserService implements UserService {

    private UserDao userDao;

    public void setUserDao(UserDao userDao) {
        this.userDao = userDao;
    }
```

```
    @ServiceMethod(serviceId = "addUser")
    @ServiceResult(name = "user")
    public User addUser(User user) {
        return userDao.addUser(user);
    }
    @ServiceMethod(serviceId = "updateUser")
    @ServiceResult(name = "record")
    public int updateUser(User user) {
        return userDao.updateUser(user);
    }
    @ServiceMethod(serviceId = "deleteUser")
    @ServiceResult(name = "record")
    public int deleteUser(User user) {
        return userDao.deleteUser(user);
    }
    @ServiceMethod(serviceId = "queryUsers")
    @ServiceResult(name = "users")
    public List<User> queryUsers(User user) {
        return userDao.queryUsers(user);
    }
    @ServiceMethod(serviceId = "queryUserById")
    @ServiceResult(name = "user")
    public User queryUserById(String id) {
        return userDao.queryUserById(id);
    }
}
```

通过 Spring 容器来管理服务类和数据库操作类的实例，bean 配置如下：

```
<bean id="userService" scope="singleton"
    class="org.tinygroup.restpractice.service.TinyUserService">
    <property name="userDao" ref="userDaoImpl"></property>
</bean>
<bean id="dataSource" class="org.apache.commons.dbcp.BasicDataSource">
    <property name="driverClassName">
        <value>org.apache.derby.jdbc.EmbeddedDriver</value>
    </property>
    <property name="url"
        value="jdbc:derby:TESTDB;create=true">
    </property>
    <property name="username">
        <value>opensource</value>
    </property>
    <property name="password">
        <value>opensource</value>
    </property>
</bean>
<bean id="dslSession"
class="org.tinygroup.jdbctemplatedslsession.SimpleDslSession">
     <constructor-arg index="0" ref="dataSource"></constructor-arg>
</bean>
<bean id="userDaoImpl" class="org.tinygroup.restpractice.dao.UserDaoImpl">
    <property name="dslSession" ref="dslSession" />
</bean>
<bean id="databaseInstaller" scope="singleton"
    class="org.tinygroup.databasebuinstaller.DatabaseInstallerProcessor">
    <property name="installProcessors">
       <list>
           <ref bean="tableInstallProcessor"/>
```

```
        </list>
    </property>
    <property name="dataSource" ref="dataSource"/>
</bean>
```

4. 访问服务

可以通过 ServiceTinyProcessor 访问发布的 Tiny 服务，需要把 ServiceTinyProcessor 处理器的配置加到 application.xml 中。配置如下：

```
<tiny-processor id="serviceTinyProcessor" class="serviceTinyProcessor">
        <servlet-mapping url-pattern=".*\.servicexml"></servlet-mapping>
        <servlet-mapping url-pattern=".*\.servicejson"></servlet-mapping>
        <servlet-mapping url-pattern=".*\.servicepage"></servlet-mapping>
        <servlet-mapping url-pattern=".*\.servicepagelet"></servlet-mapping>
</tiny-processor>
```

表 13-8 为 URL 请求与服务的映射关系，数据库中实际的 id 与当前自增序列有关，先假定 id 为 1，下文不再重复说明。

表 13-8　服务与普通URL映射关系

服　务	请求 URL
addUser	http://localhost:8080/org.tinygroup.restpractice/addUser.servicejson?name=zhangsan&age=11
updateUser	http://localhost:8080/org.tinygroup.restpractice/updateUser.servicejson?id=1&name=lisi
deleteUser	http://localhost:8080/org.tinygroup.restpractice/deleteUser.servicejson?id=1
queryUserById	http://localhost:8080/org.tinygroup.restpractice/queryUserById.servicejson?id=1
queryUsers	http://localhost:8080/org.tinygroup.restpractice/queryUsers.servicejson

13.4.3　支持 RESTful 风格

按照以下步骤，就可以在不改变原有代码的基础之上，支持 RESTful 风格的 URL 访问方式。

（1）添加 urlrestful 工程依赖。

```
<dependency>
    <groupId>org.tinygroup</groupId>
    <artifactId>org.tinygroup.urlrestful</artifactId>
    <version>${tiny_version}</version>
</dependency>
```

（2）增加搜索 urlrestful 配置文件的文件处理器。

```
<bean id="fileResolver" scope="singleton"
      class="org.tinygroup.fileresolver.impl.FileResolverImpl">
      <property name="fileProcessorList">
          <list>
            。。。
            <ref bean="urlRestfulFileProcessor" />
            。。。
          </list>
```

```
        </property>
</bean>
```

（3）在 application.xml 中配置 URL 映射处理器。

```
<rule pattern="/.*">
    <handlers>
       <rewrite-handler bean-name="restfulStyleSubstitutionHandler" />
    </handlers>
</rule>
```

（4）URL 映射配置，增加支持 RESTful 风格的 URL 映射配置。

```
<rules>
    <rule pattern="/users/{id}">
        <mapping method="get" accept="text/html"
            url="queryUsers.servicejson"></mapping>
        <mapping method="put" accept="text/html"
            url="updateUser.servicejson"></mapping>
        <mapping method="delete" accept="text/html"
            url="deleteUser.servicejson"></mapping>
        <mapping method="get" accept="text/html"
            url="queryUserById.servicejson"></mapping>
    </rule>
    <rule pattern="/users">
        <mapping method="post" accept="text/html"
            url="addUser.servicejson"></mapping>
    </rule>
</rules>
```

做完以上工作，就可以在应用支持 RESTful 风格的 URL，如表 13-9 所示。

表 13-9　服务与RESTful风格URL映射关系

服　　务	请求 URL
addUser	http://localhost:8080/org.tinygroup.restpractice/users?name=xuanxuan&age=3&X-HTTP-METHOD-OVERRIDE=post
updateUser	http://localhost:8080/org.tinygroup.restpractice/users/1?name=xuanxuan2&age=4&X-HTTP-METHOD-OVERRIDE=put
deleteUser	http://localhost:8080/org.tinygroup.restpractice/users/1?X-HTTP-METHOD-OVERRIDE=delete
queryUserById	http://localhost:8080/org.tinygroup.restpractice/users/1
queryUsers	http://localhost:8080/org.tinygroup.restpractice/users

输入请求 URL，浏览器默认的请求方式是 get 请求，需要通过设置 X-HTTP-METHOD-OVERRIDE 参数来改变默认的 get 请求方式。

13.5　本 章 总 结

本章第一节介绍了什么是 RESTful，对“表现层状态转移”这个词组进行了深层次讲解。笔者试验了许多 REST 框架，发现这些 RESTful 框架比较适合全新的项目开发，调用

RESTful 框架提供的 API，开发支持 RESTful 风格的应用。这些 RESTful 框架不太适合已经开发好的项目。

在第二节简单介绍了 SpringMVC 中的 RESTful 开发方式。笔者发现在 SpringMVC 开发 RESTful 应用，需要学习的东西很多，不但要了解 RESTful 框架提供的 API，还要了解 RESTful 框架提供的约定配置信息，这大大加大了项目的开发难度。对于已经开发好的项目，如果要支持 RESTful 风格的请求方式，需要修改控制层的代码，Tiny RESTful 就是为了解决这些问题而设计的。

在第三节详细介绍了 Tiny RESTful 的设计思想。Tiny RESTful 其实是 RESTful 风格的门面，内部定义了一套 URL 映射规范，把 RESTful 风格的请求 URL 转换成项目中可以处理的请求 URL 路径。使用 Tiny RESTful 支持 RESTful 风格不需要用户对原有项目进行调整，只要配置 RESTful 风格的 URL 与实际处理请求的 URL 映射文件，并开启 Tiny weblayer 框架的 URL 重写功能就可以了。

希望读者能通过本章学习，了解 Tiny RESTful 的设计思想和使用方法，对自己以后的工作和学习有所帮助。

附录A 相 关 资 源

A.1 复用第三方库列表

下面列举了示例工程依赖的第三方资源及其版本。

- ant（1.6.5）
- asm-util（3.3.1）
- cglib（2.2）
- fastjson（1.1.41）
- hessian（4.0.7）
- xapool（1.5.0）
- guava（16.0.1）
- jaxb-impl（2.2.5-2）
- jaxb-xjc（2.2.5-2）
- jaxws-rt（2.1.7）
- xstream（1.4.3）
- commons-beanutils（1.8.3）
- commons-collections（3.1）
- commons-dbcp（1.2.2）
- commons-fileupload（1.2.2）
- commons-httpclient（3.1）
- commons-io（1.4）
- commons-codec（1.2）
- commons-lang（2.4）
- commons-net（3.3）
- commons-pool（1.4）
- concurrent（1.0）
- netty-all（4.0.27.Final）
- javassist（3.12.1.GA）

- ❑ activation（1.1.1）
- ❑ jsr250-api（1.0）
- ❑ mail（1.4.7）
- ❑ servlet-api（2.5）
- ❑ jta（1.1）
- ❑ jaxb-api（2.1）
- ❑ jotm（2.0.10）
- ❑ jstl（1.2）
- ❑ log4j（1.2.17）
- ❑ mysql-connector-java（5.0.5）
- ❑ ehcache-core（2.6.3）
- ❑ antlr4-runtime（4.2.2）
- ❑ derby（10.6.1.0）
- ❑ derbyclient（10.6.1.0）
- ❑ ftpserver-core（1.0.6）
- ❑ jcs（1.3）
- ❑ commons-jcs-core（2.0-beta-1）
- ❑ aspectjrt（1.6.12）
- ❑ aspectjweaver（1.6.12）
- ❑ groovy-all（1.6.5）
- ❑ jackson-core-lgpl（1.9.13）
- ❑ jackson-mapper-lgpl（1.9.13）
- ❑ jettison（1.3.3）
- ❑ ecj（3.7）
- ❑ hibernate-commons-annotations（3.3.0.ga）
- ❑ hibernate-entitymanager（3.4.0.GA）
- ❑ jsp-api-2.1-glassfish（2.1.v20091210）
- ❑ mvel（2.0beta1）
- ❑ slf4j-api（1.7.7）
- ❑ slf4j-log4j12（1.7.7）

A.2　借鉴第三方开源框架列表

Tiny 框架在构建过程中也对一些优秀框架进行了借鉴和学习，在此感谢他们的无私分享！

- ❑ Web 层借鉴开源软件 webx；
- ❑ SQL 解析修改自开源软件 jsqlparser。

A.3 示例工程简介

第 1 章：org.tinygroup.vfs.demo，虚拟文件系统实践示例工程；

第 2 章：org.tinygroup.cache.demo，缓存实践示例工程；

第 3 章：org.tinygroup.fileresolver.demo，文件处理框架实践示例工程；

第 4 章：org.tinygroup.template.demos，模板语言实践示例工程目录；

- org.tinygroup.servlettemplate.demo，集成 Servlet 示例工程；
- org.tinygroup.springmvctemplate.demo，继承 SpringMVC 示例工程；
- org.tinygroup.studytemplate.demo，语法学习示例工程；
- org.tinygroup.templateext.demo，模板扩展使用示例工程；
- org.tinygroup.templatei18n.demo，国际化示例工程；

第 5 章：org.tinygroup.dalpractice，数据库访问层实践示例工程；

第 6 章：org.tinygroup.dbrouter.demo，分库分表实践示例工程；

第 7 章：org.tinygroup.service.demo，服务层实践示例工程；

第 8 章：org.tinygroup.flow.demo，流程引擎实践示例工程；

第 9 章：org.tinygroup.metadata.demo，元数据实践示例工程；

第 10 章：参照 Chapter11 案例；

第 11 章：org.tinygroup.weblayer.demo，Web 层实践示例工程；

第 12 章：org.tinygroup.uiml.demo，统一界面框架示例工程；

第 13 章：org.tinygroup.restpractice，RESTful 实践示例工程。

A.4 支持我们

每一位购买本书的读者，一定也是同样对技术有所追求的人。为了本书的出版，我们做出了巨大的付出。在此，我们需要您的支持、鼓励以及对我们所做工作的认可。如果您感受得到我们的努力及付出，可以通过扫描下面的二维码捐赠我们，谢谢！

支付宝

微信支付

A.5　学习 Tiny 框架的相关资源

下面是有关 Tiny 框架的一些常用链接，对 Tiny 框架感兴趣的同学可以直接访问。

表A-1　框架相关资源

资　源	地　址
Tiny 社区	http://bbs.tinygroup.org/forum.php
Tiny 源代码 git 地址	http://git.oschina.net/tinyframework/tiny
Tiny 博客地址	http://my.oschina.net/tinyframework
Tiny 文档	http://www.tinygroup.org/confluence/
Eclipse 插件地址	http://www.tinygroup.org/tinystudio/
缺陷报告	http://git.oschina.net/tinyframework/tiny/issues
UI 组件展示	http://www.tinygroup.org/tinyuiweb/
本书案例源代码	https://git.oschina.net/tinyframework/bookexample.git
TINY QQ 群号码	22897797
悠然 QQ 号码	113322667

附录 B　配置运行指南

B.1　环 境 配 置

B.1.1　配置 Java

1. 安装JDK

（1）JDK 下载地址：oracle download 官网。

（2）针对本机的操作系统下载 JDK 安装包。Tiny 框架支持 JDK 1.6 以上（原因是：使用模板引擎等少数模块需要 JDK 1.6 环境支持）。

2. 配置Java环境变量

Windows 用户配置步骤：右击桌面上的“我的电脑”图标，依次选择“属性”→“高级系统设置”→“环境变量”→“系统变量”，界面如图 B-1 所示。

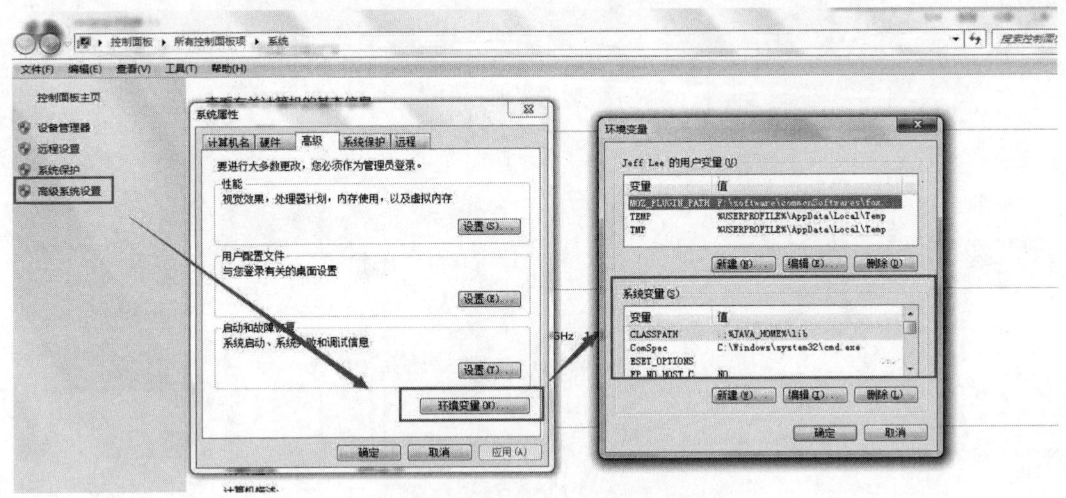

图 B-1　配置 Java 环境变量图

在系统变量中，新建或者编辑添加如下：

- JAVA_HOME——配置 JDK 安装路径（C:\Program Files (x86)\Java）。
- PATH——配置 JDK 命令文件的位置 （%JAVA_HOME%\bin;）。
- CLASSPATH——配置类库文件的位置（(.;%JAVA_HOME%\lib）。

3. 校验环境是否配置完毕

按 Win 键，运行 cmd 命令，在控制台中分别输入 javac、java 和 java-version。如果出现下面界面，则说明环境配置完成，如图 B-2 所示。

```
管理员: C:\Windows\system32\cmd.exe

C:\Users\Jeff Lee>java -version
java version "1.7.0_51"
Java(TM) SE Runtime Environment (build 1.7.0_51-b13)
Java HotSpot(TM) 64-Bit Server VM (build 24.51-b03, mixed mode)

C:\Users\Jeff Lee>java
用法: java [-options] class [args...]
           (执行类)
   或  java [-options] -jar jarfile [args...]
           (执行 jar 文件)
其中选项包括:
    -d32          使用 32 位数据模型 (如果可用)
    -d64          使用 64 位数据模型 (如果可用)
    -server       选择 "server" VM
    -hotspot      是 "server" VM 的同义词 [已过时]
                  默认 VM 是 server.

    -cp <目录和 zip/jar 文件的类搜索路径>
    -classpath <目录和 zip/jar 文件的类搜索路径>
                  用 ; 分隔的目录, JAR 档案
                  和 ZIP 档案列表, 用于搜索类文件。
    -D<名称>=<值>
                  设置系统属性
    -verbose:[class|gc|jni]
                  启用详细输出
    -version      输出产品版本并退出
    -version:<值>
                  需要指定的版本才能运行
    -showversion  输出产品版本并继续
    -jre-restrict-search | -no-jre-restrict-search
                  在版本搜索中包括/排除用户专用 JRE
    -? -help      输出此帮助消息
    -X            输出非标准选项的帮助
    -ea[:<packagename>...|:<classname>]
    -enableassertions[:<packagename>...|:<classname>]
                  按指定的粒度启用断言
    -da[:<packagename>...|:<classname>]
    -disableassertions[:<packagename>...|:<classname>]
                  禁用具有指定粒度的断言
    -esa | -enablesystemassertions
      半:
```

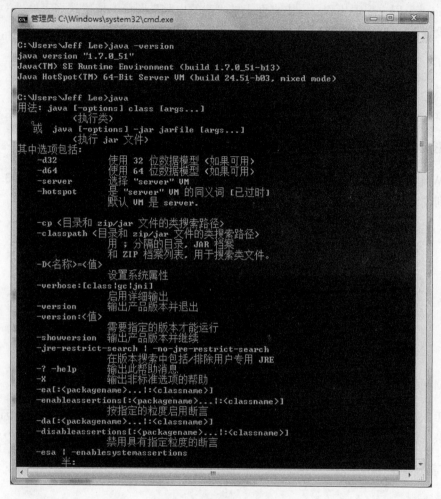

图 B-2　检测 Java 环境图

B.1.2　配置 Maven

Tiny 框架采用 Maven 管理模块工程的编译和发布。通俗地讲，就是利用 Maven 来管理 Tiny 各项目。

1. Maven下载

（1）Maven 官网地址：http://maven.apache.org。

（2）Tiny 框架推荐 Maven 的版本是 3.1.x。（因为低于 Maven 3.0 的版本或者高于 Maven 3.2 的版本在使用过程中都发生过兼容性问题，不建议使用）。

2. Maven环境搭建

Windows 用户配置步骤：右击桌面上的“我的电脑”图标，依次选择“属性”→“高级系统设置”→“环境变量”→“系统变量”。

（1）下载 apache-maven-3.1.1.zip。

（2）配置环境变量如下：

- M2_HOME—— 配置 Maven 安装路径。
- PATH——配置 Maven 命令文件的位置（%M2_HOME%\bin;）。

3. 校验环境是否配置完毕

按 Win 键，运行 cmd 命令，在控制台中输入 mvn -version。如果出现如图 B-3 所示的界面，则说明环境配置完成。

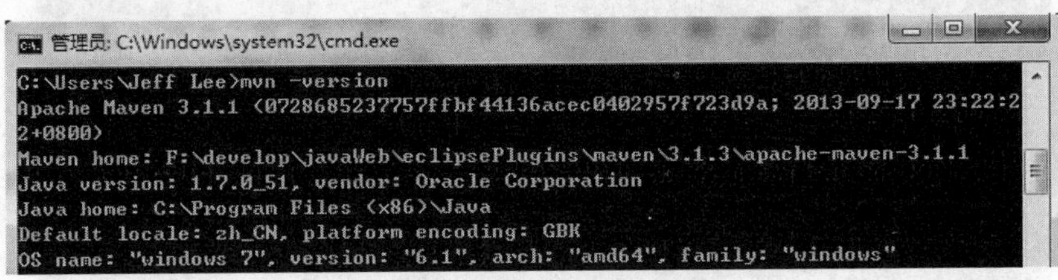

图 B-3　配置 Maven 环境图

4. Maven的settings.xml配置

使用默认配置即可（原因是，Tiny 开源版本的工程都会发布到 Maven 官网，因此对开源的资源依赖采用默认配置即可）。

5. 常用指令

```
mvn
├ clean   清理项目
├ install 安装 jar 到本地仓库
├ archetype:generate   创建 Maven 项目目录
```

Tiny 框架开发中，一般利用 mvn archetype:generate 创建生成 Tiny 骨架工程。还有开发或构建项目，经常使用到 clean 和 install。

B.1.3　配置 IDE- Eclipse

如果想使用 Tiny 框架提供的图形化插件，请使用 Eclipse；如果不使用的话，可以使用任意支持 Java 开发的 IDE（下面的教程在 Windows 下完成）。

1. Eclipse下载及安装

（1）Eclipse 官网下载地址：http://www.eclipse.org/downloads/。

（2）绿色版解压即可。

（3）Tiny 提供了很多 Eclipse 图形化的插件，可以方便更好地入门及开发。Tiny 框架的图形化插件需要 Eclipse 3.6 以上版本。

2. 配置图形化插件

（1）在 Eclipse 中选择 Help→Install New Software 菜单命令，如图 B-4 所示。

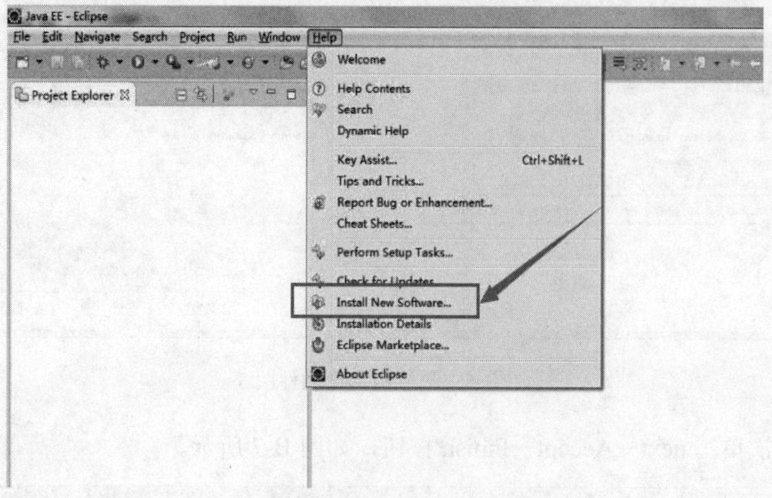

图 B-4　配置图形化插件图 1

（2）单击 Add 按钮，输入名称 TinyStudio，输入插件地址 http://www.tinygroup.org/tinystudio/ ，如图 B-5 所示。

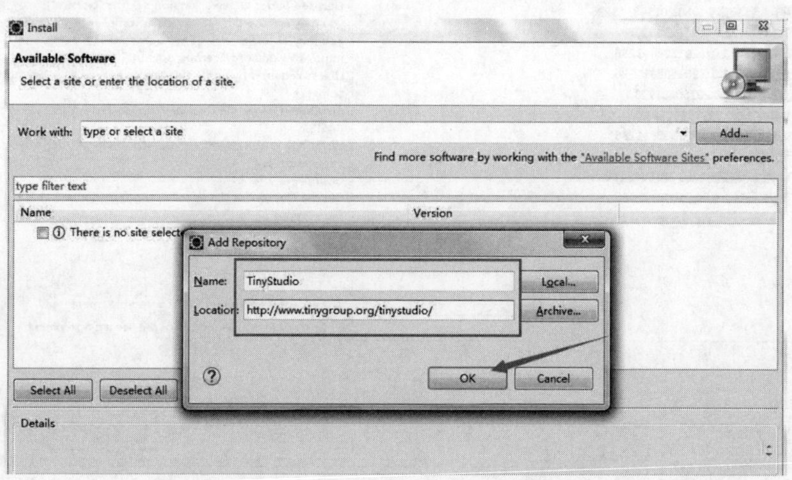

图 B-5　配置图形化插件图 2

（3）单击 Select All 按钮，并保持 Contact all update sites during install to find required software 复选框为非选中状态，可以快速进入插件列表，避免长时间的等待，如图 B-6 所示。

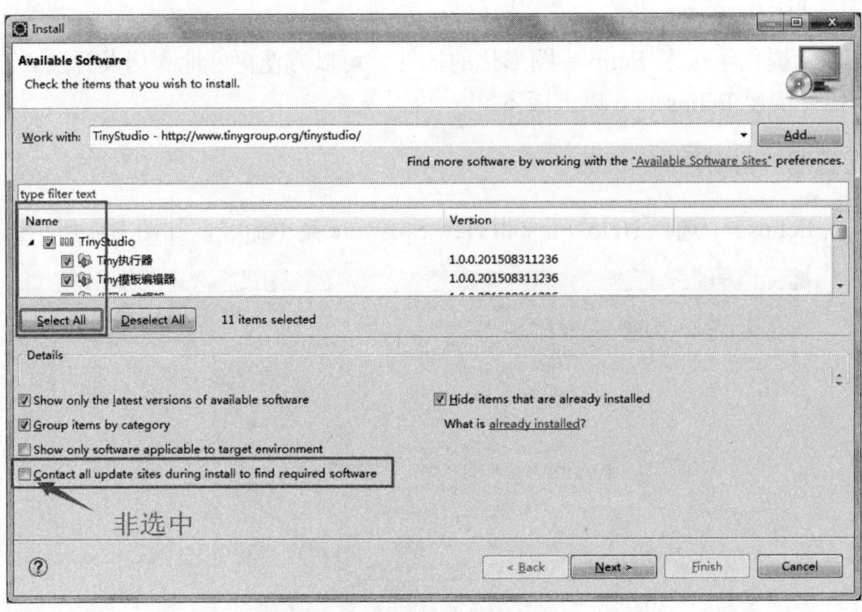

图 B-6　配置图形化插件图 3

（4）依次单击 next→Accept→Finish 按钮，如图 B-7 所示。

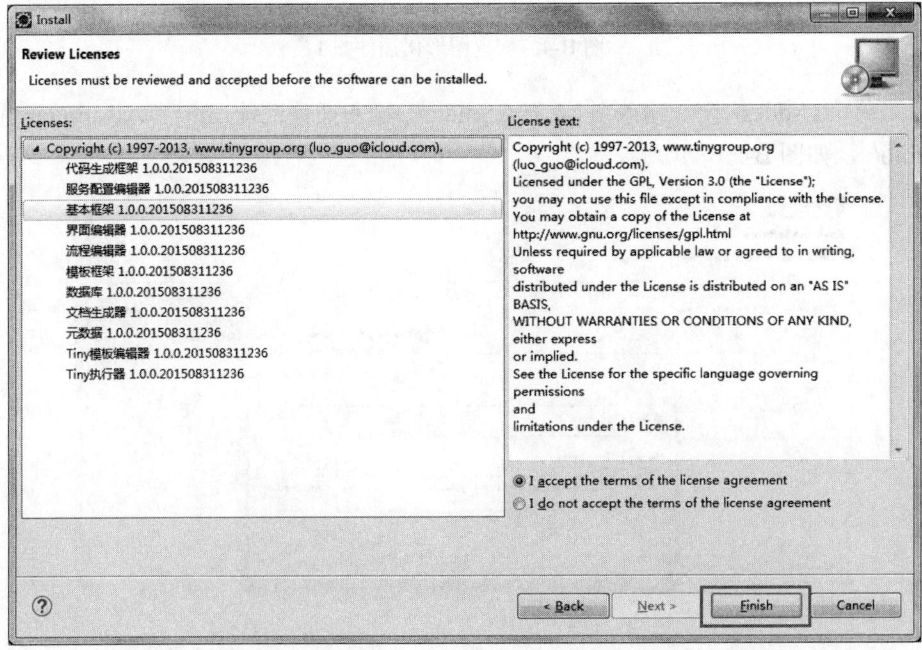

图 B-7　配置图形化插件图 4

（5）图形化插件安装完毕后，Eclipse 会自动提醒需要重启即可安装完毕。

3. 验证插件是否成功安装

打开 Eclipse，选择 File→New→Other 命令，如图 B-8 所示。

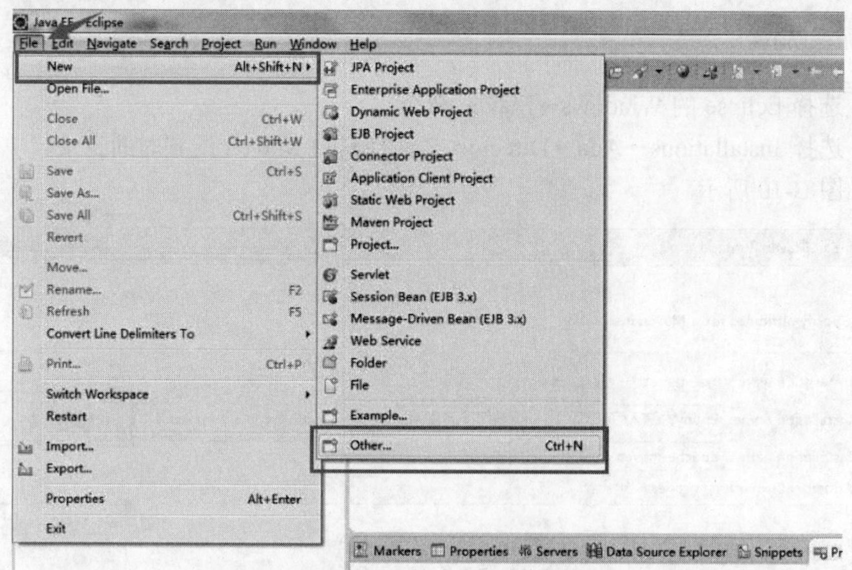

图 B-8　验证插件是否成功安装

如果出现如图 B-9 所示的向导列表，则表示成功。

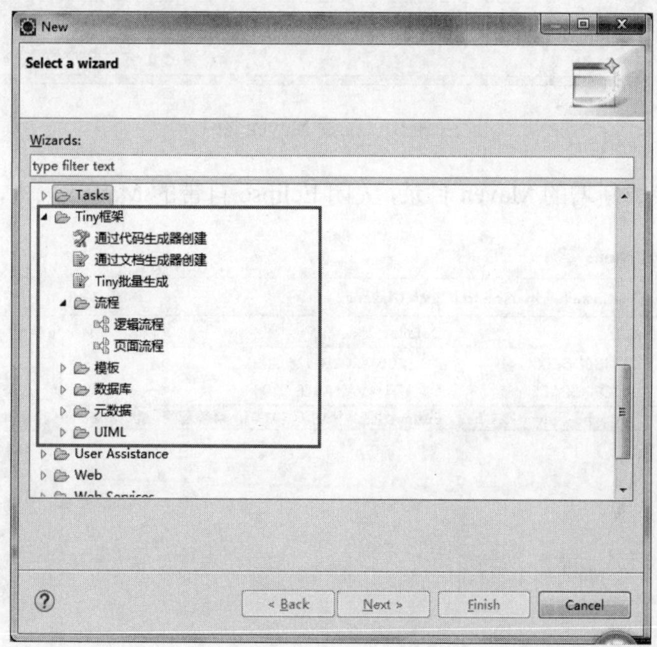

图 B-9　向导列表

注意：使用 Eclipse 插件一般使用默认环境参数配置即可。如发现插件有.outOfMemory Error 异常抛出，则根据系统内存实际情况，调整如下 VM 启动参数（eclipse 目录下的 eclipse.ini 文件）。

```
-Dosgi.requiredJavaVersion=1.5 -Xms128m -Xmx512m -XX:MaxPermSize=400m
```

4. 配置Maven

（1）选择 Eclipse 的 Windows→Maven 命令。

（2）选择 Installations→Add→Directory，选择安装 Maven 配置时的目录，单击 Finish 按钮，如图 B-10 所示。

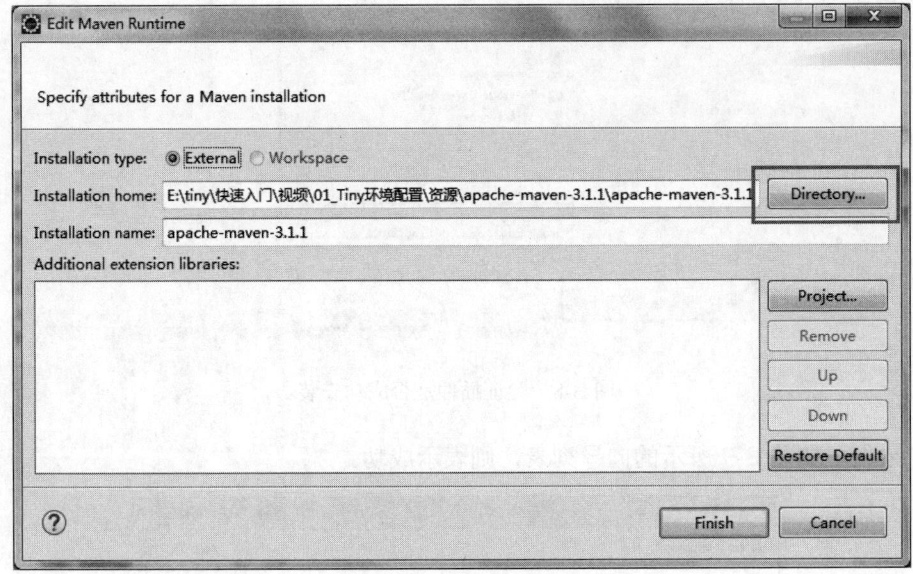

图 B-10　配置 Maven 图 1

（3）选择切换成新增的 Maven 目录，关闭 Eclipse 自带的 Maven 版本，如图 B-11 所示。

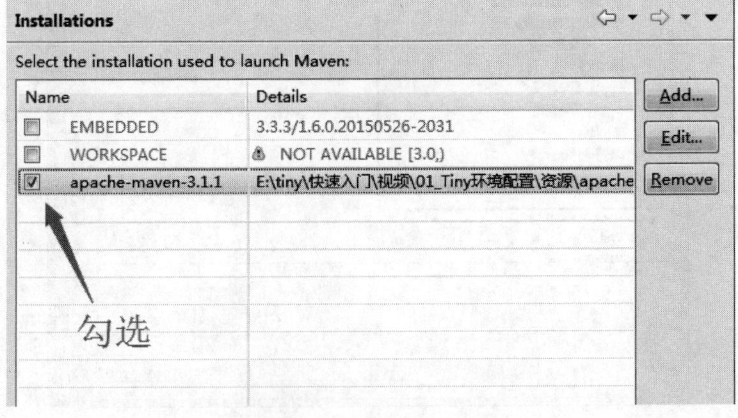

图 B-11　配置 Maven 图 2

（4）单击 User Settings，在 User Settings 栏目下浏览，如图 B-12 所示。

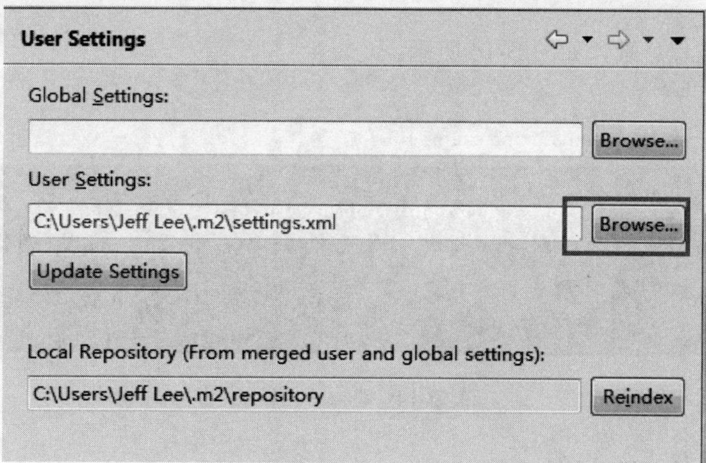

图 B-12　配置 Maven 图 3

（5）切换到 Maven 目录 conf 下的 settings.xml，如图 B-13 所示。

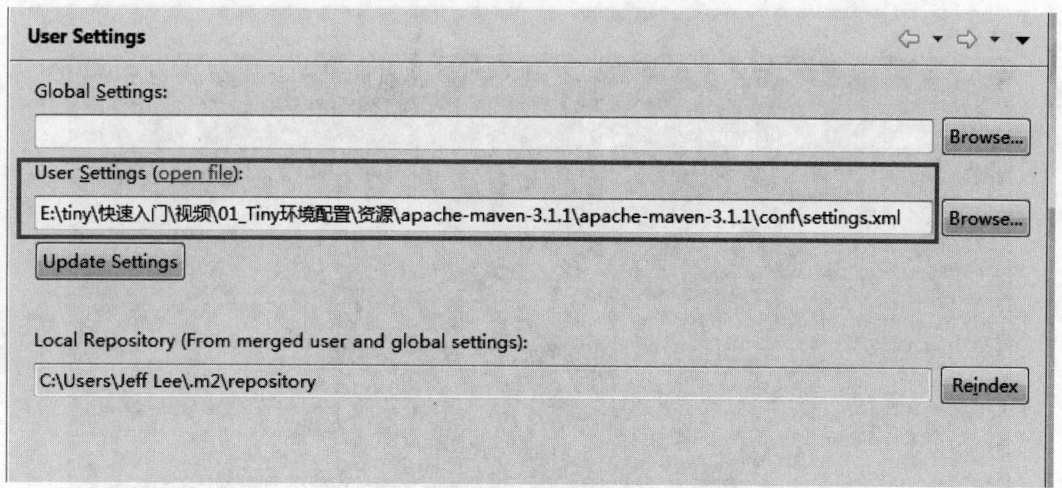

图 B-13　配置 Maven 图 4

B.2　mvn 编译工程

1. 下载工程

打开附录 A 中的 git 地址（或者在附录 A 中的百度云里面），下载示例工程：bookexample。

2. 编译bookexample工程

首先进入工程目录，如图 B-14 所示。

```
cd bookexample
```

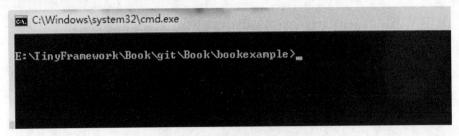

```
C:\Windows\system32\cmd.exe

E:\TinyFramework\Book\git\Book\bookexample>_
```

图 B-14　进入工程目录

然后运行如下 mvn 指令：

```
mvn clean install
```

命令执行成功会提示 Build Success，说明编译成功，如图 B-15 所示。

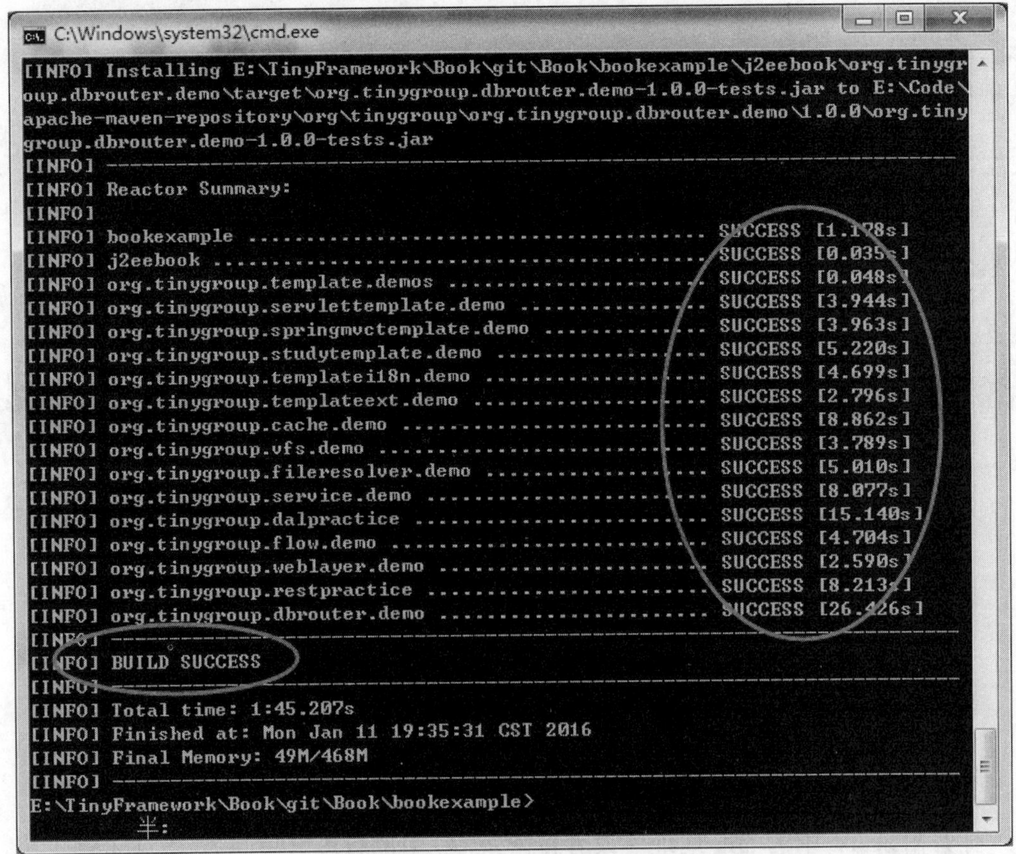

图 B-15　编译工程

B.3　Eclipse 或 IDEA 运行工程

B.3.1　Eclipse

1. Eclipse导入项目

打开 Eclipse，依次选择 File→Import→Maven/Existing Maven Project 命令，然后单击 Next 按钮，如图 B-16 所示。

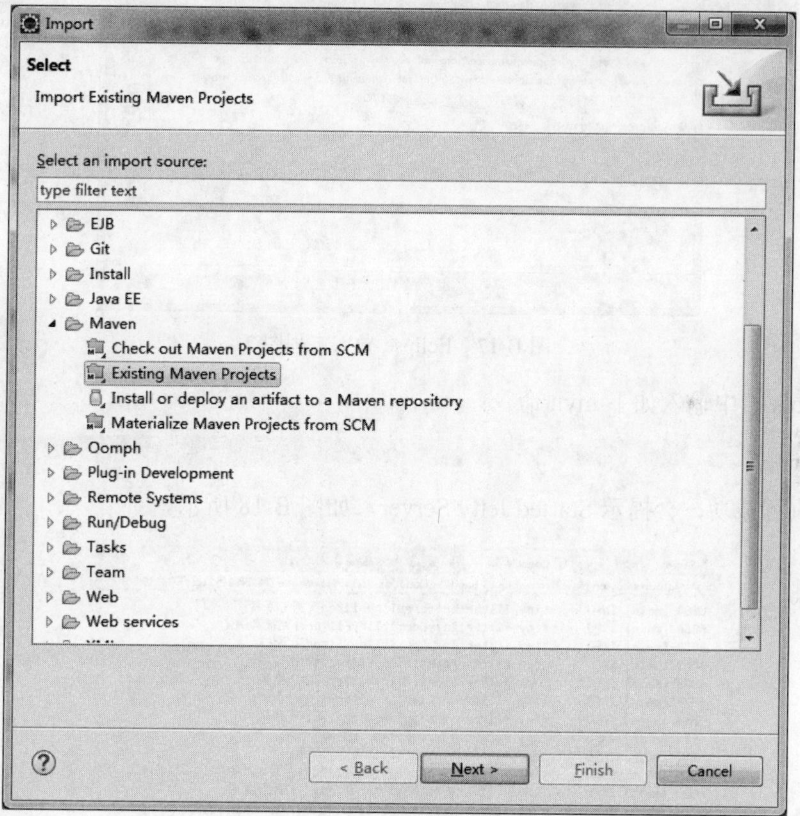

图 B-16　Eclipse 导入工程图 1

浏览 Book\bookexample 目录，选择全部工程，如图 B-17 所示。

单击 Finish 按钮即可。

2. Eclipse运行项目

工程成功编译后，选择 org.tinygroup.studytemplate.demo 工程，右击选择 Run as→6 Maven build...命令。

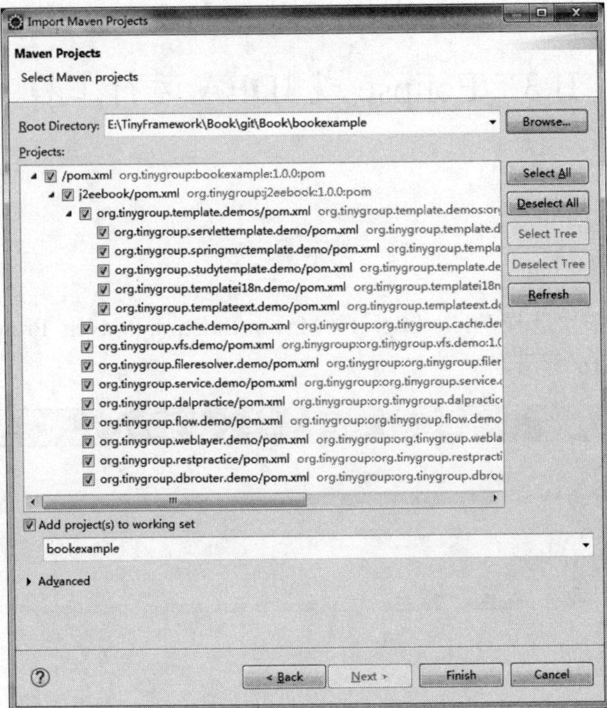

图 B-17　Eclipse 导入工程图 2

在 Goals 栏中输入如下 mvn 命令：

```
jetty:run
```

命令执行成功，会提示 Started Jetty Server，如图 B-18 所示。

图 B-18　Eclipse 运行工程图

B.3.2 IDEA

1. IDEA导入项目

选择 File→Open 命令，选择 Book/bookexample，然后单击 Next 按钮，如图 B-19 所示。

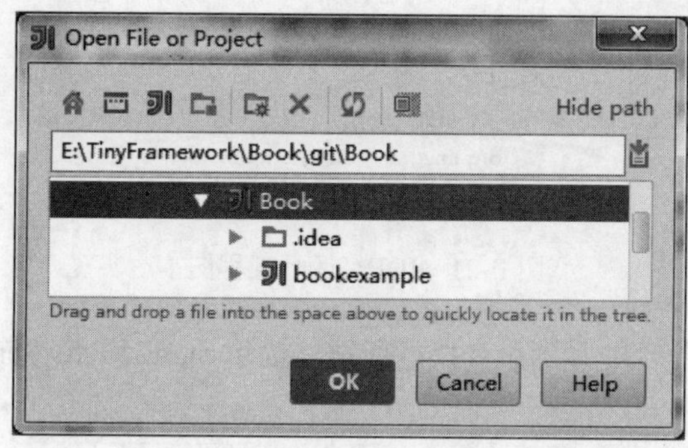

图 B-19 IDEA 导入工程图 1

导入成功后，如图 B-20 所示。

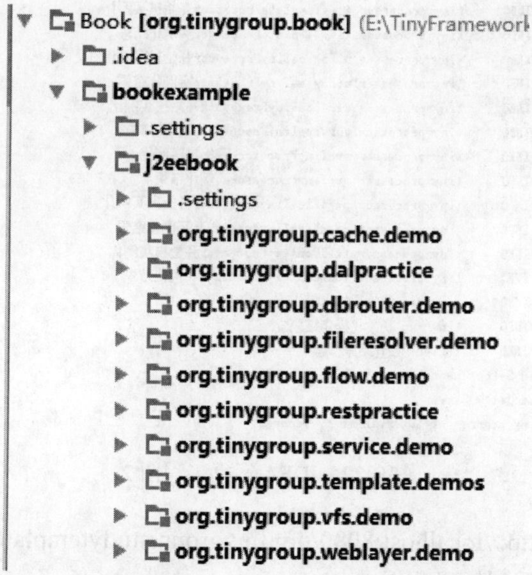

Book [org.tinygroup.book] (E:\TinyFramework
.idea
bookexample
.settings
j2eebook
.settings
org.tinygroup.cache.demo
org.tinygroup.dalpractice
org.tinygroup.dbrouter.demo
org.tinygroup.fileresolver.demo
org.tinygroup.flow.demo
org.tinygroup.restpractice
org.tinygroup.service.demo
org.tinygroup.template.demos
org.tinygroup.vfs.demo
org.tinygroup.weblayer.demo

图 B-20 IDEA 导入工程图 2

2. IDEA运行项目

工程成功编译后，选择右侧 Maven Projects 中的 org.tinygroup.studytemplate.demo 工程，新建一个 Maven 运行指令，然后双击该命令运行，如图 B-21 所示。

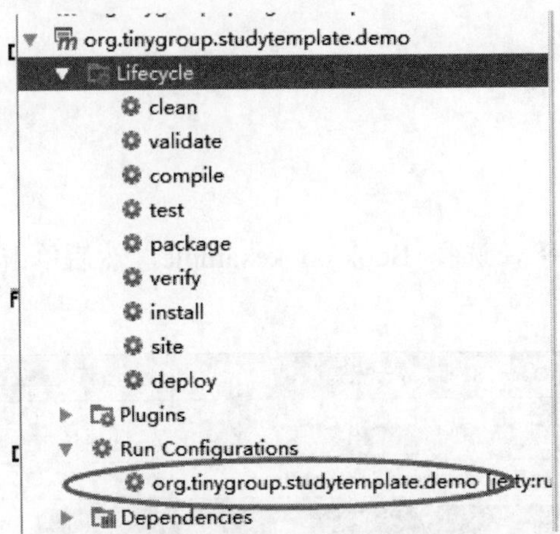

图 B-21　IDEA 运行工程图 1

运行后，可以在控制台中看到命令执行成功，提示 Started Jetty Server，如图 B-22 所示。

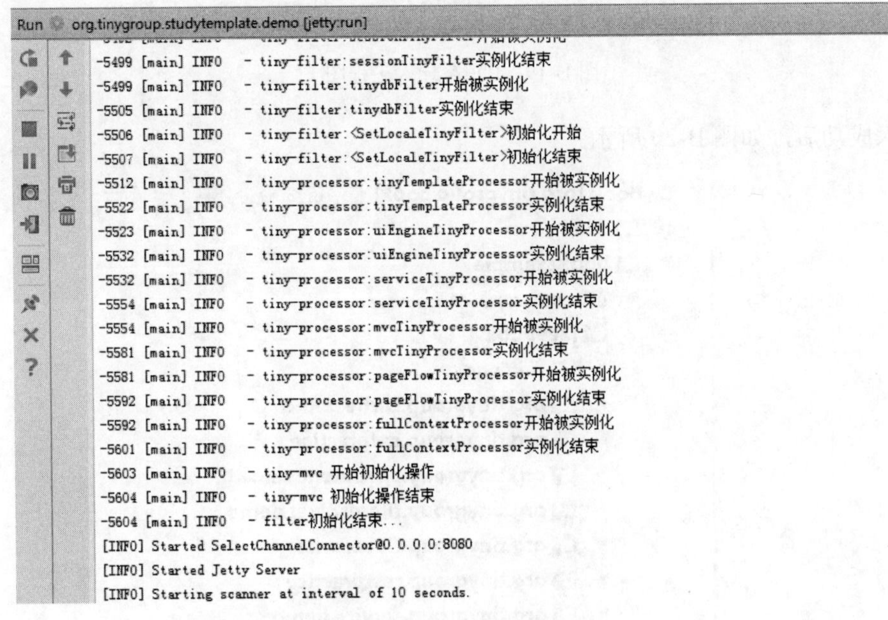

图 B-22　IDEA 运行工程图 2

最后访问地址：http://localhost:8080/org.tinygroup.studytemplate.demo/directivedemos/helloworld.page，可以看到结果如图 B-23 所示。

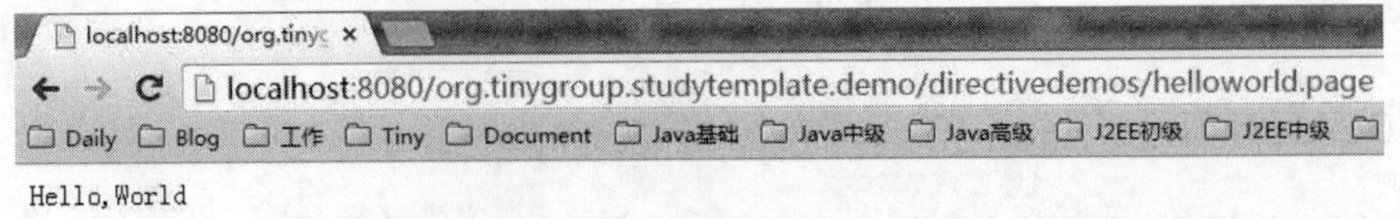

图 B-23　IDEA 运行工程图 3